최신판

한국산업인력공단 출제기준에 따른
용접산업기사 필기
과년도 4주완성

용접분야 완벽대비 수험서
기본원리부터 정답에 이르기까지 명확하고 풍부한 해설을 통해 자신감은
물론 모든 문제에 탄력적으로 대응할 수 있는 능력을 키워줍니다.

Industrial Engineer Welding

저자 **양경석**

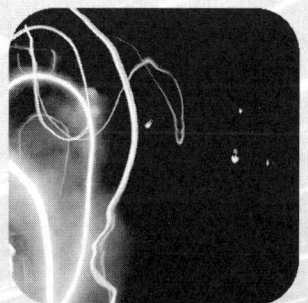

엔플북스

머리말

공부분량은 아주 적게
해설은 이해하기 쉽고 간결하게 정리
계산문제는 단위 환산부터 상세하게 풀이
출제 가능 부분의 요점 이론 추가

숙련된 기능은 자격증 보다 우선한다. 그러나 자격증은 기본이자 필수이다.
이론과 실기를 겸비하고 자격증을 취득한 기능 보유자가 산업사회에서 우대받는 것이지 오로지 스펙을 쌓기 위한 자격증 취득은 대우 받을 수 없다는 것을 먼저 알려 드리고 싶다.
단순 취업 목적이나 속성기술을 익히겠다는 분들에게는 본서가 맞지 않을 수도 있다.
다만 자격증을 필요로 하는 분들이 실기는 충분한데 시간상 많은 분량의 이론내용을 보기가 어려울 때 도움을 드리고자 시험에 주로 출제되는 유형들을 집중분석하여 시간을 단축시켜 드리고자 하는 것이다.
근래에 들어 용접은 취업의 폭이 다양하고 연령대에 관계없이 취업이 가능한 직종으로 부상되고 있으며, 임금도 다른 직종에 비하여 높고 평생직업으로 적합하다는 인식하에 더욱 관심이 높아지는 경향으로 바뀌어 가고 있다.
또한 전원생활, 귀촌, 귀농, 주말농장, 농축어업인, 펜션운영, 인생 제2막 생활을 위한 노후 취업 등을 사유로 실용용접의 필요성을 절실히 느끼고 있을 뿐만 아니라 간단한 부분 용접작업을 하려고 하여도 전문 기술자를 이용하려면 많은 기술료를 요구하는 등의 부담으로 DIY 기술을 익히려 하고 이를 토대로 자격증에까지 도전하는 분들이 늘어나고 있는 추세이다.
이러한 시대에 부응하기 위한 방안으로 과년도에 출제되었던 내용들을 집중 분석하여 짧은 시간에 많은 지식을 얻을 수 있도록 핵심 부분만 요약정리 하였으며, 자격시험 문제는 문제은행에서 반복 출제됨을 고려, 다양한 출제유형들을 정리하여 학습효과를 높이도록 하였다.
어렵다고 느껴지는 계산 문제들도 단위환산에서부터 상세하게 풀이하여 계산능력이 다소 부족한 분들도 접근하기 쉽도록 하는데 중점을 두었다.

이 책의 주안점
한국산업인력공단 용접산업기사 출제기준을 참고하여 정리
단원별 필기시험에 자주 출제되는 내용으로 핵심 요약정리
수험자가 다른 교재를 사용하지 않고도 공부가 가능하도록 내용 구성
산업기사는 물론 기능사 자격검정에 응시하고자 하는 수험자들에게도 적합하도록 해설을 상세히 기술
놓치기 쉬운 계산문제는 기초가 없더라도 쉽게 풀 수 있도록 정리

공부하는 요령
본인 알지 못하는 부분이나 용어들이 있다면 우선 차례에서 단원을 찾아 가는 방법을 이용하면 시간을 절약할 수 있다.
용접을 처음 접하는 분들이 공부하고자 하는 경우에는 핵심요약정리 부분을 정독한 후 문제풀이를 하는 것이 좋을 것 같다.
본 책에 수록되지 않은 부분은 기계분야나 용접분야에서 과목별로 발간하는 전문서적을 통하여 더 많은 지식을 얻기를 바란다.

도와 주신 분들
이 책을 출판하기 까지 많은 조언과 충고를 아끼지 않으신 출판사 사장님을 비롯 출판진 여러분들께 진심으로 감사를 드리고자 한다.

합격기원
이 책으로 공부하는 모든 분들께 합격의 영광과 새로운 기술인으로서 사회의 최고가 되기를 기원 드립니다.

출제기준(필기)

직무분야	재료	중직무분야	용접	자격종목	용접산업기사	적용기간	2021. 1. 1~2025. 12. 31.

○직무내용 : 제품제작 과정에서 필요한 하나의 제품 또는 구조물을 완성하기 위한 용접작업 수행 및 관리, 용접에 관한 설계와 제도, 이에 따르는 비용계산, 재료준비 등을 수행하는 직무이다.

필기검정방법	객관식	문제수	60	시험시간	1시간 30분

필기과목명	문제수	주요항목	세부항목	세세항목
용접야금 및 용접설비제도	20	1. 용접부의 야금학적 특징	1. 용접야금기초	1. 금속결정구조 2. 화합물의 반응 3. 평형상태도 4. 금속조직의 종류
			2. 용접부의 야금학적 특징	1. 가스의 용해 2. 탈산, 탈황 및 탈인반응 3. 고온균열의 발생원인과 방지 4. 용접부 조직과 특징 5. 저온균열의 발생원인과 방지 6. 철강 및 비철재료의 열처리 7. 용접부의 열영향 및 기계적 성질
		2. 용접재료 선택 및 전후처리	1. 용접재료 선택	1. 용접재료의 분류와 표시 2. 용가제의 성분과 기능 3. 슬래그의 생성반응 4. 용접재료의 관리
			2. 용접 전후처리	1. 예열 2. 후열처리 3. 응력풀림처리
		3. 용접 설비제도	1. 제도 통칙	1. 제도의 개요 2. 문자와 선 3. 도면의 분류 및 도면관리
			2. 제도의 기본	1. 평면도법 2. 투상법 3. 도형의 표시 및 치수 기입 방법 4. 기계재료의 표시법 및 스케치 5. CAD기초
			3. 용접제도	1. 용접기호 기재 방법 2. 용접기호 판독 방법 3. 용접부의 시험 기호 4. 용접 구조물의 도면해독 5. 판금, 제관의 용접도면해독

출제기준(필기)

필기 과목명	문제수	주요항목	세부항목	세세항목
용접구조설계	20	1. 용접설계 및 시공	1. 용접설계	1. 용접 이음부의 종류 2. 용접 이음부의 강도계산 3. 용접 구조물의 설계
			2. 용접시공 및 결함	1. 용접시공, 경비 및 용착량 계산 2. 용접준비 3. 본 용접 및 후처리 4. 용접온도분포, 잔류 응력, 변형, 결함 및 그 방지 대책
		2. 용접성 시험	1. 용접성 시험	1. 비파괴 시험 및 검사 2. 파괴 시험 및 검사
용접일반 및 안전관리	20	1. 용접, 피복 아크 용접 및 가스용접의 개요 및 원리	1. 용접의 개요 및 원리	1. 용접의 개요 및 원리 2. 용접의 분류 및 용도
			2. 피복아크 용접 및 가스용접	1. 피복아크용접 설비 및 기구 2. 피복아크용접법 3. 가스용접 설비 및 기구 4. 가스용접법 5. 절단 및 가공
		2. 기타 용접	1. 기타 용접 및 용접의 자동화	1. 기타용접 2. 압접 3. 납땜 4. 용접의 자동화 및 로봇용접
		3. 안전관리	1. 용접안전관리	1. 아크, 가스 및 기타 용접의 안전장치 2. 화재, 폭발, 전기, 전격사고의 원인 및 그 방지 대책 3. 용접에 의한 장해 원인과 그 방지대책

목 차

제1편 용접야금 및 용접설비제도   1

1장 : 용접재료와 야금학적 특징

제1절 용접야금 기초 ···2
1. 금속재료의 공통적 성질 ···2
2. 금속재료의 분류 ··2
3. 금속의 소성변형 ··3
4. 금속의 일반적 성질 ··4
5. 탄소강의 주요 원소 ··6
6. 결정구조 ··8
7. 철강의 열처리와 표면경화 ··11

2장 : 철강재료

제1절 철강 ···13
1. 철강의 제조 ··13
2. 순철 ··13
3. 강 ··17
4. 강의 제조법의 종류 ··19
5. 강의 분류 ··19
6. 철강재료의 선정 방법 ··20

제2절 탄소강 ···20
1. 탄소강 ··20
2. 탄소강의 표준조직 ··21
3. 탄소강의 종류 ··22
4. 탄소강의 용접 ··22

제3절 합금강 ···23
1. 합금강의 종류 ··23

목 차

    2. 용도에 의한 분류 ···23
    3. 용접 후열처리(PWHT)의 종류 ···26
    4. 합금원소의 첨가 효과 ···27

제4절 주강 ··27
    1. 주강의 종류 ··27
    2. 주강의 특징 ··27
    3. 주강의 용접 ··28

제5절 주철 ··28
    1. 주철의 성질 ··28
    2. 주철의 종류 ··30
    3. 회주철의 용접 ··31
    4. 주철의 용접 작업 ··32

3장 : 비철금속재료

제1절 구리와 그 합금 ··35
    1. 구리 및 그 합금의 종류 ··35

제2절 알루미늄과 그 합금 ··37
    1. 일반적 성질 및 종류 ··37

제3절 기타 금속 ··38
    1. 니켈과 그 합금 ··38
    2. 티타늄(Ti) 합금의 일반적 성질 ··39

4장 : 용접설비제도

제1절 제도의 기본 ··40
    1. 제도의 규격 ··40

목 차

    2. 도면의 분류 ···41
    3. 도면의 크기 및 양식 ···41
    4. 제도용 문자와 선 ··43

제2절 기초제도 ···46
    1. 투상법 ··46
    2. 단면도 ··50
    3. 스케치 ··51
    4. 치수의 기입 방법 ··52

제3절 전개도 ··56
    1. 전개도의 종류 ··56
    2. 기계 재료의 표시 방법 ···57

제4절 CAD 일반 ···59
    1. CAD의 인터페이스 ···59

제5절 용접 이음 제도 ···60
    1. 비파괴 시험의 기호 ···60
    2. 용접부의 기호 ···61

제2편 용접 구조 설계   67

1장 : 용접설계

제1절 용접설계의 개요 ··68
    1. 용접 이음부의 종류와 홈의 형태 ···68
    2. 용접부의 명칭 ···71
    3. 용접설계의 요점과 이음의 선택 ···72

목 차

제2절 용접 이음에 영향을 주는 요소 ·················74
1. 용접 결함이 이음 강도에 미치는 영향 ·················74
2. 용접 변형 및 잔류응력이 이음 성능에 미치는 영향 ·······74
3. 용접 변형의 종류 ·················74
4. 취성 파괴 ·················78
5. 피로강도 ·················78
6. 파괴 손상의 원인 ·················79

제3절 용접 이음부의 강도 계산 ·················79
1. 단위 환산 ·················79
2. 용접 이음의 강도 계산 ·················80
3. 인장응력 ·················80

제4절 안전율과 허용응력 ·················83
1. 안전율 ·················83
2. 허용응력 ·················84
3. 이음효율 ·················85

제5절 구조물의 설계 요령 ·················85
1. 용접 홈의 설계 요령 ·················85
2. 용접 설계 시의 주의점 ·················85
3. 용착경비 ·················87

2장 : 용접시공

제1절 용접준비 ·················88
1. 용접시공 계획 ·················88
2. 일반 준비 ·················89
3. 용착효율 ·················91

목 차

    4. 용접 작업시간 …………………………………………………92
    5. 가접 ……………………………………………………………92

제2절 용접작업 ……………………………………………………93
    1. 용접 순서와 용착법 …………………………………………93

제3절 용접 열영향 …………………………………………………96
    1. 열효율 …………………………………………………………96
    2. 예열 ……………………………………………………………97
    3. 후열 ……………………………………………………………98
    4. 잔류응력의 완화법 …………………………………………99
    5. 잔류응력을 경감시키는 방법 중 주의사항 ……………102
    6. 불량 홈의 보수 ……………………………………………102

제4절 용접 변형 …………………………………………………104
    1. 용접 변형의 종류 …………………………………………104
    2. 용접 변형의 원인 …………………………………………104
    3. 변형을 생기게 하는 인자 …………………………………105
    4. 용접 변형의 방지법 ………………………………………107
    5. 용접 변형의 교정법 …………………………………………75

제5절 잔류응력 …………………………………………………108
    1. 잔류응력 측정법 …………………………………………108

3장 : 용접부의 결함 및 검사

제1절 용접 결함 …………………………………………………110
    1. 용접 결함의 발생 원인과 종류 …………………………110
    2. 용접 결함의 분류 …………………………………………111
    3. 용접 결함과 방지대책 ……………………………………111

목 차

    4. 용접 균열 및 방지대책 ···114

제2절 용접재료의 시험법 ···117
    1. 기계적 시험 ···117
    2. 화학적 시험 ···119
    3. 금속학적 시험 ···120
    4. 용접성 시험 ···121
    5. 용접 균열시험 ···122
    6. 용접부 연성시험 ···122

제3절 용접부의 결함 검사법 ···122
    1. 비파괴 시험 ···122

제3편 용접일반 및 안전관리   127

1장 : 용접일반
제1절 용접의 개요 ···128
    1. 용접의 원리 ···128
    2. 용접법의 분류 ···128
    3. 용접의 특징 ···131
    4. 용접자세 ···133

2장 : 피복 아크 용접
제1절 아크 용접의 개요 ···135
    1. 피복 아크 용접의 원리 ···135
    2. 아크의 성질 ···136

목 차

제2절 아크 용접기 ··140
1. 아크 용접기의 분류 ··140
2. 아크 용접기의 특성 ··141
3. 직류 아크 용접기 ··142
4. 교류 아크 용접기 ··143
5. 교류 아크 용접기의 규격 ··144
6. 부속장치 ··146
7. 용접기의 보수 및 점검 ··147

제3절 피복 아크 용접기구 ··148
1. 용접 케이블 ··148
2. 접지 클램프 ··149
3. 퓨즈 ··149
4. 용접 홀더 ··150
5. 보호기구 ··151

제3절 피복 아크 용접봉 ··153
1. 피복 아크 용접봉 ··153
2. 심선 ··154
3. 피복제 ··154
4. 피복제의 종류 ··155
5. 용착금속을 보호하는 방식에 따른 분류 ························156
6. 연강용 피복 아크 용접봉의 규격 ································157
7. 연강용 피복 아크 용접봉의 종류 ································158
8. 고장력강용 피복 아크 용접봉 ····································161
9. 스테인리스강용 피복 아크 용접봉 ······························161
10. 연강용 피복 아크 용접봉의 선택과 보관 ······················162

목 차

제5절 피복 아크 용접법 …………………………163
1. 용접준비 …………………………………………163
2. 용접방법 …………………………………………164
3. 용접 결함과 대책 ………………………………168

3장 : 가스용접

제1절 가스용접(gas welding)의 원리 …………170
1. 원리 ………………………………………………170
2. 가스용접의 특성 ………………………………170

제2절 용접용 가스와 불꽃 ………………………171
1. 가스 성질에 따른 분류 ………………………171
2. 가스 상태에 따른 분류 ………………………172
3. 용접용 가스 ……………………………………172
4. 산소(O_2) ………………………………………173
5. 아세틸렌(C_2H_2) ………………………………174
6. 용해 아세틸렌 …………………………………176
7. 수소(H_2) ………………………………………177
8. 액화석유가스(LPG) ……………………………178
9. 산소-아세틸렌 불꽃 …………………………179

제3절 가스용접 설비 ………………………………182
1. 용기의 종류 ……………………………………182
2. 용기의 재질 ……………………………………183
3. 용기용 밸브 ……………………………………183
4. 산소용기(봄베) …………………………………183
5. 아세틸렌 발생기 ………………………………185
6. 압력 조정기(감압 조정기) ……………………187

목 차

    7. 가스용접 토치 ···189
    8. 토치의 팁 능력(크기) ····································190
    9. 역류, 역화, 인화 ··191
   10. 가스용접용 보호구 및 공구 ························192
   11. 용접용 지그 ··194

제4절 가스용접용 재료 ·····························195
    1. 가스용접봉 ···195
    2. 용제 ···196

제5절 가스용접 기법 ································198
    1. 전진법(前進法) ··198
    2. 후진법(後進法) ··198

4장 : 절단 및 가공

제1절 가스 절단 ······································200
    1. 절단의 원리 ··200
    2. 가스 절단에 미치는 인자 ·····························201
    3. 가스 절단 장치 ··204
    4. 각종 절단법의 종류 ······································206

제2절 아크 절단 ······································207
    1. 금속 아크 절단 및 탄소 아크 절단 ············207
    2. 플라스마 절단 ···207
    3. 불활성가스 아크 절단 ··································207

제3절 가스 가공 ······································208
    1. 가스 가우징 ···208
    2. 가스 스카핑(gas scarfing) ·························208
    3. 아크 에어 가우징 ···209

목 차

5장 : 특수 아크 용접 및 기타 용접

제1절 탄산가스 아크 용접(CO_2 용접) ·············210
1. 개요 ····················210
2. 용접장치 및 재료 ············214
3. 용접 시공 ················216
4. 용접 안전 ················219

제2절 불활성 가스 아크 용접 ···············219
1. 개요 ····················219
2. 불활성 가스 텅스텐 아크 용접 ·······221
3. 불활성 가스 금속 아크 용접 ········226

제3절 서브머지드 아크 용접 ···············230
1. 개요 ····················230
2. 용접장치 및 재료 ············232
3. 용접 시공법 ···············236

제4절 기타 용접 ······················237
1. 논 실드 아크 용접 ············237
2. 플라스마 아크 용접 ···········238
3. 전자 빔 용접 ··············240
4. 레이저 용접 ···············242
5. 일렉트로 슬래그 용접과 일렉트로 가스 아크 용접 ····243
6. 초음파 용접 ···············245
7. 테르밋 용접 ···············245
8. 가스 압접 ················246
9. 마찰 용접 ················247
10. 냉간압접 ················247
11. 스터드 용접 ··············247

목 차

　　12. 그래비티 및 오토콘 용접 ···248
　　13. 원자 수소 아크 용접 ···249

6장 : 전기저항 용접 및 납땜

제1절 저항 용접 ··250
　　1. 전기저항 용접의 원리 ···250
　　2. 저항 용접의 특징 ···250
　　3. 저항 용접의 종류 ···251
　　4. 저항 용접할 때의 주의사항 ··252
　　5. 저항 용접의 종류 ···252

제2절 납땜 ··257
　　1. 납땜의 원리 ··257
　　2. 납땜의 종류 ··257

제3절 땜납 및 용제 ···258
　　1. 연납 ···258
　　2. 경납 ···258
　　3. 용제의 종류 ··259

7장 : 용접의 자동화

제1절 용접의 자동화 ···261
　　1. 용접 자동화의 장점 ··261
　　2. 용접 자동화의 단점 ··261
　　3. 자동제어 ··261

제2절 용접용 로봇 ··262
　　1. 로봇의 개요 ··262

2. 로봇의 종류 ··262
　　3. 로봇의 구성 ··263
　　4. 로봇 팔의 제어 ··264

8장 : 안전관리
　제1절 아크 용접 작업의 안전 ·······································265
　　1. 아크 광선에 의한 재해 ··265
　　2. 전격에 의한 재해 ··265
　　3. 아크 발생으로 인한 가스 중독에 의한 재해 ···············267

　제2절 가스용접 및 절단작업의 안전 ···························267
　　1. 가스용접 작업의 중독의 예방 ····································267
　　2. 화재, 폭발 예방 ···267
　　3. 산소와 아세틸렌 용기 취급 ··268
　　4. 가스 용접장치의 연결 ··268
　　5. 가스 절단의 안전 ··268
　　6. 안전표지, 색채 ··268
　　7. 화재 및 폭발 ···269

➡ **제4편　과년도출제문제　　1**

➡ **제5편　CBT 복원문제　　133**

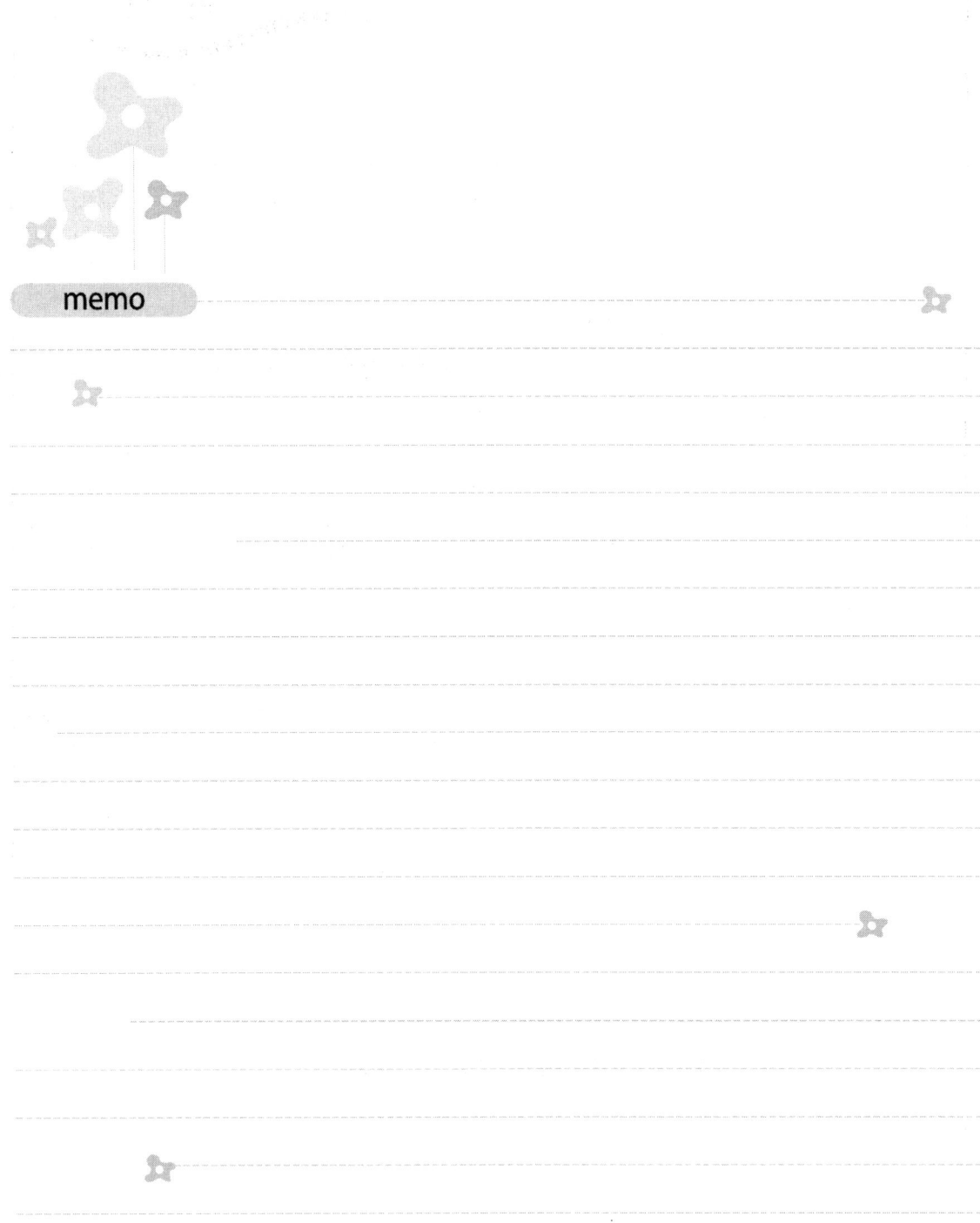

제1편
용접야금 및 용접설비제도

이론 요약

chapter 01 용접재료와 야금학적 특징

용접산업기사

제1절 용접야금 기초

1. 금속재료의 공통적 성질

(1) 상온에서 고체이며, 결정체이다.(단, 수은(Hg)은 제외)
(2) 열과 전기의 좋은 양도체이다.
(3) 비중이 크고, 금속적 광택을 갖는다.
(4) 소성변형성이 있어 가공하기 쉽다.
(5) 이온화하면 양(+)이온이 된다.
(6) 전성 및 연성이 풍부하다.

2. 금속재료의 분류

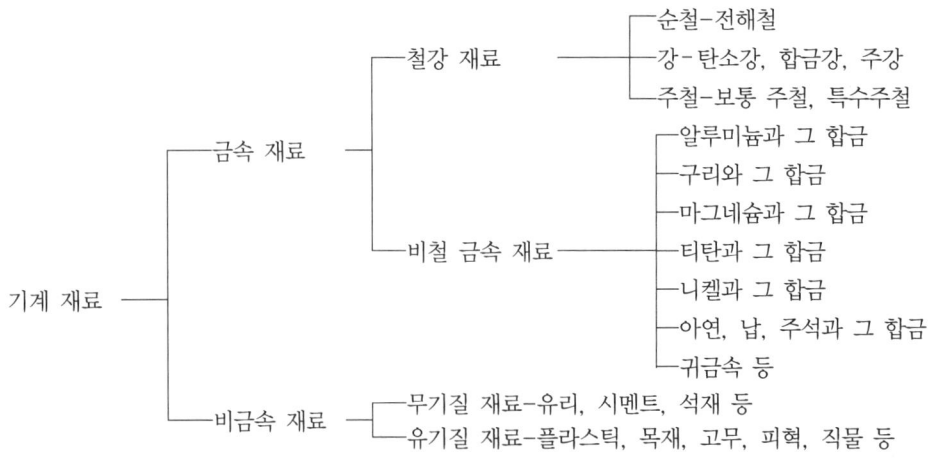

3. 금속의 소성변형

(1) 소성변형의 종류

① 쌍정 : 금속의 소성변형은 주로 전위의 이동에 의한 미끄럼에 의해 일어나지만 쌍정에 의한 변형이 일어나기도 한다.

② 미끄럼(슬립)
   ㉠ 원자밀도가 최대인 격자면과 밀도가 최대인 방향으로 잘 일어나게 된다.
   ㉡ 면심입방 격자의 슬립(slip)면은 {111}이 된다.
   ㉢ 슬립에 의한 변형에서 철(Fe)의 슬립면과 슬립방향은 {110}, 〈111〉. {112}, 〈111〉. {123}, 〈111〉이다.
   ㉣ 밀러 지수(x, y, z 축의 절편의 길이가 2, 1, 3일 때)

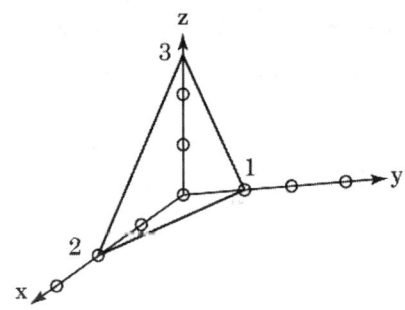

절편의 길이 x가 2, y가 1, z가 3일 때 (2, 1, 3)을 분수로 하면 x는 $\frac{1}{2}$, y는 $\frac{1}{1}$, z는 $\frac{1}{3}$이 되므로 이것을 최소공배수로 하여 6으로 통분한다. 따라서 x는 3, y는 6, z는 2가 되므로 밀러 지수는 (3, 6, 2)가 된다.

③ 전위 : 격자의 일부분에 미끄럼이 생겨 차례로 이동하면서 미끄럼이 진행되는데 이렇게 생긴 국부적인 격자 배열의 결함이다.

④ 가공경화 : 소성변형이 진행되면 미끄럼에 대한 저항이 점차 증가하고 저항이 증가하면 금속의 경도와 강도가 증가한다. 이것을 변형에 의한 가공경화라 한다.

(2) 가공과 재결정

① 재결정의 일반적인 특징

㉠ 재결정은 냉간가공도가 낮을수록 높은 온도에서 일어난다.
㉡ 재결정은 가열온도가 동일하면 가공도가 낮을수록 오랜 시간이 걸리고, 가공도가 동일하면 풀림시간이 길수록 낮은 온도에서 일어난다.
㉢ 재결정 입자의 크기는 주로 가공도에 의해서 변화되고, 가공도가 낮을수록 커진다.

② 열간가공과 냉간가공
㉠ 철의 재결정 온도 : 450℃
㉡ 열간가공 : 재결정 온도보다 높은 온도에서의 가공이다.
- 성형하기 쉽다.
- 동력이 적게 들어 경제적이다.
- 대량생산이 가능하다.
- 주조품의 경우 강도나 연성이 향상된다.

㉢ 냉간가공 : 재결정 온도보다 낮은 온도에서의 가공이다.
- 가공경화를 일으켜 강도나 경도가 증가한다.
- 인성은 줄어든다.
- 연신율은 감소한다.

4. 금속의 일반적 성질

(1) 기계적 성질

① 강도 : 금속 따위의 단단하고 센 정도로 외력에 대해 저항하는 힘의 강약으로 나타냄

강도의 종류
- 인장강도   • 압축강도   • 전단강도   • 비틀림강도   • 굴곡강도

② 경도 : 물체를 재료에 압입할 때의 변형저항, 즉 연질의 정도
③ 인성 : 재료가 파단되기 전까지 에너지를 흡수할 수 있는 재료의 성질로 충격에 대한 재료의 저항을 나타냄
④ 연성 : 재료가 인장에 의하여 파단될 때까지의 늘어나는 정도
⑤ 전성 : 압력, 타격 등으로써 물질이 퍼질 수 있는 성질

⑥ 탄성 : 외력을 가하였다가 제거하면 원래의 상태로 돌아오는 성질

⑦ 취성 : 소성변형을 거의 동반하지 않고 갑자기 파괴상태에 도달하는 재료의 성질

> **참고**
> ■ **취성의 분류**
> • 적열취성 : 강에 황의 함유량이 많을수록 고온에서 여린 성질이 되어 취성을 일으키며, 적열취성을 일으키는 편석을 제거하기 위한 열처리는 확산 풀림이다.
> • 청열취성 : 청색의 산화막을 형성하는 것으로 강은 200~300℃에서 강도는 크나 연신율이 작아 취성을 일으킨다.
> • 상온(저온)취성 : 인(P)에 의하여 결정입자를 조대화시키고 여리게 하여 상온취성 및 저온취성의 원인이 된다.

(2) 물리적 성질

① 비중이 큰 순서

Pt > Au > W > Hg > Pb > Ag > Fe > Al > Mg

백금 > 금 > 텅스텐 > 수은 > 납 > 은 > 철 > 알루미늄 > 마그네슘

② 열 전도율이 빠른 순서

Ag > Cu > Au > Al > Zn > Ni > Fe > Pt > Sn > Pb > Hg

은 > 구리 > 금 > 알루미늄 > 아연 > 니켈 > 철 > 백금 > 주석 > 납 > 수은

③ 전기 전도율이 빠른 순서

Ag > Cu > Au > Al > Mg > Zn > Ni > Fe > Pb

은 > 구리 > 금 > 알루미늄 > 마그네슘 > 아연 > 니켈 > 철 > 납

④ 연성이 큰 순서

Au > Ag > Al > Cu > Pt > Zn > Fe > Ni

금 > 은 > 알루미늄 > 구리 > 백금 > 아연 > 철 > 니켈

⑤ 전성이 큰 순서

Au > Ag > Pt > Al > Fe > Ni > Cu > Zn

금 > 은 > 백금 > 알루미늄 > 철 > 니켈 > 구리 > 아연

(3) 자기적 성질

금속을 자석에 접근시켰을 때 잡아당기는 힘의 크기에 따라 강하게 잡아당기면 강자

성체, 약하게 잡아당기면 상자성체, 잡아당기지 않으면 반자성체라 한다.

① 강자성체 : 철(Fe), 니켈(Ni), 코발트(Co), 구리(Cu)

② 상자성체 : 산소(O_2), 망간(Mn), 백금(Pt), 알루미늄(Al)

③ 반자성체 : 비스무트(Bi), 안티몬(Sb), 금(Au), 은(Ag), 구리(Cu)

5. 탄소강의 주요 원소

(1) 탄소강의 5대 원소의 특징

원소명	특 징
C(탄소)	탄소의 함유량에 따라 크게 영향 받음, 용융점 저하, 주조성 향상
Mn(망간)	적열취성을 방지, 담금질 효과 증대, 고온가공 용이, 탈황제
Si(규소)	흑연화 촉진제, 주조성 개선, 과다 시 인성 저하, 강도와 경도 증가
P(인)	상온취성의 원인, 강도, 경도 증가, 결정립의 조대화
S(황)	적열취성의 원인, 인장강도, 연신율 감소, Mn과 화합하면 절삭성 개선

(2) 탄소강에 미치는 합금원소의 영향

① 탄소(C) : 강의 성질에 가장 크게 영향을 준다.

> **참고**
> **탄소량 증가에 따른 물리적 성질**
> • 인장강도, 항복점이 증가한다.
> • 경도가 증가한다.
> • 연신율 및 단면수축률이 감소한다.
> • 충격치가 떨어진다.

② 규소(Si) : 선철과 탈산제로부터 잔류하게 되며 보통 탄소강 중에 0.1~0.35%를 함유한다.

㉠ 인장강도, 탄성한도, 경도를 상승시킨다.

㉡ 연신율과 충격값이 감소한다.

㉢ 결정립을 조대화시키고 가공성을 저해한다.

② 용접성을 저하(용접 피트 및 균열 발생)시킨다.
③ 망간(Mn)
　㉠ 규소와 같이 탈산제 및 탈황제로 사용되며 탄소강 중에 0.28~1%를 함유한다.
　㉡ 망간의 일부는 강 중에 고용되고 나머지는 MnS, FeS로 결정입계에 혼재해 결정립의 성장을 방해한다.
　㉢ 강 중에서 황의 안정화, 인장강도, 인성을 증가시킨다.
④ 인(P)
　㉠ 충격치를 저하시켜 상온취성(청열취성)의 원인이 되며 결정립을 조대화시킨다.
　㉡ 인이 많아지면 인장강도가 증가하나 연신율과 인성이 감소한다.
　㉢ 강 중에서 불균일한 분포를 이루어 고스트선을 형성시키고 강의 상온취성 파괴의 원인이 된다.
⑤ 황(S)
　㉠ 적열취성의 주원인이 된다.
　㉡ 용접부의 균열에 가장 큰 영향을 미친다.
　㉢ 황(S)의 해를 방지할 수 있는 적합한 원소에는 Mn(망간)이 있다.
　㉣ 황은 적게 함유할수록 좋은데 0.02% 이하라도 강도, 연신율, 충격치를 감소시킨다.
　㉤ 황의 함유량이 많아지면 설퍼 밴드를 만들어 용접 균열의 원인이 된다.

(3) 가스의 영향

① 질소(N_2) : 페라이트 중에 고용되고 석출하여 강도와 경도를 증가시킨다.
② 산소(O_2) : 페라이트 중에 고용되는 이외에 산화철(FeO), 산화망간(MnO), 산화규소(SiO_2)의 산화물로 존재하는데 산화철은 적열취성의 원인이 된다.
③ 수소(H_2) : 강을 여리게 하고 산이나 알칼리에 약하며 은점, 헤어 크랙의 원인이 된다.

(4) 비금속 개재물의 영향

① 강 중에 Fe_2O_3, FeO, MnS, MnO, Al_2O_3, SiO_2 등이 존재하며 슬래그 개재물이라고도 한다.
② 비금속 개재물의 양이 많으면 다음과 같은 영향을 준다.
　㉠ 강 내부에 잠재하여 강의 인성을 감소시켜 취성의 원인이 된다.

ⓒ 개재물로 인하여 강의 열처리 시 균열의 원인이 된다.
ⓒ FeO, Al₂O₃ 철의 규산염 등은 단조나 압연가공 시에 균열을 일으키기 쉬우며 적열취성의 원인이 된다.

6. 결정구조

(1) 금속의 응고

① 수지상 결정과 결정체 : 용접에서 금속이 응고할 때 액체보다 차가운 곳, 즉 잉곳 케이스의 벽이나 모재에 접하고 있는 부분이 핵을 이루어 온도가 높은 쪽으로 수지상(樹枝狀)으로 성장하게 되며 이것을 수지상정(dendrite)이라고 한다.

(2) 금속의 결정구조

① 금속은 결정의 집합체로서 거의 대부분 다결정체이다.
② 금속에서는 하나의 결정립 중에 원자가 규칙적으로 일정하게 배열하고 있는 것을 결정격자라고 한다.
③ 그 원자 사이의 거리를 격자정수(格子定數)라고 한다.
④ 나열된 쪽의 최소 단위를 단위 결정격자라고 하며 공간에 나열된 원자를 공간격자라고 한다.

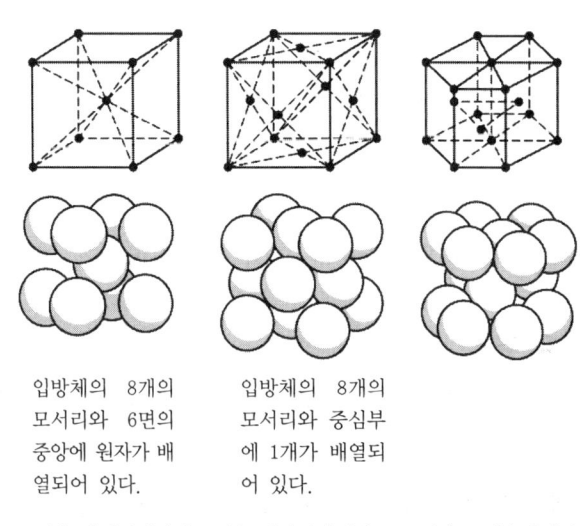

(a) 체심입방격자　(b) 면심입방격자　(c) 조밀육방격자

[금속 공간격자의 단위결정 격자]

> **참고**
> **금속결정의 단위격자 종류**
> - 체심입방격자(BCC) : 크롬(Cr), 몰리브덴(Mo), 텅스텐(W), 철(Fe), 바륨(Ba), 바나듐(V), 탄탈륨(Ta), 알파철(α-Fe), 델타철(δ-Fe)
> - 면심입방격자(FCC) : 알루미늄(Al), 구리(Cu), 은(Ag), 니켈(Ni), 칼슘(Ca), 납(Pb), 백금(Pt), 감마철(γ-Fe)
> - 조밀육방격자(HCP) : 아연(Zn), 마그네슘(Mg), 지르코늄(Zr), 코발트(Co), 베릴륨(Be), 티타늄(Ti)

⑤ 금속원자가 규칙적으로 일정하게 결정 전체에 남아 있는 것을 단결정, 단결정의 집합을 다결정(多結晶)이라 한다.

⑥ 철은 상온에서는 체심입방격자이지만 910℃를 넘으면 면심입방격자로 되었다가 1,400℃를 넘어서 융점(1,538℃)까지는 다시 체심입방격자로 돌아가는 성질이 있다.

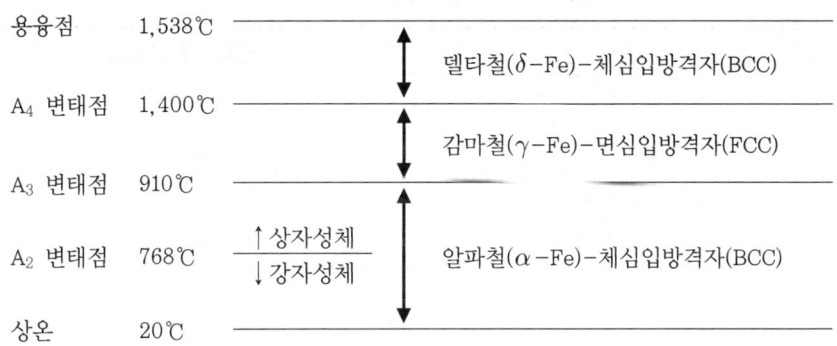

⑦ 2개의 금속이 융합되어 있는 합금에서는 1금속에 다른 원자가 용입되어 있으므로 이 단층의 액체를 고용체라고 한다.

(3) 금속의 변태

① 같은 물질이 한 결정 구조에서 다른 결정 구조로 그 상이 변하는 것이다.
② 철을 서냉하면 910℃에서 단위격자의 특성이 다르게 된다.
③ 동소변태(격자변태) 온도 : 910℃, 1,400℃
④ 자기변태 온도 : 768℃

(4) 고용체

> **참고**
> **▶ 고용체의 종류**
> - 치환형 고용체 : 철원자의 격자위치에 원자가 들어가는 형태이며 예를 들면 철원자의 격자에 니켈원자가 들어가는 형태이다.(Ag-Cu, Cu-Zn)
> - 침입형 고용체 : 철원자보다 작은 원자가 고용하는 경우(수소, 탄소, 질소 등)로서 일반적으로 금속 사이의 고용체는 모두가 치환형이다.(Fe-C)

(5) 금속 간 화합물

두 종 이상의 금속 원자가 간단한 원자비로 결합되어 성분 금속과는 다른 성질을 가지는 독립된 화합물을 형성하는 것이다.

[금속 간 화합물을 만드는 합금의 종류]

재료명	금속 간 화합물
탄소강, 주철	Fe_3C
청동	Cu_4Su, Cu_3Sn
알루미늄 합금	$CuAl_2$
마그네슘 합금	Mg_2Si, $MgZn_2$

(6) 평형상태도

① 2성분계 상태도
  ㉠ 서로 다른 두 가지 종류의 성분으로 구성되어 있는 금속을 2성분계 금속이라 한다.
  ㉡ 2성분계 상태도에서는 그 형태에 따라 전율 고용체계, 공정계, 포정계, 편정계 등으로 나눈다.
② 포정
  ㉠ 포정 : 포정반응에 의해 만들어진 고체를 말한다.
  ㉡ 포정반응 : 하나의 고용체에 다른 액체가 작용하여 새로운 다른 고용체를 형성

하는 반응이다.

③ 편정(편정형) : 2성분계의 평형 상태도에서 액체, 고체의 어느 상태에서도 일부분 밖에 녹지 않는 경우를 말한다.

④ 편석 : 금속의 처음과 나중 응고부의 농도차가 있는 것으로 나중에 응고된 부분에 불순물을 많이 함유하게 되어 기계적 성질을 저하시킨다.

⑤ 공정조직 : 2개의 성분 금속이 용해된 상태에서는 균일한 용액으로 되나 응고 후에는 성분 금속이 각각 결정이 되어 분리되며 2개의 성분 금속이 고용체를 만들지 않고 기계적으로 혼합된 조직이다.

⑥ 회복 : 가공경화에 의해 발생된 내부응력의 원자배열 상태는 변하지 않고 감소하는 현상을 말한다.

7. 철강의 열처리와 표면경화

(1) 열처리의 목적

① 조직을 미세화

② 강의 연화

③ 응력과 변형 감소

④ 표면경화 등의 성질 변화

⑤ 기계적 성질(강도, 연성, 내피로성, 내마모성, 내충격성 등) 향상

(2) 열처리의 종류

열처리 종류	냉각방법	열처리 목적
풀림(어닐링)	서냉	응력 제거, 연화, 조직의 균일화
불림(노멀라이징)	공랭	강도와 인성 확보, 결정립 미세화
담금질(퀜칭)	수냉(유냉)	강도 확보, 경화
뜨임(템퍼링)	서냉(공랭)	응력 제거, 담금질 후 균열 방지, 인성 부여

① 풀림(annealing) : 적당한 온도로 가열 유지한 후 열처리 노내에서 서서히 냉각하는 방법으로 재료의 연화, 잔류 응력 제거, 절삭성 향상, 냉간가공의 개선, 결정조

직의 조정 등을 목적으로 하는 열처리
  ⊙ 완전 풀림 : 일반적인 풀림을 말하며, 경화된 강재를 연화시켜 절삭가공이나 소성가공을 용이하게 하기 위함
  ⓒ 확산 풀림 : 노내에서 서서히 냉각시키는 열처리
  ⓒ 응력 제거 풀림 : 주로 단조, 압연, 용접 및 열처리에 의해 생긴 열응력과 기계가공에서 생긴 내부응력 제거 목적의 열처리
  ② 연화 풀림 : 가공 도중에 경화된 재료를 연화시키는 열처리를 연화 풀림 또는 중간 풀림이라 함
  ⑩ 구상화 풀림 : 풀림한 강의 펄라이트는 담금질할 때 변형이나 균열이 생기기 쉬워 열처리로 입상이나 구상으로 바꾸어 주는 것을 구상화 풀림이라 함

> **참고**
> **■ 시멘타이트를 구상화하면**
> - 강도와 경도는 감소하나 강인성이 증가
> - 절삭성 개선
> - 담금질에 의한 변형, 균열 방지
> - 담금질 균일
> - 내마멸성 증가

② 불림(normalizing)
  ⊙ A_3선 이상의 온도에서 가열하여 공기 중에 일정시간을 유지하면 오스테나이트 조직으로 됨
  ⓒ 미세하고 균일하게 표준화된 조직을 얻고자 함이 목적임
③ 담금질(quenching) : 강을 오스테나이트 영역으로 가열 후 급랭하는 방법이다.
  ⊙ 냉각속도에 따른 조직의 변화
    오스테나이트 → 마텐자이트 → 트루스타이트 → 소르바이트 → 펄라이트
  ⓒ 담금질 조직의 강도와 경도가 큰 순서
    마텐자이트 > 베이나이트 > 트루스타이트 > 소르바이트 > 펄라이트
    ※ 베이나이트 : 마텐자이트와 트루스타이트의 중간 조직으로 강도 및 인성이 크고, 열처리 온도는 880~890℃이며, 다른 조직에 비해 시약에 잘 부식된다.
  ⓒ 조직별 경도가 큰 순서
    시멘타이트 > 마텐자이트 > 트루스타이트 > 소르바이트 > 펄라이트 > 오스테

나이트> 페라이트
- ② 조직별 경도(HB) : 페라이트(80~100), 오스테나이트(약 150), 펄라이트(200~250), 소르바이트(250~400), 트루스타이트(400~500), 마텐자이트(500~750), 시멘타이트(800~850)
- ⑩ 경도가 가장 큰 금속 : 시멘타이트
- ⑪ 담금질 온도 범위
  - 아공석강 : A_3선 이상 30~50℃
  - 과공석강 : A_1선 이상 30~50℃가 적당
- ⊘ 냉각제(담금질액)
  - 공업용 담금질액으로 물, 소금, 기름, 유화유, 용염, 용해납 등이 있다.
  - 냉각 능력이 큰 냉각액으로는 염화나트륨 10% 또는 수산화나트륨 10% 액이 사용된다.
④ 담금질의 질량 효과와 경화능 시험
  - ㉠ 질량 효과
    - 재료의 굵기나 두께에 따라 담금질 효과가 다르다.
    - 질량의 대소에 따라 담금질 효과가 다른 현상을 질량 효과라 한다.
  - ㉡ 경화능 시험
    - 담금질이 어느 정도 잘 되느냐 하는 성질을 나타낼 때 경화능이라 한다.
    - 강의 열처리 효과는 경화능과 담금재의 냉각능에 의해 결정된다.
⑤ 뜨임(tempering) : 담금질된 강(경화된 강)을 A_1 이하의 온도에서 가열 후 서냉이나 공랭하는 방법이다.
  - ㉠ 저온 뜨임 : 150℃ 부근의 저온에서 뜨임 열처리
  - ㉡ 고온 뜨임 : 인성을 필요로 하는 강은 500~600℃에서 뜨임 열처리(마텐자이트를 소르바이트 조직으로 개선)

(3) 항온 열처리

항온 변태곡선(TTT곡선, S곡선, C곡선)을 이용하여 열처리로 균열 방지 및 변형 감소의 효과(담금질과 뜨임을 동시에 얻을 수 있다.)

① 오스템퍼 : 하부 베이나이트. 뜨임할 필요가 없고 강인성이 크며, 담금질 변형 및 균열 방지

② 마템퍼 : 베이나이트와 마텐자이트의 혼합조직
③ 마퀜칭 : 마텐자이트, 복잡한 물건의 담금질.(고속도강, 베어링, 게이지) 퀜칭 후 뜨임하여 사용한다.
④ TTT곡선(time temperature transformation diagram) : 시간, 온도, 변태곡선

(4) 강의 표면경화

① 침탄법의 종류
  ㉠ 고체 침탄법 : 침탄로에서 600~900℃로 일정시간 동안 가열하여 침탄제의 탄소를 침투되게 하는 침탄법
  ㉡ 액체 침탄법 : 600~900℃로 용해시킨 염욕 중에서 탄소와 질소가 침투하게 하는 침탄법
  ㉢ 기체(가스) 침탄법 : 메탄가스나 프로판가스와 같은 탄화수소계 가스로 가열하여 소재 표면에 탄소의 확산이 이루어지게 하는 침탄법

② 질화법
  ㉠ 강의 표면에 단단하고 내식성이 높은 질소화합물을 만들어 표면을 경화하는 방법
  ㉡ 강을 NH_3 가스 중에서 500~550℃로 20~100시간 정도 가열한다.
  ㉢ 경화깊이를 깊게 하기 위해서는 시간을 길게 하여야 한다.
  ㉣ 표면층에 합금 성분인 Cr, Al, Mo 등이 단단한 경화층을 형성하며, 특히 Al은 경도를 높여주는 역할을 한다.

③ 화염 경화법 : 탄소강 표면에 산소-아세틸렌 불꽃 등으로 표면만을 가열하여 담금질하는 방법

④ 고주파 경화법 : 가열 방법에 가스불꽃 대신 고주파 전류를 이용하는 경화법

chapter 02 철강재료

제1절 철강

1. 철강의 제조

(1) 철강은 철광석에서 선철(pig iron)을 만든다.
(2) 선철을 원료로 하여 강(steel), 주강(cast steel), 주철(cast iron)을 만든다.
(3) 선철의 종류

선철의 종류	특징
회선철(gray pig iron)	파면이 쥐색인 것
백선철(white pig iron)	파면이 백색인 것
반선철(mottled pig iron)	회선철과 백선철이 혼합된 것

2. 순철

(1) 순철의 특징

① 순철은 기계적 강도가 낮아 기계재료로는 부적당하나 변압기, 발전기용의 박판으로 사용된다.
② 용접, 단접이 쉽다.
③ 용접성이 좋다.

(2) 순철의 변태

① 순철은 1,538℃에서 응고하여 상온까지 냉각되는 동안 A_4, A_3, A_2의 변태를 한다.

② A_4, A_3는 동소변태

③ A_2는 자기변태(변태온도 : 768℃)

- A_4변태 : γ철(FCC) $\underset{}{\overset{1,400℃}{\rightleftarrows}}$ δ철(BCC)

- A_3변태 : α철(BCC) $\underset{}{\overset{910℃}{\rightleftarrows}}$ γ철(FCC)

- A_2변태 : α철 강자성 $\underset{}{\overset{768℃}{\rightleftarrows}}$ α철이 상자성으로 되는데 상자성의 α철을 β철이라고도 부른다.

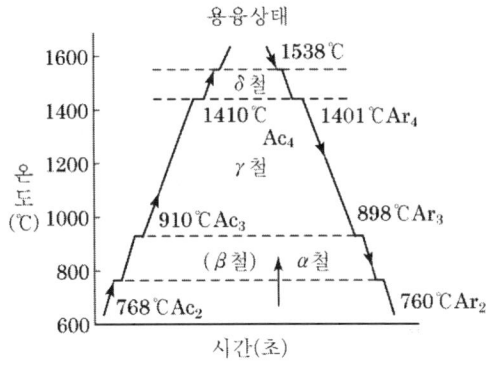

[순철의 변태]

(3) 순철의 조직과 성질

① 상온에서 BCC(체심입방격자)인 α철의 페라이트 조직
② 물리적 성질은 각 변태점에서 불연속적으로 변화

(4) 순철의 범위

① 탄소함유량이 0.02% 이하(상온에서는 탄소함유량이 0.08% 이하)

3. 강

(1) 탄소함유량에 따른 탄소강의 분류

① 탄소량 0.30% 이하 : 저탄소강

② 탄소량 0.30~0.50% : 중탄소강

③ 탄소량 0.50~2.0% : 고탄소강

(2) 강의 범위

① 아공석강 : 탄소함유량 0.02~0.77%

② 공석강 : 탄소함유량 0.77%

③ 과공석강 : 탄소함유량 0.77~2.11%

(3) $Fe-Fe_3C$ 상태도에서의 탄소함유량에 따른 조직 및 강의 용도

① 아공석강 : 페라이트와 펄라이트의 혼합조직

② 공석강 : 펄라이트 조직

③ 과공석강 : 펄라이트와 시멘타이트의 혼합조직

명 칭	탄소함유량(%)	표준상태 Brinell 경도	주 용 도
극연강	0.08~0.12	80~120	강판 및 강선, 함석판, 리벳, 강관
연강	0.12~0.20	100~130	일반구축용 보통강재, 강관
반연강	0.20~0.30	120~145	고력구축철재, 볼트, 너트, 못, 강관
반경강	0.30~0.40	140~170	차축, 볼트, 스프링, 기타 기계재료
경강	0.40~0.50	160~200	스프링, 펌프
최경강	0.50~0.80	180~235	차륜, 외륜, 침, 스프링, 나사
고탄소강	0.80~1.60	180~320	공구재료, 스프링, 게이지류
가단 주철	2.00~2.50	100~150	소형 주철품
고급 주철	2.80~3.20	200~220	강력기계주물, 수도관
보통 주철	3.20~3.50	150~180	수도관 기타 일반주물

(4) 강괴의 탈산법에 따른 분류

① 킬드강

　㉠ 정련된 용강을 Fe-Mn, Fe-Si, Al 등으로 완전 탈산시킨 것이다.

　㉡ 탄소함유량이 0.3% 이상으로서 재질이 균일하고 기계적 성질 및 방향성이 좋아 합금강, 단조용강, 침탄강의 원재료로 사용한다.

② 세미킬드강

　㉠ 킬드강과 림드강의 중간 정도의 것으로 Fe-Mn, Fe-Si로 탈산시킨 것이다.

　㉡ 탄소함유량이 0.15~0.30% 정도로 일반구조용강, 강관, 두꺼운 판의 재료로 사용한다.

③ 림드강

　㉠ 탈산 및 기타 가스처리가 불충분한 상태, 즉 Fe-Mn으로 약간 탈산시킨 강괴이다.

　㉡ 탈산이 충분하지 않아 응고 후에도 방출하지 못한 가스가 기포 상태로 강괴 내에 남아 있다.

　㉢ 저탄소강(탄소함유량 0.3% 이하)의 구조용 강재 및 피복아크 용접봉 재료로 사용한다.

④ 캡트강

　㉠ 림드강을 변형시킨 것으로 편석을 적게 한 것이다.

　㉡ 내부결함이 적으나 표면 결함이 많으므로 박판, 스트립(strip), 주석철판, 형강 등의 원재료로 사용한다.

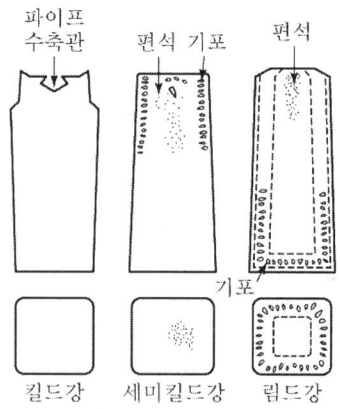

[킬드강, 세미킬드강, 림드강의 구조]

4. 강의 제조법의 종류

(1) 평로 제강법 (2) 전로 제강법
(3) 전기로 제강법 (4) 도가니로 제강법

5. 강의 분류

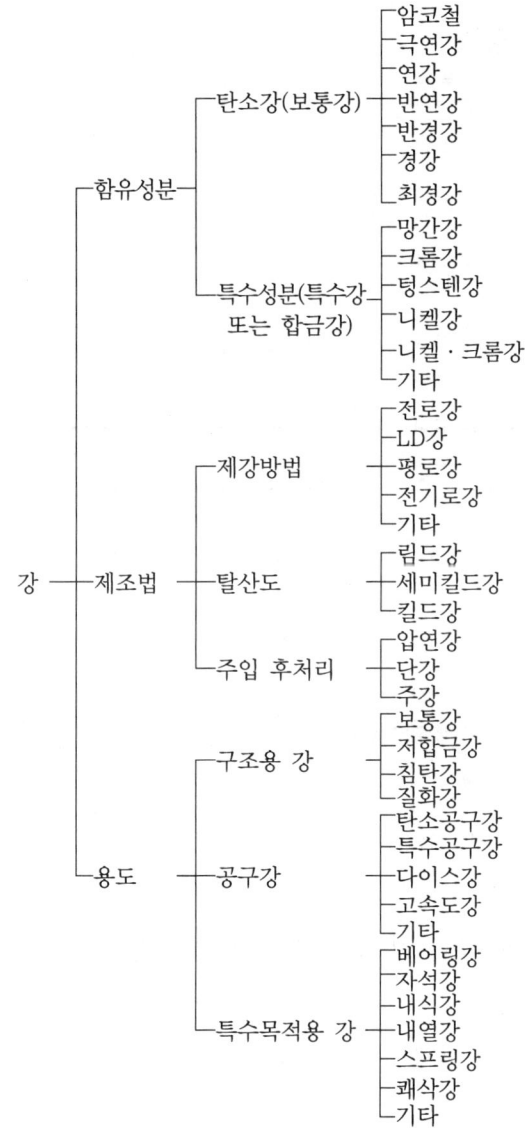

(1) 강의 종류

강(steel)은 탄소량 2.0% 이하의 철합금이나 탄소만을 주요한 합금원소로 하는 탄소강과, 이것에 탄소 이외에 합금원소(망간, 규소, 니켈, 크롬, 구리, 몰리브덴, 텅스텐, 코발트, 바나듐, 알루미늄, 티탄, 붕소 등)를 가한 합금강으로 대별

6. 철강재료의 선정 방법

(1) 경화능

(2) 질량 효과

(3) 단류선

(4) 잔류응력

(5) 노치 효과

제2절 탄소강

1. 탄소강

(1) 탄소강의 상태도

① 1,538℃ : 순철의 용융점(액체)

② 1,535℃ : 응고 개시

③ 1,400℃ : A_4 변태점(동소변태)

④ 910℃ : A_3 변태점(동소변태)

⑤ 768℃ : A_2 변태점(순철의 자기변태점, 큐리점)

⑥ 727℃ : 공석점

⑦ 20℃ : 상온에서 고체

> **참고** Fe-Fe$_3$C 상태도에서 나타난 조직의 명칭과 결정구조
>
> | 기호 | 명칭 | 결정구조 및 내용 |
> |---|---|---|
> | α | α-페라이트 | BCC(체심입방격자) |
> | γ | 오스테나이트 | FCC(면심입방격자) |
> | δ | δ-페라이트 | BCC(체심입방격자) |
> | Fe$_3$C | 시멘타이트 또는 탄화철 | 금속 간 화합물 |
> | α+Fe$_3$C | 펄라이트 | α와 Fe$_3$C 기계적 혼합 |
> | γ+Fe$_3$C | 레데뷰라이트 | γ와 Fe$_3$C 기계적 혼합 |

2. 탄소강의 표준조직

(1) 페라이트(ferrite)

① α 철에 탄소가 최대 0.02% 고용된 α 고용체로 조직상 페라이트라 한다.
② 강자성체로 전연성이 좋다.

(2) 오스테나이트(austenite)

① γ 철에 탄소가 최대 2.11%까지 고용된 γ 고용체로 실온에서 존재하기 어려운 조직으로 오스테나이트라 한다.
② 비자성체이다.

(3) 시멘타이트(cementite)

① 철에 탄소가 6.67% 화합된 철의 금속 간 화합물(Fe$_3$C)로 시멘타이트라 한다.
② A_0 변태점인 210℃에서 자기변태가 일어난다.

(4) 펄라이트(pearlite)

① 0.77%의 탄소를 함유, 페라이트와 시멘타이트가 층상으로 나타나는 조직으로 펄라이트라 한다.

(5) 레데뷰라이트(Ledeburite)

① 4.3%의 탄소를 함유한 용융철이 1,148℃ 이하로 냉각될 때 2.11% 탄소의 오스테나이트와 6.67% 탄소의 시멘타이트로 정출되어 생긴 공정 주철로 조직은 레데뷰라이트라 한다.

② 탄소 4.3%의 지점을 공정점이라 한다.

3. 탄소강의 종류

(1) 냉간 압연 강판
(2) 열간 압연 강판
(3) 일반구조용 압연강
(4) 기계구조용 탄소강
(5) 탄소공구강

탄소공구강의 구비 조건
- 가격이 저렴할 것
- 내마모성이 좋을 것
- 강인성 및 내충격성이 우수할 것
- 상온 및 고온경도가 클 것

4. 탄소강의 용접

(1) 저탄소강의 용접

① 저탄소강은 0.3%C 이하로 가장 널리 사용되고 있는 것이 보통 연강이라고 하는 것
② 일반구조용에 많이 이용
③ 담금질 경화를 거의 무시할 수 있는 저탄소강을 뜻함
④ 0.25%C 이하의 탄소강

(2) 중탄소강 및 고탄소강의 용접

① 탄소량 0.30~0.5%C의 중탄소강과 탄소량이 그 이상이 되는 고탄소강에서는 열영향부가 단단해져 균열 등의 원인 때문에 용접성이 좋지 않다.
② 용접에 있어서 탄소당량이나 판 두께에 따라 예열이 필요

③ 중탄소강의 피복 아크 용접에서 예열 온도는 150~250℃ 정도
④ 저수소계 용접봉을 사용하는 경우에는 예열온도를 다소 낮게 하여도 좋다.
⑤ 고탄소강의 경우에는 보통 200℃ 이상으로 예열온도를 약간 높게 한다.
⑥ 탄소당량이 큰 경우는 350℃ 이상으로 한다.
⑦ 후열(post heating)을 필요로 하는 경우에는 용접 후 650℃ 정도로 가열해서 연성을 회복
⑧ 비드 밑 균열(under bead crack)이나 끝단 균열(toe creak)을 방지하기 위하여 오스테나이트계 용접봉 사용

제3절 합금강

1. 합금강의 종류

(1) 저합금강

고장력깅, 지온강, 내열 합금강, 내후강성강 등

(2) 고합금강

스테인리스강, 고망간강, 니켈강 등

2. 용도에 의한 분류

(1) 구조용

① 강인강 : 크랭크축, 기어, 볼트, 너트, 키, 축 등에 사용
② 표면 경화용강 : 기어, 축, 피스톤 핀, 스플라인 축 등에 사용

(2) 공구용

① 합금 공구강 : 절삭 공구, 프레스 금형, 정, 펀치 등에 사용
② 고속도 공구강 : 절삭 공구, 금형 등에 사용

(3) 스테인리스강

[스테인리스강의 종류와 특징]

종류	성분(%)			담금질성	내식성	가공성	용접성	자성
	Cr	Ni	C					
페라이트계	16~27	-	0.31 이하	없음	양호	약간 양호	약간 양호	있음
오스테나이트계	16 이상	7 이상	0.25 이하	없음	우수	우수	우수	없음
마텐자이트계	11~15		1.20 이하	자경화	가능	가능	불가능	있음

① 페라이트계 스테인리스강의 용접
 ㉠ Cr이 16% 이상으로 함유되어 급랭하여도 마텐자이트를 만들어 경화하는 일이 없으나 열영향부는 조대화되어 부스러지기 쉽다.
 ㉡ 용접법은 가능한 한 가는 용접봉을 사용, 저전류로 용접하여 입열을 억제하고 용접부분이 각 비드마다 예열온도까지 냉각되도록 하면 된다.
 ㉢ 예열온도는 200℃ 정도, 층간온도는 80% 정도로 하고 용접 중에는 그대로 유지하며 용접 후에는 필요에 따라 후열처리를 하면서 서냉시키는 것이 좋다.

② 오스테나이트계 스테인리스강의 용접
 ㉠ 용접 시에는 예열을 하지 않는다.
 ㉡ 내식성, 내열성이 우수하며, 천이 온도도 낮고 강인한 성질을 갖고 있다.
 ㉢ 대표적으로 18Cr-8Ni로 보통 18-8스테인리스강이라 한다.
 ㉣ 용접 균열, 용접에 의해 생기는 취성 및 부식에 대하여 주의하여야 한다.

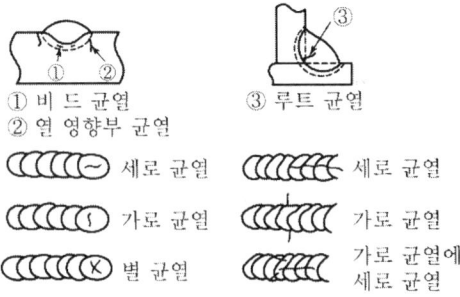

[용접 균열]

 ㉤ 용접 균열은 후판에서 구속이 클 때 일어나기 쉬운 것으로 거의 고온 균열이다.

ⓗ 균열을 방지하기 위해서는 오스테나이트 조직 중에 페라이트를 포함시키면 좋다.
ⓢ 용접봉에는 페라이트를 포함한 오스테나이트계 스테인리스 용접봉을 사용
ⓞ 오스테나이트계 스테인리스강을 용접 등으로 480~800℃로 장시간 유지하거나 이 온도 범위를 서냉시키면 Cr 탄화물이 결정립계에 석출되어 내식성이 저하하여 입계부식이 일어나 결정립계가 부식하거나 부스러진다.
ⓩ 용접에 의하여 가열된 부분은 소위 용접부식(weld decay)이라는 내식성의 약화지대가 생겨 부식환경에서 균열의 원인이 된다.

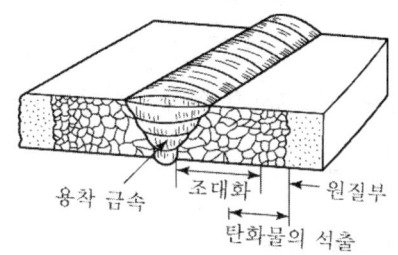

[스테인리스강에 발생하기 쉬운 입계부식]

ⓒ 오스테나이트계 스테인리스강에는 용접부에 생기는 문제들을 해결하기 위해 용접 후 열처리(PWHT)를 해야 할 필요가 있나.
③ 오스테나이트계 스테인리스강에서 발생하는 응력부식 균열의 특징
　㉠ 산소는 응력부식을 가속화시키는 작용을 한다.
　㉡ 초기의 균열이 발견되지 않는 잠복기를 거친 후 균열이 급격히 진행된다.
　㉢ 외부에서 수축력이 작용하면 응력부식 균열 저항성이 증가된다.
④ 오스테나이트계 스테인리스강 용접 시 입간부식의 방지방법
　㉠ 용접하여 가열한 후 급랭시킨다.
　㉡ 탄화물 안정화 원소로 티타늄(Ti), 니오브(Nb), 탄탈(Ta) 등이 사용된다.
⑤ 오스테나이트계 스테인리스강의 용접 시 고온 균열의 원인
　㉠ 크레이터 처리를 하지 않았을 때
　㉡ 고온 균열에 가장 영향을 주는 합금원소는 황(S)
　㉢ 모재가 오염되어 있을 때
　㉣ 구속력이 가해진 상태에서 용접할 때

ⓜ 아크 길이가 너무 길 때
　⑥ 오스테나이트계 스테인리스강의 용접 시 유의해야 할 사항
　　　㉠ 예열은 하지 말아야 한다.
　　　㉡ 층간 온도가 320℃를 넘으면 안 된다.
　　　㉢ 짧은 아크 길이를 유지한다.
　　　㉣ 아크를 중단하기 전에 크레이터 처리를 한다.
　　　㉤ 낮은 전류값으로 용접하여 용접 입열을 억제한다.
　　　㉥ 용접봉은 같은 재질로 하여 가는 용접봉을 쓴다.
　⑦ 마텐자이트계 스테인리스강의 용접
　　　㉠ 용접에 의해 급열, 급랭되면 마텐자이트를 생성하여 균열을 일으키기 쉽다.
　　　㉡ 탄소함유량이 많을수록 경화가 심하고 잔류응력이 커지기 때문에 용접이 곤란한 재료 중 하나이다.

3. 용접 후열처리(PWHT)의 종류

(1) 고용화 열처리(용체화 처리)
　① 1,050~1,100℃로 가열하여 판 두께 1"당 1시간 유지 후 수냉 또는 공랭하는 것
　② 가혹한 부식 환경에서 사용되는 경우, 장시간의 열가공을 받아 탄화물, 취화물이 석출된 것
　③ 냉간가공에 의해 심하게 경화한 것 등에 실시

(2) 안정화 열처리
　① 850~930℃ 가열 후 판 두께 1"당 1시간 유지 후 공랭하는 것

(3) 응력 제거 열처리
　① 820~870℃ 가열 후 판 두께 1"당 1시간 유지 후 공랭하는 것
　② 저탄소 및 안정화 오스테나이트계 스테인리스강에 있어서 잔류응력이 크게 나쁜 영향을 미칠 경우에만 적용
　③ 이종재료 용접부에는 적용하지 않는 것이 좋다.

(4) 치수 안정화 열처리

① 보통 550℃ 이하로 가열 후 공랭하는 것
② 사용 중에 변형될 염려가 있을 경우에 실시하는 것
③ 저탄소 또는 안정화 오스테나이트계 스테인리스강에서는 600~850℃로 시공하는 것이 좋다.

4. 합금원소의 첨가 효과

(1) 기계적 성질 개선
(2) 강도와 연성 증가
(3) 내식, 내열, 내산화성 향상
(4) 내마모, 내마멸성 증가

제4절 주강

1. 주강의 종류

(1) 보통 주강

탄소함유량에 따라 0.2% 이하의 저탄소 주강, 0.2~0.5%의 중탄소 주강, 2% 이상의 고탄소 주강으로 구분

(2) 합금 주강

내식성, 내열성, 내마멸성 등을 향상시키기 위해 보통 주강에 합금원소들을 첨가한 주강

2. 주강의 특징

(1) 주철에 비하여 기계적 성질이 우수
(2) 용접보수가 용이

(3) 단조품이나 압연품에 비해 방향성이 없다.
(4) 철-탄소계 합금으로 탄소의 함유량이 주철에 비해 낮다.

3. 주강의 용접

(1) 주강(cast steel)에는 탄소 주강과 합금 주강 등이 있다.
(2) 주강 용접은 주강을 비롯하여 압연강이나 단조강 등의 접합에도 이용
(3) 용접방법에는 피복 아크 용접법이 가장 많이 이용
(4) 후열의 온도는 탄소강과 같이 625±25℃
(5) 사용 용접봉은 저탄소 주강은 연강용, 고탄소 주강에는 저수소계 용접봉을 사용하며 또한 고장력강용 용접봉도 사용

제5절 주철

1. 주철의 성질

(1) 비중은 규소와 탄소가 많을수록 작아지며, 용융온도도 낮아진다.
(2) 흑연편이 클수록 자기 감응도가 나빠진다.
(3) 규소와 니켈의 양이 증가함에 따라 고유저항이 높아진다.
(4) 산에는 약하나 알칼리에는 강하다.
(5) 압축강도가 크다.
(6) 400℃가 넘으면 강도가 점차 저하되고 내열성도 나빠진다.

(1) 주철의 범위

탄소를 2.11~6.67% 함유하는 Fe-C 합금

(2) 주철의 범위

① 탄소함유량에 따른 분류
  ㉠ 아공정 주철 : 탄소함유량 2.11~4.3%
  ㉡ 공정 주철 : 탄소함유량 4.3%

ⓒ 과공정 주철 : 탄소함유량 4.3~6.67%
　② 파단면의 색깔에 따른 분류
　　　㉠ 회주철
　　　㉡ 백주철
　　　㉢ 반주철
　③ 원소 첨가에 따른 분류
　　　㉠ 보통 주철 : 철에 탄소와 규소가 함유된 주철
　　　㉡ 합금 주철 : 보통 주철에 필요한 원소를 첨가시킨 주철
　　　㉢ 특수 주철 : 특수주조 처리된 주철

(3) 주철의 특성

① 절삭성이 우수하다.
② 내마모성이 우수하다.
③ 강에 비해 충격값이 현저하게 낮다.
④ 진동 흡수 능력이 우수하다.
⑤ 강에 비하여 용융점이 낮고(약 1,150℃) 유동성이 좋으며, 주조성이 우수하다.
⑥ 주철은 연강보다 인장강도가 낮고, 상온에서 가단성 및 연성이 없다.

(4) 주철의 성장

고온에서 긴 시간 유지 및 가열냉각을 반복하게 되면 주철 부피가 팽창되면서 변형으로 인한 균열이 발생하는 현상

① 주철 성장 및 팽창 요인
　㉠ A_1 변태에 따른 체적의 변화
　㉡ Fe_3C 의 흑연화에 의한 성장
　㉢ 규소의 산화에 의한 팽창
　㉣ 흡수된 가스에 의한 팽창
　㉤ 가열에 의한 균열 발생으로 인한 팽창

(5) 주철의 조직도

탄소함유량을 세로축, 규소함유량을 가로축으로 하여 두 성분 관계에 따라 주철 조직의 변화를 나타낸 선도를 마우러의 조직도라 한다.

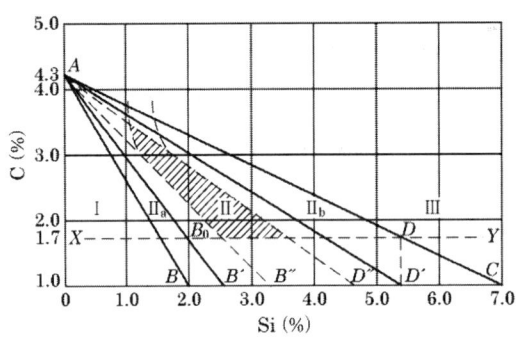

[마우러의 조직도]

① 조직도의 구역별 조직
  - Ⅰ : 백주철(레데뷰라이트+펄라이트)
  - Ⅱ : 펄라이트 주철(레데뷰라이트+펄라이트+흑연)
  - Ⅱ$_a$: 반주철(펄라이트+흑연)
  - Ⅱ$_b$: 회주철(펄라이트+흑연+페라이트)
  - Ⅲ : 페라이트 주철(흑연+페라이트)

2. 주철의 종류

원소의 첨가에 따라 회주철, 백주철, 반주철, 고급 주철 등으로 나눈다.

(1) 보통 주철

회주철이 대표적이며, 기계 가공성이 좋고 값이 저렴하여 일반 기계 부품, 난방용품, 가정용품 등에 쓰이는데 특히 공작기계의 베드, 프레임, 몸체 등에 널리 쓰인다.

(2) 백주철

백주철은 보통 백선이라 하며 흑연의 석출이 없고 탄화철의 형식으로 파면이 은백색으로 되어 있다.

(3) 반주철

백주철의 일부가 흑연화하여 파면에 부분적으로 흑색부가 보이는 주철

(4) 고급 주철

① 인장강도가 245MPa 이상인 주철
② 대표적으로 미하나이트 주철이 있다.
③ 미하나이트 주철은 흑연을 미세화하여 강도를 높인 것

(5) 특수 용도 주철

① 가단 주철 : 고탄소 주철로 회주철과 같이 주조성이 우수한 백선주물을 만들고 열처리함으로써 강인한 조직으로 만들어 단조를 가능하게 한 주철

> **참고 — 가단 주철의 종류**
> • 백심 가단 주철(연신율 3~8%)   • 흑심 가단 주철(연신율 5~14%)
> • 펄라이트 가단 주철(연신율 2~6%)

② 구상 흑연 주철 : 마그네슘을 첨가한 것 이외에 특수한 방법으로 용철을 처리하여 흑연을 구상으로 석출시켜 풀림 처리하면 인장강도 45~70kg/mm², 연신율 12~20% 정도로 강과 비슷한 것이 얻어진다.

> **참고**
> • 흑연화 촉진제 : Si, Al, Ni, Ti
> • 흑연화 방지제 : Cr, Mn, S, Mo, V

3. 회주철의 용접

(1) 회주철의 가스 용접

예열(400~600℃ 정도)로 급랭을 방지하여 백선화를 방지

> **가스용접용 용제**
> - 붕사 15%, 탄산소다 15%, 중탄산소다 70%
> - 가성소다 80%, 붕산 18%, 규소 2% 등

① 용접 후 용접부 급랭을 억제하고 잔류응력을 완화시키기 위하여 540~600℃ 정도로 후열 후 일정시간 유지한 후 서냉
② 주철의 융점보다 낮은 토빈청동을 이용, 예열없이 모재를 용융시키지 않고 경납땜을 하는 방법도 있다.

(2) 회주철의 아크 용접

> **회주철 아크 용접에서 예열온도에 따른 분류**
> - 냉간 용접(예열을 하지 않음)
> - 저온 예열 용접(예열온도 100~300℃)
> - 열간 용접(예열온도 500~600℃)으로 분류

4. 주철의 용접 작업

(1) 준비

① 균열의 맨 끝에 작은 구멍(stop hole, 정지 구멍)을 뚫어 균열이 더 이상 연장되지 않도록 한다.
② 용접 홈의 폭이 좁고 길며, 깊은 개선에서는 캐스케이드법과 블록법 등이 이용된다.

(2) 주철의 용접 시 주의하여야 할 사항

① 용접 전류는 필요 이상 높이지 말고 지나치게 용입을 깊게 하지 않는다.
② 비드의 배치는 짧게 해서 여러 번의 조작으로 완료한다.
③ 용접봉은 가급적 지름이 가는 것을 사용한다.
④ 용접부를 필요 이상 크게 하지 않는다.

(3) 주철 용접이 곤란한 이유

① 500~600℃의 예열 및 후열이 필요하기 때문이다.
② 주철은 여리며 수축이 많아 균열이 생기기 쉽기 때문이다.
③ 주철 속에 기름, 흙, 모래 등이 있는 경우에 용착이 불량하거나 모재와의 친화력이 나빠지기 때문이다.
④ 일산화탄소 가스가 발생하여 용착 금속에 기공이 생기기 쉽기 때문이다.

(4) 주철의 보수용접

① 보수용접의 종류
   ㉠ 버터링법 : 처음에 모재와 잘 융합되는 용접봉으로 적당한 두께까지 용착시키고 난 후 다른 용접봉으로 용접하는 방법
   ㉡ 비녀장법 : 균열의 수리 및 가늘고 긴 용접을 할 때 용접 전에 직각이 되게 지름 6~10mm 정도의 ㄷ자형의 강봉을 박고 용접하는 방법
   ㉢ 로킹(rocking)법 : 스터드 볼트 대신 용접부 바닥면에 둥근 홈을 파고 이 부분에 걸쳐 힘을 받도록 하는 방법

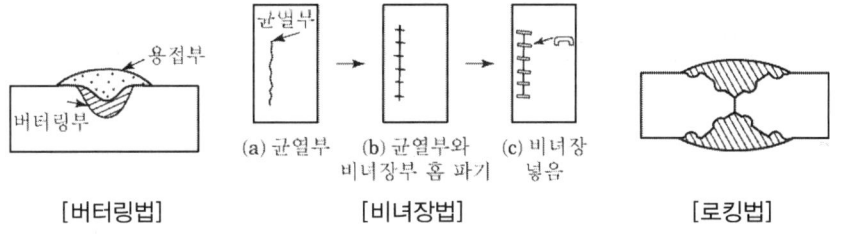

[버터링법]   [비녀장법]   [로킹법]

   ㉣ 스터드(stud)법 : 용접 경계부 바로 밑부분의 모재가 갈라지는 약점을 보강하기 위하여 지름 6~10mm 정도의 스터드 볼트를 설치하는 방법

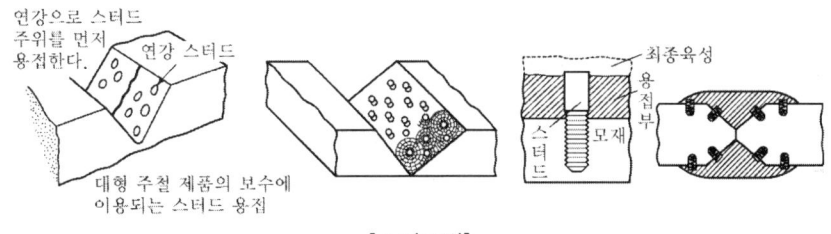

[스터드법]

- 스터드의 단면적은 용접 표면의 25~35% 정도로 하는 것이 좋다.
- 비드는 직선 비드보다 단속 비드로 용접함과 동시에 냉각 전에 피닝한다.

> **참고 ─ 주철의 용접 시 주의하여야 할 사항**
> - 예열과 후열 등의 용접조건을 충분하게 하여 시멘타이트층이 생기지 않도록 하여야 한다.
> - 주조품은 적절한 예열이나 용접방법을 선택할 필요가 있다.
> - 탄소가 많기 때문에 용접부에 기포가 생기기 쉬우므로 주의하여야 한다.
> - 용접 열에 의해 급열, 급랭되기 때문에 용접부에 백주철이나 담금질 조직이 생겨 용접부가 단단하게 되어 절삭가공이 곤란한 경우가 있다.

chapter 03 비철금속재료

제1절 구리와 그 합금

1. 구리 및 그 합금의 종류

(1) 구리(Cu)는 전기 및 열전도율이 좋아 전기재료로 많이 사용된다.

(2) 내식성이 우수하고 가공성이 좋아 여러 분야에 이용된다.

(3) 구리 합금에는 황동과 청동이 많이 사용된다.

(4) 탈산구리 : 인(P)으로 탈산하여 산소 함유량을 0.02% 이하로 낮춘 것

(5) 구리의 융점은 1,083℃, 비중은 8.9

(6) 변태점이 없고 비자성체이다.

■ 제조 방법에 따른 구리의 종류
 • 전기구리   • 정련구리   • 탈산구리   • 무산소구리

(1) 황동(Cu+Zn)

황동은 구리와 아연의 2원 합금

① 7·3황동

　㉠ 가공용 황동이 대표적인 것

　㉡ 아연을 28~30% 함유

　㉢ 전연성이 좋고 상온가공이 용이

② 판, 봉, 관, 선 등의 용도로 사용
⑤ 자동차 방열기 부품, 전구소켓, 탄피 등의 재료로 사용

② 6・4황동
㉠ 아연을 37~43% 함유
㉡ 냉간가공은 떨어지나 열간가공은 우수
㉢ 문쯔메탈이라고도 함
㉣ 판재, 선재, 볼트, 너트, 열교환기, 파이프, 밸브 등에 사용

(2) 특수 황동

① 쾌삭황동(납황동)
㉠ 6・4황동에 Pb을 0.6~4% 첨가함
㉡ 피삭성이나 타발성이 우수

② 애드미럴티 황동
㉠ 주석황동으로 7・3황동에 주석 1%를 첨가한 황동

③ 네이벌 황동
㉠ 6・4황동에 주석을 0.8% 첨가

④ 니켈 황동
㉠ 양백 또는 양은이라고 함
㉡ 니켈을 10~20%, 아연을 15~30% 함유한 것이 많이 사용
㉢ 단단하고 부식에 강함
㉣ 선재, 판재, 장식품, 식기, 가구재료, 전기저항체로 이용

(3) 청동

- 좁은 의미 : 구리와 주석의 합금
- 넓은 의미 : 황동 이외의 구리 합금 모두 청동
- 주조성이 좋음
- 내식・내마멸성이 우수

① 포금(gun metal)
㉠ 주석 8~12%, 아연 1~2% 함유
㉡ 단조성이 우수, 내해수성, 수압, 증기압에 강해 선박 등에 널리 사용

ⓒ 밸브, 콕, 기어, 베어링 부시 등의 주물에 널리 사용

(4) 특수 청동

① 인청동
  ㉠ 납청동에 인을 0.03~0.5% 첨가
② 알루미늄 청동
  ㉠ Cu에 Al 6~11% 첨가
  ㉡ 내해수성을 향상시킨 금속

제2절 알루미늄과 그 합금

1. 일반적 성질 및 종류

(1) 비중이 2.7로 가볍고 대기 중에서 내식성이 좋다.
(2) 전기 전도율은 구리의 60% 이상으로 송전선으로 많이 사용된다.
(3) 은백색의 전연성이 좋은 금속이다.
(4) 주조가 용이하고 다른 금속과 잘 합금된다.
(5) 상온 및 고온에서 가공이 용이하다.
(6) 해수에서는 부식되기 쉬우며, 염산, 황산, 알칼리 등에는 잘 침식된다.

(1) 주조용 알루미늄 합금

① Al-Cu계 합금 : 담금질 시효에 의하여 강도 증가, 내열성, 연신율, 절삭성이 좋으나, 고온취성이 크고 수축에 의한 균열 등의 결점이 있다.
내연기관의 부품으로 사용
② Al-Cu-Si계 합금 : 라우탈이라 하며, 구리가 3~8%, 규소가 3~8%로 조성
③ Al-Si계 합금 : 공정점 부근의 성분은 실루민, 알팩스라고 부른다.
④ 내열용 알루미늄 합금
  ㉠ 자동차, 항공기, 내연기관의 피스톤, 실린더 등으로 사용
  ㉡ 피스톤으로 사용되는 Y합금, 로우엑스(Lo-Ex)합금, 코비탈륨 합금 등이 있다.

(2) 가공용 알루미늄 합금

내식성 알루미늄 합금과 고강도 알루미늄 합금으로 분류

① 내식성 알루미늄 합금
- ㉠ 강도를 개선하는 원소는 망간, 마그네슘, 규소
- ㉡ 크롬은 응력부식을 방지하는 효과
- ㉢ 내식성 알루미늄 합금의 대표적인 것은 알민(Mn 1.25%), 하이드로날륨(Mg 6~10%)

② 고강도 알루미늄 합금
- ㉠ 두랄루민계를 시초로 발달한 시효 경화성 알루미늄 합금
- ㉡ 대표적인 것으로 Al-Cu-Mg계와 Al-Zn-Mg계로 분류

> **참고 — 알루미늄 및 그 합금이 일반구조용 강재에 비하여 용접이 어려운 이유**
> - 열전도율이 연강의 약 3.5배로 크기 때문에 국부가열이 곤란하다.
> - 비열 및 용융잠열이 크므로 용융점이 낮은데도 불구하고 비교적 큰 용접 입열량을 필요로 한다.
> - 전기 전도율이 높아 순간 대전류의 통전을 필요로 하는 저항용접에서는 용접조건의 선정 및 제어가 곤란하다.
> - 알루미늄 및 그 합금의 표면은 항상 매우 강한 산화피막(Al_2O_3, 알루미나)으로 덮여 있어 용접 중 가스 실드가 완전하지 않으면 강한 산화물이 용착금속 중에 남게 되기 쉽다.
> - 선팽창계수가 연강의 약 2배, 응고 수축률이 약 1.5배가 되므로 용접 변형이 생기기 쉽다.
> - 화학적으로 활성이 강하여 용융금속을 공기로부터 보호할 필요가 있다.
> - 비중이 낮아 용융금속과 스케일이나 슬래그 등과의 분리가 나쁘다.
> - 액상에서 수소(H) 용해도가 고상에서보다 크므로 용접금속에 기공이 생기기 쉽다.

제3절 기타 금속

1. 니켈과 그 합금

(1) 일반적 성질

① 면심입방격자 구조의 은백색 금속

② 용융온도 1,453℃, 비중 8.9
③ 상온에서 강자성체, 358℃ 부근에서 자기변태점이 있어 자성이 없어진다.
④ 전연성이 크고 상온에서 소성가공이 용이하다.

(2) 니켈합금

① 니켈-구리계 합금
  ㉠ 큐프로 니켈 : 열교환기 콘덴서에 사용
  ㉡ 콘스탄탄 : 구리에 Ni 40~50% 첨가, 통신기기, 저항선, 저온용 열전대 등에 사용
  ㉢ 모넬메탈 : Cu에 65~70% Ni 첨가, 터빈 날개, 펌프 임펠러 등의 재료로 사용
② 니켈-철계 합금
  ㉠ 인바 : 열팽창계수가 철의 1/10 정도로 측량기구, 바이메탈 등에 사용
  ㉡ 엘린바 : 인바에 12% Cr 첨가, 정밀부품 등에 사용
  ㉢ 플래티나이트 : 46% Ni-Fe 합금, 백금 대용으로 사용

2. 티탄과 그 합금

(1) 일반적 성질

① 비중 4.51, 용융온도 1,668℃
② 내식성이 우수하고 가볍다.
③ 고온에서 산소, 질소, 탄소와 반응이 쉬워 용해주조가 어렵다.

chapter 04 용접설비제도

제1절 제도의 기본

1. 제도의 규격

(1) 국가별 표준규격

국가별 표준규격	규격기호	국가별 표준규격	규격기호
국제 표준화 기구	ISO	미국	ANSI
한국	KS	스위스	SNV
영국	BS	프랑스	NF
독일	DIN	일본	JIS

(2) KS의 부문별 분류기호

부 문	기본	기계	전기	금속	광산	토건	일용품
분류기호	KS A	KS B	KS C	KS D	KS E	KS F	KS G
부 문	식료품	섬유	요업	화학	의료	조선	항공
분류기호	KS H	KS K	KS L	KS M	KS P	KS V	KS W

2. 도면의 분류

구분	도면명	내용
용도에 따른 분류	계획도	설계자의 설계 의도와 계획을 나타낸 도면
	제작도	건설 또는 제조에 필요한 모든 정보를 전달하기 위한 도면
	주문도	주문하는 사람이 주문하는 물건의 크기, 형태, 정밀도, 정보 등의 주문 내용을 나타낸 도면
	견적도	견적 의뢰를 받은 사람이 의뢰받은 물건의 견적 내용을 나타낸 도면
	승인도	주문자 또는 기타 관계자의 승인을 얻은 도면
	설명도	사용자에게 물품의 구조, 기능, 성능 등을 설명하기 위한 도면
내용에 따른 분류	부품도, 조립도, 기초도, 배치도, 배근도, 장치도, 스케치도	
표현 형식에 따른 분류	외관도, 전개도, 곡면선도, 선도, 입체도	

3. 도면의 크기 및 양식

(1) 도면의 크기

제도용지의 크기는 KS 규격에서 정하는 종이의 재단 치수의 규격에 의한 A열의 A0~A4에 따른다.

① 도면의 크기와 윤곽치수

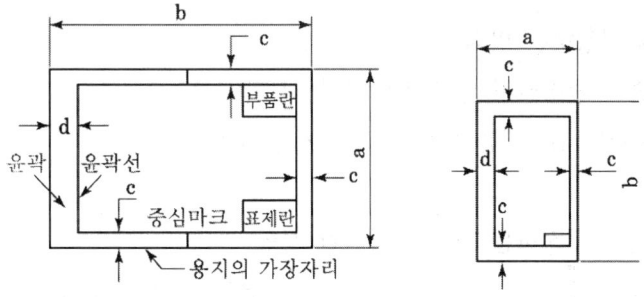

도면 크기의 호칭		A0	A1	A2	A3	A4
a×b		841×1189	594×841	420×594	297×420	210×297
c(최소)		20	20	10	10	10
d(최소)	철하지 않을 때	20	20	10	10	10
	철할 때	25	25	25	25	25

② 제도용지의 세로와 가로의 비는 $1 : \sqrt{2}$ 이고, A0의 넓이는 약 $1m^2$이다.

(2) 도면의 양식

① 윤곽 및 윤곽선
  ㉠ 도면에 담아 넣는 내용을 기재하는 영역을 명확히 하기 위함
  ㉡ 용지의 가장자리에서 생기는 손상으로 기재 사항을 해치지 않도록 하기 위함
  ㉢ 윤곽의 크기는 용지의 크기에 따라 0.5mm 이상의 실선으로 그린다.

② 표제란 : 표제란에는 도면 번호, 도면 명칭, 기업명, 책임자의 서명, 도면 작성 연월일, 척도, 투상법 등을 기입

③ 부품란
  ㉠ 도면에 나타난 부품의 세부 내용을 기입
  ㉡ 도면의 오른편 아래 표제란 위 또는 도면의 오른편 위에 설정
  ㉢ 부품란에는 부품 번호(품번), 재질, 수량, 무게, 공정, 비고 등을 기입

④ 중심 마크 : 도면을 마이크로필름에 촬영하거나 복사할 때 편의를 위해 마련

⑤ 비교 눈금
  ㉠ 도면이 축소 또는 확대 시 정도를 알기 위해 도면의 아래쪽에 중심 마크를 마련
  ㉡ 도면의 구역
  ㉢ 도면 중 특정 부분의 위치를 지시할 때 편의를 주고자 마련

⑥ 재단 마크 : 복사한 도면을 재단하고자 하는 경우 사용

⑦ 도면을 접을 경우 크기 : 복사한 도면을 접을 때는 A4 크기를 원칙으로 한다.

⑧ 도면에 설정하는 양식
  ㉠ 도면에 설정하시 않으면 안 되는 사항
    • 도면의 윤곽-윤곽선   • 중심 마크
    • 표제란
  ㉡ 도면에 설정하는 것이 바람직한 사항
    • 비교눈금   • 도면의 구역-구분기호
    • 재단 마크   • 부품란-대조번호
    • 도면의 내력란

(3) 도면의 보관 및 출도

① 원도는 화재나 수해로부터 안전하도록 방재처리를 한 도면을 보관함에 격리하여 보관한다.
② 원도는 가능한 한 접지 않고 보관한다.
③ 도면 보관함에는 도면번호, 도면크기 등을 표시하여 사용이 쉽게 한다.
④ 원도는 도면을 변경하고자 하는 이외에는 출고하지 않는다.(대출 시 복사도 사용)
⑤ 생산 현장에 출도할 때는 복사도를 사용한다.

(4) 척도의 종류

① 현척 : 도형의 실물과 같은 크기로 제도하는 경우 사용
② 축척 : 실물보다 작게 제도하는 경우 사용
③ 배척 : 실물보다 크게 제도하는 경우 사용
④ 실물의 길이가 비례하지 않을 때는 "비례척이 아님" 또는 "NS"로 적절한 곳에 기입
⑤ 척도의 표기방법
　㉠ A : B에서 A는 도면에서의 크기 B는 실물의 크기
　㉡ 현척 1 : 1($\frac{1}{1}$)=실물과 같게 그림
　㉢ 축척 1 : 2($\frac{1}{2}$)-실물보다 작게 그림
　㉣ 배척 2 : 1($\frac{2}{1}$)=실물보다 크게 그림

4. 제도용 문자와 선

(1) 제도문자

① 제도에 사용하는 문자는 한글, 숫자, 로마자이다.
② 숫자는 아라비아숫자를 사용하고 한글과 숫자의 크기는 5종으로 한다.
③ 로마자는 주로 대문자를 사용하고 크기는 7종으로 한다.

(2) 선의 종류

① 모양에 따른 분류
　㉠ 실선 : 연속적으로 이어진 선(────)

ⓛ 파선 : 짧은 선을 일정한 간격으로 나열한 선(.................)

ⓒ 1점 쇄선 : 길고 짧은 2종류의 선을 번갈아 나열한 선(─ . ─ . ─)

ⓔ 2점 쇄선 : 긴 선과 2개의 짧은 선을 번갈아 나열한 선(─ .. ─ ..)

② 선의 굵기의 비율

선 굵기의 종류	비율
가는 선	1
굵은 선	2
아주 굵은 선	4

③ 선의 종류에 의한 용도

선의 종류		용도에 의한 명칭	용도
굵은 실선	────	외형선	대상물의 보이는 부분의 모양을 표시하는 선
가는 실선	────	치수선	치수를 기입하기 위한 선
		치수보조선	치수를 기입하기 위하여 도형으로부터 끌어내는 데 쓰는 선
		지시선	기술, 기호 등을 표시하기 위하여 끌어내는 선
		회전단면선	도형 내에 그 부분의 끊은 곳을 90° 회전하여 표시하는 선
		중심선	도형의 중심선을 간략하게 표시하는 선
		수준면선	수면, 유면 등의 위치를 표시하는 선
가는 파선 또는 굵은 파선	─ ─ ─	숨은선	대상물의 보이지 않는 부분의 모양을 표시하는 선
가는 1점 쇄선	─ . ─	중심선	(1) 도형의 중심을 표시하는 선 (2) 중심이 이동한 궤적을 표시하는 선
		기준선	위치결정의 근거가 된다는 것을 명시할 때 쓰는 선
		피치선	되풀이하는 도형의 피치를 취하는 기준을 표시하는 선
굵은 1점 쇄선	── .	특수지정선	특수한 가공을 하는 부분 등 특별한 요구사항을 적용할 수 있는 범위를 표시
가는 2점 쇄선	─ .. ─	가상선	(1) 인접부분을 참고로 표시하는 선 (2) 공구, 지그 등의 위치를 참고로 나타내는 선 (3) 가동부분을 이동 중의 특정한 위치 또는 이동한계의 위치로 표시 (4) 가공 전 또는 가공 후의 모양을 표시하는 선 (5) 되풀이하는 것을 나타내는 선 (6) 도시된 단면의 앞부분을 표시하는 선
		무게중심선	단면의 무게중심을 연결한 선을 표시하는 선

선의 종류		용도에 의한 명칭	용도
불규칙한 파형의 가는 실선 또는 지그재그선	～	파단선	대상물의 일부를 파단한 경계 또는 일부를 떼어낸 경계를 표시
가는 1점 쇄선으로 끝부분 및 방향이 변하는 부분을 굵게 한 것	⌐⌐	절단선	단면도의 절단된 부분을 나타낸다.
가는 실선으로 규칙적으로 줄을 늘어 놓은 것	//////	해칭	도형의 한정된 특정부분을 다른 부분과 구별하기 위하여 사용 예를 들어 단면도의 절단된 부분
가는 실선	———	특수한 용도의 선	(1) 외형선 및 숨은선의 연장을 표시하는 선 (2) 평면이란 것을 나타내는 선 (3) 위치를 명시하는 선
아주 굵은 실선	━━		얇은 부분의 단선도시를 명시하는 선

④ 선의 우선 순위 : 2종류 이상의 선이 같은 선상에서 중복될(겹칠) 경우 다음 순서에 따라 우선 그린다.

※ 외형선-숨은선-절단선-중심선-무게 중심선-치수 보조선 순

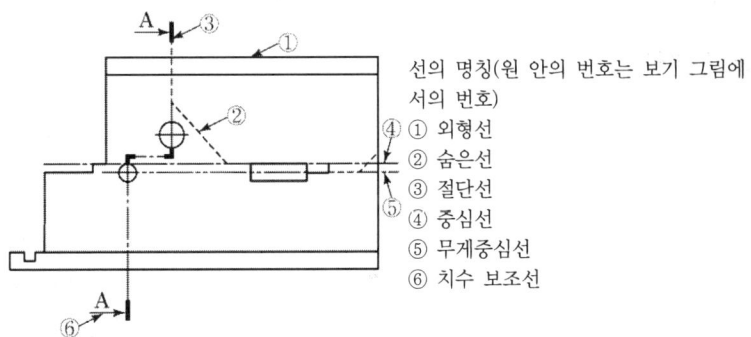

선의 명칭(원 안의 번호는 보기 그림에서의 번호)
① 외형선
② 숨은선
③ 절단선
④ 중심선
⑤ 무게중심선
⑥ 치수 보조선

chapter 4. 용접설비제도

(3) 선긋기 일반사항

① 평행선은 선 간격을 선 굵기의 3배 이상으로 그으며, 선과 선의 틈새는 0.7mm 이상으로 한다.
② 밀집한 교차선의 경우 선 간격을 선 굵기의 4배 이상으로 긋는다.
③ 많은 선이 한 점에 집중하는 경우 선 간격이 선 굵기의 약 3배가 되는 위치에서 선을 멈춰 점의 주위를 비우는 것이 좋다.
④ 1점 쇄선 및 2점 쇄선은 긴 쪽 선으로 시작하고 끝내도록 한다.
⑤ 실선과 파선, 파선과 파선이 서로 만나는 부분은 이어지도록 그린다.
⑥ 1점 쇄선(중심선)끼리 서로 만나는 부분은 이어지도록 그린다.
⑦ 파선이 서로 평행하게 그어질 때에는 서로 엇갈리게 그린다.
⑧ 원호와 직선이 서로 만나는 부분은 층이 나지 않게 그린다.
⑨ 모서리에서는 서로 이어지도록 긋는다.

제2절 기초 제도

1. 투상법

물체의 형태, 형상, 크기, 위치 등을 일정한 법칙에 따라 평면 위에 그리는 방법

(1) 투상법의 분류

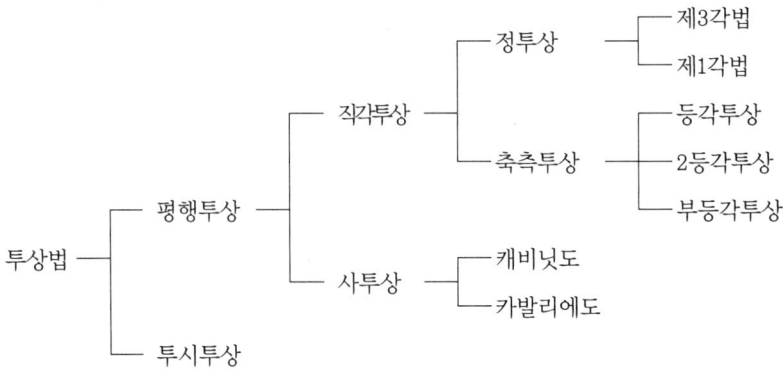

(2) 투상 용어

① 투상 : 대상물의 형태를 평면상에 투영하는 것
② 투상면 : 투상에 의해서 대상물의 형태를 찍어내는 평면
③ 시점 : 대상물을 투상할 때 눈의 위치
④ 투상선 : 시점과 대상물의 각 점을 연결하고 대상물의 형태를 투상면에 찍어내기 위해서 사용하는 선

(3) 투상면의 명칭

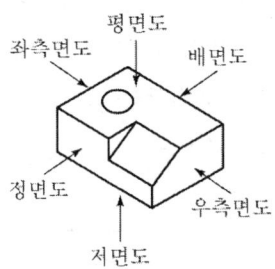

투상명칭	투시방향	내용
정면도	앞쪽	기본이 되는 가장 주된 면으로 물체의 앞에서 바라본 모양을 나타낸 도면
우측면도	우측	물체의 우측에서 바라본 모양을 나타낸 도면
좌측면도	좌측	물체의 좌측에서 바라본 모양을 나타낸 도면
평면도	위쪽	물체의 위에서 내려다본 모양을 나타낸 도면
저면도	아래쪽	물체의 아래쪽에서 올려다본 모양을 나타낸 도면
배면도	뒤쪽	물체의 뒤쪽에서 바라본 모양을 나타낸 도면

(4) 투상도의 종류

① 정투상 : 대상물의 좌표면이 투상면에 평행인 직각투상을 정투상이라 한다.
② 등각 투상 : 정면, 평면, 측면을 하나의 투상면 위에서 동시에 볼 수 있도록 두 개의 옆면 모서리가 수평선과 30°가 되게 하여 세 축이 120°의 등각이 되도록 입체도로 투상한 것

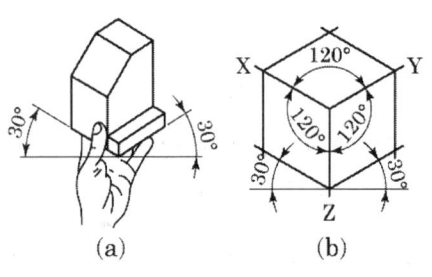

[등각투상]

③ 부등각 투상 : 3좌표축이 이루는 각이 모두 다른 경우를 부등각 투상이라 한다.

④ 사투상도 : 투상선이 투상면을 사선으로 평행하도록 무한대의 수평 시선으로 얻은 물체의 윤곽을 그리는데 육면체의 세 모서리는 경사 축이 각을 이루는 입체도가 된다. 사투상도 경사축의 사용각도는 30°, 45°, 60°로 하며, 45° 경사축으로 그린 것을 카발리에도, 60° 경사축으로 그린 것을 캐비닛도라고 한다.

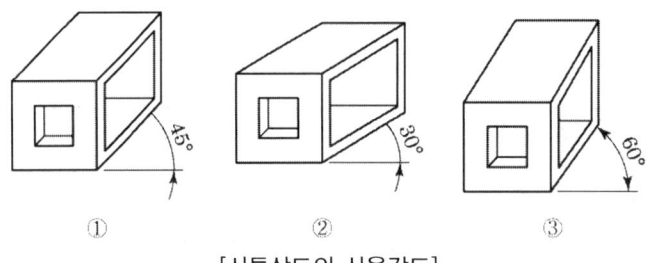

[사투상도의 사용각도]

⑤ 투시 투상 : 투상면에서 어떤 거리에 있는 시점과 대상물의 각 점을 연결한 투상선이 투상면을 지나는 투상

(5) 제1각법과 제3각법의 특징

① 제1각법

㉠ 투상 : 눈 → 물체 → 투상면

㉡ 대상물을 제1상한에 놓고 투상면에 정투상하여 그리는 방법

㉢ 투상도의 배치는 정면도를 기준으로 제3각법과 정반대로 배치된다.

㉣ 정면도의 우측에 좌측면도, 정면도의 좌측에 우측면도가 배치되며, 정면도의 위쪽에 저면도가 배치되는 방법

② 제3각법

　ⓐ 투상 : 눈 → 투상면 → 물체

　ⓑ 대상물을 제3상한에 두고 투상면에 정투상하여 그리는 방법

　ⓒ 정면도의 우측에 우측면도, 정면도의 좌측에 좌측면도가 배치되며, 정면도의 위쪽에 평면도가 배치되는 방법

③ 각법의 표시기호 제1각법과 제3각법의 비교

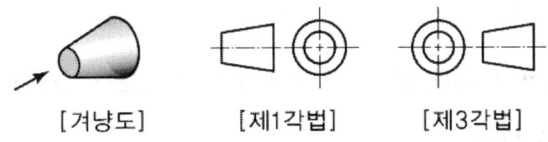

[겨냥도]　　　　[제1각법]　　　　[제3각법]

④ 제1각법과 제3각법의 도면배열

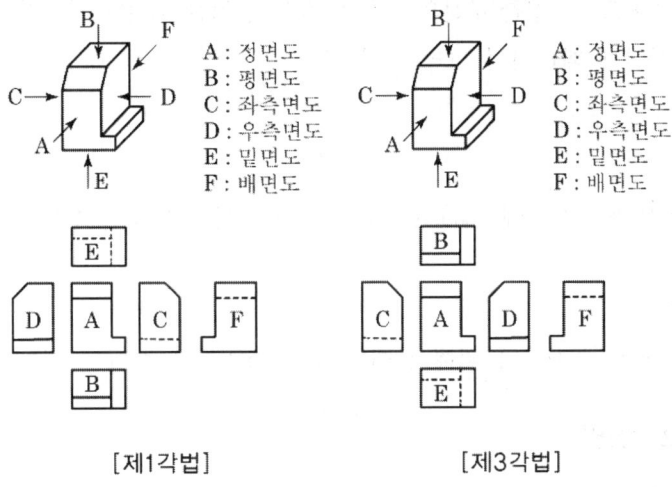

[제1각법]　　　　　　　　[제3각법]

(6) 투상도의 표시방법

① 주투상도(정면도) : 대상물의 모양 기능을 뚜렷하게 나타내는 면을 도시

② 보조 투상도 : 경사부가 있는 물체는 그 경사면의 실제 모양을 표시할 때 보이는 부분의 전체 또는 일부분을 보조 투상도로 나타낸다.

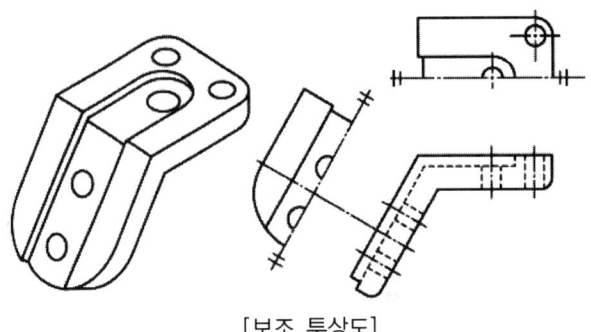

[보조 투상도]

③ 부분 투상도 : 도면의 일부분을 도시하는 것으로도 충분한 경우 필요한 부분만 투상하여 도시한다.

④ 회전 투상도 : 대상물의 일부가 어느 각도를 가지고 있는 것을 실제로 나타내기 위해 회전해서 실제의 모양을 나타낸다.

⑤ 부분 확대도 : 특정한 부분의 도형이 작아 상세한 도시나 치수기입이 곤란한 경우 다른 부분에 확대하여 그리는 확대도

2. 단면도

가상의 절단면을 정투상법에 의하여 나타낸 투상도를 단면도라 한다.

(1) 단면의 표시

단면이란 것을 표시하기 위해서 해칭 또는 스머징을 한다.

(2) 단면의 표시방법

① 보통 사용하는 해칭은 주된 중심선 또는 단면도의 주된 외형선에 대하여 45°로 가는 실선을 등간격으로 긋는다.

② 해칭선의 간격은 해칭을 하는 단면의 크기에 따라 선택한다.

③ 해칭 대신에 스머징을 할 경우에는 연필 또는 흑색 색연필로 칠하는 것이 좋다.

④ 같은 절단면 위에 나타나는 같은 부품의 단면에도 동일한 해칭(또는 스머징)을 한다.

⑤ 인접한 단면의 해칭은 선의 방향 또는 각도를 바꾸든지 아니면 간격을 바꾸어서 구별한다.

(3) 단면도의 종류

① 온 단면도(전 단면도) : 대상물을 1평면의 절단면으로 절단해서 얻어지는 단면을 빼놓지 않고 그린 단면도로 전 단면도라고도 함
② 한쪽 단면도 : 대칭형의 대상물을 대칭 중심선을 경계로 하여 외형도의 절반과 전 단면도의 절반을 조합하여 그린 단면도
③ 부분 단면도 : 도형의 대부분을 외형도로 하고 필요로 하는 요소의 일부분만을 단면도로 나타낸 단면도
④ 회전 단면도 : 핸들이나 바퀴 등의 암, 림, 리브, 후크, 축 구조물의 부재 등의 절단면을 90°로 회전하여 그린 단면도

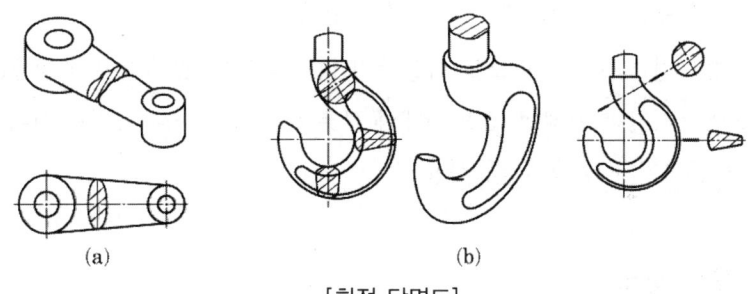

[회전 단면도]

⑤ 계단 단면도 : 절단면이 투상면에 평행 또는 수직하게 계단 형태로 절단된 것을 계단 단면도라 한다.
⑥ 얇은 부분의 단면도 : 개스킷, 박판, 형강 등에서 절단 자리가 얇을 경우 절단자리를 검게 칠하거나 1개의 아주 굵은 실선으로 표시
⑦ 길이 방향으로 절단하지 않는 부품 : 축, 핀, 볼트, 와셔, 작은나사, 세트 스크류, 리벳, 키, 테이퍼 핀, 볼, 리브, 바퀴의 암, 기어의 이 등

3. 스케치

대상물을 보면서 그 형상을 프리핸드로 그리는 것

(1) 스케치의 필요성

① 동일 부품의 재제작, 파손된 기계부품을 교체하고자 할 때

② 현품을 기준으로 개선된 부품을 고안하려 할 때

③ 도면을 보존할 필요가 없을 경우

④ 급히 기계를 제작하려 할 경우

⑤ 사용 중인 기계의 부품 개조가 필요한 경우

(2) 스케치 방법

① 프린트법 : 부품의 면이 평면으로 되어 있고 복잡한 윤곽을 갖는 부품인 경우에 그 면에 광명단 등을 발라 스케치 용지에 찍어 그 면의 실형을 얻는 방법

② 모양뜨기법(본뜨기법) : 물체를 종이 위에 놓고 그 둘레를 연필로 모양을 뜨는 직접 모양뜨기법과, 납선이나 동선 등으로 부품의 곡면에 따라 굽혀서 그것을 종이 위에 놓고 모양을 뜨는 간접법이 있다.

③ 프리핸드법 : 자나 컴퍼스를 사용하지 않고 척도와 관계없이 도형을 그리는 방법

④ 사진법 : 복잡한 기계의 조립 상태나 부품을 여러 각도로 사진을 찍어 제작도 작성 시 활용하거나 조립할 때 사용

4. 치수의 기입 방법

(1) 기본 사항

① 치수의 표시방법

㉠ 치수는 두 개의 점, 두 개의 선, 두 개의 평면 사이 또는 점, 직선, 평면 등 상호 간의 거리를 표시하기 위하여 사용

㉡ 치수는 숫자로써 실제 길이를 표시

㉢ 치수 보조선으로 치수의 구간을 표시

② 치수 보조기호

기호	구분	사용방법
ϕ	지름	지름 치수의 치수 문자 앞에 붙인다.
R	반지름	반지름 치수의 치수 문자 앞에 붙인다.
Sϕ	구의 지름	구의 지름 치수의 치수 문자 앞에 붙인다.
SR	구의 반지름	구의 반지름 치수의 치수 문자 앞에 붙인다.
□	정사각형의 변	정사각형의 한 변 치수의 치수 문자 앞에 붙인다.
t	판의 두께	판 두께의 치수 문자 앞에 붙인다.
⌒	원호	원호의 길이 치수의 치수 문자 앞에 붙인다.
C	45° 모따기	45° 모따기 치수의 치수 문자 앞에 붙인다.
☐	이론적으로 정확한 치수	이론적으로 정확한 치수의 치수 문자를 둘러싼다.
( )	참고치수	참고치수의 치수 문자(치수보조기호를 포함)를 둘러싼다.

③ 치수 수치의 표시방법
   ㉠ 길이 치수문자는 mm 단위를 기입하고 단위기호를 붙이지 않는다.
   ㉡ 각도 치수문자는 도(°), 분(′), 초(″)를 기입한다.
   ㉢ 각도 치수문자를 라디안으로 기입하는 경우 단위 기호 rad 기호를 기입한다.
   ㉣ 치수문자의 소수점은 아래쪽의 점으로 하고 약간 크게 찍는다.

④ 치수기입의 원칙
   ㉠ 치수는 주로 정면도에 집중되며, 부분적인 특징에 따라 평면도나 측면도 등에 표시될 수 있다.
   ㉡ 두께치수는 주로 평면도나 측면도에 기입한다.
   ㉢ 치수의 기입방향은 수직선에 대하여 시계 반대 방향으로 향하여 기입한다.

⑤ 치수의 종류
   ㉠ 재료 치수
   ㉡ 소재 치수
   ㉢ 마무리 치수
   ※ 특별히 명시하지 않는 한 마무리 치수를 기입

⑥ 치수기입의 구성 요소
  ㉠ 치수선
    • 부품의 모양을 나타내는 외형선과 평행하게 긋는다.
    • 치수선과 치수 보조선은 가는 실선으로 긋는다.
    • 치수선은 원칙적으로 치수 보조선을 사용하여 긋는다.
  ㉡ 치수 보조선 : 치수선을 긋기 위한 보조선
    • 치수 보조선은 지시하는 치수의 끝에 해당하는 도형상의 점 또는 선의 중심을 지나 치수선에 직각으로 긋는다.
  ㉢ 지시선과 인출선
    • 구멍의 치수나 가공법, 지시사항, 부품번호 등을 기입하기 위하여 쓰이는 선
  ㉣ 치수의 배치 방법
    • 직렬 치수 기입
    • 병렬 치수 기입
    • 누진 치수 기입
    • 좌표 치수 기입

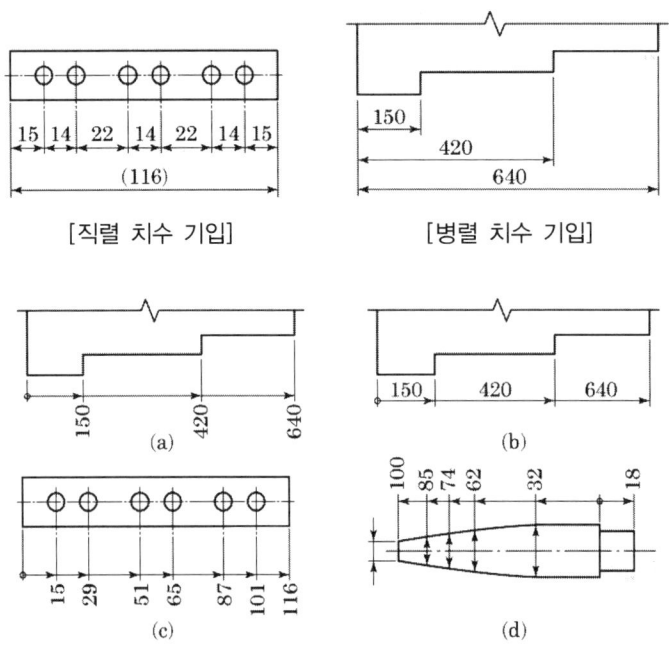

[직렬 치수 기입]　　[병렬 치수 기입]

[누진 치수 기입]

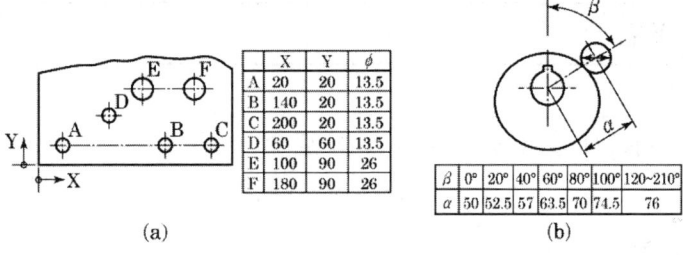

[좌표 치수 기입]

㉤ 평면의 표시 : 도형 내의 특정한 부분이 평면인 것을 표시할 필요가 있을 때는 가는 실선을 대각선으로 긋는다.

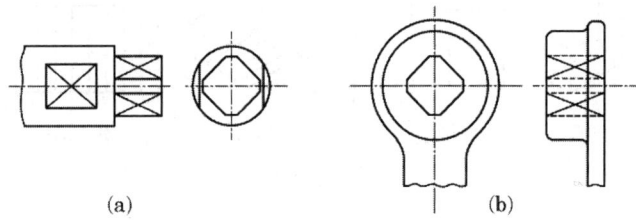

[평면임을 나타내고자 할 때의 표시]

참고

변, 각도, 현, 원호의 치수 기입

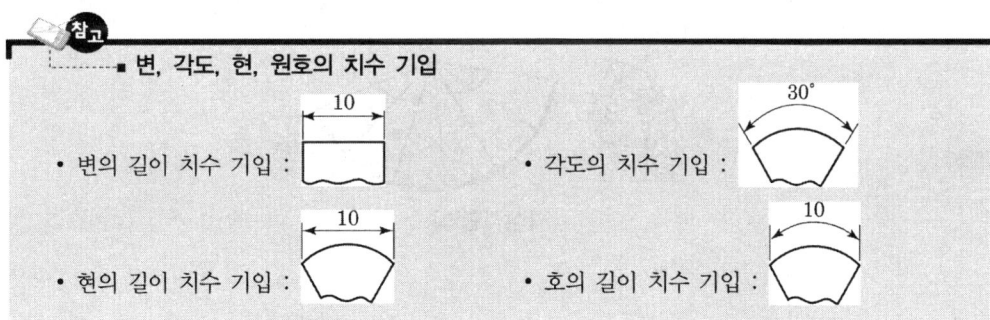

제3절 전개도

입체의 표면을 하나의 평면 위에 펼쳐 놓은 도형

1. 전개도의 종류

(1) 평행선 전개법

능선이나 직선 면소에 직각 방향으로 전개하는 방법

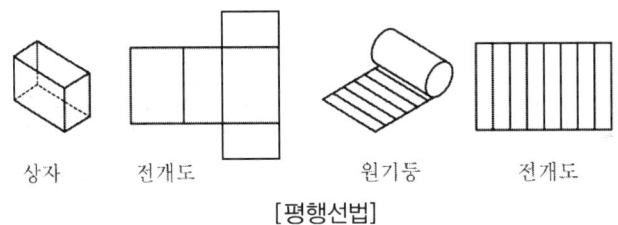

[평행선법]

(2) 삼각형 전개법

입체의 표면을 몇 개의 3각형으로 분할하여 전개도를 그리는 방법

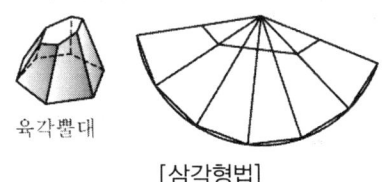

[삼각형법]

(3) 방사선 전개법

각뿔이나 뿔면은 꼭지점을 중심으로 방사상으로 전개

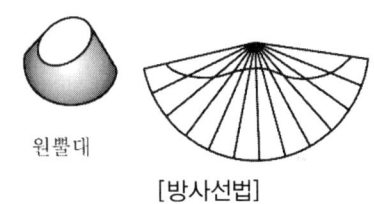

[방사선법]

2. 기계재료의 표시 방법

(1) 재료 기호의 구성

① 처음 부분 : 재질을 표시
② 중간 부분 : 규격명 또는 제품명을 표시
③ 끝부분 : 재료의 종류 번호, 최저 인장강도 표시

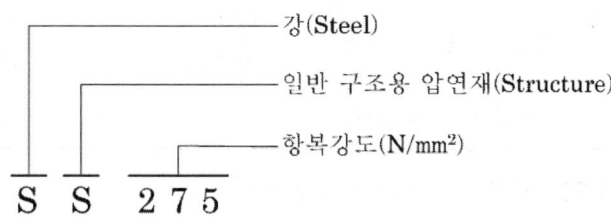

(2) 기계재료의 표시 방법

기호	제품명 또는 규격명	기호	제품명 또는 규격명
D	봉(bar)	MC	가단 주철품
BC	청동 주물	NC	니켈 크롬강
BaC	황동 주물	NCM	니켈 크롬 몰리브덴강
C	주조품(casting)	P	판(plate)
CD	구상 흑연 주철	PS	일반구조용관
CP	냉간 압연 연강판	PW	피아노선(piano wire)
Cr	크롬강	S	일반구조용 압연재
CS	냉간 압연 강대	SW	강선(steel wire)
DC	다이 캐스팅(die casting)	T	관(tube)
F	단조품(forging)		

(3) 주요 재료의 표시 기호

KS 규격	재료 명칭	변경 전	변경 후
KS D 3503	일반구조용 압연강재	SS400	SS275
		SS490	SS315
KS D 3515	용접구조용 압연강재	SM400A	SM275A
		SM490A	SM355A
KS D 3566	일반구조용 탄소강관	SKT400	SGT275
		SKT490	SGT355
KS D 3565	상수도용 도복장강관	-	STWW290

※ 종래의 기호를 괄호로 표기하여 참고표기
  예) SS275(SS400)

(4) 구조용 강재의 분류

① 일반구조용 압연강재 : SS275(SS400)

② 용접구조용 압연강재 : SM275A(SM400A)

③ 기계구조용 탄소강재 : SM45C(S45C)

④ 일반구조용 탄소강관 : SGT275(SKT400)

(5) 재료의 조질도 기호

구분	기호	기호의 의미
조질도 기호	A	풀림 상태(연질)
	H	경질
	1/2H	1/2경질
	S	표준조질

(6) 재료의 중량 계산

중량=체적(단면적×두께 또는 길이)×비중량

(7) 판재의 총 길이 계산

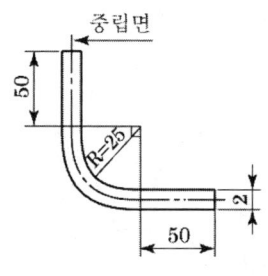 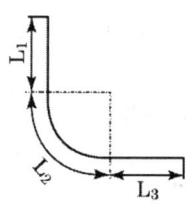

① 90°로 굽힐 때 R부분의 길이 L_2

$$l = \frac{(2R+t)\pi}{4} = \frac{(2 \times 25 + 2) \times 3.14}{4}$$

R부분 길이= 40.82

그러므로 전체길이는

ℓ =직선부분 길이+R부분 길이+직선부분 길이

ℓ =50+40.82+50=140.82

제4절   CAD 일반

CAD란 컴퓨터를 이용하여 제품을 제도, 분석 또는 수정하는 모든 종류의 설계활동을 말한다.

1. CAD의 인터페이스

(1) 소프트웨어

GKS, IGES, DXF, STEP

(2) CAD 시스템의 도입 효과

① 설계에서의 생산성 향상, 생산 주기 단축

② 수정사항에 대한 신속한 대응, 설계 오류의 최소화

③ 설계의 정확성 등을 미리 검증 가능

④ 시제품 제작을 현저히 줄일 수 있는 방법 제공

⑤ 생산성 향상 및 대외 신뢰도의 향상 등이 가능

(3) CAD 시스템 좌표계

① 직교좌표계　　　② 극좌표계

③ 원통좌표계　　　④ 구면좌표계

제5절 용접 이음 제도

1. 비파괴 시험의 기호

비파괴 시험 기호는 기본 기호 및 보조 기호로 한다.

(1) 기본 기호

기호	시험의 종류	기호	시험의 종류
RT	방사선 투과 시험	LT	누설 시험
UT	초음파 탐상 시험	ST	변형도 측정 시험
MT	자분 탐상 시험	VT	육안 시험
PT	침투 탐상 시험	PRT	내압 시험
ET	와류 탐상 시험	AET	음향 방출 시험

(2) 보조 기호

기호		기호	
N	수직 탐상	D	염색, 비형광 탐상 시험
A	경사각 탐상	F	형광 탐상 시험
S	한 방향으로부터의 탐상	O	전둘레 시험
B	양 방향으로부터의 탐상	Cm	요구 품질 등급
W	이중 벽 촬영		

2. 용접부의 기호

(1) 용접 기호

부호번호	명 칭	그 림
1	화살표(지시선)	
2a	기준선(실선)	
2b	동일선(파선)	
3	용접기호(이음용접)	

(2) 기본 기호

명 칭	기 호
양면 플랜지형 맞대기 이음 용접	八
평면형 평행 맞대기 이음 용접	∥
한쪽면 V형 맞대기 이음 용접	V
한쪽면 K형 맞대기 이음 용접	V
부분 용입 한쪽면 V형 맞대기 이음 용접	Y
부분 용입 한쪽면 K형 맞대기 이음 용접	Y
한쪽면 U형 홈 맞대기 이음 용접(평행면 또는 경사면)	Y
한쪽면 J형 맞대기 이음 용접	Y
뒷면 용접	⌒
필릿 용접	△
플러그 용접 : 플러그 또는 슬롯 용접	⊓
스폿 용접	○
심 용접	⊖
급경사면(스팁 플랭크) 한쪽면 V형 홈 맞대기 이음 용접	V
급경사면 한쪽면 K형 맞대기 이음 용접	V
가장자리 용접	∥∥
서피싱	⌢

명 칭	기 호
서피싱 이음	═
경사 이음	⫽
겹침 이음	⊇

ⓒ 기본 기호의 대칭적인 용접부의 조합 기호

명 칭	기 호
양면 V형 맞대기 용접(X자 이음)	X
양면 K형 맞대기 용접	K
부분 용입 양면 V형 맞대기 용접(부분 용입 X형 이음)	 ⋈
부분 용입 양면 K형 맞대기 용접(부분 용입 K형 이음)	 K
양면 U형 맞대기 용접(H형 이음)	 ⋈

(3) 보조 기호

① 용접부 형상의 기호

용접부 및 표면의 형상	기 호
평면(동일 평면으로 다듬질)	─
⌒(볼록)형	⌒
⌣(오목)형	⌣
끝단부를 매끄럽게 함	 ⌣
영구적인 덮개판을 사용	M
제거 가능한 덮개판을 사용	MR

② 보조기호의 적용

명 칭	기 호
한쪽면 V형 맞대기 용접 – 평면(동일면) 다듬질	 ▽
양면 V형 용접 – ⌒(볼록형)형 다듬질	 ⋈
필릿 용접 – ⌣(오목형)형 다듬질	 ⌣
뒤쪽면 용접을 하는 한쪽면 V형 맞대기 용접 – 양면 평면(동일면) 다듬질	⋈
뒤쪽면 용접과 넓은 루트면을 가진 한쪽면 V형(Y이음) 맞대기 용접 – 용접한 대로	 ⋎

명 칭	기 호
한쪽면 V형 다듬질 맞대기 용접 – 동일면 다듬질	⌵̄
필릿 용접 끝단부를 매끄럽게 다듬질	⌒

(4) 도면상 기호의 위치

① 일반 사항 : 다음의 규정에 근거하여 3가지 기호로 구성된 기호는 모든 표시 방법 중 단지 한 부분을 만든다.
  ㉠ 하나의 이음에 하나의 화살표
  ㉡ 하나는 연속선이고 다른 하나는 파선인 2개의 평행선으로 된 2종 기준선
  ㉢ 치수선의 정확한 숫자와 규정상의 기호
  ㉣ 파선은 연속선의 위 또는 그 바로 아래 중 어느 한 가지로 그을 수 있다. 즉, 화살표는 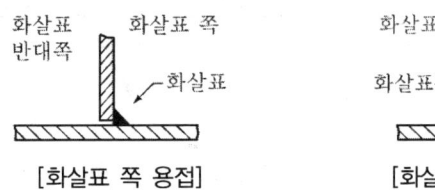 로 그을 수 있다.
  ㉤ 화살표 및 기준선에는 모든 관련 기호를 붙인다(용접 방법, 허용 수준, 용접 자세, 용가재 등 상세 항목을 표시하려는 경우에는 기준선의 끝에 꼬리를 덧붙인다.)

② 화살표와 이음과의 관계(이음의 "화살표 쪽"과 "화살표 반대쪽" 표기 방법
  ㉠ T이음의 한쪽면 필릿 용접

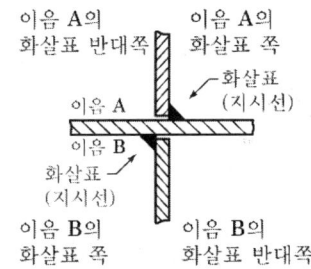

[화살표 쪽 용접]   [화살표 반대쪽 용접]

  ㉡ +자 이음의 양면 필릿 용접

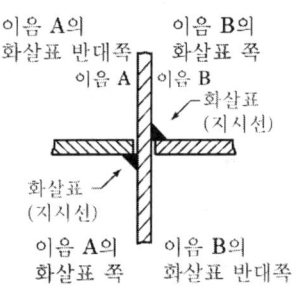

ⓒ 화살표의 위치
- 용접부에 관한 화살표의 위치는 일반적으로는 특별한 의미가 없다.
- 화살표는 준비된 판 방향을 향하여 표시한다.
- 화살표는 기준선에 대하여 각도가 있도록 하여 기준선의 한쪽 끝에 연결한다.
- 화살표는 화살 머리로 끝낸다.

ⓔ 기준선의 위치 : 기준선은 도면의 이음부를 표시하는 선에 평행으로 또는 불가능한 경우에는 수직으로 기입하여야 한다.

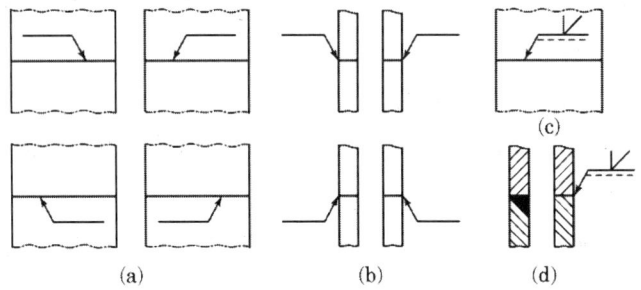

ⓜ 기준선에 대한 기호의 위치 : 기호는 기준선의 위 또는 그 바로 아래 둘 중 어느 한쪽에 표시

ⓗ 화살표 쪽의 용접 : 용접부(용접면)가 이음의 화살표 쪽에 있을 때에는 기호는 실선 쪽의 기준선에 기입

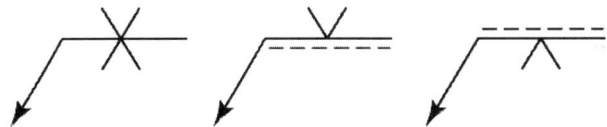

ⓢ 화살표 반대쪽의 용접 : 용접부(용접면)가 이음의 화살표와는 반대쪽에 있을 때에는 기호는 파선 쪽에 기입한다.

ⓞ 용접부의 치수 표시
- 가로 단면에 관한 치수는 기호의 좌측(기호의 앞)에 기입

• 세로 단면 방향 치수는 기호의 우측(기호의 뒤)에 기입

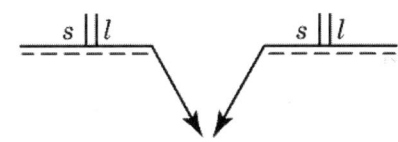

㉣ 표시해야 할 주요 치수 : 판의 끝 단면에 용접되는 용접부의 치수는 도면상 외에도 기호로 표시하지 않는다.
㉤ 필릿 용접부의 치수 표시 : 문자 a 또는 z를 해당하는 치수값의 앞에 항상 배치한다.

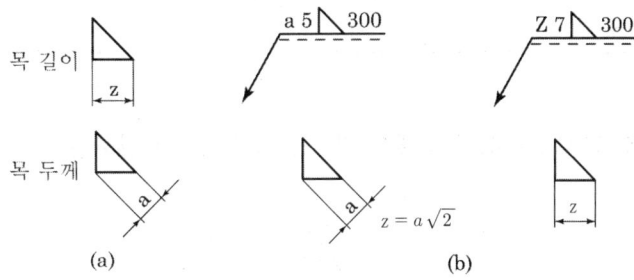

(5) 주요 치수

용어 설명	용접부 명칭	기호 표시	기호 또는 도해
l : 용접부 길이(크레이터부 제외) (e) : 인접한 용접부 간의 거리(피치) n : 용접부의 개수(용접 수) a : 목두께(절단면에 내접하는 최대 2등변 삼각형의 높이) z : 다리길이(절단면에 내접하는 최대 2등변 삼각형의 변)	지그재그 단속 필릿 용접부(목두께)	a ▷ n×l ⌐(e) a n×l ⌐(e)	
	지그재그 단속 필릿 용접부(다리길이)	z ▷ n×l ⌐(e) z n×l ⌐(e)	
l : 용접부 길이(크레이터부 제외) (e) : 인접한 용접부 간의 거리(피치) n : 용접부의 개수(용접 수) C : 슬롯부의 폭	플러그 또는 스폿 용접부	C ⌐ n×l(e)	

용어 설명	용접부 명칭	기호 표시	기호 또는 도해
l : 용접부 길이(크레이터부 제외) (e) : 인접한 용접부 간의 거리(피치) n : 용접부의 개수(용접 수) C : 슬롯부의 폭	심 용접부	C ⊖ n×l(e)	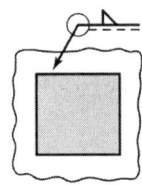
n : 용접부의 개수(용접 수) (e) : 간격 d : 구멍 지름	플러그 용접부	d ⊓ n(e)	
n : 용접부의 개수(용접 수) (e) : 간격 d : 스폿부의 지름	스폿 용접부	d ○ n(e)	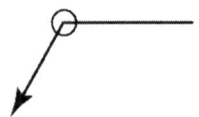

① 일주 용접 표시 : 용접이 부재의 전부를 일주하여 용접하는 경우 원의 기호로 표시

② 현장 용접 표시 : 현장 용접의 경우에는 깃발 기호로 표시

③ 온둘레(전체 둘레, 원주, 일주) 용접 표시 : 지시선과 기준선 경계 부분에 원으로 표시

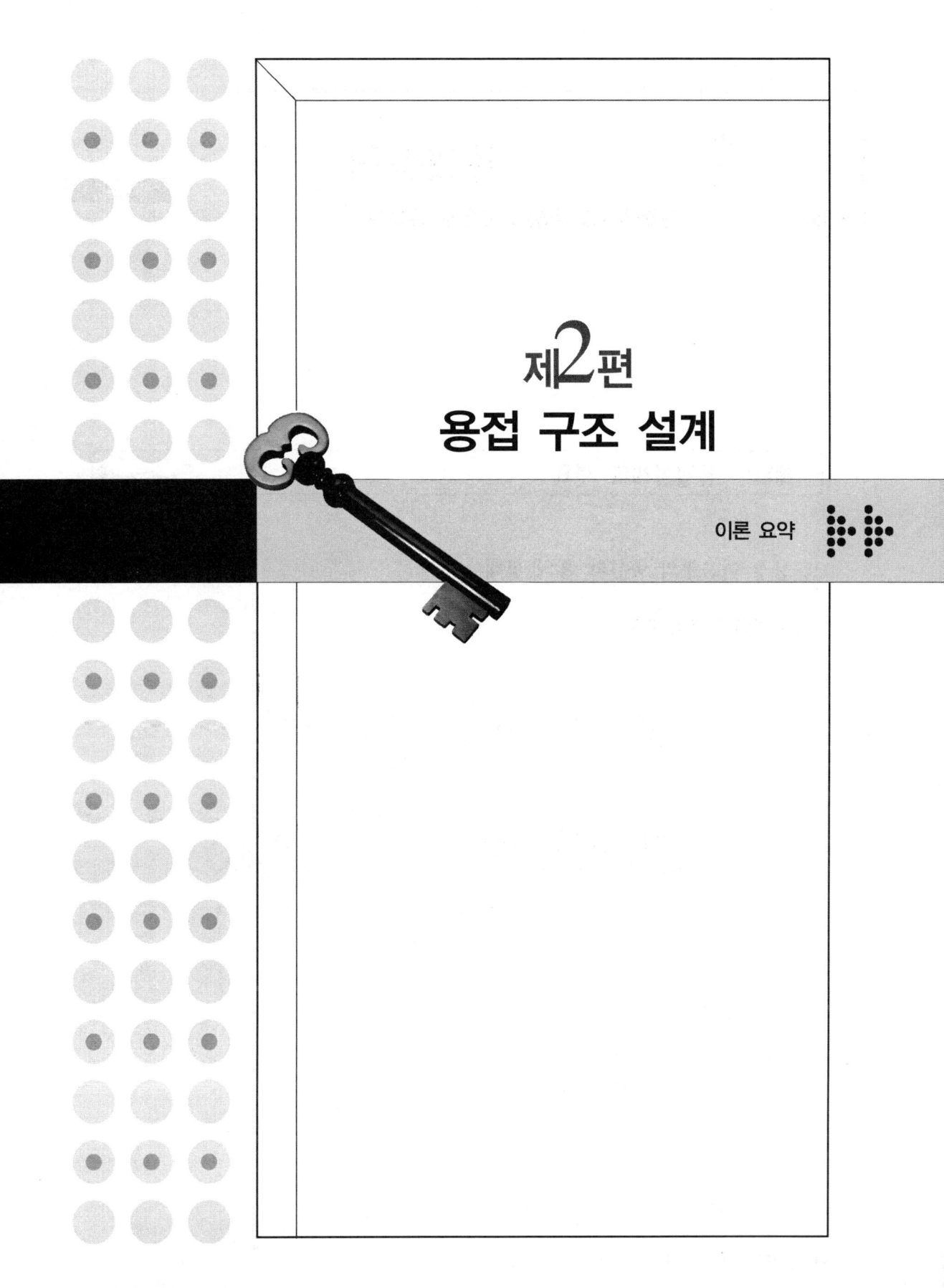

제2편
용접 구조 설계

이론 요약

chapter 01 용접설계

제1절 용접설계의 개요

1. 용접 이음부의 종류와 홈의 형태

(1) 용접 이음의 종류

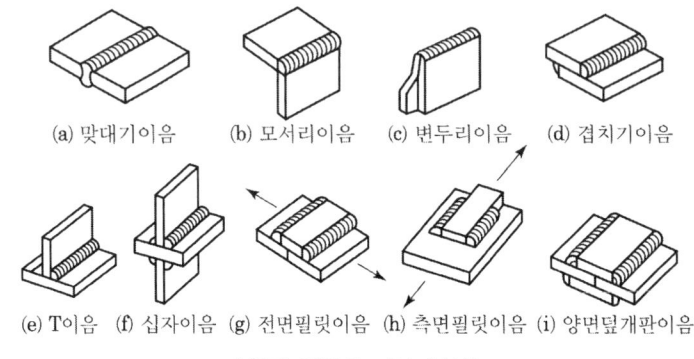

[용접 이음의 기본 형식]

① 맞대기 이음(butt joint)
② 모서리 이음(corner joint)
③ 변두리 이음(가장자리 이음, edge joint)
④ 겹치기 이음(lap joint)
⑤ T이음(T joint)
⑥ 십자 이음(cruciform joint)

⑦ 전면 필릿 이음(front fillet joint)

⑧ 측면 필릿 이음(side fillet joint)

⑨ 양면 덮개판 이음(double strapped joint)

(2) 맞대기 이음 홈의 형상(groove geometry)

① I형(square groove)　　② V형(single-V groove)

③ ∨형(single-bevel groove)　　④ J형(single-J groove)

⑤ U형(single-U groove)　　⑥ X형(double-V groove)

⑦ K형(double-bevel groove)　　⑧ H형(양면 U형)(double-U groove)

⑨ 양면 J형(double-J groove)

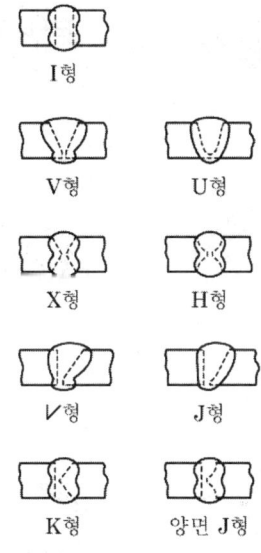

[맞대기 이음 홈의 형상]

(3) 필릿 이음의 형상

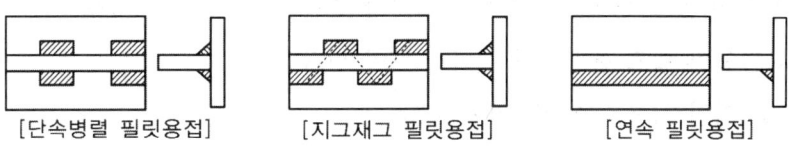

[단속병렬 필릿용접]　　[지그재그 필릿용접]　　[연속 필릿용접]

(4) 플러그, 슬롯, 비드 용접 이음의 형상

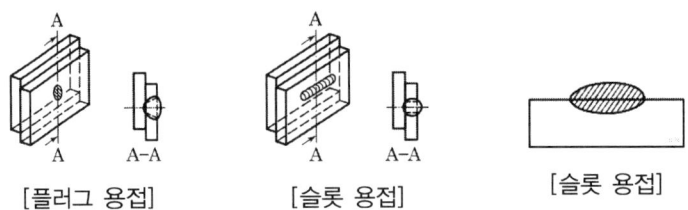

[플러그 용접] [슬롯 용접] [슬롯 용접]

(5) 플레어 용접 이음의 형상

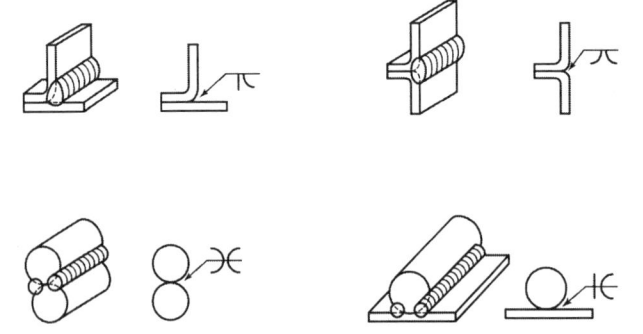

(6) 플랜지 용접 이음의 형상

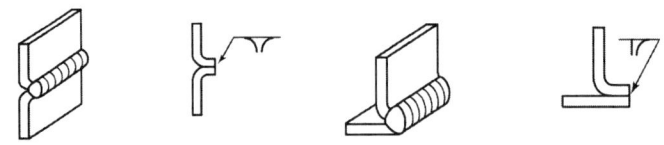

(7) 이음의 선택

① 용접 이음의 선택은 완전한 용접부가 얻어질 수 있도록 해야 한다.
② 홈가공이 쉽고 용접하기 편하게 해야 한다.
③ 경제적인 시공을 할 수 있어야 한다.

(8) 맞대기 이음의 종류

① I형 홈 : 판 두께 6mm 이하의 용접에 사용

② V형 홈

　㉠ 판 두께 4~19mm 이하의 경우 한쪽에서 완전 용입을 하고자 할 때 사용

　㉡ V형 홈의 표준각도는 54~70°

　㉢ 판이 얇을수록 홈 각도를 크게 하고 두꺼워질수록 홈 각도를 작게 하는 것이 일반적이다.

③ ⌒형 홈 : V형 홈이나 J형 홈과 비슷한 판 두께에 적용

④ U형 홈 : 판 두께 6~25mm의 두꺼운 판을 양면 용접이 어려운 경우나 한쪽에서 충분한 용입이 필요할 때 사용

⑤ X형 홈

　㉠ 판 두께 15~40mm 정도에 사용

　㉡ 양면 용접으로 완전 용입을 얻을 수 있다.

　㉢ 같은 판 두께에서 V형보다 용접봉과 작업시간이 적고 변형도 적다.

⑥ H형 홈 : X형과 같이 양면 용접이 가능한 곳에 사용

⑦ K형 홈 : 판 두께 12mm의 것에 적용하고 ⌒형과 비슷하다

2. 용접부의 명칭

(1) 맞대기 용접부의 명칭

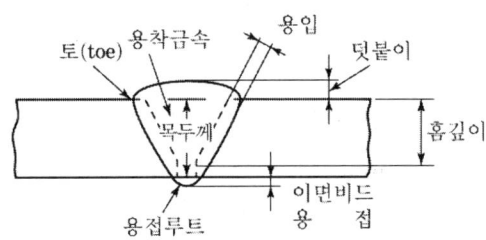

(2) 필릿 용접 이음부의 명칭

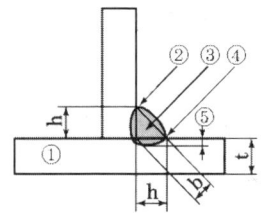

h : 목길이	② : 토
b : 목두께	③ : 용착금속
t : 모재 두께	④ : 토
① : 모재	⑤ : 용입깊이

3. 용접설계의 요점과 이음의 선택

(1) 홈의 단면적은 가능한 한 작게 한다.(즉, 홈 각도 α를 작게 한다.)
(2) 최소 10° 정도는 전후, 좌우로 용접봉이 움직일 수 있는 홈 각도가 필요하다.
(3) 루트 반지름 r는 가능한 한 크게 한다.($\alpha \neq 0$인 완전한 U자형 홈이 되게 한다.)
(4) 적당한 루트 간격과 루트면을 만들어 준다.(루트 간격이 최대치는 사용 용접봉의 지름을 한도로 한다.)

(1) 일반적으로 부등형 용접 홈을 사용하는 이유

① 이음이 고정되어 위보기 용접을 해야 할 경우, 위보기 자세 용접의 용착량을 적게 하여 용접시공을 쉽게 하고자 할 때(즉, 어려운 자세의 용접을 쉽게 하고자 할 때)
② 각 변형(angular distortion)을 작게 하기 위하여
③ 루트 주위를 깊게 가우징(gouging)할 필요가 있을 때, 가우징을 쉽게 하기 위하여 이러한 경우에는 얕은 쪽의 홈을 크게 한다.

(2) 용접 이음의 선택 시 고려사항

① 각종 이음의 특성
② 하중의 종류 및 크기

③ 용접방법, 판 두께, 구조물의 종류, 형상 및 재질

④ 용접 변형 및 용접성

⑤ 이음의 준비 및 실제 용접에 필요한 비용

(3) 중요하지 않은 이음(부분 용입)과 중요한 이음(완전 용입)

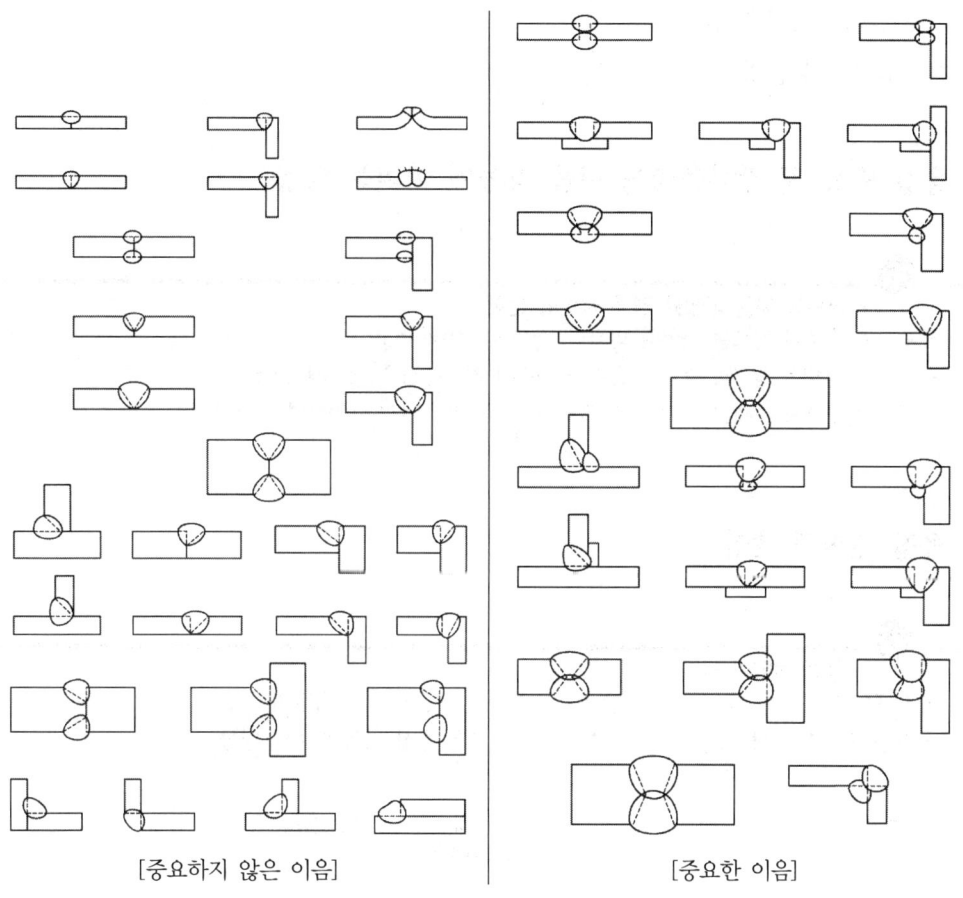

[중요하지 않은 이음]　　　　　[중요한 이음]

제2절 용접 이음에 영향을 주는 요소

1. 용접 결함이 이음 강도에 미치는 영향
(1) 치수상의 결함
(2) 구조상의 불연속 결함
(3) 재질적인 불균일

2. 용접 변형 및 잔류응력이 이음 성능에 미치는 영향

> **참고 — 금속에 열을 가했을 경우 금속의 변화**
> - 팽창과 수축의 정도는 가열된 면적의 크기에 정비례한다.
> - 구속된 상태의 팽창과 수축은 금속의 변형과 잔류응력을 생기게 한다.
> - 구속된 상태의 수축은 금속이 그 장력에 견딜 만한 연성이 없으면 파단한다.

3. 용접 변형의 종류

> **참고 — 용접 변형의 원인**
> - 모재의 영향
> - 용접 이음 형상의 영향
> - 용접 속도의 영향
> - 용접 입열 대소의 영향

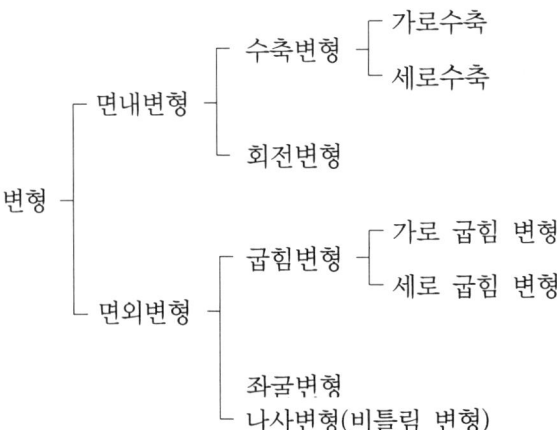

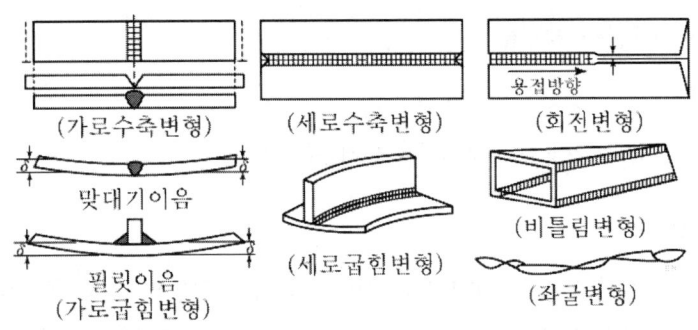

(1) 횡(가로) 수축

용접선에 직각방향으로의 수축이 횡(가로) 수축(transverse shrinkage)이다.

① 필릿 이음의 횡(가로) 수축

㉠ 연속 필릿 용접의 횡 수축 = $\dfrac{\text{다리길이(각장)}}{\text{판 두께}}$ mm

㉡ 단속 필릿 용접의 횡 수축 = $\dfrac{\text{다리길이(각장)}}{\text{판 두께}} \times \dfrac{\text{용접길이}}{\text{전길이}}$ mm

㉢ 겹치기 용접 이음(양면 필릿 용접)의 횡 수축 = $\dfrac{\text{다리길이(각장)}}{\text{판 두께}} \times 1.5$ mm

② 용접시공 조건과 수축량과의 관계

조 건	수 축 량
홈의 형태	V형 홈이 X형 홈보다 수축이 큼
루트 간격	간격이 클수록 수축이 큼
용접봉 지름	지름이 클수록 수축이 작음
피복제의 종류	별 영향 없음
운봉법	위빙하는 쪽이 수축이 작음
구속 정도	구속도가 크면 수축이 작음
피닝 여부	피닝을 하면 수축량이 다소 감소됨
서브머지드 아크 용접	횡수축이 훨씬 작으며 피복 아크 용접의 약 1/3~1/2 정도

(2) 종(세로) 수축

일반적으로 종(세로) 수축량은 용접길이의 약 $\dfrac{1}{1,000}$ (=0.001mm) 정도가 된다.

$$\text{종 수축량} = \frac{Aw}{Ap} \times 25\text{mm}$$

Aw : 용착금속의 단면적(mm^2)

Ap : 저항하는 부재의 단면적(mm^2)

(3) 회전 변형

판의 홈 용접에서 용접의 진행과 더불어 이동하는 열원의 전방 홈 간격이 열렸다 닫혔다 하는 현상으로 주로 열원 이동 중에 있어서 용융지 부근 모재의 용접선 방향의 열팽창에 기인하여 생기는 용접 변형이다.

> **회전 변형의 방지대책**
> - 용접이 시작될 때 회전 변형이 일어나기 쉬우므로 주의
> - 가접을 튼튼하게 하거나 수축을 예측하고 그만큼 미리 벌려 놓는다.
> - 길이가 긴 경우는 2명 이상의 용접사가 이음의 길이를 정하여 놓고 동시에 시작한다.
> - 필요에 따라 용접 끝부분을 구속
> - 대칭법, 후퇴법, 비석법(skip method) 등의 용착법을 이용한다.
> - 맞대기 이음이 많은 경우 길이가 길고 용접선이 직선일 때 또한 제작 개수가 많은 부재는 큰 판으로 맞대기 용접한 후 프레임 플래너(flame planner)로 절단하면 능률의 향상과 함께 회전 변형을 방지할 수가 있다.

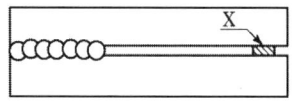
(a) 가접을 한다.

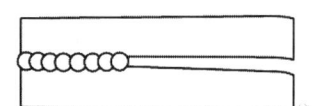
(b) 판의 틈새를 미리 벌려 놓는 방법

[회전 변형의 방지]

(4) 각(가로굽힘) 변형

① 용접하는 쪽으로 변형이 생기게 되는데 이것을 각 변형 또는 굽힘 변형이라 한다.

② 필릿 용접 이음의 수축 변형에서 모재가 용접선에 각을 이루는 경우를 각 변형이라 한다.

> **참고 　각 변형의 방지대책**
> - 개선 각도는 작업에 지장이 없는 한도에서 작게 한다.
> - 판의 두께가 얇을수록 첫 패스의 개선 깊이를 크게 한다.
> - 판의 두께와 개선형상이 일정할 때 용접봉 지름이 큰 것을 이용하여 패스 수를 줄인다.
> - 용착속도가 빠른 용접방법을 선택한다.
> - 구속 지그(jig) 등을 활용한다.
> - 역변형 시공법을 이용한다.
> - T형 필릿 용접 이음에서의 각 변형

(5) 세로방향 굽힘 변형

세로 수축의 중심이 부재의 횡단면의 중립축과 일치하지 않는 경우 발생

(6) 좌굴 변형

후판의 용접 구조물에서는 문제가 없지만 박판이나 중판의 중앙부를 용접하면 세로 수축에 의한 수축응력 때문에 좌굴이 되어 파도 모양의 변형이 발생

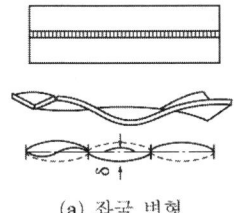
(a) 좌굴 변형

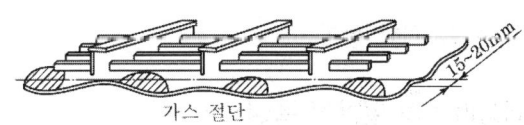
(b) 교량에서의 강판의 좌굴 변형

[좌굴 변형]

(7) 비틀림 변형

① 비틀림 변형 시공 시 주의사항
　㉠ 덧붙이를 필요 이상 주지 않는다.
　㉡ 용접 이음부가 집중이 되지 않게 한다.
　㉢ 이음부의 맞춤은 정확하게 한다.
　㉣ 가공 정밀도에 주의한다.
　㉤ 조립 정밀도가 응력 변형 발생에 크게 영향을 준다.
　㉥ 지그 및 고정구를 활용한다.

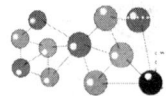

　　　Ⓢ 용접 순서는 구속이 큰 부분에서부터 구속이 없는 자유단으로 진행한다.

(8) 가스 절단에 의한 변형

　　절단속도와 예열불꽃의 세기, 모재가 가지고 있는 초기 응력 등에 따라 다르다.

4. 취성파괴

(1) 취성파괴에 영향을 미치는 인자

① 재료의 파괴 인성
② 용접열영향부의 변질
③ 구조상 집중응력
④ 잔류응력
⑤ 사용온도
⑥ 하중속도
⑦ 피로강도
⑧ 용접부의 표면형상
⑨ 용접 결함 존재

(2) 취성파괴의 일반적 특성

① 온도가 낮을수록 발생하기 쉽다.
② 거시적 파단 상황은 판 표면에 거의 수직이다.
③ 항복점 이하의 평균 응력에서도 발생한다.
④ 파괴의 기점은 응력과 변형이 집중하는 구조적, 형상적 불연속부나 국부적 재질 열화가 존재하는 부분에서 발생하기 쉽다.
⑤ 평탄하게 연성이 작은 상태에서 일어난다.
⑥ 파괴의 기점은 각종 용접 결함, 가스 절단부 등에서 발생된다.

5. 피로강도

(1) 하중, 변위 또는 열응력이 반복되어 재료가 손상(균열의 발생이나 파단 등)하는 현상을

피로라고 한다.

(2) 피로강도에 영향을 주는 요소에는 이음 형상, 하중 상태, 용접부 표면상태, 부식 환경 등이 있다.

(3) S-N 선도를 피로 선도라 부르며, 응력 변동이 피로 한도에 미치는 영향을 나타내는 선도를 말한다.

(4) 피로강도를 향상시키기 위하여 열처리 또는 기계적인 방법으로 용접부 잔류응력을 완화시킨다.

(5) 응력이 더욱 커져서 재료가 손상(균열 발생이나 파단 등)하게 되는 것을 피로파괴라고 한다.

> **참고** — 피로강도에 영향을 주는 인자
> - 모재의 재질과 용접부의 재질의 차
> - 이음 형상과 하중 상태
> - 용접부의 표면 상태와 부식환경, 용접 구조물상의 응력 집중
> - 용접 결함과 부식 환경

6. 파괴 손상의 원인

(1) 재료불량

(2) 설계불량

(3) 시공불량(50%)

제3절 용접 이음부의 강도 계산

1. 단위 환산

(1) 힘의 단위

① 1kgf(1kg force) : 1kg중으로 읽으며 9.8N이다.

② 뉴턴의 힘의 방정식

$$F = m \times g \, (N)$$

여기서, F(N) : 힘, m(kg) : 질량, g(9.8m/s²) : 중력가속도

[예제] 질량 m=1kg이고, 중력가속도 g=9.8m/s²일 때 힘(F)은 몇 N인가?

$$F = 1\text{kg} \times 9.8\text{m/s}^2 = 9.8\text{kg} \cdot \text{m/s}^2 = 9.8\text{N}$$

③ 1N(뉴턴)=1kg · m/sec²

(2) 압력의 단위

① 표준대기압 1atm=1.0332kgf/cm²=101325Pa=101.3kPa=0.1MPa

② 1Pa(파스칼)=1N/m²

③ 보조 단위

   ㉠ k(킬로) 사용 : 질량 $1,000\text{g} = 1 \times 10^3 \text{g} = 1\text{kg}$

   ㉡ M(메가) 사용 : 압력 $1,000,000\text{Pa} = 1 \times 10^6 \text{Pa} = 1\text{MPa}$

   ㉢ m 사용 : 길이 $0.001\text{m} = 1 \times \dfrac{1}{1,000}\text{m} = 1 \times 10^{-3}\text{m} = 1\text{mm}$

2. 용접 이음의 강도 계산

용접구조 설계에 있어서 이음 형식과 치수를 결정하기 위한 강도 계산에는 다음과 같은 가정 및 원칙이 있다.

[원칙]

① 목 두께는 이론 목 두께를 사용한다.

② 용접선 유효길이, 계획된 치수에 단면이 존재하는 용접부 전 길이로 한다.

③ 목 단면적은 목 두께×용접선 유효길이로 한다.

3. 인장응력

(1) 맞대기 용접의 인장응력

① 완전 용입

$$\text{인장응력 } \sigma_t = \frac{P}{A} = \frac{P}{t \times l} \, (\text{kgf/mm}^2)$$

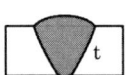

여기서, 하중 P(kgf),　　　단면적 A(mm²)
　　　판 두께 t(mm),　　용접길이 l(mm)

② 부분 용입

인장응력 $\sigma_t = \dfrac{P}{A} = \dfrac{P}{(h_1 + h_2)l}$ (kgf/mm²)

여기서, 하중 P(kgf),　　　단면적 A(mm²)
　　　목 두께 h_1, h_2(mm), 용접길이 l(mm)

③ 판 두께가 다른 이음

인장응력 $\sigma_t = \dfrac{P}{A} = \dfrac{P}{t_2 \times l}$ (kgf/mm²)

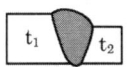

여기서, 하중 P(kgf),　　　단면적 A(mm²)
　　　판 두께 t_2(mm),　용접길이 l(mm)

(2) 맞대기 용접의 전단응력 및 굽힘응력

① 굽힘응력(σ_b)

굽힘응력 $\sigma_b = \dfrac{6M_b}{lh^2}$ (kgf/mm²)

여기서, 굽힘 모멘트 M_b(kgf·mm), 판 두께 h(mm), 용접길이 l(mm)

② 전단응력(τ)

전단응력 $\tau = \dfrac{P}{hl}$ (kgf/mm²)

여기서, 하중 P(kgf), 판 두께 h(mm), 용접길이 l(mm)

(3) 필릿 용접의 인장응력

① 한 면 용접

인장응력 $\sigma_t = \dfrac{P}{h_t \times l} = \dfrac{0.707 \times P}{h \times l}$ (kgf/mm²)

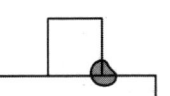

여기서, 하중 P(kgf),　　목 두께 h_t(mm)
　　　용접길이 l(mm),　다리길이 h(mm) = 목길이

② 양면 용접

인장응력 $\sigma_t = \dfrac{P}{h_t \times 2l} = \dfrac{0.707 \times P}{h \times 2l} (\text{kgf/mm}^2)$

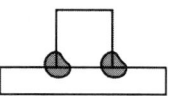

여기서, 하중 P(kgf),   목 두께 h_t(mm)
용접길이 l(mm),   다리길이 h(mm) = 목길이

③ 완전 용입

인장응력 $\sigma_t = \dfrac{P}{A} = \dfrac{P}{t \times l} (\text{kgf/mm}^2)$

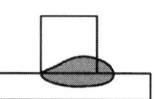

여기서, 하중 P(kgf),   단면적 A(mm^2)
판 두께 t(mm, 얇은 판),   용접길이 l(mm)

(4) 겹치기 이음의 인장응력

① 양면 두께가 h_1과 h_2일 때

인장응력 $\sigma_t = \dfrac{1.414P}{(h_1+h_2)l}(\text{kgf/mm}^2)$

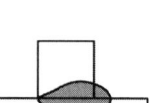

여기서, 하중 P(kgf),   용접길이 l(mm)
판 두께 h_1, h_2(mm)

② 양면 두께가 같을 때

$\sigma_t = \dfrac{0.707P}{hl}(\text{kgf/mm}^2)$

여기서, 하중 P(kgf), 용접길이 l(mm), 판 두께 h(mm)

(5) 크리프 응력

① 금속의 크리프 : 재료에 일정한 응력을 가할 때 생기는 변형량의 시간적 변화를 크리프라 한다.

② 크리프 곡선 : 크리프 곡선에서 제1단계 크리프를 천이 크리프, 제2단계 크리프를 정상 크리프, 제3단계 크리프를 가속 크리프라 한다.

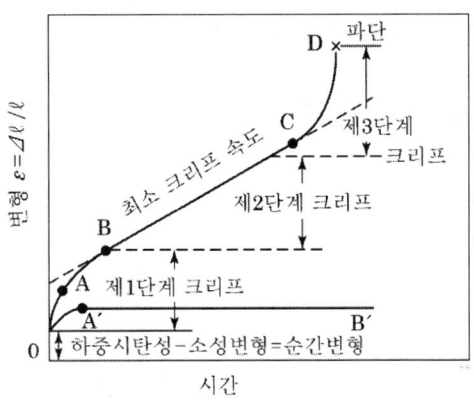

[크리프 곡선]

제4절 안전율과 허용응력

1. 안전율

(1) 기계 부분이나 구조물에 작용되는 응력은 탄성한도 이하의 값이어야 한다.
(2) 실제적으로 사용 중 안전한 범위 내의 응력을 사용응력 또는 허용응력이라고 한다.
(3) 최대응력과 허용응력과의 비를 안전율(안전계수)이라 하며, 다음과 같이 표시할 수 있다.

$$\text{안전율 } S = \frac{\text{인장강도(극한강도 }\sigma_u)}{\text{허용응력 } \sigma_a} = \frac{\text{최대응력}}{\text{허용응력}}$$

[안전율]

재료	정하중	동하중		충격하중
		반복하중	교변하중	
일반구조용강	3	5	8	12
주강	3	5	8	15
주철, 취약한 금속	4	6	10	15
구리 및 유연한 금속	5	6	9~10	15

(1) 안전율에 영향을 미치는 인자

① 모재와 용착금속의 기계적 성질
② 재료의 용접성
③ 용접자세
④ 용접방법
⑤ 하중의 종류
⑥ 고온의 조건하에서 강도가 저하하고 크리프 변형을 일으킬 때
⑦ 저온의 조건하에서 강도가 저하하고 충격에 약하게 될 때
⑧ 가늘고 긴 재료에 압축력이 작용하고 좌굴(buckling)의 염려가 있을 때
⑨ 구조가 복잡하여 응력을 정확히 구할 수가 없을 때
⑩ 하중의 성질 및 크기가 분명하지 않을 때
⑪ 각종 동하중이 장기간 작용하고 피로파괴의 염려가 있을 때
⑫ 구조가 불연속이고 응력집중이 있을 때
⑬ 큰 동하중이나 충격하중이 작용할 염려가 있을 때

2. 허용응력

$$허용응력 = \frac{인장강도}{안전율}$$

(1) 용접 이음의 허용응력을 결정하는 방법

① 용착금속의 기계적 성질을 기본으로 안전율을 고려하여 이음의 허용응력을 지정하는 방법
② 이음효율을 정하고 모재의 허용응력에 이음효율을 곱한 값을 이음의 허용응력으로 하는 방법
③ 강재의 허용응력으로는 보통 정하중에 대하여 인장강도의 1/4(항복점의 약 1/2) 값이 취해지고 있으며, 최근 고장력강에서는 인장강도의 1/3(항복점의 약 40%) 응력이 쓰인다.

3. 이음효율

이음효율(joint efficiency)이란 이음의 허용응력을 정할 경우 모재의 허용응력을 기준으로 하여 사용재료, 시공방법, 사용조건 등에 따라 이음의 허용응력을 낮게 하여 주는 비율

$$이음효율\ \eta = \frac{용접\ 시험편의\ 인장강도}{모재의\ 인장강도} \times 100\%$$

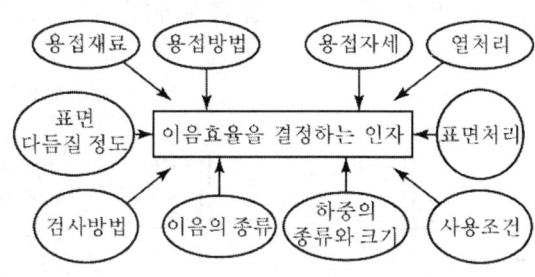

[이음효율을 결정하는 인자]

제5절 구조물의 설계 요령

1. 용접 홈의 설계 요령
(1) 가능한 한 홈의 각도(α)를 작게 하여 단면적을 작게 한다.
(2) 용접봉이 움직일 수 있는 홈 각도가 전후좌우로 최소 10° 정도는 필요하다.
(3) 루트 반지름은 가능한 한 크게 하여 $\alpha \neq 0$인 완전한 U자형 홈이 되게 한다.

2. 용접 설계 시의 주의점
(1) 재료를 절약할 수 있는 설계가 되도록 한다.
(2) 용접선이 교차하는 곳에는 스캘럽(scallop)을 설치, 용접선의 집중을 피한다.
(3) 보강재 등 구속이 커지도록 구조설계를 한다.
(4) 아래보기 용접을 많이 하도록 한다.
(5) 응력이 집중되기 쉬운 노치부를 피한다.
(6) 용접진행은 부재의 자유단으로 향하여 용접하게 한다.

(7) 변형이 작아질 수 있는 이음 부분을 배치한다.
(8) 부재 전체에 가능한 한 열의 분포가 일정하게 되도록 한다.
(9) 용접기의 1차 및 2차 케이블의 용량이 충분하게 한다.
(10) 가능한 한 높은 전류를 사용한다.
(11) 용접보조기구 및 장비를 사용하여 작업조건을 좋게 만든다.
(12) 강도가 약한 필릿 용접은 될 수 있는 대로 피하고 맞대기 용접을 하도록 한다.
(13) 판면에 직각방향으로 인장하중이 작용할 경우에는 판의 이방성에 주의한다.

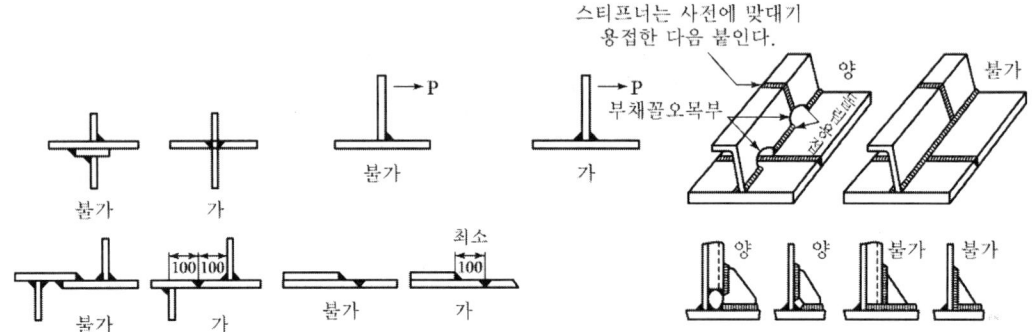

[용접선의 집중을 피한 이음]

(1) 우수한 품질의 용접부를 만들기 위한 설계 및 용접요령

① 가능한 한 아래보기 자세로 용접하도록 한다.
② 적절한 용접봉 선정 및 그 경제적 사용법(잔봉은 4~5cm 되게 한다.)
③ 가능한 한 짧은 시간에 용착량이 많게 용접할 것
④ 가능한 한 높은 전류를 사용할 것(적당한 용접 홀더 용량이 필요)
⑤ 용입이 깊은 자동 용접법을 선택하여 홈 가공의 생략 및 좁은 홈의 개선으로 용착량을 줄일 것
⑥ 용접 진행은 부재의 자유단으로 향하여 용접한다.
⑦ 부재 전체에 가능한 한 열의 분포가 일정하게 되도록 한다.
⑧ 후판에서는 한 면 홈보다 양면 홈을 이용하여 용착량을 줄인다.(동일한 판 두께 및 홈 각도에서 V형 홈은 X형 홈의 두 배가 됨)
⑨ 서브머지드 아크 용접에서의 역극성 이용은 용착률을 증가시켜 준다.

⑩ 홈 각도와 루트 간격은 가능한 한 작게 하되 '나비 대 깊이의 비'를 확보한다.
⑪ 필릿은 다리길이를 짧게, 용접길이를 길게 하는 것이 용착량이 적다.

3. 용접경비

(1) 용접비용 분석

① 재료와 준비가공 : 35~45%
② 조립비용 : 10~15%
③ 용접비용 : 15~20%

(2) 용접경비 산출 시 고려사항

① 가공부의 크기
② 부재의 상태
③ 용접 시간
④ 용접 길이 1m당의 모든 자료에 의하여 산출

(3) 용접경비를 적게 하고자 할 때 유의사항

① 용접봉의 적절한 선정과 경제적 사용방법
② 용접 이음부가 적은 경제적인 설계
③ 용접 지그의 사용에 의한 아래보기 자세의 이음
④ 용접사의 작업 능률의 향상

chapter 02 용접시공

제1절 용접 준비

> **참고** ■ 용접 구조물의 일반적인 제작 과정
> 계획→설계→제작도→재료조정→현도작성→금긋기→재료절단→조립→가접→본 용접→
> 다듬질→검사→수송→현장용접→검사→준공→검사

1. 용접시공 계획

(1) 관리의 기본 중 설계품질

① 용접 이음의 강도, 연신율, 취성, 경도, 피로 강도 등의 기계적 성질
② 화학조성, 결정립의 크기
③ 내식성 및 내후성
④ 용접 이음부 내부결함에 대한 허용범위
⑤ 용접시공의 비용
⑥ 용접시공 공사기간

(2) 품질관리 기본 요소

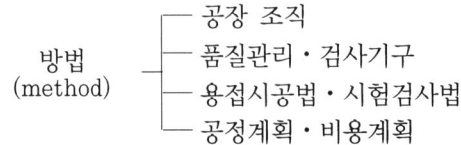

```
재료            ┌─ 재료 보관 관리
(material)     └─ 용접 부재의 치수 정밀도

              ┌─ 기계 성능 확인
기계          ├─ 치공구 관리
(machine)     └─ 기계의 정비 및 보전

              ┌─ 기량관리·교육 훈련
사람          ├─ 기술자 육성
(man)         └─ 사기 앙양
```

(3) 관리의 시행 및 성립

계획(plan) → 실시(do) → 확인(check) → 행동(action) 수정을 반복함으로써 관리가 성립

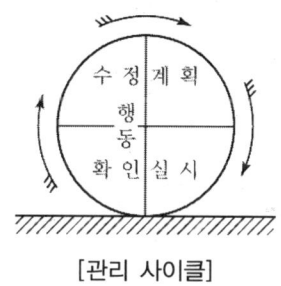

[관리 사이클]

2. 일반 준비

(1) 용접 전의 일반 준비

① 모재 재질의 확인
② 용접 방법 및 용접 기기의 선택
③ 용접봉의 선택
④ 용접사의 선임
⑤ 치공구의 결정

(2) 고정구

① 터닝 롤러 : 파이프 용접 시 용접품질과 능률을 향상시킬 수 있도록 하는 기구
② 용접용 포지셔너 : 용접자세 중 능률을 향상시킬 수 있는 아래보기자세로 용접이 가능하도록 하는 기구
③ 매니퓰레이터 : 포지셔너나 터닝 롤러를 조합시켜 아래보기자세에서 용접이 가능하도록 하는 기구

(3) 용접용 지그

① 지그의 사용 목적
  ㉠ 용접작업을 쉽게 하여 작업능률을 높인다.
  ㉡ 대량생산을 위하여 사용한다.
  ㉢ 제품의 정밀도가 용접부의 신뢰성을 높인다.

② 지그의 선택 기준
  ㉠ 청소하기 쉬워야 한다.
  ㉡ 용접 변형을 억제할 수 있는 구조이어야 한다.
  ㉢ 작업 능률이 향상되어야 한다.

③ 용접용 지그 사용 효과
  ㉠ 용접을 하기 쉬운 자세, 즉 아래보기자세로 용접할 수 있게 한다.
  ㉡ 용접으로 생기기 쉬운 변형을 억제하거나 역변형을 줄 수 있게 하여 정밀도를 향상시킨다.
  ㉢ 다량생산의 경우에 용접 조립 작업을 단순화 또는 자동화하게 하여 작업 능률을 향상시킨다.

④ 지그의 종류
  • 가접용 지그
  • 변형 방지용 지그
  • 아래보기 용접용 지그
    ㉠ 가접용 지그 : 가접용 지그는 부재와 부재를 일정한 위치로 고정시켜 가접을 하기 위한 것

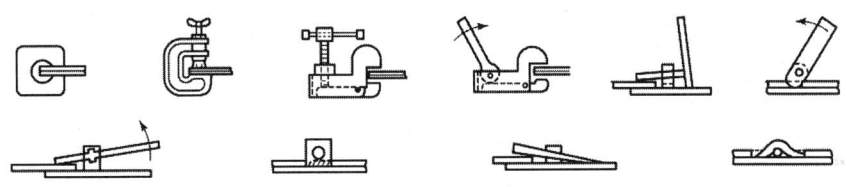

(a) 가접용 각종 바이스

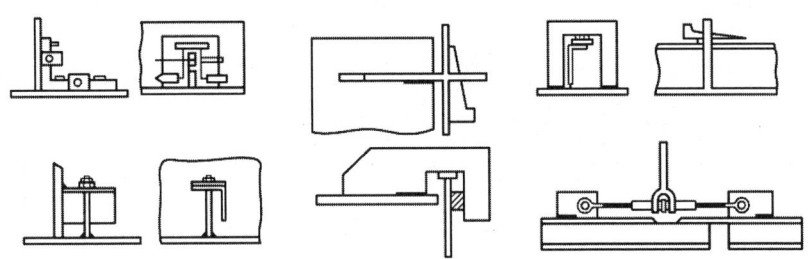

(b) 맞대기 용접 이음용 각종 지그

[가접용 지그]

 ⓛ 변형 방지용 지그
  • 구속에 의하여 변형을 억제하는 방법(탄성 역변형법)도 있는데, 이것에 이용되는 지그를 변형 방지용 지그라고 한
  • 스트롱 백, 스티프너가 있음
 ⓒ 아래보기 용접용 지그
  • 포지셔너 : 용접 능률이 가장 좋은 아래보기자세로 용접할 수 있도록 위치조정이 가능한 기구
  • 용접 매니퓰레이터 : 포지셔너나 터닝 롤러를 조합시켜 용접물을 아래보기자세로 하여 능률과 품질향상을 얻고자 하는 기구
  • 터닝 롤러 : 파이프 용접 시 능률과 품질을 향상시킬 수 있는 아래보기자세의 유지가 가능한 기구

3. 용착효율

단위 시간당 용착 금속의 중량 W_a(kg/min)

$$W_a = 비중(\rho) \times 용착금속의\ 단면적(A) \times 용접속도(m/min)$$

① 연강용 피복 아크 용접의 경우(잔봉 40~50mm 기준) 용착효율

　용접봉 지름 ϕ4~5일 때 : 50~60%

　용접봉 지름 ϕ6일 때 : 60~70%

　철분계 용접봉일 때 : 70~75%

　예를 들어 350mm 용접봉인 경우 용착효율

　잔봉손실 약 14%, 피복제 연소 및 슬래그 손실이 10~15%, 스패터 손실이 5~15% 정도임

② 플럭스 내장 와이어의 반자동 용접의 경우 : 75~85%

③ 가스보호 반자동 용접의 경우 : 95%

④ 서브머지드 아크 용접의 경우 : 100%

$$용착률(용착효율) = \frac{용착\,금속\,중량}{사용\,용접봉\,총\,중량} \times 100\%$$

또한 단위 길이당 용접봉 소요량 W_b(kg/min)는

$$W_b = \frac{단위\,용접\,길이당\,용착\,금속\,중량}{용착률(용착\,효율)}$$

따라서 용접봉 총 소요량 W_T(kg)는

$$W_T = \frac{밀도(\rho) \times 개선면적(\text{cm}^2) \times 용접\,길이(\text{cm})}{용착률 \times 1,000}$$

4. 용접 작업시간

$$용접\,작업시간 = \frac{아크\,시간}{아크\,시간율(작업율)}$$

(아크 시간율은 0.2~0.6 정도가 됨)

5. 가접

(1) 가접 시 주의하여야 할 사항

① 본 용접사와 동등한 기량을 갖는 용접사가 가접을 시행

② 본 용접과 같은 온도에서 예열을 할 것
③ 용접 홈 내를 가접했을 경우는 백 가우징으로 완전히 제거한 후 본 용접
④ 가접 시 사용하는 용접봉은 본 용접 작업 시 사용하는 것보다 지름이 약간 가는 것을 사용하여 충분한 용입이 되게 한다.
⑤ 부품의 모서리나 각 등과 같이 응력이 집중되는 곳은 피한다.
⑥ 가접 비드길이는 판 두께에 따라 정하며, 가접의 피치는 길이 4mm 전후, 30~50mm마다, 후판에서는 약 300mm 정도가 일반적으로 이용된다. 가접 길이가 짧으면 모재 경화에 의하여 균열의 원인이 되므로 주의하여야 한다.
⑦ 가접용 지그 및 스트롱 백 등을 이용하여 부재의 형상을 유지

제2절 용접작업

1. 용접 순서와 용착법

(1) 용접 순서

일반적으로 다음과 같은 사항에 유의하여 시공한다.
① 조립되어 감에 따라 용접 순서가 잘못 되면 용접이 불가능한 곳이 있게 되므로 용접하기 전에 충분히 검토할 필요가 있다.
② 용접물의 중심에 대하여 항상 대칭으로 용접하여 발생하는 변형을 상쇄하도록 한다.
③ 동일 평면 내에서 이음이 많을 때 수축은 가능한 한 똑같이 수축시켜서 굽힘, 비틀림 등을 적게 한다.
④ 수축이 큰 이음은 가능한 한 먼저 용접하고 수축이 작은 이음은 나중에 용접한다.
⑤ 용접물의 중립축을 생각하여 그 중립축에 대하여 용접으로 인한 수축력 모멘트의 합이 0이 되도록 한다. 이렇게 용접하면 용접선 방향에 대한 굽힘이 없어진다.
⑥ 리벳 작업과 용접을 동시에 할 때는 용접을 먼저 하여 용접열에 의하여 리벳구멍이 늘어나지 않게 한다.

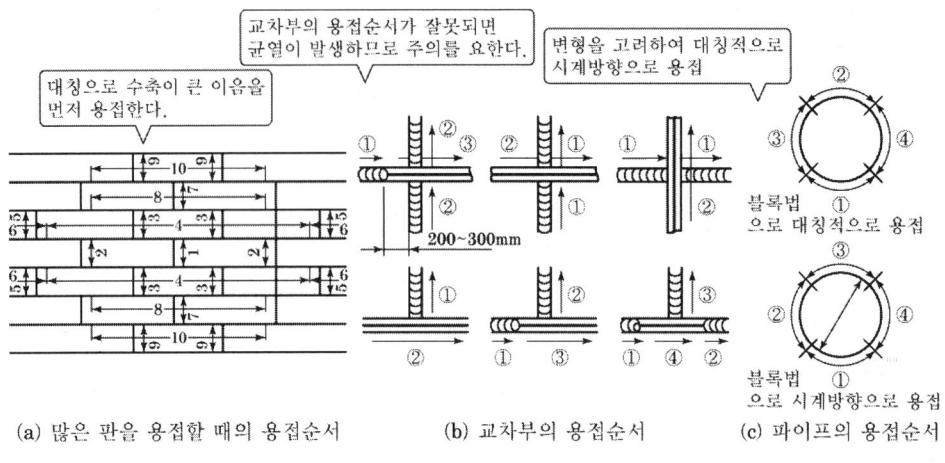

(a) 많은 판을 용접할 때의 용접순서   (b) 교차부의 용접순서   (c) 파이프의 용접순서

[용접 순서의 예]

(2) 용착법

- 용접 진행 방법에 따른 분류 : 전진법, 후진법, 대칭법, 교호법, 스킵법
- 다층 방법에 의한 분류 : 덧살올림(빌드 업)법, 캐스케이드법, 블록법
- 용접 순서에 따른 분류 : 전진법, 대칭법, 비석법

① 용접 진행 방법에 따른 분류

　㉠ 전진법

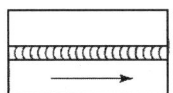

- 한 끝에서 다른 쪽 끝을 향해 연속적으로 진행하는 간단한 방법
- 전진법은 수축과 잔류 응력이 용접의 시작 부분보다 끝부분이 더 크다.
- 변형 및 잔류응력이 크게 문제가 되지 않을 때 사용

　㉡ 후진법(후퇴법)

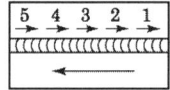

- 용접 진행 방향과 용착방향이 반대가 되는 방법
- 잔류응력이 약간 작아지나 능률이 떨어진다.

ⓒ 대칭법

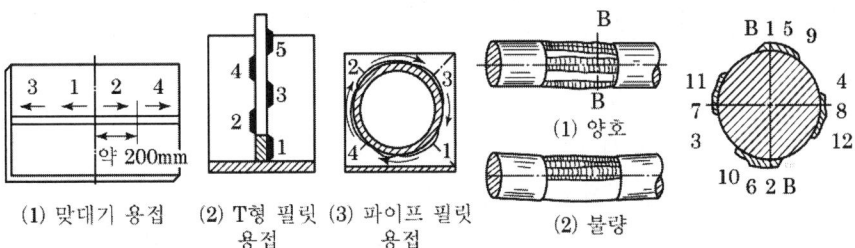

(1) 맞대기 용접   (2) T형 필릿 용접   (3) 파이프 필릿 용접   (1) 양호   (2) 불량

- 용접 이음 전 길이를 분할하여 이음 중앙에 대하여 대칭으로 용접하는 방법
- 변형, 잔류응력을 대칭이 되게 할 경우에 사용
- 맞대기 이음, T이음, 파이프 이음, 축의 덧살올림 등에 이용

ⓔ 교호법

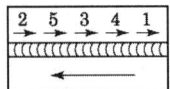

- 모재의 차가운 부분을 선택하여 비드를 놓는 방법
- 전체길이에 걸쳐서 비교적 용접열이 고르게 분포되도록 용접

ⓜ 비석법(스킵법, 띔법, skip method)

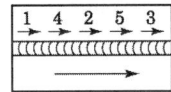

- 이음의 전 길이에 걸쳐 용접길이를 짧게 나누어 간격을 두면서 비드를 놓는 방법
- 변형, 잔류응력이 가장 작게 됨
- 용접선이 길 경우에 적당

② 다층 용접 방법에 의한 분류

㉠ 덧살올림법(덧땜법, 단계법, built-up method)

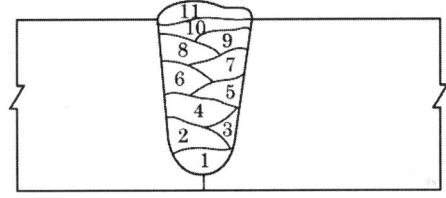

- 각 층마다 전체길이를 용접하면서 쌓아 올리는 방법

ⓛ 캐스케이드법

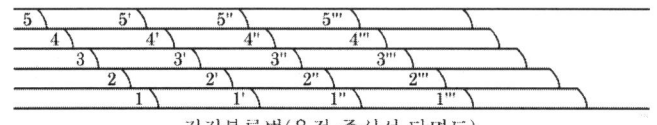

- 한 부분의 몇 층을 용접하다가 이것을 다음 부분의 층으로 연속시켜 전체가 계단 형태의 단계를 이루도록 용착시키는 방법
- 후진법과 병용하여 용접하는 방법
- 변형과 잔류응력이 경감되나 용접 폭이 넓으면 나쁘다.

ⓒ 블록법

전진블록법(용접 중심선 단면도)

- 일반적으로 하나의 용접봉으로 용접할 만한 길이로 구분하여 일정 층까지 용접하여 나가는 방법
- 전진블록법과 비석블록법 등으로 이용
- 변형과 잔류응력을 경감시키는 효과가 있음

③ 용접 순서에 따른 분류
  ㉠ 대칭법   ㉡ 비석법
  ㉢ 후진(후퇴)법   ㉣ 교호법

> **참고**
> ─ 용접 조건의 결정
> - 용접전류   • 용접자세   • 아크 길이   • 용접봉의 선정

제3절 용접 열영향

1. 열효율

(1) 용접부에 용접 입열의 몇 %가 모재에 흡수되는가 하는 비율

(2) 모재에 흡수되는 열량은 용접 입열의 75~85% 정도가 된다.

(3) 용접 입열량 계산식

$$H = \frac{60EI}{v} \text{(J/cm)}$$

여기서, H : 용접 입열량(J/cm), E : 전압
       I : 전류, 용접속도, v : 용접속도(cm/min)

(4) 이음형상과 열전도 방향

① 냉각속도가 빠른 순서 : (e) > (c) > (b), (d) > (a)

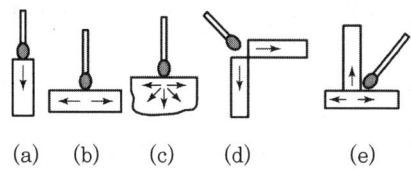

(a) (b) (c) (d) (e)

(a)는 열이 한 방향으로 전도
(b)는 얇은 평판의 경우 열이 두 방향으로 전도
(c)는 판이 두꺼운 경우로 열은 여러 방향으로 방열되어 냉각속도가 빠르게 됨
(d)는 모서리 이음으로 열의 방향이 두 방향으로 됨
(e)는 T형 필릿 용접으로 3방향으로 열이 전도

2. 예열

(1) 예열의 목적

① 모재의 열영향부와 용착금속의 경화를 방지하고 연성을 높여주기 위함이다.
② 모재의 수축응력을 감소시키기 위하여 특히 구속된 이음의 경우에 필요하다.
③ 시간을 지연시켜 용접금속의 수소 성분이 달아날 여유를 주어 비드 밑 균열 등 저온 균열을 방지한다.
④ 열영향부와 용착금속의 경화를 방지하고 연성을 증가시킨다.
⑤ 용접부의 기계적 성질을 향상시킨다.
⑥ 용접부의 변형과 잔류응력 발생을 작게 한다.

(2) 예열 방법

① 고탄소강, 저합금강, 주철 등과 같이 급랭에 의하여 경화하고 균열이 생기기 쉬운 재료로서는 재질에 따라서 50~350℃의 예열
② 연강도 판 두께 25mm 이상에서는 0℃ 이하에서 용접하게 되면 저온 균열이 발생하기 쉬우므로 이음부 양쪽에 약 100mm 폭을 50~75℃ 정도로 가열
③ 열전도도가 큰 것(후판, 알루미늄 합금, 구리 또는 구리 합금 등)은 열 집중이 부족하여 융합 불량이 생기기 쉬우므로 200~400℃ 예열 필요
④ 국부 예열의 가열 범위는 용접선 양쪽에 50~100mm 정도로 실시

(3) 예열 효과

용접부의 냉각속도를 느리게 하여 균열 발생이 적게 된다.

(4) 탄소당량

① 강재의 용접성은 탄소당량에 관계된다.
② 탄소당량에 의해 용접성의 양부를 판단한다.
③ 탄소당량이 커지거나 판이 두꺼워지면 용접성이 나빠지므로 예열온도를 높일 필요가 있다.

$$탄소당량(C_{eq}) = C + \frac{1}{60}Mn + \frac{1}{5}Cr + Mo + V + \frac{1}{15}(Ni + Cu)$$

탄소당량에 따른 용접성
- 0.4% 이하이면 용접성이 양호
- 0.45~0.5%로 되면 약간 곤란
- 0.5% 이상으로 되면 대단히 곤란
- 보통 연강재의 탄소당량은 0.3~0.35% 정도이다.

3. 후열

(1) 후열처리(PWHT)

후열처리(PWHT)에는 용접 후의 급랭에 의한 균열을 방지하기 위한 목적의 후열과

응력 제거풀림, 완전풀림, 불림, 고용화 열처리, 선상 가열 등이 있다.

(2) 후열처리의 목적
① 파괴인성의 향상   ② 함유가스의 제거
③ 형상치수의 안정

(3) 용접부의 후열 효과
① 저온 균열의 원인이 되는 확산성 수소를 방출시킨다.
② 온도가 높고 시간이 길수록 수소 함량은 낮아진다.
③ 잔류응력을 제거한다.

4. 잔류응력의 완화법
- 응력 제거 어닐링   - 저온 응력 완화법
- 기계적 응력 완화법   - 피닝

(1) 응력 제거 어닐링
① 장점
  ㉠ 용접 잔류응력의 제거
  ㉡ 치수변형의 방지
  ㉢ 응력 부식에 대한 저항력 증대
  ㉣ 열영향부의 뜨임 연화
  ㉤ 용착금속 중의 수소 제거에 의한 연성 증대
  ㉥ 충격 저항 증대
  ㉦ 크리프 강도의 향상
  ㉧ 강도의 증대(석출 경화)

② 노내 응력 제거 : 피가열물을 노내에 출입시키는 온도는 300℃를 넘어서게 하면 안 되며, 가열 및 냉각의 속도는 여러 가지 요인을 고려하여 결정하게 된다.
  ㉠ 최대 두께와 최소 두께와의 비가 4mm를 넘지 않을 경우의 가열 및 냉각속도 R(℃/h)은 다음 식에 의한다.

$$R \leq 200 \times \frac{25}{t} \; (℃/h)$$

여기서 t : 판 두께(mm)이다.

즉 1"(25mm)에 대하여 200℃/h보다 늦은 속도로 한다.

ⓒ 최대 두께와 최소 두께와의 비가 4mm 이상의 경우

가열 또는 냉각속도	
	최대 두께 25mm일 때 100℃/h
	최대 두께 50mm일 때 60℃/h
	최대 두께 75mm일 때 40℃/h
	최대 두께 100mm일 때 30℃/h
	최대 두께 125mm일 때 15℃/h
	최대 두께 150mm일 때 10℃/h

ⓒ 구조용 강재에 대한 응력 제거 유지 온도 및 시간

강재		화학성분					유지 온도	유지시간
		C	Mn	Si	Cr	Mo		
보일러용 압연강재		0.15~0.30	0.90 이하	0.15~0.30			625±25℃	두께 2mm에 대하여 1h
용접구조용 압연강		"	2.5 이상	"			"	"
일반구조용 압연강제		"	"	"			"	"
기계구조용 탄소강		0.05~0.60	0.30~0.60	0.15~0.35			"	"
탄소강 주강품		"	"	"			"	"
탄소강 단강품		"	"	"			"	"
보일러 및 열교환기용 탄소강관	1~5종 6, 7, 8종	0.08~0.20	0.25~0.80	0.10~0.50	0.80~2.50	0~0.65 0.20~1.10	1~5종 625±25℃ 6, 7, 8종 725±25℃	두께 2mm에 대하여 1h " 2h
고온 배관용 탄소강관	1,2종 3, 4, 5종	0.10~0.20	0.30~0.80	0.10~0.75	0.80~6.00	0.10~0.65 0.20~0.65	1, 2종 625±25℃ 3, 4, 5종 725±25℃	두께 2mm에 대하여 1h " 2h
배관용 합금강 강관		0.08~0.30	0.25~0.80	0.35 이하			625±25℃	1h
압력 배관용 탄소강관		0.08~0.30	0.30~0.80	0.10~0.35			625±25℃	1h

강재		화학성분					유지 온도	유지시간
		C	Mn	Si	Cr	Mo		
고압 배관용 탄소강관	1, 2종	0.08 ~0.18	0.25 ~0.60	0.35 이하 0.10 ~0.75	0.80 ~6.00		1, 2종 625±25℃	두께 2mm에 대하여 1h
	3, 4종						3, 4종 725±25℃	"

* 1) 피가열물 전체에 걸쳐 50℃ 이상의 온도차를 유지하여야 한다.
   2) 온도계측에서는 열전대를 사용한다.
   3) 고온에서의 산화를 피하도록 한다.

③ 국부응력 제거 : 용접선의 좌우 양측을 각각 약 250mm의 범위 또는 판 두께의 12배 이상의 범위를 가열한다.

(2) 저온 응력 완화법

① 용접선의 좌우 양측을 정속도 이동가스 불꽃에 의하여 약 150mm 정도를 150℃ ~200℃로 가열한 다음 즉시 수냉한다.

② 주로 용접선 방향의 인장잔류응력을 완화하는 방법

(3) 기계적 응력 완화법

잔류응력이 존재하는 구조물에 어떤 하중을 걸어 용접부를 약간의 소성변형을 시킨 다음 하중을 제거하면 잔류응력이 현저하게 감소하는 현상을 이용한다.

(4) 피닝

피닝의 목적은 용접부를 구면상의 선단을 갖는 특수한 피닝 해머로 연속적으로 타격하여 용접에 의한 수축변형 감소, 잔류응력의 완화, 용접 변형방지 및 용착금속의 균열 방지이다.

> **연강 이외의 재료를 피닝할 때 주의사항**
> • 오스테나이트 스테인리스강은 가공경화가 일어나고 또한 내식성이 손상되므로 최종 층을 과도하게 피닝하는 것은 좋지 않다.
> • 페라이트 스테인리스강은 인성이 낮으므로 과도하게 피닝하면 그 충격으로 균열이 발생한다.
> • 청동의 피닝은 열간 취성 온도를 피해야 한다.

5. 잔류응력을 경감시키는 방법 중 주의사항

(1) 용착금속의 양을 될 수 있는 대로 감소시킬 것

(2) 적당한 용착법과 용접 순서를 선정할 것

(3) 적당한 포지셔너 및 회전대 등을 이용할 것

(4) 예열을 할 것

6. 불량 홈의 보수

(1) 맞대기 이음의 보수

맞대기 용접 이음에서는 루트 간격을 6mm 이하, 6~15mm 및 15mm 이상으로 나누어 보수한다.

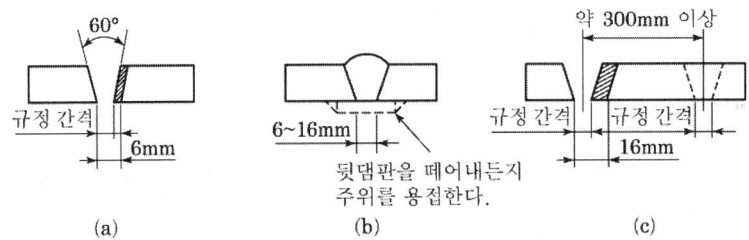

[맞대기 용접 이음 홈의 보수]

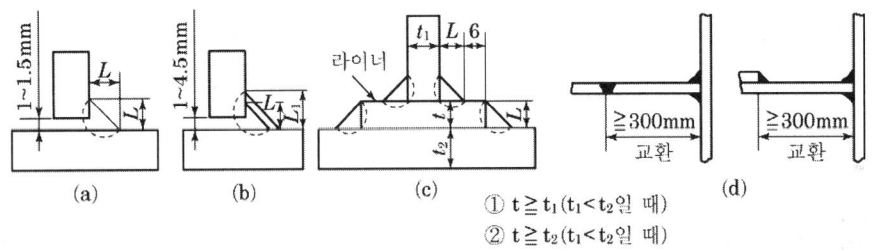

[필릿 용접 이음 홈의 보수]

① 루트 간격 6mm 이하의 경우 한쪽 또는 양쪽을 덧붙이 용접하여 규정 간격으로 만든다.

② 루트 간격 6~15mm의 경우 판 두께 6mm 정도의 뒷댐판을 붙이고 용접한다.

③ 루트 간격 15mm 이상의 경우 전부 또는 일부(길이 약 300mm)를 바꾸어 넣는다.

■ 필릿 용접 이음의 보수
- 간격 1.5mm 이하의 경우는 보수할 필요가 없어 규정된 다리길이로 용접한다.
- 간격 1.5~4.5mm의 경우는 넓혀진 만큼 다리길이를 크게 한다.
- 간격 4.5mm 이상의 경우는 라이너(liner)를 넣든가 부족한 판을 300mm 이상 잘라 대체한다. 이 경우 수직판에 용접 홈을 만들어서 용접한다.

(2) 결함 보수

① 기공이나 슬래그 섞임은 깎아내고 재용접한다.

② 균열은 균열이 더 이상 커지지 않게 정지구멍(stop hole)을 뚫고 균열이 있는 부분을 깎아내어 다시 규정의 용접 홈으로 만든 다음 재용접한다.

③ 언더컷 또는 오버랩일 경우 가는 용접봉으로 보수하거나 겹친 부분을 깎아내고 재용접한다.

(3) 보수용접

① 보수용접에 사용되는 용접봉으로는 망간강 또는 크롬강 등의 탄소강 계통의 심선을 사용한다.

② 비철합금계의 경우에는 Cr-Co-W 계통의 심선을 사용한다.

(4) 철강 용접부의 천이온도

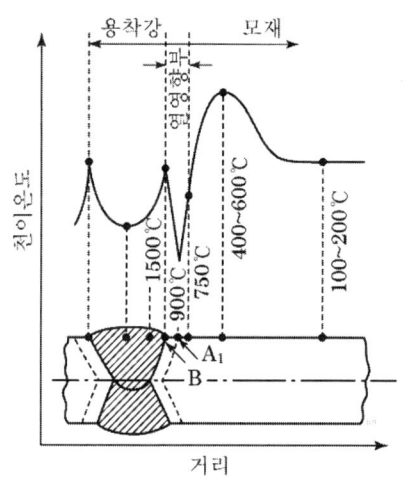

① 용접부의 충격치 변화에 대한 경향을 나타냄

② 천이온도가 높은 것은 이음부가 취화되고 있는 것

③ 용접부에서는 용접 본드부에 근접된 조립역이 취화부로, 최고 가열온도가 400~600℃에서 취화영역이 됨

④ 취화영역에서는 조직의 변화는 없으나, 기계적 성질이 나쁨

제4절 용접 변형

1. 용접 변형의 종류

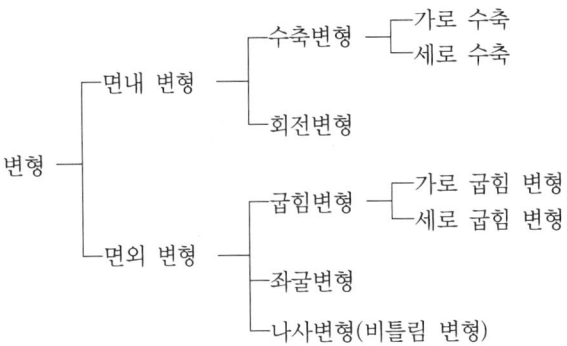

2. 용접 변형의 원인

① 모재의 영향

② 용접 이음 형상

③ 용접속도의 영향

④ 용접 입열의 대소의 영향

3. 변형을 생기게 하는 인자

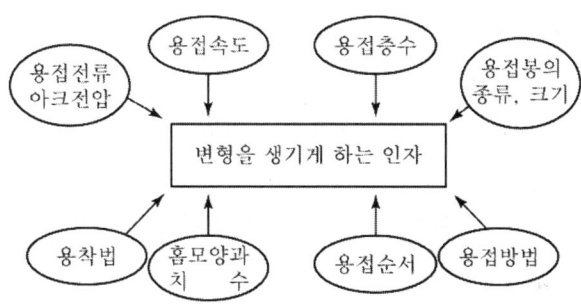

4. 용접 변형의 방지법

(1) 일반적인 용접 변형 방지법

① 용접 길이가 감소될 수 있는 설계를 한다.
② 용착금속을 감소시킬 수 있는 설계를 한다.
③ 보강재 등 구속이 커지도록 구조 설계를 한다.
④ 변형이 작아질 수 있는 이음 부분을 배치한다.

> **참고 — 용접 변형 방지법의 종류**
> • 구속법(억제법)   • 역변형법
> • 도열법(냉각법)   • 가열법
> • 피닝   • 용접 순서 및 용착법 이용

(2) 용접 변형 방지법의 종류

① 구속법(억제법 : restraint method) : 용접물을 정반에 고정시키거나 보강재를 이용하든지 또는 일시적인 보조판을 붙이거나 하여 변형을 방지하면서 용접
② 역변형법(predistortion method) : 용접에 의한 변형을 미리 예측하여 용접하기 전에 역변형을 주고 용접하는 방법
③ 도열법(냉각법 : cooling method) : 용접부 부근을 물에 적신 석면, 동판 등을 대

어 냉각시켜서 변형을 감소시키는 방법
- ㉠ 수냉동판 사용법 : 용접선의 뒷면이나 양측에 부착시켜 용접열을 열전도성이 큰 구리판에 흡수하게 하여 용접부위의 열을 식혀주는 방법
- ㉡ 살수법
    - ⓐ 용접부 뒷면에서 물을 뿌려주는 방법
    - ⓑ 얇은 판의 용접에서 주로 사용
- ㉢ 석면포 사용법 : 물에 적신 석면포나 헝겊을 용접선의 뒷면이나 양측에 대어 용접열을 흡수하는 방법
- ㉣ 가열법 : 용접에 의한 국부가열을 피하기 위하여 전체 또는 국부적으로 가열하고 용접

(3) 수축 변형 방지법

① 굽힘 변형 방지법
- ㉠ 개선 각도는 용접에 지장이 없는 범위에서 작게 한다.
- ㉡ 판 두께가 얇은 경우 첫 패스측의 개선 깊이를 크게 한다.
- ㉢ 역변형을 주거나 구속지그로 구속시킨 후 용접한다.
- ㉣ 후퇴법, 대칭법, 비석법 등을 이용하여 용접한다.
- ㉤ 허용 범위 내에서 용접봉의 지름이 큰 것으로 시공하여 패스수를 줄여 준다.

② 회전 변형 방지법
- ㉠ 미리 수축을 예측하여 예측량만큼 벌려 놓거나 가접을 튼튼하게 한다.
- ㉡ 길이가 긴 경우 2명 이상의 용접사가 길이를 정하여 놓고 동시에 용접한다.
- ㉢ 필요한 경우에 용접 끝을 구속시킨 후 용접한다.
- ㉣ 대칭법, 후퇴법, 비석법 등의 용착법을 이용한다.
- ㉤ 길이가 긴 맞대기용접의 경우에는 큰 판에 용접 후 플래너로 절단하는 방법도 고려하도록 한다.

③ T형 필릿 용접의 굽힘 변형 방지법
- ㉠ 단속 용접을 한다.
- ㉡ 역변형이 가장 좋은 방법이다.
- ㉢ 용접속도가 빠른 용접법을 선택한다.

④ 비틀림 변형 방지법
  ㉠ 가공 및 정밀도에 주의하며, 조립 및 이음의 맞춤을 정확히 한다.
  ㉡ 지그를 활용하며, 집중 용접을 피한다.
  ㉢ 표면 덧붙이를 필요 이상 주지 않도록 한다.
  ㉣ 용접 순서는 구속이 큰 부분에서 구속이 없는 자유단으로 진행한다.
⑤ 각 변형 방지법
  ㉠ 역변형의 시공법을 사용한다.
  ㉡ 용접속도가 빠른 용접법을 이용한다.
  ㉢ 판 두께가 얇을수록 첫 패스측의 개선 깊이를 크게 한다.
  ㉣ 개선각도는 작업에 지장이 없는 한도 내에서 작게 하는 것이 좋다.
  ㉤ 구속 지그를 활용한다.
⑥ 가스 절단 시 변형 방지법
  ㉠ 지그를 사용하여 절단재의 이동을 구속한다.
  ㉡ 절단 직후 절단 가장자리를 수냉한다.
  ㉢ 여러 대의 절단 토치로 한꺼번에 평행 절단한다.

5. 용접 변형의 교정법

(1) 냉간 가압법

용접 변형을 프레스(press), 잭(jack), 롤러(roller), 해머(hammer) 등에 의하여 냉간상태에서 교정하는 것
① 가열 후 압력을 주어 수냉하는 법
② 롤러에 의한 법
③ 가열 후 해머질하는 법

(2) 가열에 의한 법(가열법)

가열에 따른 팽창, 소성변형, 수축, 판의 평면적 수축 또는 판의 표면 및 이면에서의 수축량이 다른 각 변형에 의하여 변형
① 선상 가열법(형재에 대한 직선 수축법) : 맞대기 용접 이음이나 필릿 용접 이음의 각 변형을 교정

② 점 가열법(얇은 판에 대한 점 수축법) : 판의 이완된 부분을 교정하는 것으로 가열 온도 500~600℃, 가열시간 약 30초, 가열점의 지름은 20~30mm로 하여 가열한 다음 곧 수냉하는 방법

③ 쐐기 모양 가열법 : 세로굽힘이나 판 주변에 생기는 변형을 교정하는 방법

제5절 잔류응력

1. 잔류응력 측정법

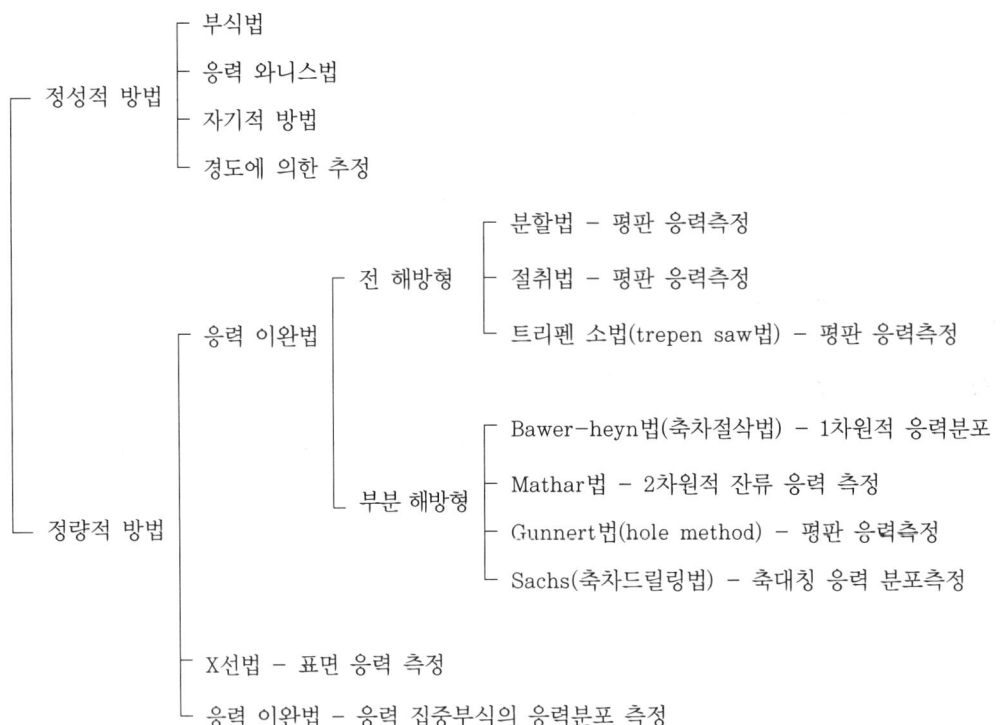

2. 잔류응력 제거 시 풀림 효과

① 용접 잔류응력이 제거된다.

② 응력 부식에 대한 저항력이 증대된다.

③ 용착 금속 중의 수소 제거에 의한 연성이 증대된다.
④ 치수 비틀림을 방지한다.
⑤ 열영향부 템퍼링으로 연화된다.

chapter 03 용접부의 결함 및 검사

제1절 용접 결함

1. 용접 결함의 발생 원인과 종류

(1) 용접사에 의한 원인

- 용입 불량
- 융합 불량
- 언더컷
- 언더필
- 슬래그 섞임
- 크레이터 균열
- 스패터
- 기공
- 아크 스트라이크

(2) 재료 등에 의한 원인

- 개재물
- 라멜라 티어
- 기공
- 균열

• 라미네이션과 딜라미네이션

2. 용접 결함의 분류

결함의 종류	치수상의 결함	구조상의 불연속 결함	재질적인 불균일
스트레인 변형	기공	인장강도의 부족	
	용접부 크기의 부적당	비금속 개재물, 슬래그	항복강도의 부족
	용접부 형상의 부적당	융합 불량	연성의 부족
		접합불량	경도의 부적당
		언더컷	피로강도 부족
		균열	충격강도 및 파괴강도 저하
		표면결함	화학적 성분 부적당
			내식성 불량

3. 용접 결함과 방지대책

(1) 언더컷

① 용접 비드 토에 생기는 작은 홈

② 용접전류 과대, 아크 길이가 길 때, 운봉속도가 너무 빠를 때 발생

③ 전류조정 아크 길이 짧게 유지, 일정 속도로 양쪽 끝에서 약간 멈추듯 위빙

(2) 오버랩

① 용융된 금속이 모재와 잘못 녹아 어울리지 못하고 모재면에 겹친 상태

② 전류가 너무 낮을 때, 속도가 느릴 때 발생

③ 약간 가는 봉을 사용하여 보수

(3) 용입 불량

① 용접전류가 낮아 아크 열이 홈의 밑부분까지 충분하게 용융시키지 못하였을 때

② 용접 홈이 좁을 때, 용접봉의 선택이 잘못되었을 때 발생

③ 홈의 폭과 모양, 모재두께에 따른 용접봉의 지름, 전류, 운봉법 적정 선택

(4) 융합 불량

① 용접부에 스케일이나 오물 부착
② 홈이 좁을 때
③ 양 모재의 두께 차이가 클 때
④ 운봉 속도가 일정하지 않을 때
⑤ 모재를 충분히 용융시키지 못한 경우 발생

(5) 슬래그 혼입

① 슬래그를 생성하는 용접봉을 사용하였을 때 주로 발생

(6) 기공과 피트

① 용접금속 내 수소 및 산소가 원인
② 용접금속에 생기는 기포
③ 금속 내부에 존재하는 것을 기공이라 함
④ 금속 표면에 반구형태로 형성되는 것을 피트라 함
⑤ 직접적인 원인으로 피복제 중의 습기, 모재표면의 흠, 녹, 기름, 먼지 등이 원인이 됨

> **참고 — 용접금속에 기공을 형성하는 가스의 원인**
> • 응고 온도에서의 액체와 고체의 용해도 차에 의한 가스 방출
> • 용접금속 중에서의 화학반응에 의한 가스 방출
> • 아크 분위기에서 기체의 물리적 혼입

(7) 언더필

① 용접부 윗면이나 아랫면이 모재의 표면보다 낮게 된 것

(8) 스패터링

① 용융금속의 가는 입자가 비산하는 것
② 슬래그의 점도가 높을 때, 전류가 과다할 때, 피복제 중의 수분, 긴 아크, 운봉각도 부적당 등이 원인

(9) 아크 스트라이크

① 용접 모재 표면에 아크를 발생시켜 용접할 때 모재 표면에 결함(흠집)이 생기는 것

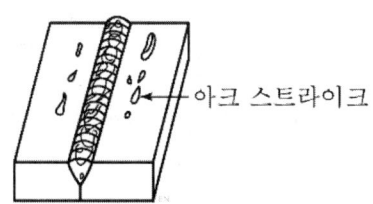

(10) 선상 조직

① 용접부 파단면에 마치 서리 기둥이 나열된 것과 같이 보이는 조직
② 선상 파면이라고도 함
③ 용접부의 냉각속도가 빠를 때, 모재의 탄소가 많을 때, 수소 용해량이 많을 때 발생
④ 예열 및 후열을 하거나 탈산이 잘 되는 용접봉 사용
⑤ 고산화철계, 저수소계 등을 사용

(11) 은점

① 용착금속을 인장 또는 굽힘 시험했을 때 파단면에 나타나는 결함
② 결함이 마치 물고기의 눈과 같다고 함
③ 수소의 석출 취화가 원인
④ 용접 후 실온으로 냉각시켜 수개월 방치, 풀림 처리로 개선

(12) 비금속 개재물

① 용착금속 내의 미세한 입자의 이물질을 말함
② 강의 응고과정에서 생성
③ 산소량이 적게 되는 용접법 적용
④ 이음부의 청소 후 용접

4. 용접 균열 및 방지대책

(1) 균열의 종류

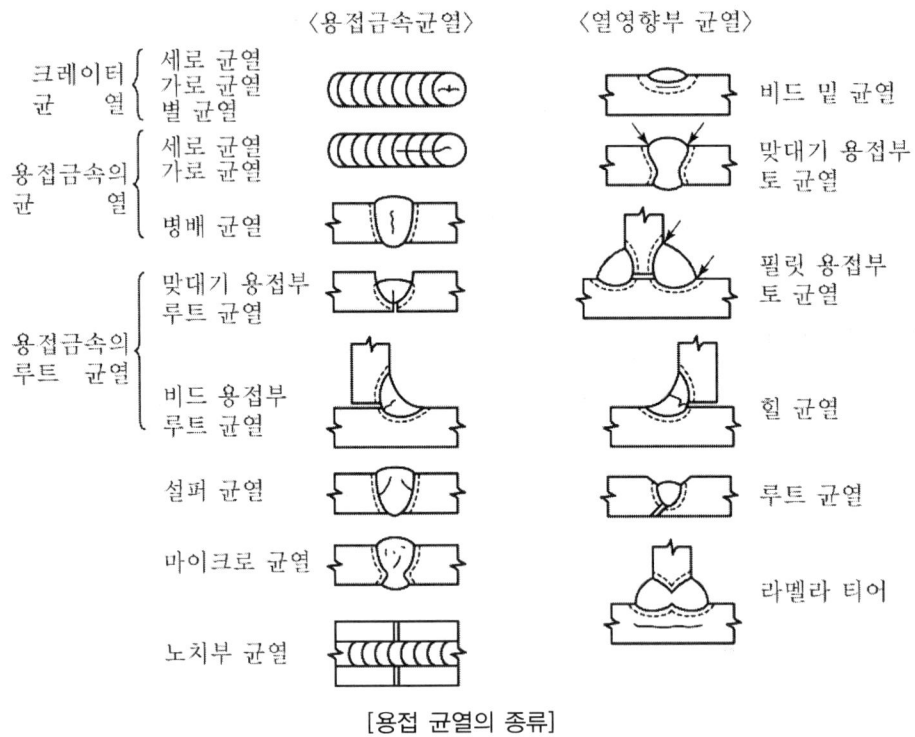

[용접 균열의 종류]

(2) 균열의 발생 원인

① 수소에 의한 균열
  ㉠ 용접할 때 다량의 수소가 용착금속 중에 용해되는 것
  ㉡ 저온 균열과 응력부식 균열은 수소와 밀접한 관계가 있다.
② 외적인 힘에 의한 균열 : 사용 중에 외부에서 가해지는 힘에 의한 것
③ 내적인 힘에 의한 균열 : 용접 시 팽창 및 수축이 불균일하게 됨으로써 균열이 일어나는 것
④ 변태에 의한 균열
⑤ 용착금속의 화학성분에 의한 균열 : 황에 의한 균열이 가장 크다.

⑥ 노치에 의한 균열 : 노치 끝부분에 응력이 집중되므로 균열 발생의 원인이 된다.

(3) 균열의 종류별 방지대책

저온 균열과 고온 균열은 300℃ 전후에서 발생되는 균열을 말한다.

① 가로균열 및 세로균열
- ㉠ 가로균열은 용접방향에 수직으로 발생하는 균열
- ㉡ 용접금속의 인성이 작을 때나 경화 육성 용접할 때 발생
- ㉢ 용접 전에 예열하면 효과적
- ㉣ 세로균열은 용접방향과 같거나 평행하게 발생하는 균열
- ㉤ 용접금속 내에서 많이 발견
- ㉥ 용접선 중심에 나타남
- ㉦ 주로 크레이터 균열의 확장 때문에 발생되어 표면으로 확장
- ㉧ 적당한 용접전류, 용접봉 및 모재의 선택이 중요

② 설퍼 균열
- ㉠ 강 중의 황이 층상으로 존재
- ㉡ 고온 균열
- ㉢ 저수소계 용접봉으로 수동용접하여 방지

③ 크레이터 균열
- ㉠ 용접 비드 종점의 크레이터에서 주로 발생
- ㉡ 고온 균열
- ㉢ 고장력강이나 합금 원소가 많은 강에서 발생
- ㉣ 아크를 끊는점을 중심으로 발생되는 것으로 용접금속의 수축력에 영향
- ㉤ 크레이터 처리방법과 같이 아크를 끊을 때에도 처리방법이 반드시 필요
- ㉥ 별모양, 가로방향 및 세로방향의 형태로 나타남

④ 병배 균열
- ㉠ 서양배 형상을 닮은 용접비드 단면에 발생
- ㉡ 고온 균열
- ㉢ 용입이 깊은 용접법 선택 시 주로 발생(CO_2 용접, 서브머지드 용접 등)
- ㉣ 비드 단면의 형태의 '나비 대 깊이의 비'를 1 : 1~1 : 1.4 이상 크게 하여 방지
- ㉤ 엔드 탭을 사용하여 회전 변형 구속 필요

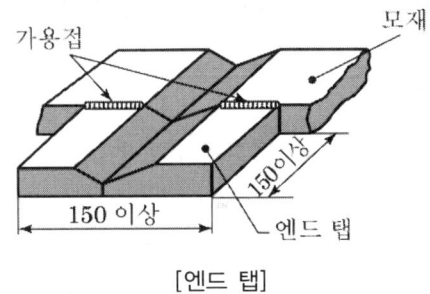

[엔드 탭]

⑤ 토 균열
  ㉠ 비드 표면과 모재와의 경계부에 발생
  ㉡ 언더컷의 응력집중이나 용접 후 바로 각 변형 시 발생
  ㉢ 예열 또는 강도가 낮은 용접봉 사용으로 방지

⑥ 힐 균열
  ㉠ 저온 균열
  ㉡ 모재의 열팽창 및 수축에 의한 비틀림이 주원인
  ㉢ 고장력강의 대입열 용접, T형 필릿 이음에서 주로 발생
  ㉣ 수소량의 감소와 예열로 방지

⑦ 루트 균열
  ㉠ 저온 균열
  ㉡ 가접 또는 첫 층 용접에서 루트 근방의 열영향부에 발생
  ㉢ 수소량을 적게 하거나 신속히 방출 필요

⑧ 비드 밑 균열
  ㉠ 급랭에 의한 열영향부의 경화, 마텐자이트 조직의 생성, 수소 용접응력이 원인
  ㉡ 예열, 후열과 마텐자이트의 생성 방지, 저수소계를 사용하여 균열 방지

⑨ 라미네이션과 딜라미네이션
  ㉠ 라미네이션은 모재의 재질 결함으로 설퍼 밴드와 같이 층상으로 편재해 있다.
  ㉡ 딜라미네이션은 응력이 걸려 라미네이션이 갈라지는 것

⑩ 라멜라 티어(층상 균열)
  ㉠ 모서리 이음, T이음에서 발생
  ㉡ 강의 내부에 표면과 평행하게 층상으로 발생
  ㉢ 주 원인은 모재의 비금속 개재물이 원인

⑪ 재열 균열

　㉠ 응력 제거 균열, 즉 SR 균열이라고도 함

　㉡ 고장력강 용접부의 후열처리 또는 고온사용으로 열영향부에 생기는 입계균열

　㉢ 미소결함으로 육안이나 방사선 검사로도 발견 곤란

> **SR 균열 방지 방법**
> - 조립역 조직의 개선
> - 토(toe)부의 응력집중을 감소
> - 설계상 응력집중이 되지 않게 고려

제2절 용접재료의 시험법

1. 기계적 시험

(1) 인장시험

인장시험은 판, 관 또는 봉의 가늘고 긴 시험편에 인장하중을 가해서 하중과 변형과의 관계 등을 조사하여 재료의 비례한도, 탄성한도, 항복점, 인장강도(극한강도), 연신율, 단면 수축률을 구하는 시험

① 인장응력(σ)

　연강의 인장시험에서 하중을 P(kgf), 시험편의 최초 단면적을 A(mm^2)라 할 때 인장응력 σ_t는

$$\text{인장응력 } \sigma_t = \frac{P}{A}(\text{kgf}/mm^2)$$

② 변형률 : 시험편의 파단 후의 거리를 $l(mm)$, 처음의 길이를 l_0라 할 때 변형률 ε은

$$\text{변형률 } \varepsilon = \frac{l-l_0}{l_0} \times 100\%$$

③ 단면수축률 : 파단 후의 시험편의 단면적을 $A'(\text{mm}^2)$, 처음의 단면적을 $A(\text{mm}^2)$라 할 때 단면수축률은

$$\text{단면수축률} = \frac{A - A'}{A} \times 100\%$$

(2) 굽힘시험

굽힘시험은 용접부의 연성과 안전성을 조사하기 위하여 사용되는 시험법

> **굽힘시험 방법**
> - 자유굽힘(free bending)
> - 롤러 굽힘(roller bending)
> - 형틀굽힘(guide bending)

(3) 경도시험

압입식의 브리넬, 로크웰, 비커스 시험법과 반발식의 쇼어 시험법 등

① 브리넬 경도시험(H_B) : 강구를 일정한 하중으로 시험편의 표면에 압입 후 이때 생긴 오목자국의 표면적을 측정하여 나타내는 값으로 H_B로 표시

$$\text{브리넬 경도 } H_B = \frac{\text{하중(kgf)}}{\text{오목자국 표면적}(\text{mm}^2)} = \frac{P}{A}$$

② 로크웰 경도시험(H_R)

　㉠ 지름이 $\frac{1}{6}''(1.5875\text{mm})$인 강구(B 스케일)로 100kg의 하중을 가하는 것

　㉡ 꼭지점 각이 120°인 원뿔형(C 스케일)의 다이아몬드 압자로 150kg의 하중을 가하는 것

③ 비커스 경도시험(H_V) : 꼭지각이 135°인 다이아몬드 4각추의 압자를 일정하중으로 시험편에 삽입 후 생긴 오목자국의 대각선을 측정하여 비커스 경도(H_V)를 산출

$$\text{비커스 경도 } H_V = \frac{\text{하중(kgf)}}{\text{오목자국 표면적}(\text{mm}^2)} = \frac{1.8544P}{D^2}(\text{kgf}/\text{mm}^2)$$

④ 쇼어 경도시험(H_S) : 작은 강구나 둥근 다이아몬드를 붙인 소형 추를 일정한 높이에서 시험편 표면에 낙하시켜 튀어오르는 높이에 의하여 경도를 측정

쇼어 경도 $H_S = \dfrac{10{,}000}{65} \times \dfrac{h}{h_0}$

여기서, h_0 : 추의 낙하 높이, h : 추의 반발 높이

(4) 충격시험

재료가 파괴될 때 재료의 성질인 인성과 취성을 시험하는 것

(5) 피로시험

① 구조물에 반복하중이 장시간 반복되면 파괴될 수 있다. 이것을 재료의 피로라 한다.

② 하중의 크기와 파단에 이르기까지의 반복 횟수에 의하여 피로강도를 측정

2. 화학적 시험

(1) 화학분석

용착금속, 모재의 화학성분이나 불순물의 함유량을 조사하기 위한 화학분석

(2) 부식시험

① 입계부식은 용접 열영향부의 오스테나이트입계에 Cr이 석출될 때 발생한다.

② 용접부의 부식은 전면부식과 국부부식으로 분류한다.

③ 틈새부식은 오버랩이나 언더컷 등의 틈 사이의 부식을 말한다.

④ 용접부의 잔류응력은 부식과 관련 있다.

⑤ 부식 시험의 종류

　㉠ 습부식 시험 : 습식시험 → 해수, 유기산, 무기산, 알칼리 등에 접촉되어 부식되는 상태를 관찰

　㉡ 건부식 : 고온 부식시험 → 고온의 증기, 가스 등에 반응하여 부식하는 상태를 관찰

　㉢ 응력부식시험 : 어떤 응력하에서 부식 분위기에 싸일 경우에 받는 부식상태를 관찰

(3) 수소시험

진공 중에서 고온으로 가열(예를 들어 800℃×1h)하여 전수소를 방출시켜 정량하는 진공추출법 외에 상온에서 방출되는 확산성 수소량을 측정하는 방법

3. 금속학적 시험

파면시험, 매크로 조직시험, 현미경 조직시험

> **금속학적 시험 목적**
> - 비금속 개재물, 입계 슬래그막, 마이크로 터짐의 검출
> - 다층 비드 결과의 검출
> - 용접금속 및 열영향 모재부의 결정조직 검사

(1) 파면시험

① 육안 또는 저배율의 확대경을 사용하여 용접금속 및 모재의 파면에 대하여 결정의 조밀, 누적층, 균열, 기공, 슬래그 섞임, 선상 조직, 은점 등을 조사하는 시험

② 구조용 강의 취성파면은 은백색, 연성파면은 쥐색

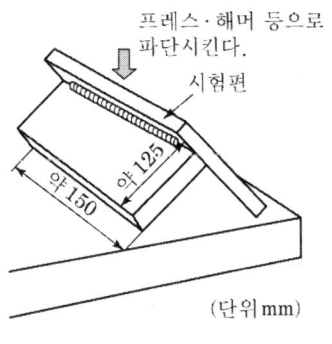

[필릿 용접 이음의 파면시험]

(2) 매크로 조직시험(육안 조직시험)

육안 또는 저배율의 확대경으로 관찰하여 용입상태, 다층 비드의 양상, 열영향부의 범위, 결함의 분포상황 등을 조사

> **참고 ▪ 철강에 주로 사용되는 부식액**
> • 염산 1 : 물 1의 액
> • 염산 3.8 : 황산 1.2 : 물 5.0의 액
> • 초산 1 : 물 3의 액

(3) 현미경 시험

① 시험순서 : 채취 - 마운팅 - 샌드페이퍼 연마 - 폴리싱 - 부식 - 현미경 검사
② 현미경 시험용 부식제

재료명	부식제
철강	피크린산알코올액(피크린산 4g, 알코올 100cc), 초산알코올액(진한 초산 1~5cc, 알코올 100cc)
스테인리스강	알코올액, 왕수, 구리
알루미늄 및 합금	플루오르화수소액, 수산화나트륨, 수산화칼륨 등
구리 합금용	연화철액

4. 용접성 시험

용접성 판정시험에는 용접부의 연성시험, 용접 균열시험, 용접 노치 취성시험 등이 사용

(1) 용접부 연성시험

① 용접부의 최고 경도시험 : 열영향부의 경화 정도를 시험
② 용접비드 굽힘시험
  ㉠ 종비드 굽힘시험
  ㉡ 코메럴 시험이라고도 한다.
③ 용접비드의 노치 굽힘시험
  ㉠ 연성 및 균열의 전파 정도를 시험
  ㉡ 킨젤 시험이라고도 한다.

> **참고 ▪ 용접부 연성시험**
> • 코메럴 시험   • 킨젤 시험   • 재현 열영향부 시험

(2) 용접부의 노치 취성시험

① 노치충격시험 ② 노치인장시험
③ 노치굽힘시험

(3) 용접부의 노치 취성시험법

① 로버트슨 시험 ② 반 데어 빈 시험
③ 용접부의 노치 충격시험 ④ 칸 인열시험
⑤ 낙중시험(DWT 시험) ⑥ 에소 시험
⑦ 이중인장시험 ⑧ 낙하시험
⑨ 폭파시험

5. 용접 균열시험

(1) T형 필릿 및 겹침용접(CTS) 균열시험
(2) 리하이 균열시험
(3) 바텔 비드 밑 균열시험
(4) 피스코 균열시험

6. 용접부 연성시험

(1) 코메럴 시험 (2) 킨젤 시험
(3) 재현 열영향부시험 (4) IIW 최고 경도시험
(5) 연속 냉각 변태시험

제3절 용접부의 결함 검사법

1. 비파괴 시험

(1) 육안검사(VT, visual test)

외관검사라고도 하며 외관의 좋고 나쁨을 검사

① 장점
- ㉠ 모든 용접부에 제작 전·중·후에 할 수 있음
- ㉡ 대부분 큰 불연속만을 검출하나, 다른 방법에 의해 검출되어야 할 불연속도 예측 가능
- ㉢ 용접이 끝난 즉시 보수해야 할 불연속을 검출 및 제거할 수 있다.
- ㉣ 다른 비파괴시험 방법보다 저비용

② 단점
- ㉠ 검사원의 경력과 지식에 따라 크게 좌우
- ㉡ 일반적으로 용접부의 표면에 있는 불연속 검출에만 제한
- ㉢ 용접 작업 순서에 따라 육안검사를 늦게 하면 이음부를 확인하기 곤란

(2) 누설검사(LT, leak test)

탱크 및 용접부 등의 기밀(air tight), 수밀(water tight) 및 내압을 조사

(3) 침투검사(PT, penetration test)

표면에 틈이 생긴 작은 균열과 작은 구멍의 흠집을 빨리 검출하는 방법

① 형광 침투검사 : 전처리(세척) → 침투 → 수세 → 현상제 살포와 건조 → 검사
② 염료 침투검사 : 염료 침투검사는 형광침투액 대신에 적색 염료를 주체로 한 침투액과 백색의 현상제를 사용하는 방법

(4) 초음파 탐상검사(UT, ultrasonic test)

가청음을 넘는 음파를 피시험물 내부에 침입시켜 내부의 결함, 또는 불균일층의 존재를 검출하는 방법

① 일반적 초음파의 성질
- ㉠ 주파수가 높고 파장이 짧기 때문에 지향성을 갖고 있으므로 특정한 방향으로 집중하여 보낼 수 있음
- ㉡ 탄성적 성질이 다른 경계면이나 급변하는 불연속부에 있어서는 초음파의 일부 또는 대부분이 반사
- ㉢ 재료의 내부에 존재하는 흠이나 이물질에 의해 초음파가 반사, 산란되는 정도는 그 크기와 초음파의 파장과의 관계로 정해짐

② 초음파 탐상방법의 종류
　　㉠ 펄스 반사법(가장 많이 사용된다.)
　　㉡ 투과법
　　㉢ 공진법
③ 초음파 탐상검사방법
　　㉠ 수직 탐상법
　　㉡ 사각 탐상법

■ 초음파 탐상법의 종류
• 펄스 반사법　　• 투과법　　• 공진법

(5) 자분 검사(MT, magnetic particle test)

① 누설자속을 자분 또는 검사코일(coil)을 사용하여 결함의 위치를 알아내는 방법
② 내부결함의 검사가 불가능하다.
③ 작업이 신속 간단하다.
④ 정밀한 전처리가 요구되지 않는다.

■ 자분 검사의 유형
• 축통전법 : 원형 자장　　• 관통법 : 원형 자장
• 직각 통전법 : 원형 자장　　• 코일법 : 길이 자화
• 극간법 : 원형 자장

(6) 방사선 투과검사(RT, radio graphic test)

① X-선, γ-선 등의 투과 방사선을 이용하여 방사선 투과사진 또는 형광 스크린상에 나타내어 관찰하는 시험방법이다.
② 내부결함 검출이 용이하다.
③ 라미네이션은 검출되지 않는다.
④ 미세한 표면 균열은 검출되지 않는다.

⑤ 현상이나 필름을 판독해야 한다.

(7) 와류검사(맴돌이 검사, ET, eddy current test)

금속 내에 유기되는 맴돌이 전류를 발생시켜 그 와류전류의 변화를 측정하여 용접부의 결함 유·무 및 크기를 추정

(8) 어코스틱 에미션 검사(AET, acoustic emission test)

미소한 결함이 있어 응력의 이상 집중에 의하여 성장하거나 새로운 균열이 발생될 경우 발생장소와 균열의 성장속도를 감지하는 용접시험 검사법이다.

memo

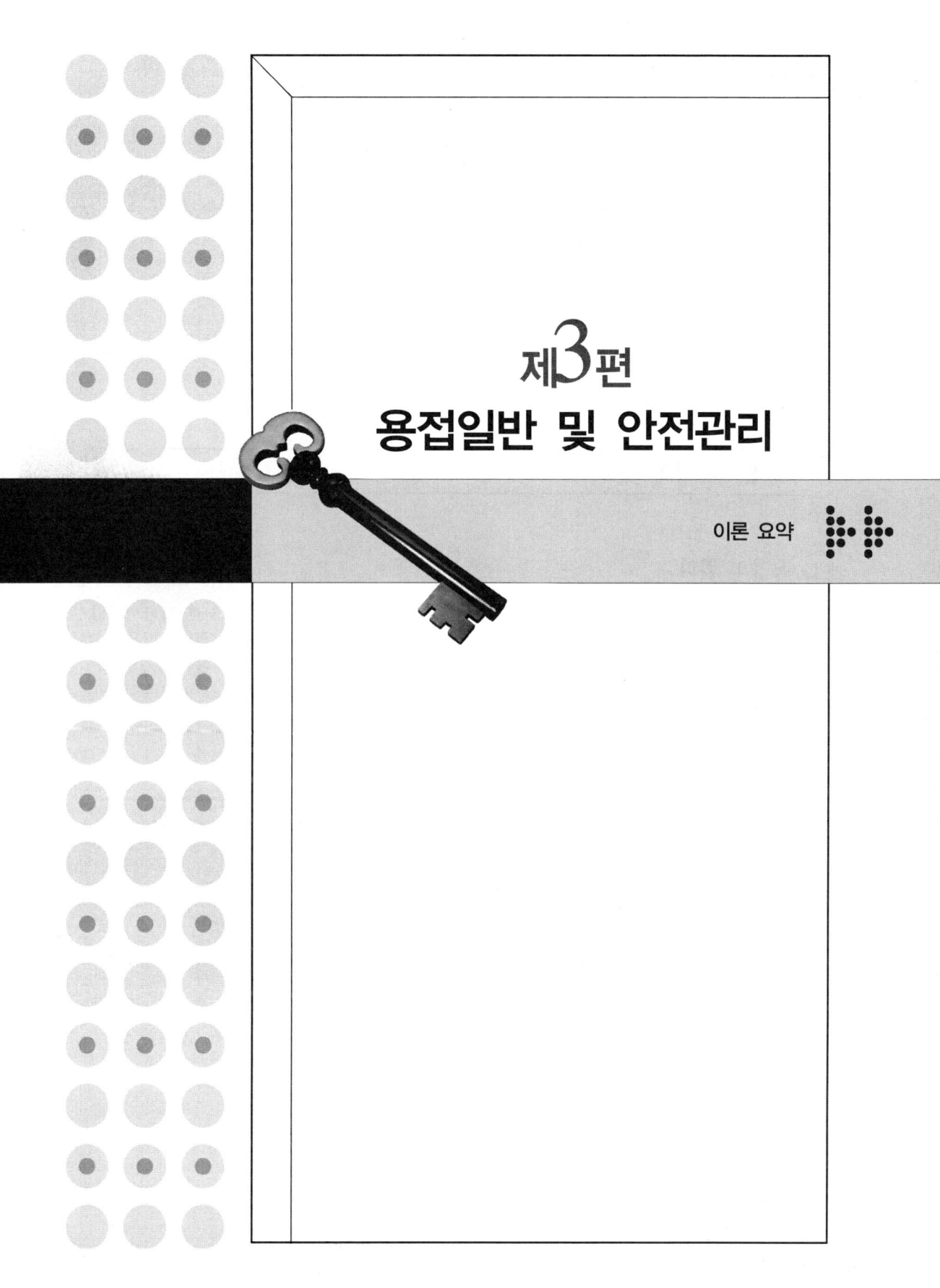

제3편
용접일반 및 안전관리

이론 요약

chapter 01 용접일반

제1절 용접의 개요

1. 용접의 원리

(1) 고체 상태에 있는 금속재료를 열이나 압력 또는 열과 압력을 가하여 서로 접합시킨다.
(2) 용접은 영구 접합법으로 야금적 접합법이라 한다.
(3) 야금적 접합법은 원자와 원자 사이의 거리를 1cm의 1억분의 1($Å=10^{-8}$cm, angstrom, 옹스트롬) 정도로 접근, 인력(引力)에 의해 접합하는 방법이다.

> **참고 - 접합방법**
>
> - 기계적 접합법 ─ 리벳, 볼트접합
>   - 접어 이음, 말아 이음, 확관법
>   - 나사, 키 등(수시로 분해할 수 있음)
>   - 가열맞춤, 냉간맞춤
> - 야금적 접합법 - 용접(fusion welding), 압접(pressure welding), 납땜(brazing)

2. 용접법의 분류

(1) **용접열원(Energy)**

아크열, 전기 저항열, 물질의 연소열

(2) 용접원리에 따른 분류

① 모재를 용융시켜 용접하는 방법
② 모재를 용융시키지 않고 압력을 가해 접합하는 방법

(3) 목적에 따른 분류

이음(접합) 용접, 덧쌓기(肉盛) 용접

(4) 용접장치에 따른 분류

수동 용접, 반자동 용접, 자동 용접

아크 용접법
- 수동 용접법 : 피복 아크 용접과 같이 전극(용접봉)의 송급과 운봉이 수동적인 것
- 반자동 용접법 : CO_2 아크 용접법과 같이 전극(용접봉)의 송급은 자동이고 운봉이 수동적인 것
- 자동 용접법 : 서브머지드 아크 용접법과 같이 전극의 송급과 운봉이 자동적인 것

(5) 용접법에 따른 분류

- 융접 : 용융 용접이라고도 하며 접합하려는 두 금속의 접합부를 국부적으로 가열, 제3의 금속인 용접봉(용가재)을 첨가하여 융합되게 하는 방법
- 압접 : 가압용접이라고도 하며 접합부를 적당한 온도로 가열 또는 자연 상태에서 기계적 압력을 가하여 접합하는 방법
- 납땜 : 모재보다 융점이 낮은 비철합금을 용가재로 사용하고 땜납을 접합부에 첨가시켜 용융 땜납이 응고 시 일어나는 분자 간의 흡인력을 이용하여 접합하는 방법

연납과 경납의 구분
- 연납 : 땜납의 용융점이 450℃ 이하에서 용접
- 경납 : 땜납의 용융점이 450℃ 이상에서 용접

① 용접

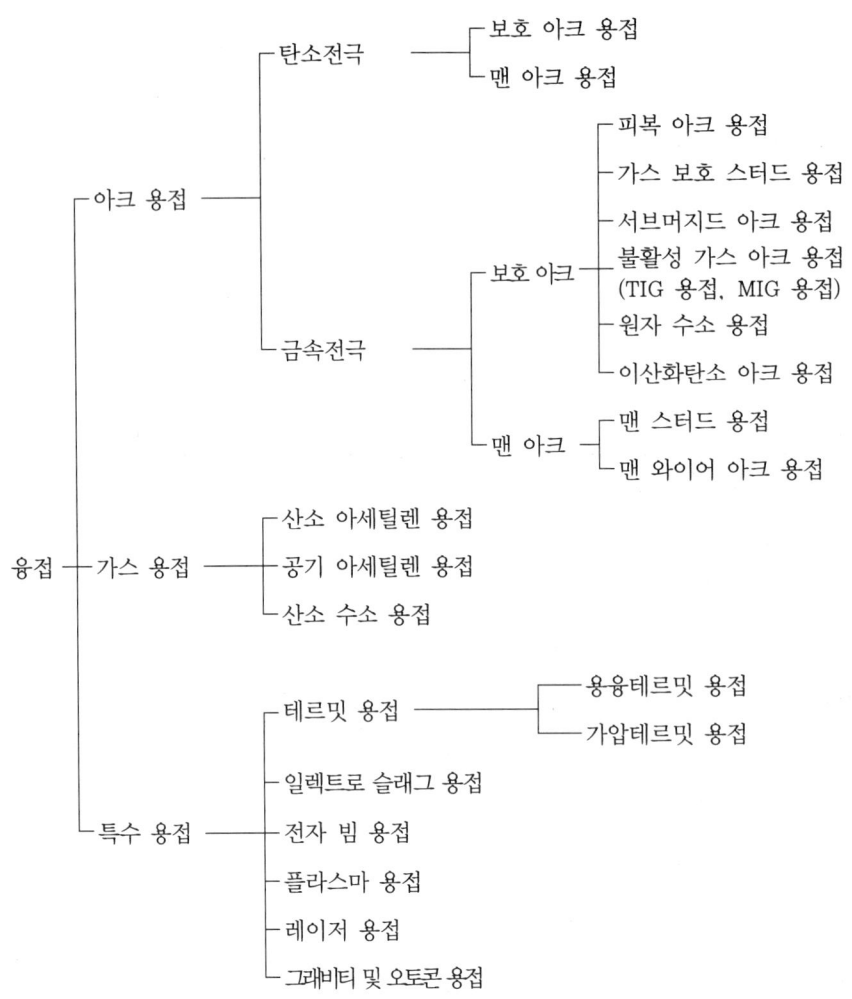

② 압접

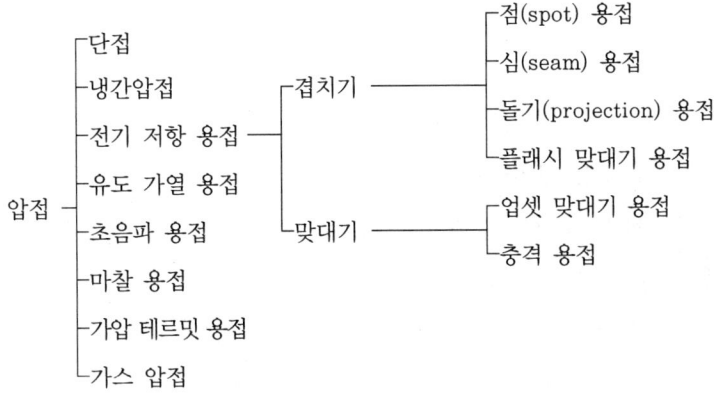

③ 납땜

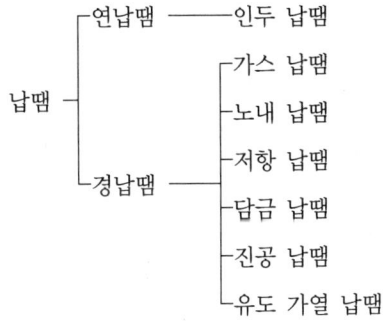

3. 용접의 특징

(1) 용접 이음의 일반적인 장점

① 재료가 절약되고, 중량이 가벼워진다.

② 작업공정이 단축되며 경제적이다.

③ 이종금속(서로 다른 금속) 재료도 접합할 수 있다.

④ 소음이 적어 실내에서의 작업이 가능하며, 복잡한 구조물 제작이 쉽다.

⑤ 기밀, 수밀, 유밀성이 우수하며 이음효율이 높다.

⑥ 보수와 수리가 용이하다.

⑦ 재료두께의 제한이 없다.

(2) 용접 이음의 단점

① 용접부 재질이 변화한다.

② 잔류응력이 발생한다.

③ 모재의 재질 등에 따라 용접성의 차이가 있다.

④ 용접부에 응력집중이 일어나기 쉽다.

⑤ 용접사의 기량에 따라 용접부의 품질이 좌우된다.

⑥ 용접부 품질검사가 까다롭다.

⑦ 용접부에 균열이 발생 시는 균열의 전파속도가 빠르다.

(3) 리벳 이음에 비하여 우수한 점

① 구조가 간단하다.

② 재료가 절약된다.

③ 작업공정 수가 절감된다.

④ 제작비가 싸진다.

⑤ 수밀, 기밀, 유밀이 우수하다.

⑥ 자동화 용접을 할 수 있다.

⑦ 용접 이음은 리벳 이음보다 이음효율이 높다.

(4) 주조에 비하여 우수한 점

① 이음의 강도가 크다.

② 중량이 가볍다.

③ 목형이나 주형이 필요 없어 생산비가 적게 든다.

④ 복잡한 형상의 제품도 제작이 용이하다.

⑤ 서로 다른 재질을 접합할 수 있다.

⑥ 보수가 쉽다.

(5) 단조에 비하여 우수한 점

① 시설비가 적게 든다.

② 제품에 따라 작업공정 수가 절감된다.

③ 설계상 판 두께의 제한이 없다.

④ 대형의 단조 기계와 다이가 필요 없다.

⑤ 서로 다른 금속을 접합할 수 있다.

⑥ 중량이 가벼워진다.

⑦ 복잡한 모양의 단조품의 경우 용접으로 조립이 가능하다.

(6) 용접 구조물이 리벳 구조물에 비하여 나쁜 점

① 검사방법이 복잡하므로 품질관리가 나쁘다.

② 응력집중이 생기기 쉽다.

③ 좌굴 변형(buckling)이 일어나기 쉽다.

④ 용접기술이 필요하다.

⑤ 구조용 강재는 저온에서 취성파괴가 일어나기 쉽다.

(7) 연강에 비해 고장력강 사용의 장점

① 판의 두께를 얇게 할 수 있다.

② 소요 강재의 중량을 크게 경감시킨다.

③ 구조물의 무게가 경감되므로 기초공사가 간단하다.

④ 재료의 취급이 간단하고 판 두께가 얇게 되므로 가공이 용이하다.

4. 용접자세

(1) 아래보기자세(flat position, F)

용접하려는 재료를 수평으로 놓고 용접봉을 아래로 향해 용접하는 자세

(2) 수평자세(horizontal position, H)

모재가 수평면과 90° 또는 45° 이상의 경사각을 가지며 용접선이 수평이 되도록 하는 자세

(3) 수직자세(vertical position, V)

모재가 수평면과 90° 또는 45° 이상의 경사각을 가지며, 용접선은 수직 또는 수직면에

대하여 45° 이하의 경사를 가지고 상진이나 하진으로 용접하는 자세

(4) 위보기자세(overhead position, O)

모재가 수평면의 아래쪽에서 용접봉을 위로 향하게 하여 용접하는 자세

(5) 전 자세(all position, AP)

아래보기, 수평, 수직, 위보기자세 중 2가지 이상을 조합시켜 용접하거나 4가지 전부를 용접하는 자세

chapter 02 피복 아크 용접

제1절 아크 용접의 개요

1. 피복 아크 용접의 원리

(1) 원리
① 모재와의 사이에서 발생하는 전기 아크열을 이용하여 모재의 일부와 용접봉을 용융시켜 용접하는 용극식 용접방법
② 아크열의 온도 : 약 5,000℃

(2) 용접회로
① 용접회로(welding cycle) : 전원으로부터 1차 케이블을 통하여 용접기에서 발생한 전류가 2차 케이블(홀더측) → 용접 홀더 → 용접봉 → 아크 → 모재 → 2차 케이블(접지측) → 용접기로 되돌아오는 것
② 피복 아크 용접회로 : 아크 용접기 → 2차측 전극 케이블 → 용접 홀더 → 피복 아크 용접봉 → 아크 용접물 또는 모재 → 2차측 접지 케이블로 구성

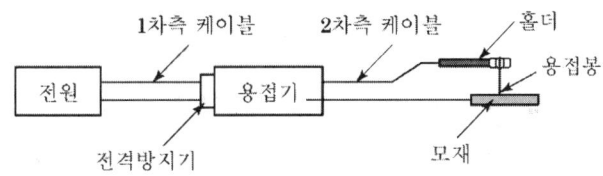

2. 아크의 성질

(1) 아크 현상

① 아크는 음극(-)과 양극(+)의 두 전극을 일정한 간격으로 유지한 후 전류를 통하면 두 전극 사이에 활모양(弧狀 : 호상)의 불꽃방전이 발생한다.

② 아크 : 아크 코어, 아크 흐름, 아크 불꽃의 세 부분으로 구분

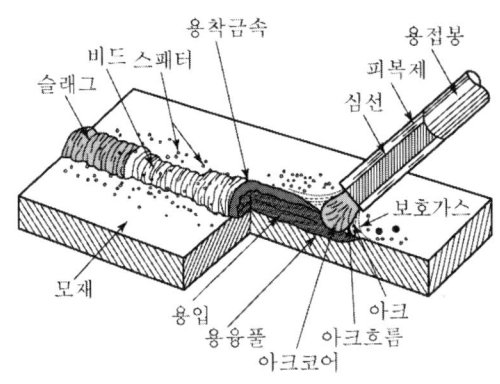

[피복 아크 용접의 용어]

③ 아크 길이(arc length) : 아크 코어의 길이

④ 아크 흐름 : 아크 코어의 주위를 둘러싼 약간의 담홍색을 띤 것

⑤ 아크 불꽃 : 아크 흐름 바깥둘레의 불꽃으로 싸여 있는 부분

⑥ 아크 코어(중심) : 아크 온도가 가장 높은 부분

⑦ 용융 풀 : 모재가 용융되고 있는 부분

⑧ 비드 : 모재 위에 용접봉이 용해되어 융합된 금속이 응고하여 파형을 만드는데 이 파형을 비드라 하며, 이 금속을 용착금속이라 한다.

⑨ 용입 : 모재가 녹은 깊이

⑩ 용착 : 용접봉이 용융지에 녹아 들어가는 것

(2) 직류 아크 중의 전압분포

① 양극전압강하(V_A) : 양극 부근에서의 전압강하

② 음극전압강하(V_k) : 음극 부근에서의 전압강하

③ 아크 기둥 전압강하(V_p) : 아크 기둥 부근에서의 전압강하

④ 아크 전압(V_a) : 전체의 전압

$$V_a = V_k + V_p + V_A \text{ (V)}$$

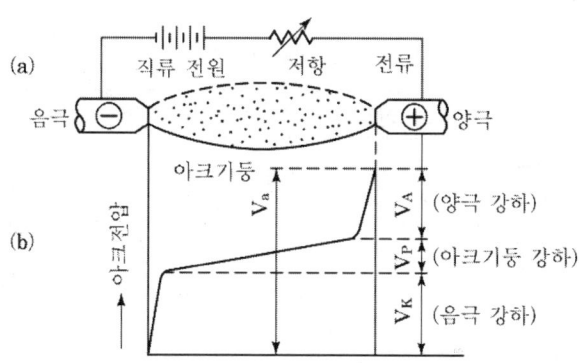

(3) 극성

① 모재와 용접봉으로 이루어지는 아크 용접의 전극에 관련된 성질을 극성이라 한다.

② 교류 용접에서는 1초간의 상용 주파수의 2배에 상당하는 횟수만큼 아크 전압이 0이 되므로 비피복 아크 용접봉을 쓸 경우 아크가 불안정해져 용접하기가 곤란하다.

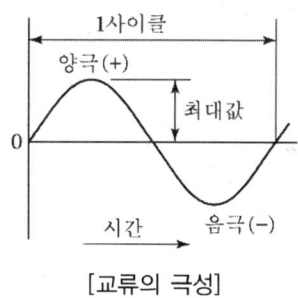

[교류의 극성]

③ 전원의 종류에 따라 분류

  ㉠ 직류 아크 용접 : 직류전원을 사용

  ㉡ 교류 아크 용접 : 교류전원을 사용

④ 모재 기준 직류 극성

  ㉠ 직류 정극성(DCSP) : 용접봉을 용접기의 음극(-)에, 모재를 양극(+)에 연결

ⓒ 직류 역극성(DCRP) : 모재를 음극(-)에, 용접봉을 양극(+)에 연결
⑤ 용접봉 기준 직류 극성
    ㉠ 직류 정극성(DCEN, direct current electrode negative)
    ㉡ 직류 역극성(DCEP, direct current electrode polarity)

[정극성과 역극성의 비교]

극성	상태			특징
정극성(DCSP) (DCEN)	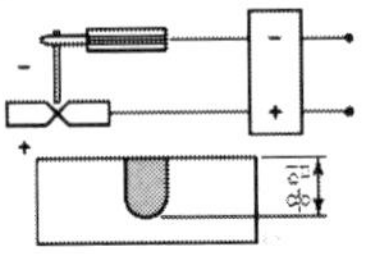	모재가 양극	열분배 - 측 : 30% 정도 + 측 : 70% 정도	① 모재의 용입이 깊다. ② 봉의 용융이 늦다. ③ 비드 폭이 좁다. ④ 일반적으로 많이 쓰인다.
역극성(DCRP) (DCEP)	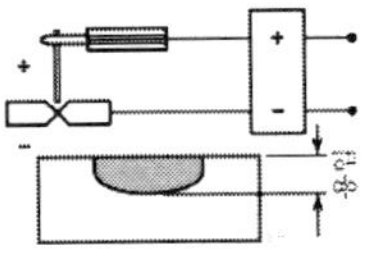	모재가 음극	열분배 + 측 : 70% 정도 - 측 : 30% 정도	① 모재의 용입이 얕다. ② 박판, 주철, 고탄소강, 합금강, 비철금속의 용접 등에 쓰인다. ③ 비드 폭이 넓다. ④ 봉의 용융이 빠르다. ⑤ 청정작용이 우수하다.

(4) 용접 입열

① 피복 아크 용접에서의 용접 입열(H)

$$H = \frac{60EI}{V} \text{(J/cm)}$$

여기서, H(J/cm) : 용접의 단위길이(1cm)당 발생하는 전기적 에너지
E(V) : 아크 전압
I(A) : 아크 전류
V(cm/min) : 용접속도

② 아크 열효율 : 입열의 몇 퍼센트가 모재에 흡수되는가에 대한 비율
③ 일반적으로 모재에 흡수된 열량은 입열의 75~85% 정도가 보통이다.

열효율에 영향을 주는 인자
- 모재의 판 두께
- 이음형상
- 예열온도
- 용접봉의 지름
- 용접속도
- 아크 길이
- 아크 전류
- 피복제의 종류와 두께
- 모재와 용접봉의 열전도율이나 온도 확산율(열전도도/비열×비중)
- 모재에 흡수되는 열량 : 입열의 약 75~85% 정도
- 아크 길이가 길어지면 열효율이 나빠진다.

(5) 용융속도

용융속도=아크 전류×용접봉측 전압강하

① 용접봉의 용융속도 : 단위시간당 소비되는 용접봉의 길이 또는 무게
② 용접봉의 지름이 달라도 동일 종류의 용접봉인 경우 용융속도는 전류에만 비례하고, 용접봉의 지름과는 관계가 없다.

(6) 용융금속의 이행형식

① 단락형
  ㉠ 표면 장력의 작용으로 모재에 옮겨가서 용착되는 형태이다.
  ㉡ 큰 용융방울로 되어 이행된다.
  ㉢ 비피복 연강봉이나 저수소계 용접봉, 피복이 얇은 봉 등에서 나타난다.
② 글로뷸러형
  ㉠ 비교적 큰 용적(globule)이 단락되지 않고 옮겨가는 형태이다.
  ㉡ 일명 핀치 효과형이라고 한다.
③ 스프레이형
  ㉠ 피복제의 일부가 가스화하여 미세한 용적이 스프레이와 같이 날려서 모재에 용착되는 형태이다.

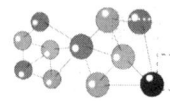

ⓛ 일미나이트계 용접봉 등 피복 아크 용접봉에서 주로 볼 수 있다.

ⓒ 펄스 아크 방식 : 임계전류 이하의 전류범위에서 펄스전류를 가진 용접 전류를 이용하여 스프레이형 용적을 얻을 수 있다.

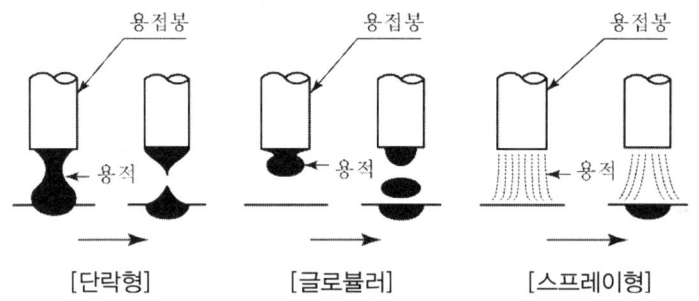

[단락형]   [글로뷸러]   [스프레이형]

용접봉에서 모재로 용융금속이 옮겨 가는 형식에 따른 분류
- 단락형
- 글로뷸러형(핀치 효과형)
- 스프레이형

제2절 아크 용접기

1. 아크 용접기의 분류

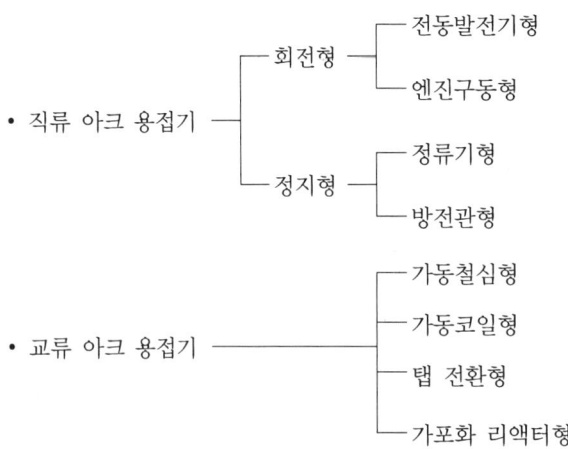

2. 아크 용접기의 특성

(1) 용접 전원이 갖추어야 할 특성

① 아크의 발생이 용이하고 아크를 안정하게 유지할 수 있어야 할 것
② 아크 길이가 변화하여도 전류변동이 작을 것
③ 전류가 감소될 때 전압이 신속히 상승하여 아크의 꺼짐을 방지할 수 있을 것
④ 단락전류가 크지 않을 것
⑤ 적당한 무부하 전압이 있을 것
⑥ 부하 전류가 변화하여도 단자 전압은 변화하지 말 것

(2) 용접기의 구비 조건

① 구조 및 취급이 간단해야 한다.
② 전류조정이 용이하고 용접 중 일정한 전류가 흘러야 하며 용접 중 전류값이 너무 크게 변하지 않아야 한다.
③ 아크 발생이 잘 되도록 무부하 전압(교류는 70~80V, 직류는 40~60V)이 유지되어야 한다.
④ 사용 중에 온도상승이 작아야 한다.
⑤ 역률 및 효율이 좋아야 한다.
⑥ 아크 발생 및 유지가 용이하고 아크가 안정되어야 한다.
⑦ 필요 이상으로 무부하 전압이 높지 말아야 한다.

(3) 용접기의 특성

① 수하 특성 : 부하 전류(아크 전류)가 증가하면 단자 전압이 저하되는 특성
② 부특성 : 전류가 증가함에 따라 저항이 작아져 전압도 작게 되는 특성
③ 정전류 특성
  ㉠ 아크 길이에 따라 전압이 변동하여도 아크 전류는 거의 변하지 않는다.
  ㉡ 수하 특성 중에서도 전원특성 곡선에서의 작동점 부근의 경사가 급격한 것을 정전류 특성이라 한다.
  ㉢ 실제로 아크 길이는 용접작업 시 수시로 변하지만 정전류 특성의 용접기를 사

용하면 아크 길이가 변해도 아크 전류의 변동이 작다.
㉣ 수동 아크 용접기는 모두 수하 특성인 동시에 정전류 특성으로 설계된다.
④ 정전압 특성과 상승 특성
㉠ 정전압 특성은 수하 특성과 반대의 성질을 갖는 것이다.
㉡ 정전압 특성은 부하전압이 변하여도 단자 전압은 거의 변하지 않는 특성을 말하며 CP 특성이라고도 한다.
㉢ 부하전류(아크 전류)가 증가할 때 단자전압이 다소 높아지는 특성이 있는데 이것을 상승 특성이라 한다.

3. 직류 아크 용접기

(1) 분류
① 발전기형 : 직류 발전기를 구동
② 엔진 구동형 : 엔진을 가동
③ 정류기형 : 셀렌 또는 실리콘 정류기를 사용
④ 인버터형 : 교류를 직류로 변환

(2) 발전기형 직류 아크 용접기
① 가솔린 또는 디젤 엔진으로 발전기를 구동하여 발전하는 용접기
② 3상 교류 전동기로써 직류발전기를 구동하여 발전하는 용접기

(3) 엔진 구동형 직류 아크 용접기
① 엔진 구동형 용접기는 전기가 없는 곳에서도 사용이 가능하다.

(4) 정류기형 직류 아크 용접기
① 셀렌정류기, 실리콘정류기, 게르마늄정류기 등을 사용하여 교류를 정류하여 직류를 얻는다.
② 셀렌정류기는 80℃ 이상, 실리콘정류기는 150℃ 이상에서 파손될 우려가 있다.
③ 정류과정 : 교류 → 변압기 → 조정 → 정류기 → 직류
④ 일반적으로 가포화 리액터형이 널리 사용된다.

⑤ 안정된 아크이나 교류를 정류하므로 완전한 직류를 얻지 못한다.

4. 교류 아크 용접기

(1) 가동철심형

① 가동철심을 움직여 발생하는 누설자속을 변동시켜 전류를 조정하는 용접기이다.
② 철심을 움직여 미세한 전류를 조정할 수 있으나, 광범위한 전류 조정은 곤란하다.
③ 현재 가장 많이 사용한다.
④ 중간 이상 가동철심을 이동시키면 아크가 불안정하게 되기 쉽다.(가동 부분 마멸로 철심에 진동이 발생)

(2) 가동코일형

① 1차, 2차 코일 중의 하나를 이동하여 누설자속을 변화시켜 전류를 조정한다.
② 안정된 아크를 얻을 수 있으며, 소음이 없다.
③ 현재 거의 사용하지 않는다.

(3) 탭 전환형

① 코일의 감긴 수에 따라 전류를 조정한다.
② 소전류 조정 시 무부하 전압이 높아 전격의 위험이 크다.
③ 탭 전환부 소손이 심하다.
④ 넓은 범위의 전류 조정이 어렵다.
⑤ 미세 전류 조정이 불가능하다.

(4) 가포화 리액터형

① 가변저항 사용으로 용접 전류의 원격조정이 가능하다.
② 가변저항의 변화로 용접 전류를 조정한다.
③ 전기적 전류 조정으로 소음이 없고 기계수명이 길다.

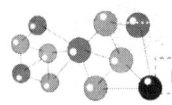

참고 ▪ 직류 아크 용접기와 교류 아크 용접기의 비교

내용 \ 종류	직류 아크 용접기 (발전형)	직류 아크 용접기 (정류형)	교류 아크 용접기
아크 안정성	우수	우수	약간 떨어짐
아크(자기) 쏠림	크다	크다	거의 없다
전격위험	적다	적다	많다
무부하 전압	약간 낮음(40~60V)	약간 낮음(40~60V)	높다(70~80V)
전류의 흐름	음극 및 양극이 일정	음극 및 양극이 일정	음극 및 양극이 변함
극성 이용	가능	가능	불가능
아크 발생	쉽다	쉽다	초보자는 어렵다
부하	일정함	일정함	일정하지 않다
소음	많다	적다	적다
역률	양호	양호	불량
효율	크다	중간	작다
고장	많다	중간	적다

5. 교류 아크 용접기의 규격

종류	정격 2차 전류(A)	정격 사용률(%)	최고 2차 무부하 전압(V)	2차 전류 최댓값(A)	2차 전류 최솟값(A)
AW200	200	40	85 이하	200 이상 220 이하	35 이하
AW300	300	40	85 이하	300 이상 330 이하	60 이하

(1) 용접기 용량은 AW200, AW300으로 표시하며, AW는 아크 용접기를, 200, 300은 정격 2차 전류 200A, 300A를 의미한다.

(2) 용접전류의 조정범위는 정격 2차 전류의 20~110% 정도로 한다.
  • AW300A의 용접기는 2차 전류를 최소 60A에서부터 최대 330A까지 조정할 수 있다.

(3) 2차 무부하 전압이 400A 용접기까지는 85V 이하, 500A 용접기는 95V 이하로 규정하여 전격(감전)에 대한 위험을 방지한다.

(4) 사용률과 허용사용률

① 사용률에서 아크 시간과 휴식시간을 합한 전체 시간은 10분을 기준으로 한다.
② 용접기의 사용률이 40%로 나타나 있다면 용접작업시간, 즉 아크 발생 시간은 전체의 40%(4분)이고 나머지 60%(6분)는 용접작업 준비, 슬래그 제거 등으로 용접기가 쉬는 시간을 의미한다.
③ 용접기가 아크를 발생하지 않는 시간을 휴식시간이라 하고, 아크가 발생하고 있는 시간을 아크 시간이라 한다.

㉠ 사용률 = $\dfrac{\text{아크 시간}}{\text{아크 시간} + \text{휴식시간}} \times 100\%$

㉡ 허용사용률 = $\dfrac{(\text{정격 2차 전류})^2}{(\text{실제의 용접전류})^2} \times \text{정격사용률}(\%)$

(5) 역률과 효율

① 역률

$$\text{역률}(\%) = \dfrac{\text{소비전력}(kW)}{\text{전원입력}(kVA)} \times 100$$

$$= \dfrac{\text{아크출력} + \text{내부손실}}{\text{무부하 전압} \times \text{정격 2차 전류}} \times 100$$

$$= \dfrac{(\text{아크전압} \times \text{전류}) + \text{내부손실}}{\text{무부하 전압} \times \text{정격 2차 전류}} \times 100$$

여기서, 소비전력(kW) = 아크출력 + 내부손실
아크출력(kW) = 아크전압 × 전류
전원입력(kVA) = 무부하 전압 × 정격 2차 전류

② 역률을 크게 하는 방법
㉠ 2차 무부하 전압이 낮고, 전원입력이 작아지면 역률이 크게 되어 좋은 용접기이다.
㉡ 무부하 전압이 일정하면 전원입력이 변하지 않으므로 내부손실이 증가되어 역률이 크게 되지만 불량한 용접기이다. 따라서, 교류 용접기는 무부하 전압이 같으면 전력용 콘덴서를 사용하여 역률을 개선하지 않을 경우 역률이 높다고 하여도 좋은 용접기라 할 수 없다.

③ 효율

$$효율(\%) = \frac{아크출력(kW)}{소비전력(kW)} \times 100$$

$$= \frac{아크전압 \times 전류}{아크출력 + 내부손실} \times 100$$

$$= \frac{아크전압 \times 전류}{(아크전압 \times 전류) + 내부손실} \times 100$$

여기서, 소비전력(kW)=아크출력+내부손실
아크출력(kW)=아크전압×전류

6. 부속장치

(1) 전격방지장치

① 교류 아크 용접기는 무부하 전압이 높기 때문에 감전의 위험이 있으므로 용접사를 보호하기 위하여 전격방지장치를 설치하여 사용한다.
② 용접기의 2차 무부하 전압을 20~30V 이하로 유지한다.
③ 아크를 끊음과 동시에 자동적으로 차단되어 2차 무부하 전압을 25V 이하로 하여 전격을 방지한다.
④ 전격방지기는 주로 교류 아크 용접기에 설치하여 사용한다.
⑤ 용접봉을 모재에 접촉하는 순간에만 릴레이가 작동한다.

(2) 원격제어장치

① 용접기에서 멀리 떨어져 작업을 할 때 작업 위치에서 전류를 조정할 수 있는 제어장치이다.
② 가포화 리액터형 교류 아크 용접기에서 가변저항기 부분을 분리하여 작업자 위치에 놓고 용접 전류를 원격 조정한다.

(3) 핫 스타트 장치(hot start 또는 arc booster)

① 아크가 발생하는 초기에 용접봉과 모재가 냉각되어 있어 입열이 부족하여 아크가 불안정하기 때문에 아크 발생 초기에만 용접 전류를 크게 하는 장치이다.

② 핫 스타트 장치의 장점
  ⓘ 아크 발생을 쉽게 한다.
  ⓒ 시작점의 기공을 방지한다.
  ⓒ 비드 모양을 개선한다.
  ⓔ 아크 발생 초기의 비드 용입을 양호하게 한다.

(4) 고주파 발생장치

교류는 아크가 불안정하기 때문에 아크 용접에 고주파를 병용시키면 아크가 안정되므로 낮은 전류로 비철금속이나 박판을 용접할 때 사용된다.

① 고주파 발생장치의 장점
  ⓘ 아크 발생 시 용접봉이 모재에 접촉하지 않아도 아크가 발생된다.
  ⓒ 아크 손실이 작아 용접작업이 쉽다.
  ⓒ 무부하 전압을 낮게 할 수 있다.
  ⓔ 전격위험이 적다.
  ⓜ 전원입력을 작게 할 수 있으므로 용접기의 역률이 개선된다.

7. 용접기의 보수 및 점검

(1) 용접기의 구비 조건

① 구조 및 취급방법이 간단해야 한다.
② 전류조정이 용이하고 용접 중 전류변동이 작아야 한다.
③ 무부하 전압이 교류는 70~80V, 직류는 40~60V 정도가 유지되어야 한다.
④ 아크 발생 및 유지가 용이하고 아크가 안정되어야 한다.
⑤ 사용 중에는 온도상승이 작아야 한다.
⑥ 역률 및 효율이 좋아야 한다.
⑦ 단락되었을 때 전류가 너무 높게 흐르지 말아야 한다.

(2) 용접기 보수 및 점검사항

① 습기나 먼지 등이 많은 장소에 용접기 설치를 가급적 피해야 하며, 환기가 잘 되는 곳에 설치해야 한다.

② 2차측 단자의 한쪽과 용접기 케이스는 반드시 접지(earth)를 한다.
③ 가동부분, 냉각팬(fan)을 정기적으로 점검하고 주유해야 한다.(회전부, 베어링, 축 등)
④ 용접케이블 등의 파손된 부분은 절연테이프로 감아준다.
⑤ 2차측 케이블이 길어지면 전압이 강하하므로 가능한 한 지름이 큰 케이블을 사용한다.
⑥ 탭 전환은 반드시 아크 발생을 중지한 후에 시행한다.
⑦ 탭 전환부의 전기적 접속부는 자주 사포 등으로 잘 닦아준다.
⑧ 정격 사용률 이상으로 사용하면 과열이 되어 소손이 생긴다.

(3) 용접기를 설치해서는 안 되는 장소

① 옥외에서 비나 바람이 들이치는 장소
② 먼지가 많이 나는 장소
③ 폭발성 가스가 존재하는 장소
④ 유해한 부식성 가스가 존재하는 장소
⑤ 수증기 또는 습도가 높은 곳
⑥ 휘발성 기름이나 가스가 있는 장소
⑦ 진동이나 충격을 받는 장소
⑧ 주위온도가 -10℃ 이하로 낮은 장소

제3절 피복 아크 용접기구

1. 용접 케이블

(1) 1차측 케이블

① 전원에서 용접기까지 연결하는 부속이다.
② 1차측 케이블의 규격은 케이블 지름으로 표기한다.

용접기 용량	200A	300A	400A
1차측 케이블 지름(mm)	5.5	8.0	14mm

(2) 2차측 케이블

① 용접기에서 모재와 홀더까지 연결하는 부속이다.

② 2차측 케이블의 규격은 케이블 단면적으로 표기한다.

③ 용접작업을 용이하게 할 수 있게 특별히 유연성이 풍부한 캡타이어 전선을 사용한다.

용접기 용량	200A	300A	400A
2차측 케이블 단면적(mm^2)	38	58	60

(3) 케이블 연결 부속

[케이블 커넥터]   [케이블 러그]

2. 접지 클램프

(1) 용접기의 2차측 케이블과 모재를 연결하는 부속이다.

(2) 접속이 불량하면 아크가 불안정하게 되므로 용접부의 용입이 불량하게 된다.

[접지 클램프]

3. 퓨즈

(1) 용접기의 1차측에는 용접기 근처에 퓨즈가 있는 안전 스위치를 설치하여 사용하여

야 한다.

(2) 퓨즈의 용량 계산

① 1차 입력(kVA)을 입력전압(V)으로 나누면 퓨즈의 용량을 구할 수 있다.

$$퓨즈\ 용량 = \frac{1차\ 입력(kVA)}{입력\ 전압(V)}(A)$$

[예] 1차측 입력이 20kVA이고, 전원전압이 200V라면

$$퓨즈\ 용량(A) = \frac{20(kVA)}{200(V)} = \frac{20,000(VA)}{200(V)} = 100A$$

4. 용접 홀더

(1) 용접봉의 끝을 물고 용접 전류를 용접봉에 전달하는 기구이다.

(2) 홀더의 종류

① A형 홀더 : 안전 홀더라고도 하며, 감전의 위험이 없도록 손잡이 외의 부분까지도 절연되어 있다.

② B형 홀더 : 손잡이 부분 외에는 절연되지 않고 노출된 형태이다.

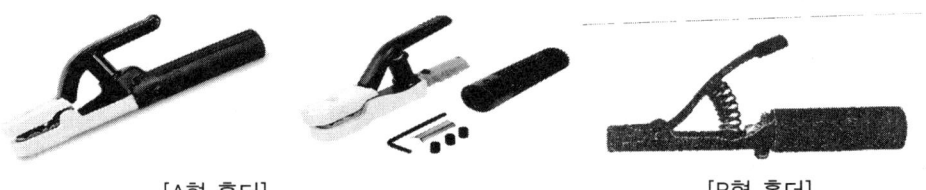

[A형 홀더]　　　　　　　　　　　　[B형 홀더]

[용접봉 홀더 규격]

형식	종류번호	정 격			사용봉의 지름 (mm)	접속 홀더용 케이블의 최대 단면적(mm²)
		사용률(%)	용접전류(A)	아크전압(V)		
A형 또는 B형	160호	70	160	25	1.6~3.2	22
	200호	70	200	30	3.2~5.0	38
	300호	70	300	30	4.0~6.0	50

5. 보호기구

(1) 용접 작업 시 아크에서 나오는 유해광선인 자외선 및 적외선, 스패터 등으로부터 작업자의 눈, 얼굴, 머리 등을 보호하기 위하여 사용하는 기구이다.

(2) 핸드 실드와 헬멧

① 핸드 실드 : 손잡이가 달려 손에 들고 작업할 수 있다.

② 용접 헬멧 : 머리에 쓰고 양손을 자유롭게 사용할 수 있다.

③ 환기 헬멧 : 호스를 통하여 신선한 공기를 불어넣어 주는 장치가 설치되어 있다.

 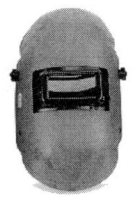 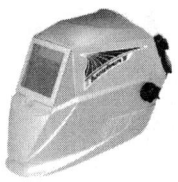

[핸드 실드와 헬멧]

(3) 차광 유리(filter lens, 흑유리, 필터렌즈, 차광렌즈)

① 유해광선을 차단시켜 주는 유리이다.

② 용접 헬멧과 용접 핸드 실드에 차광유리를 끼워서 사용한다.

[차광유리의 규격]

차광도 번호(No.)	용접전류(A)	용접봉 지름(mm)
9	75 ~ 130	1.6 ~ 2.6
10	100 ~ 200	2.6 ~ 3.2
11	150 ~ 250	3.2 ~ 4.0
12	200 ~ 300	4.8 ~ 6.4
13	300 ~ 400	4.4 ~ 9.0

(4) 장갑, 앞치마, 재킷, 발덮개(각반)

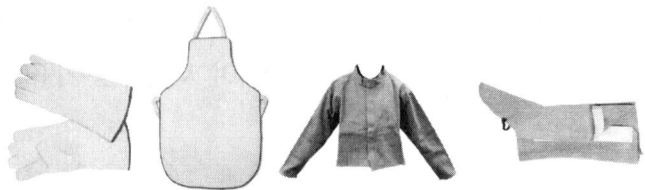

(5) 기타 공구

① 슬래그 해머(치핑 해머)와 와이어 브러시

② 용접 게이지와 전류계

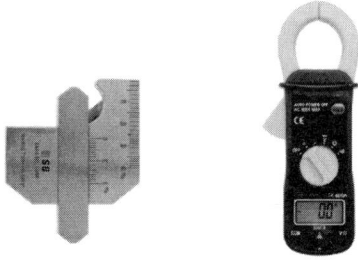

③ 용접 집게

④ 줄, 버니어 캘리퍼스, 직각자

제4절 피복 아크 용접봉

1. 피복 아크 용접봉
- 용접할 모재와 모재 사이의 틈을 채워 주는 재료로 용가재 또는 전극봉이라 한다.
- 자동 및 반자동 용접에서는 와이어(wire)라고 한다.
- 금속 아크 용접봉
    - 비피복 용접봉(와이어) : 자동이나 반자동에 사용
    - 피복 용접봉 : 주로 수동 아크 용접에 사용

(1) 용접봉의 구조
① 심선 표면에 피복제를 발라서 건조시킨 것이다
② 아크 발생을 쉽게 하기 위하여 끝단 약 3mm 정도는 피복되어 있지 않고, 홀더를 물리는 부분도 약 25mm 정도 피복이 되어 있지 않다.
③ 심선의 지름은 1~10mm까지 용접봉의 길이는 200~900mm 정도까지 있다.

(2) 피복제의 재질과 심선의 종류
① 연강용
② 고장력강용
③ 저합금강용
④ 스테인리스강용
⑤ 비철금속합금용
⑥ 주철용
⑦ 표면경화 육성용

(3) 피복 아크 용접봉의 구비 조건
① 용착금속의 모든 성질을 우수하게 할 것
② 용접작업이 용이하게 할 것
③ 심선보다 피복제가 약간 늦게 녹을 것

④ 값이 싸고 경제적일 것
⑤ 저장 중에 변질되지 말 것
⑥ 습기에 용해되지 않을 것
⑦ 용접 시 유독한 가스를 발생하지 않을 것
⑧ 슬래그가 용이하게 제거될 것

2. 심선

(1) 지정이 없는 한 열처리를 하지 않는다.
(2) 연강용 용접봉의 심선으로 규소와 망간 등을 소량 포함한 저탄소 림드강이 많이 사용된다.

3. 피복제

(1) 피복제의 역할

① 아크를 안정시켜 용접작업을 용이하게 한다.
② 중성 또는 환원성의 분위기를 만들어 대기 중의 산소나 질소가 용접부에 침입하는 것을 방지하고 용융금속을 보호한다.
③ 용융점이 낮고 적당한 점성을 가진 가벼운 슬래그를 만든다.
④ 용착금속의 탈산 및 정련작용을 한다.
⑤ 스패터 발생을 적게 한다.
⑥ 용착금속에 필요한 원소를 보충한다.
⑦ 용적을 미세화하고 용착효율을 높인다.
⑧ 용착금속의 냉각속도를 느리게 하여 급랭을 방지한다.
⑨ 전기 절연작용을 한다.

(2) 용착된 금속의 급랭을 방지하는 목적

① 불순물이 용착금속 표면에 떠오를 수 있는 시간적 여유를 준다.
② 용착금속을 서서히 냉각시키면 균열 등이 발생하지 않는다.
③ 급랭시키면 담금질이 되어 경화하므로 취성을 가지게 된다.

4. 피복제의 종류

(1) 아크 안정제

① 아크 안정제 : 석회석, 산화티탄, 마그네슘, 규산칼륨, 규산나트륨,
② 역할 : 아크열에 의하여 이온화가 되어 아크 전압을 강화시켜 아크를 안정시킨다.
③ 교류 아크 용접에서는 재점호 전압이 낮을수록 좋기 때문에 이온화 전압이 낮은 물질이 좋다.

(2) 슬래그 생성제

① 슬래그 생성제 : 산화철, 루틸(산화티탄, TiO_2), 일미나이트, 이산화망간, 석회석, 규사, 장석, 형석
② 역할
　㉠ 용융금속을 서서히 냉각시켜 기공이나 내부결함을 방지
　㉡ 용융점이 낮은 슬래그 생성
　㉢ 용융금속의 표면을 덮어 산화 및 질화 방지

(3) 가스 발생제

① 가스 발생제 : 녹말, 톱밥, 석회석, 탄산바륨($BaCO_3$), 셀룰로오스
② 역할 : 가스(CO, CO_2, 수증기)를 발생하여 용융금속을 대기로부터 차단한다.
③ 중성 또는 환원성 가스를 발생하여 아크 분위기를 대기로부터 차단하여 용융금속의 산화 및 질화를 방지한다.

(4) 탈산제

① 탈산제 : 규소철(Fe-Si), 망간철(Fe-Mn), 티탄철(Fe-Ti) 등의 철합금 또는 금속 망간, 알루미늄 분말
② 역할 : 용융금속의 산소와 결합하여 산소를 제거한다.

(5) 합금 첨가제

① 합금제 : 페로망간, 페로실리콘, 페로크롬, 페로바륨, 니켈, 몰리브덴, 구리
② 역할 : 용착금속의 성질을 개선하기 위하여 피복제에 첨가한다.

(6) 고착제

① 고착제 : 규산나트륨(Na_2SiO_3), 규산칼륨(K_2SiO_3)

② 역할 : 수용액이 주로 사용되며, 심선에 피복제를 부착시킨다.

5. 용착금속을 보호하는 방식에 따른 분류

(1) 슬래그 생성식

① 광물질로만 되어 있어 무기물형이라고 한다.

② 용적의 주위나 모재 주위를 액체의 용제 또는 슬래그로 둘러싸 공기와 직접 접촉을 하지 않도록 보호한다.

③ 용접작업 중에 산화물이 피복제와 결합되어 슬래그를 생성한다.

④ 용융금속에 슬래그가 섞여 들어가 슬래그 섞임이 발생할 수 있다.

(2) 가스 발생식

① 환원성 가스나 불활성가스에 의해 용접부를 덮어 용접한다.

② 용제의 연소에 의해 발생된 환원성 가스 : CO, CO_2, H_2

(3) 반 가스 발생식

① 슬래그 생성식과 가스 발생식의 특성을 합한 것이다.

② 슬래그 생성식에 환원성 가스 또는 불활성가스가 발생하는 유기물을 소량으로 가한 것이다.

6. 연강용 피복 아크 용접봉의 규격

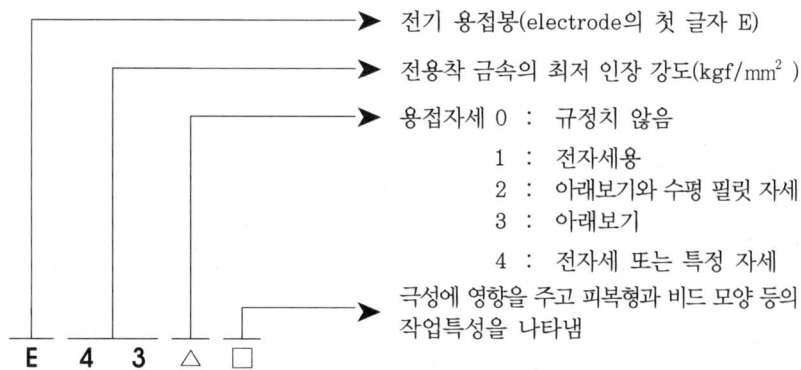

(1) 전기용접봉의 표시

① 한국과 미국은 E로 일본은 D로 표시한다.

② 용착금속의 최저 인장강도를 나타내는 43은 그 용접봉을 사용했을 때 용착금속의 인장강도가 최소한 $43kgf/mm^2 (420N/mm^2)$가 되어야 한다는 뜻

사용국가	한국	미국	일본
용접봉의 표시 방법	E4301	E4301	D6001
	E4316	E4316	D6016

③ 연강용 피복 아크 용접봉의 심선 굵기에 따라 길이가 규격화되어 있다.

(2) 용접봉의 규격

① 심선 지름 굵기의 허용오차 : ±0.05mm

② 길이의 허용오차 : ±3mm 정도

③ 용접봉을 홀더에 끼우는 노출부의 길이 : 25±5mm

④ 용접봉의 길이가 700mm 또는 900mm일 때 허용길이 : 30±5mm

(3) 용착금속의 기계적 성질

용접봉 종류	충격시험(샤르피 흡수에너지)
E4301	47 이상
E4303	27 이상
E4311	27 이상
E4316	47 이상
E4326	47 이상

7. 연강용 피복 아크 용접봉의 종류

(1) 일미나이트계 : E4301

① 주성분 : 일미나이트($TiO_2 \cdot FeO$)를 30% 이상 함유

② 실드계 : 슬래그 생성계

③ 아크상태 : 스프레이형

④ 슬래그는 비교적 유동성이 좋고 용입 및 기계적 성질이 양호하다.

⑤ 내부결함이 작아 선박, 교량, 기타 압력용기 등의 중요 기계에 사용한다.

⑥ 용접봉 건조 : 70~100℃에서 1시간 정도

⑦ 피복제 중의 유기물 양에 따라 작업성과 균열성이 달라진다.

(2) 라임티타니아계 : E4303

① 주성분 : 산화티탄(TiO_2)을 30% 이상 함유

② 실드계 : 슬래그 생성계로 피복이 다른 용접봉에 비해 두꺼운 것이 특징

③ 비드의 외관이 아름답고 언더컷의 발생이 적다.

④ 비드는 평면이며 슬래그는 유동성이 좋고 무겁지 않은 다공성이며 박리성이 양호하다.

⑤ 용접 중 슬래그 제거가 용이하므로 지름이 큰 용접봉으로 아래보기, 수평겹치기 등에 좋으며 기계적 성질도 양호하다.

⑥ E4313의 새로운 형이며, 용입이 작기 때문에 박판 용접에 적합하다.

(3) 고셀룰로오스계 : E4311

① 주성분 : 유기물(셀룰로오스)을 약 20~30% 정도 함유
② 실드계 : 가스 실드계
③ 용접할 때 유기물이 연소해서 발생하는 다량의 환원성 가스(CO, H_2)로 용융금속을 공기 중 산소나 질소로부터 보호한다.
④ 아크상태 : 스프레이형
⑤ 피복이 얇고 슬래그 생성량이 적어 좁은 홈이나 수직자세와 위보기자세 용접에 좋다.
⑥ 스패터가 비교적 많고 비드 파형이 약간 거칠다.

(4) 고산화티탄계(루틸계) : E4313

① 주성분 : 산화티탄(TiO_2)을 35% 정도 함유
② 실드계 : 슬래그 생성계
③ 아크상태 : 스프레이형
④ 아크는 안정되고 스패터도 적고 슬래그 제거가 양호하다.
⑤ 경구조물 용접에 적합하며 모든 용접자세에 사용된다.
⑥ 용입이 얕으므로 박판 용접에 좋다.
⑦ 기계적 성질은 떨어지고 고온에서 균열을 일으키기 쉬운 결점이 있어 중요 부분의 용접에는 사용되지 않는다.

(5) 저수소계 : E4316

① 주성분 : 피복제 중에 수소원이 되는 유기물 성분을 포함하고 있지 않으며, 탄산칼슘($CaCO_3$, 석회석), 플루오르화칼슘(CaF_2, 형석)이 주성분
② 아크상태 : 글로뷸러형
③ 용접할 때 용착금속 중에 용해하는 수소량을 적게 한다.
④ 용착금속 중의 수소 함유량이 다른 피복봉에 비해 1/10 정도로 낮다.
⑤ 강력한 탈산 작용으로 인하여 산소량이 적으므로 용착금속은 강인성, 기계적 성질, 내균열성 등이 우수하다.
⑥ 균열 감수성도 극히 낮고, 후판 구조물의 제1층 용접 또는 구속이 큰 연강 구조물,

고장력강 및 탄소나 유황의 함유량이 많은 강의 용접에 사용된다.

⑦ 아크가 다소 불안정하여 작업성이 나쁘며 비드 파형도 거칠어 비드 모양이 볼록(凸)형이 되므로 운봉에 다소 숙련이 필요하다.

⑧ 시작점과 이음부에서 아크 길이가 길어지면 기공이나 피트가 생기기 쉬우나 백스탭법을 선택하면 이와 같은 문제를 해결할 수 있다.

⑨ 아크 발생이 용이하도록 용접봉 끝부분에 아크 발생제를 도포한다.

⑩ 용접봉 건조 : 사용하기 전에 300~350℃ 정도로 1~2시간 건조

(6) 철분산화티탄계 : E4324

① 주성분 : 고산화티탄계에 철분을 가한 것

② 아크상태 : 스프레이형

③ 고산화티탄계의 우수한 작업성과 철분계의 고능률성을 겸한 용접봉이다.

④ 용착금속의 기계적 성질은 E4313과 거의 비슷하고 아래보기 및 다리길이가 짧은 수평자세 필릿 용접 전용으로 사용된다.

(7) 철분저수소계 : E4326

① 주성분 : E4316에 철분을 30~50% 정도 첨가

② 아크상태 : 글로뷸러형

③ 고능률화를 도모하고 아래보기, 수평자세 필릿 용접에만 사용된다.

④ 용착금속의 기계적 성질은 E4316과 거의 비슷하다.

(8) 철분산화철계 : E4327

① 주성분 : 산화철을 주성분으로 철분을 첨가한 것

② 실드계 : 슬래그 생성계로 산성 슬래그가 생성

③ 아크상태 : 스프레이형

④ 용접속도가 빨라 고능률을 목적으로 하는 아래보기 및 수평자세 필릿 용접에 많이 사용된다.

⑤ 콘택트 용접이 가능하며 수동용접뿐만 아니라 중력식 용접도 가능하다.

⑥ 스패터가 적고 용입은 E4324보다 깊다.

⑦ 슬래그 박리성도 좋으며, 비드 표면도 깨끗하다.

(9) 특수계 : E4340

① 사용특성 또는 용접결과가 특수하도록 제작된 것

8. 고장력강용 피복 아크 용접봉

(1) 일반구조용 압연강재나 용접구조용 압연강재보다 높은 항복점과 인장강도를 가지고 있다.

(2) 높은 강도를 얻기 위하여 Si, Mn, Ni, Cr, Mo 등의 원소를 첨가한다.

9. 스테인리스강용 피복 아크 용접봉

(1) 특징

① 스테인리스강은 내식용, 내열성 및 저온용에 많이 사용된다.

② 종류 : Cr-Ni 스테인리스강 피복 아크 용접봉(오스테나이트계), Cr 스테인리스강 피복 아크 용접봉(크롬스테인리스계)

(2) 라임계

① 주성분 : 석회석($CaCO_3$), 형석(CaF_2)

② 용융금속의 이행방식이 입상(粒狀)이어서 아크가 불안정하다.

③ 스패터가 큰 입자로 비산되며 슬래그는 용접 중 용융풀을 거의 덮지 않는다.

④ 수직자세, 위보기자세 용접에서 작업이 비교적 용이하다.

⑤ X-Ray 검사가 양호하기 때문에 고압용기나 중(重)구조물의 용접에 사용된다.

(3) 티탄계

① 주성분 : 루틸(rutile)

② 아크가 안정되고 스패터도 적으며, 슬래그는 비드 표면을 덮음과 동시에 슬래그 제거도 양호하다.

③ 비교적 용입이 얕으므로 박판 용접에 사용된다.

④ 용접기는 교류나 직류를 사용하고 있으나 아크의 안정을 얻기 위하여 직류역극성

(DCRP)에 사용된다.

10. 연강용 피복 아크 용접봉의 선택과 보관

(1) 용접봉의 선택방법

① 용접봉의 내균열성
② 아크의 안전성
③ 슬래그 성질
④ 용접봉의 작업성

(2) 용접봉의 용접성

내균열성의 정도는 피복제의 염기도가 높을수록 양호하나 작업성이 저하됨을 고려하여 선택한다.

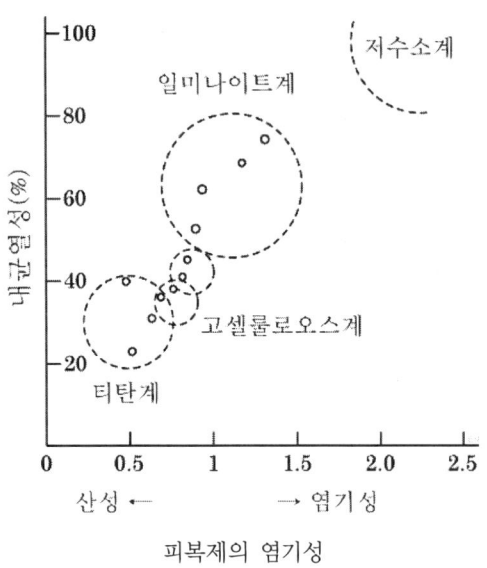

[용접봉의 내균열성]

(3) 용접봉의 관리

① 용접봉은 통풍이 잘 되는 장소에 보관한다.
② 용접봉의 편심률은 3% 이내이어야 한다.

③ 3% 이상이 되는 편심봉은 아크가 불안정하게 되어 용접부가 불량하게 된다.

④ 편심률(ε)

$$\varepsilon = \frac{D' - D}{D} \times 100\%$$

여기서, D'(mm) : 편심이 큰 부분의 치수
D(mm) : 편심이 작은 부분의 치수

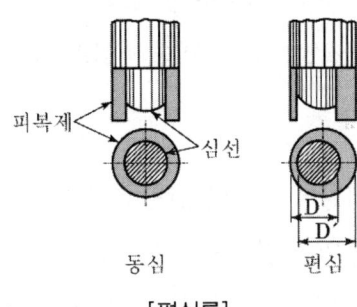

[편심률]

(4) 용접봉의 건조

① 일반 용접봉 : 70~100℃에서 30~60분

② 저수소계 용접봉 : 300~350℃에서 1~2시간

제5절 피복 아크 용접법

1. 용접준비

(1) 용접봉 건조 및 모재 청소

① 용접봉은 사전에 필요한 양만큼 건조

② 모재 표면의 이물질을 깨끗이 제거

(2) 보호구의 착용

① 용접 중에 화상과 아크광선 및 감전을 방지하기 위하여 보호구 준비

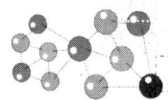

② 용접 작업 시 피부의 노출부분이 없도록 한다.

(3) 용접기의 전원 스위치를 넣기 전에 점검해야 할 사항

① 용접기가 전원에 잘 접촉되어 있는가를 점검한다.

② 케이블의 손상 여부와 결선부 나사의 풀림상태를 점검한다.

③ 회전부나 마찰부에 윤활유가 알맞게 주유되어 있는지 점검한다.

④ 용접기 케이스의 접지선을 확인한다.

⑤ 홀더의 파손 여부를 점검하고 작업장 주위의 작업방해 요소를 조사한다.

(4) 용접 전류 조정

① 점검을 끝낸 다음 이상이 없으면 전원 스위치를 넣고 용접 전류를 조정한다.

② 모재의 두께, 용접봉의 지름, 용접자세 등에 따라 알맞은 전류를 선택한다.

③ 용접봉의 단면적 $1mm^2$에 대한 전류밀도는 대략 10~13A 정도로 선정하면 좋다.

(5) 환기장치

① 유해한 가스 및 먼지 등에 의한 중독방지를 위하여 방독마스크를 사용하고 작업장을 환기시킨다.

② 탱크 속 작업 시에는 필히 환기장치를 설치하여 통풍이 잘 되도록 하여 유해가스의 흡입 및 탱크의 폭발을 방지한다.

2. 용접방법

(1) 용접봉 각도(angle of electrode)

① 용접봉이 모재와 이루는 각도이다.

② 용접봉 각도

　㉠ 진행각 : 용접봉과 용접선이 이루는 각도로서 용접봉과 수직선 사이의 각도이다. 아래보기 용접에서 진행각 75°~85°

　㉡ 작업각 : 용접봉과 이음 방향에 나란히 세워진 수직평면(또는 수평평면)과의 각도이다. 아래보기 용접에서 작업각 90°

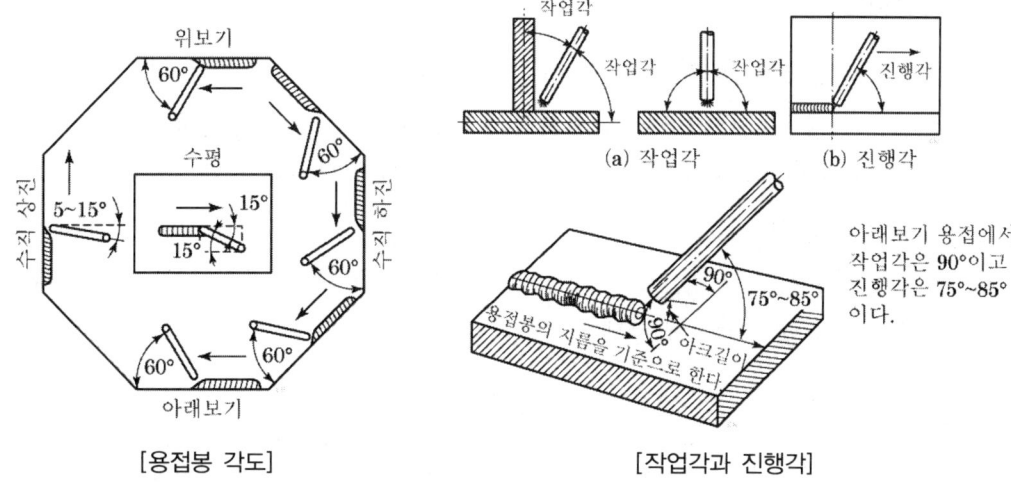

[용접봉 각도]　　　　　　　[작업각과 진행각]

(2) 아크 길이와 아크 전압

① 아크 길이(arc length)는 아크가 발생될 때 모재에서 용접봉 끝까지의 거리로 심선의 지름 정도 또는 일반적으로 3mm 정도로 한다.

② 아크 전압은 아크 길이에 비례해서 변한다.

③ 품질이 좋은 용접을 하려면 아크 길이를 짧게 한다.

④ 아크가 길면 공기 중의 산소나 질소와 작용하여 산화 및 질화가 일어나고 용융 방울이 날려 스패터 발생을 많게 한다. 따라서 비드가 불규칙하고 용입 불량, 오버랩의 원인이 된다.

⑤ 양호한 용접부를 얻기 위한 아크 길이는 용접봉의 종류, 전류의 세기 등에 따라 결정된다.

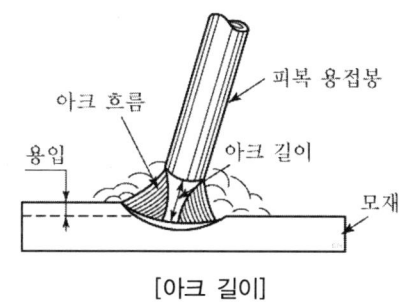

[아크 길이]

(3) 용접 전류

① 전류가 높으면 용접봉이 너무 빨리 녹아 용융풀이 커지고 불규칙하게 된다.
② 전류가 너무 낮으면 모재를 충분히 용융시켜주지 못하여 용융풀도 작게 된다.
③ 전류가 적당하지 않으면 아크가 불안정, 스패터 발생, 용입부족, 언더컷, 오버랩 등이 발생한다.
④ 용접물의 재질, 모양, 크기, 용접자세와 속도, 용접봉의 종류와 굵기 등에 따라 용접 전류를 적정하게 선택해야 한다.

(4) 용접속도

① 모재에 대한 용접선 방향의 아크속도 또는 운봉속도(travel speed)라고 한다.
② 용접속도는 모재의 재질, 이음형상, 용접봉의 종류 및 전류값, 위빙(weaving)의 유무 등에 따라 결정한다.
③ 아크 전류와 아크 전압을 일정하게 유지하고 용접속도를 증가시키면 비드 폭이 좁아지고 용입이 얕아진다.
④ 용입의 정도는 용접 전류값을 용접속도로 나눈 값에 따라 결정되므로 전류가 높을 때 용접속도는 증가한다.
⑤ 용접 변형을 작게 하기 위하여 가능한 한 높은 전류를 사용하여 용접속도가 빠르게 용접하는 것이 좋다.

(5) 아크 발생 방법

① 긁는 방법(스크래치법) : 초보사가 이용하면 쉽게 아크를 일으킬 수 있다.
② 찍는 방법(태핑법) : 숙련자가 이용하면 쉽다.

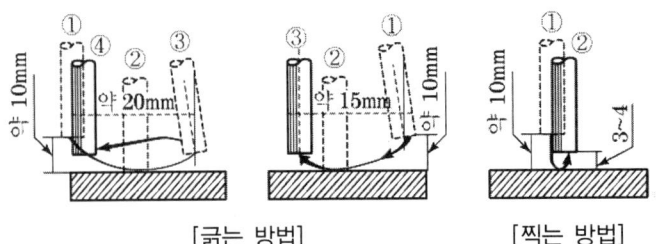

[긁는 방법]   [찍는 방법]

> **참고 ▪ 용접작업에 영향을 주는 요소**
> • 용접 전류   • 용접봉 각도   • 아크 길이   • 용접속도

(6) 크레이터(crater)

① 아크를 중단시키면 비드 끝이 약간 움푹 들어간 부분

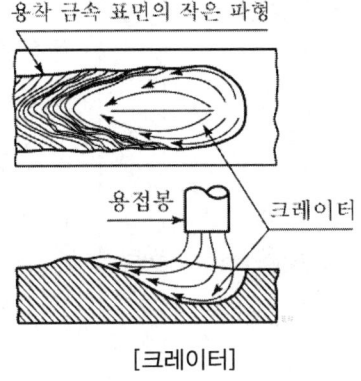

[크레이터]

(7) 아크 쏠림(arc blow, 자기 쏠림)

① 전류가 흐르는 도체 주변의 자장 발생으로 발생
② 아크가 한쪽으로 쏠리는 현상
③ 용접 전류에 의한 아크 주위에 발생하는 자장이 용접봉에 대해 비대칭으로 나타나는 현상
④ 직류 아크 용접에서 비피복 용접봉을 사용했을 때 심하다.

> **참고 ▪ 아크 쏠림의 방지대책**
> • 직류 아크 용접을 하지 말고 교류 아크 용접을 할 것
> • 큰 가접부 또는 이미 용접이 끝난 용착부를 향하여 용접할 것
> • 용접부가 긴 경우는 후퇴 용접법(back step welding)으로 할 것
> • 접지점을 될 수 있는 대로 용접부에서 멀리할 것
> • 짧은 아크를 사용할 것
> • 용접봉 끝을 아크 쏠림 반대방향으로 기울일 것
> • 접지점을 2개로 연결할 것
> • 받침쇠, 긴 가접부, 이음의 처음과 끝에 엔드 탭(end tap) 등을 이용할 것

(8) 위빙(운봉)법

① 위빙 비드에서의 위빙(운봉) 폭은 심선지름의 2~3배로 한다.

아래보기 용접	직 선	———	수평 용접	대 파 형	
	소 파 형			원 형	
	대 파 형			타 원 형	30~40°
	원 형			삼 각 형	60°
	삼 각 형				
	각 형		위보기 용접	반 월 형	
아래보기 T형 용접	대 파 형			8 자 형	
	선 전 형			지그재그형	
	삼 각 형			대 파 형	
	부 채 형			각 형	
	지그재그형	30~40°	수직 용접	파 형	
경사판 용접	대 파 형			삼 각 형	
	삼 각 형			지그재그형	

3. 용접 결함과 대책

결함의 종류	원 인	방 지 대 책
언더컷	① 전류가 높을 때 ② 아크 길이가 길 때 ③ 용접봉 취급이 부적당 ④ 용접속도가 적당하지 않을 때	① 낮은 전류를 사용 ② 짧은 아크 길이를 유지 ③ 용접봉 유지각도를 바꾼다. ④ 용접속도를 늦춘다.
오버랩	① 용접전류가 낮을 때 ② 운봉 및 용접봉 유지각도 불량	① 적정 전류를 선택한다. ② 수평 필릿의 경우는 용접봉의 각도를 잘 선택

결함의 종류	원 인	방 지 대 책
기공	① 용접분위기 중에 수소 또는 CO가스의 과잉 ② 용접부의 급속한 응고 ③ 모재에 유황 함유량 과대 ④ 강재에 부착되어 있는 기름, 페인트 및 녹 등 ⑤ 아크 길이, 전류 조작의 부적당 ⑥ 과대 전류의 사용 ⑦ 용접속도가 빠르다.	① 용접봉을 바꾼다. ② 위빙을 하여 열량을 증가하든가 예열 ③ 충분히 건조된 저수소계 용접봉을 사용 ④ 강재의 표면을 깨끗하게 한다. ⑤ 긴 아크를 사용하거나 용착법을 조절 ⑥ 적당한 전류로 조절 ⑦ 용접속도를 늦춘다.
스패터	① 전류가 높을 때 ② 건조되지 않은 용접봉의 사용 ③ 아크 길이가 길 때	① 모재의 두께, 봉지름에 맞는 최소 전류로 용접 ② 충분히 건조된 용접봉 사용 ③ 위빙을 크게 하지 말고 적당한 아크 길이로 한다.
균열	① 이음의 강성이 큰 경우 ② 부적당한 용접봉 사용 ③ 모재의 C, Mn 등 합금원소가 높을 때 ④ 과대전류에서 과대속도로 용접했을 때 ⑤ 모재의 유황함량이 많을 때	① 예열, 피닝을 하거나 용접비드 배치법 변경, 비드 단면적을 넓힌다. ② 적정봉을 선택한다. ③ 예열, 후열을 한다. ④ 적절한 속도로 운봉한다. ⑤ 저수소계 용접봉을 사용
슬래그 섞임	① 전층의 슬래그 제거 불완전 ② 전류 과소, 운봉조작 불완전 ③ 용접 이음의 부석낭 ④ 슬래그 유동성이 좋고 냉각하기 쉬울 때 ⑤ 봉의 각도 부적절 ⑥ 운봉속도가 느릴 때	① 슬래그를 깨끗이 제거 ② 전류를 약간 높이고 운봉조작을 적절히 한다. ③ 루트 간격이 넓은 설계 ④ 용접부 예열을 한다. ⑤ 봉의 유지각도를 용접방향에 적절하게 한다. ⑥ 슬래그가 앞지르지 않도록 운봉속도를 유지
용입 불량	① 이음 설계의 결함 ② 용접속도가 빠를 때 ③ 용접 전류가 낮을 때 ④ 용접봉 선택 불량	① 루트 간격 치수를 크게 한다. ② 용접속도를 빠르지 않게 한다. ③ 슬래그가 이탈되지 않는 범위에서 전류를 높인다. ④ 봉의 선택을 잘 한다.
피트	① 모재 가운데 C, Mn 등의 합금원소가 많을 때 ② 습기가 많거나 기름, 녹, 페인트가 묻었을 때 ③ 후판 또는 급랭되는 용접 시 ④ 모재에 황 함유량이 많을 때	① 염기도가 높은 봉을 선택한다. ② 이음부를 청소한다. ③ 예열을 한다. ④ 저수소계 용접봉을 사용

chapter 03 가스용접

용접산업기사

제1절 가스용접(gas welding)의 원리

1. 원리

(1) 가연성 가스와 산소 또는 공기를 혼합시킨 가스에 의한 연소열을 이용해 금속을 용융시켜 접합하는 용접법
(2) 산소-아세틸렌 용접은 고온을 얻을 수 있고, 불꽃조정이 쉬워 광범위하게 사용된다.
(3) 프로판(C_3H_8), 부탄(C_4H_{10}), 에탄(C_2H_6) 등 기타 혼합가스들은 열이 부족하고 화염 분위기가 산화되기 쉽기 때문에 용접용 가스로는 부적당

2. 가스용접의 특성

(1) 가스용접의 장점

① 아크 용접에 비하여 유해 광선의 발생이 적다.
② 전원설비가 필요 없다.
③ 용접기의 운반 및 설비가 쉽다.
④ 용접장치의 설비비가 전기용접에 비하여 싸다.
⑤ 가열조절이 비교적 자유롭다.
⑥ 용접되는 금속의 응용범위가 넓다.
⑦ 박판 용접에 적당하다.

(2) 가스용접의 단점

① 아크 용접에 비하여 불꽃의 온도가 낮다.

② 용접에 직접적으로 이용되는 열효율이 낮아 용접속도가 느리다.

③ 열의 집중성이 나빠서 효율적인 용접이 어렵다.

④ 금속이 탄화(炭化) 및 산화(酸化)될 우려가 많다.

⑤ 열을 받는 부위가 넓어서 용접 후의 변형이 심하게 생긴다.

⑥ 일반적으로 아크 용접에 비해 신뢰성이 작다.

⑦ 금속의 종류에 따라서 용접부의 기계적인 강도가 떨어진다.

⑧ 가열범위가 넓어서 용접 응력이 크고 가열시간이 오래 걸린다.

⑨ 고압가스를 사용하기 때문에 폭발 화재의 위험성이 크다.

(3) 가스용접법의 종류

① 산소-아세틸렌가스용접

② 공기-아세틸렌가스용접

③ 산소-수소가스용접

④ 기타 가스용접(산소-석탄가스, 산소-프로판가스 등)

제2절　용접용 가스와 불꽃

1. 가스 성질에 따른 분류

(1) 가연성 가스

① 공기 중에서 연소하는 가스로 폭발한계의 하한이 10% 이하인 것과 폭발한계의 상한과 하한의 차가 20% 이상인 가스이다.

② 종류 : 아세틸렌(C_2H_2), 프로판(C_3H_8), 메탄(CH_4), 부탄(C_4H_{10}), 수소(H_2), 암모니아(NH_3), 일산화탄소(CO)

(2) 조연성(지연성) 가스

① 다른 가연성 가스와 혼합되었을 때 연소를 도와주는 가스이다.

② 종류 : 산소(O_2), 염소(Cl_2), 불소(F_2), 오존(O_3), 공기

(3) 불연성 가스

① 공기 중에서 연소되지 않는 가스이다.

② 종류 : 이산화탄소(CO_2), 아르곤(Ar), 헬륨(He), 질소(N_2)

2. 가스 상태에 따른 분류

(1) 압축가스

① 일정한 압력에 의해 압축되어 있는 가스로서 35℃에서 압력이 1MPa 이상이 되는 가스이다.

② 종류 : 산소(O_2), 아르곤(Ar), 수소(H_2), 질소(N_2), 헬륨(He), 네온(Ne), 메탄(CH_4), 일산화탄소(CO)

(2) 액화가스

① 가압·냉각 등의 방법에 의해 액체 상태로 되어 있는 가스로서 압력이 0.2MPa이 되는 경우 35℃ 이하인 가스이다.

② 종류 : 이산화탄소(CO_2), 프로판(C_3H_8), 부탄(C_4H_{10}), 암모니아(NH_3), 염소(Cl_2), 황화수소(H_2S)

(3) 용해가스

① 용제에 가스를 용해시켜 사용하는 가스이다.

② 종류 : 아세틸렌(C_2H_2)

3. 용접용 가스

(1) 가스의 종류

① 용접용 가스에는 아세틸렌가스가 가장 많이 사용된다.

② 수소, 도시가스(석탄가스), LP가스(액화석유가스), 프로판(C_3H_8), 부탄(C_4H_{10}), 천연가스, 메탄(CH_4)가스, 에틸렌가스 등이 있다.

(2) 가스용접이나 절단에 필요한 가스의 성질

① 불꽃의 온도가 높을 것

② 연소속도가 빠를 것

③ 발열량이 클 것

④ 용융금속과 화학반응을 일으키지 않을 것

4. 산소(O_2)

(1) 물리적 성질

① 1ℓ의 중량은 0℃, 1기압에서 1.429g이고 공기의 1.105배의 중량이다.

② 용융점은 -219℃, 비등점은 -183℃이다.

③ -119℃에서 50기압 이상으로 압축하면 담황색의 액체로 된다.

(2) 화학적 성질

① 무색, 무취, 무미의 기체이다.

② 산소 자체는 타지 않으며, 다른 물질의 연소를 돕는 조연성 가스이다.

③ 금, 백금 등을 제외한 모든 원소와 화합하여 산화물을 만든다.

④ 타기 쉬운 기체에 산소를 혼합하여 점화하면 폭발적으로 연소한다.

⑤ 공기 중에 약 21%가 존재하며 분자량은 16이다.

(3) 산소 제조법

① 화학 약품에 의한 방법

② 공업적으로 산소를 제조하는 방법

③ 공기에서 산소를 채취하는 방법

(4) 액화산소의 장점

① 비교적 적은 용량의 용기에 대량의 산소가 저장된다.

② 운반 작업비, 용기값 등에 소요되는 비용이 싸다.
③ 액체로 운반 및 저장되므로 안전상 위험이 적다.
④ 순도가 높고(99.5% 이상) 수분이 적다.

5. 아세틸렌(C_2H_2)

(1) 카바이드

① 카바이드(CaC_2)와 석탄 또는 코크스를 56 : 36의 비로 혼합하여 전기로에 넣고 약 3,000℃의 고온으로 가열하여 용융, 화합시켜 공업적으로 대량 제조한다.

② 화학방정식

$$CaC_2 + H_2O \rightarrow C_2H_2 + CaO$$
카바이드　　　물　　　아세틸렌　　　생석회
64g　　　　18g　　　　26g　　　　56g

③ 순수한 카바이드는 이론적으로 1kg당 348ℓ의 아세틸렌가스를 발생한다.

[가스 발생에 따른 카바이드 등급]

등급	가스 발생량(ℓ/kg)
1급	290 이상
2급	260 이상
3급	230 이상

④ 카바이드 취급 시 주의사항
　㉠ 카바이드 운반 시 타격, 충격, 마찰 등을 주지 않도록 한다.
　㉡ 저장소 가까이에 인화성 물질이나 화기를 가까이 해서는 안 된다.
　㉢ 카바이드 통을 개봉할 때는 충격을 주지 말고 가위를 사용한다.
　㉣ 개봉 후 보관 시에는 습기가 침투하지 않도록 한다.
　㉤ 카바이드는 승인된 장소에 저장해야 하며 아세틸렌가스 발생기 주위에는 물이나 습기가 없어야 한다.
　㉥ 카바이드 통에서 카바이드를 꺼낼 때에는 모넬메탈(Ni합금)이나 목재공구를 사용해야 한다.(스파크를 일으킬 수 있는 도구를 사용해서는 안 됨)

(2) 아세틸렌가스의 성질

① 순수한 아세틸렌가스는 무색, 무취의 기체임
② 인화수소(PH_3), 황화수소(H_2S), 암모니아와 같은 불순물을 포함할 경우 악취가 난다.
③ 여러 가지 액체에 잘 용해되며, 물에 대해서는 같은 양이 석유에는 2배, 벤젠에는 4배, 알코올에는 6배, 아세톤(CH_3COCH_3)에는 25배가 용해되며, 그 용해량은 압력에 따라 증가한다. 즉, 12기압에서는 아세톤에 300배나 용해된다.
④ 비중은 0.906으로 공기보다 가볍다.
⑤ 15℃, $1kgf/cm^2$에서 아세틸렌 1ℓ의 무게는 1.176g이다.

(3) 아세틸렌가스의 폭발성

① 아세틸렌 15%와 산소 85% 부근이 가장 폭발위험이 크다.
② 온도가 406~408℃에 도달하면 자연발화한다.
③ 온도가 505~515℃가 되면 폭발한다.
④ 산소가 없어도 780℃ 이상이 되면 자연폭발한다.
⑤ 15℃에서 2기압 이상으로 압축하면 분해폭발을 일으킬 수가 있다.
⑥ 1.5기압으로 압축하면 충격, 가열 등의 자극을 받아서 분해폭발한다.
⑦ 아세틸렌 발생기에서는 1.3기압 이상의 가스를 발생시켜서는 안 된다.
⑧ 아세틸렌가스는 공기, 산소와 혼합할 때 더욱 폭발성이 심하게 되며 인화점도 크게 저하되어 약간의 화기에서도 인화폭발한다.

(4) 화합물에 의한 폭발반응

① 구리(Cu), 은(Ag), 수은(Hg) 등에 아세틸렌을 접촉시키면 120℃ 부근에서 강력한 화합폭발이 일어난다.
② 구리 또는 구리 함유량 62% 이상의 합금(동합금)을 사용해서는 안 된다.

(5) 아세틸렌의 청정의 필요성

① 석회 분말은 용융금속에 들어가 용착금속을 약하게 하고 토치 통로를 막아 역류, 역화의 원인이 된다.

② 인화수소, 황화수소는 연소하여 인이나 아황산가스가 되므로 위생상 유해하며, 용접부 강도를 저하시키고 용접장치를 부식시킨다.
③ 기타 불순물은 아세틸렌 불꽃의 온도를 저하시켜 작업능률을 저하시킨다.

6. 용해 아세틸렌

아세틸렌가스는 분해 폭발의 위험과 불순물을 많이 포함하고 있어 다른 일반가스와 같이 압축가스나 액화가스 상태로 보관해서는 안 된다.

(1) 용해 아세틸렌의 장점

① 발생기와 부속기구가 필요하지 않다.
② 순도가 높아 불순물로 인한 강도를 저하시키지 않는다.
③ 발생기를 사용하지 않으므로 폭발의 위험성이 작다.

(2) 용해 아세틸렌의 제조법

① 아세틸렌은 기체상태로 압축하면 폭발할 위험이 있으므로 용기 속에 다공성 물질인 규조토, 목탄(숯) 분말, 아스베스토스(석면) 등을 가득 채우고 이곳에 아세톤을 흡수시킨 다음 아세틸렌을 용해시킨다.
② 용해 아세틸렌의 충전압력은 15℃에서 15kgf/cm² 이하로 되며 순도는 98% 이상
③ 내용적 15ℓ, 30ℓ, 50ℓ 등이 사용
④ 15℃, 15기압에서는 아세톤 1ℓ에 아세틸렌 375ℓ가 용해
⑤ 아세톤 21ℓ가 들어 있는 50ℓ 용기에는 아세틸렌을 7,875ℓ 용해시킬 수 있다.
   21ℓ × 375 = 7,875ℓ
⑥ 용기 속에 있는 아세틸렌의 무게는 905ℓ가 1kg이 되므로 8.7kg이 된다.
   7,875 ÷ 905 = 8.7kg
⑦ 아세틸렌의 충전 중량

$$Q = 905ℓ \times (W_1 - W_2)$$

여기서, Q(kg) : 남아 있는 양
905ℓ : 1kg의 아세틸렌량
W_1(kg) : 용기의 총중량

$W_2(kg)$: 충전 전의 용기중량

⑧ 용기 한 병당의 가스방출량은 1시간에 총 충전량의 20%를 초과해 사용하지 말아야 한다.

⑨ 용기에 부착된 안전밸브는 온도가 105±5℃가 되면 작동

(3) 용해 아세틸렌 사용 시 주의점

① 저장장소는 통풍이 잘 되어야 한다.

② 직사광선이 들지 않는 장소에 세워 보관하여야 하며, 사용 시 아세톤의 유출을 방지하기 위하여 반드시 세워서 사용해야 한다.

③ 용기는 40℃ 이하에서 보관하며, 반드시 캡을 씌워야 한다.

④ 운반 시에 충격을 주거나 떨어뜨리는 것을 피해야 한다.

⑤ 용기 밸브를 열 때에는 전용 핸들로 1/4~1/2회전시키고 핸들을 밸브에 끼워 놓은 상태로 두어야 한다.

⑥ 압력 조정기 및 고무호스는 산소용과 혼용하지 않도록 해야 한다.

⑦ 용기의 부근에 화기를 가까이 하거나 기름걸레와 같이 타기 쉬운 물건을 두지 말아야 한다.

⑧ 용해 아세틸렌을 사용하는 경우에는 반드시 소화기를 설치하여야 한다.

7. 수소(H_2)

수소의 특징
- 탄소의 존재를 피하는 납(Pb)의 용접에 사용
- 용이하게 고압을 얻을 수 있으므로 수중 절단용 연료가스로도 사용

(1) 수소의 성질

① 폭발성이 강한 가연성 가스이다.

② 상온에서 무색, 무미, 무취이며 인체에 해가 없다.

③ 0℃, 1기압에서 1ℓ의 무게는 0.0899g, 비중은 0.0695이다.

④ 고온, 고압에서 수소 취성이 일어난다.

8. 액화석유가스(LPG)

일명 LPG 또는 프로판 가스라고도 부르며, 석유계 저급 탄화수소계 혼합물로서 종류에는 8가지가 있다.

(1) 프로판 가스의 성질

① 기체상태의 LPG는 공기보다 약 1.5배 무겁다.

② 액화상태일 때는 물보다 약 0.5배 가볍다.

③ 액화하기 쉽고 용기에 넣어 수송이 편리하다.(가스 부피의 1/250 정도로 압축할 수 있음)

> **참고 — 액화 프로판 가스의 기화 시 체적**
> - 액화 프로판 $1\ell \rightarrow 0.509kg = 509g$
> - 기화 시 체적 $= 509g \times \dfrac{22.4\ell}{44g} = 259\ell$

④ 상온에서는 기체 상태이고 무색, 투명하고 약간의 냄새가 난다.

⑤ 온도변화에 따른 팽창률이 크므로 물에 잘 녹지 않는다.

⑥ 증발 잠열이 크다.

⑦ 쉽게 기화하여 발열량이 높다.

⑧ 열효율이 높은 연소기구의 제작이 쉽다.

⑨ 연소할 때 필요한 산소의 양은 1 : 4.5의 비율이 필요하다.

(2) 용도

① 가정에서 취사용 연료로 많이 사용

② 가스 절단용으로 산소-프로판 가스 절단이 많이 사용되며, 경제적

③ 열간 굽힘, 예열 등의 부분적 가열에는 프로판 가스가 경제적

[연료가스의 종류와 성질]

가스 종류	완전연소 화학방정식	발열량(kcal/m³)	불꽃온도(℃)
아세틸렌	$C_2H_2 + 2.5O_2 = 2CO_2 + H_2O$	12,753.7	3,230.3
수소	$H_2 + 0.5O_2 = H_2O$	2,448.4	2,982.2
프로판	$C_3H_8 + 5O_2 = 3CO_2 + 4H_2O$	20,550.1	2,926.7
부탄	$C_4H_{10} + 6.5O_2 = 4CO_2 + 5H_2O$	26,691.1	2,926.7
에틸렌	$C_2H_2 + 3CO_2 = 2CO_2 + 2H_2O$	13,617.0	2,815.6

9. 산소-아세틸렌 불꽃

(1) 산소-아세틸렌 불꽃의 구성

① 가연가스 중 불꽃의 온도가 가장 높다.

② 불꽃의 구성 : 산소와 아세틸렌을 1 : 1로 혼합하여 연소되면서 생성되는 불꽃은 세 부분으로 구성

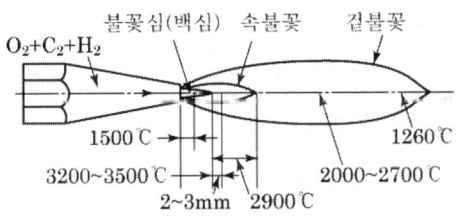

[산소-아세틸렌 불꽃의 구성]

㉠ 불꽃심(백심)
- 환원성의 백색 불꽃이다.
- 백심 불꽃의 끝부분에서 2~3mm 지점의 불꽃온도는 3,200~3,500℃이다.
- 가스용접 시 백심이 용융금속에 닿지 않도록 한다.

㉡ 속불꽃(내염)
- 백심과 속불꽃 사이의 온도는 약 2,900℃이다.
- 열은 이 부분에서 주로 공급되며 약간의 환원성을 띤다.
- 속불꽃으로 용접하면 용접부의 산화를 방지할 수 있다.

ⓒ 겉불꽃(외염)
- 연소가스가 완전 연소되는 부분이다.
- 불꽃의 가장자리를 이루며 약 2,000℃의 열을 낸다.

(2) 불꽃의 종류

> **참고** — 아세틸렌과 산소량의 많고 적음에 따라 분류
> - 탄화불꽃((환원불꽃, 아세틸렌 과잉불꽃)-아세틸렌량 많음
> - 중성불꽃(표준불꽃)
> - 산화불꽃(산소 과잉 불꽃)-산소량 많음

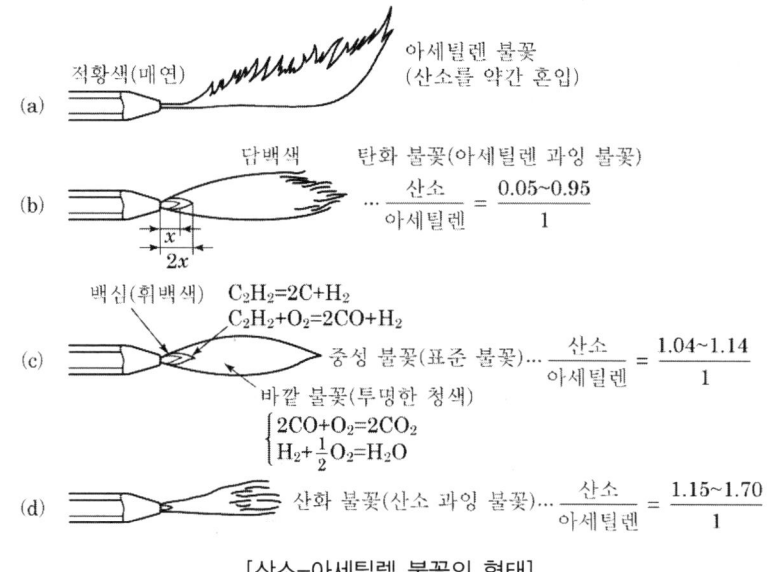

[산소-아세틸렌 불꽃의 형태]

① 탄화불꽃
  ㉠ 탄화불꽃은 아세틸렌 과잉 불꽃이라 하며, 속불꽃과 겉불꽃 사이에 백색의 제3불꽃, 즉 아세틸렌 페더가 있다.
  ㉡ 탄화불꽃은 산화를 방지할 필요가 있는 금속의 용접, 즉 스테인리스, 스텔라이트, 모넬메탈 등의 용접에 사용된다.

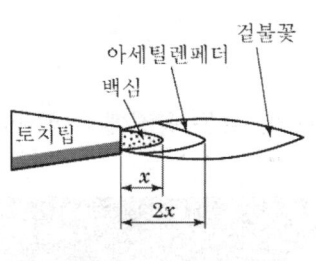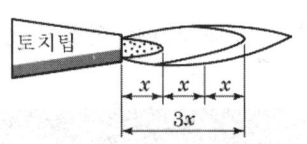

(a) 아세틸렌 2배 과잉 불꽃   (b) 아세틸렌 3배 과잉 불꽃

[탄화불꽃]

② 중성불꽃
  ㉠ 산소와 아세틸렌의 혼합비가 1 : 1로서 표준불꽃이라고 한다.
  ㉡ 실제로는 산소와 아세틸렌의 혼합비는 1.1~1.2 : 1의 비율로 산소가 약간 많을 때의 연소이다.

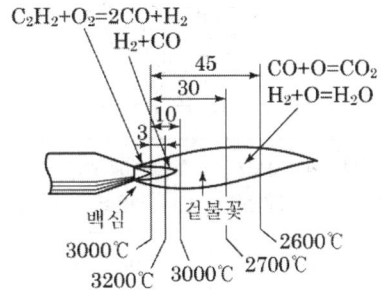

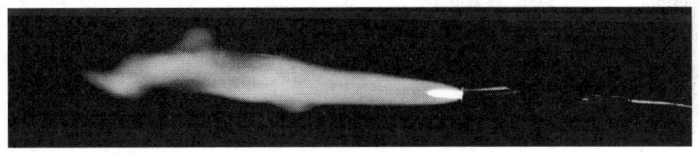

[중성불꽃]

③ 산화불꽃
  ㉠ 산화불꽃은 산소 과잉 불꽃이다.
  ㉡ 금속을 산화시키는 성질이 있어 구리, 황동 용접에 사용된다.

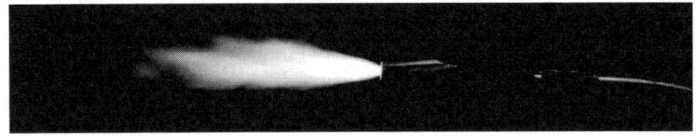

[산화불꽃]

제3절 가스용접 설비

1. 용기의 종류

(1) 이음매 없는 용기
(2) 용접 용기
(3) 초저온 용기

[충전 가스 용기의 색상]

가스의 명칭	화학기호	용기색상 (공업용)	상태에 따른 분류	가스 충전구멍에 있는 나사 형태	가스 종류
산 소	O_2	녹 색	압축가스	우	조연성, 지연성 가스
아세틸렌	C_2H_2	황 색	용해가스	좌	가연성 가스
프 로 판	C_3H_8	밝은회색	액화가스	좌	가연성 가스
수 소	H_2	주황색	압축가스	좌	가연성 가스
탄산가스	CO_2	청 색	액화가스	우	불연성 가스
아 르 곤	Ar	회 색	압축가스	우	불연성 가스
염 소	Cl_2	갈 색	액화가스	우	조연성, 지연성 가스
암모니아	NH_3	백 색	액화가스	우	독성, 가연성 가스

2. 용기의 재질

용기 재질	적용 용기 종류
탄소강	아세틸렌, LPG, 암모니아, 염소 등 저압 용접용기
알루미늄 합금강	산소, 탄산가스, 질소 등 저온 용기
망간강, 크롬강	산소, 탄산가스, 수소 등 고압 용기
스테인리스강, 알루미늄 합금	LNG, 액화산소, 액화질소 등 초저온 가스

3. 용기용 밸브

(1) 충전구의 나사의 종류에 따른 분류

① 왼나사 : 암모니아와 브롬화메탄을 제외한 가연성 가스

② 오른나사 : 조연성 가스 및 불연성 가스

(2) 충전구의 나사 형식에 따른 분류

① A형 : 가스충전구의 나사모양이 숫나사인 것

② B형 : 가스충전구의 나사모양이 암나사인 것

③ C형 : 가스충전구에 나사가 없는 것

4. 산소용기(봄베)

산소는 보통 산소병, 산소통 혹은 산소 실린더라고 하는 고압용기에 35℃에서 $150\text{kgf}/\text{cm}^2$의 고압으로 충전되어 있다.

(1) 산소용기의 구조

① 산소용기는 본체, 밸브, 캡의 세 부분으로 되어 있다.

② 밑부분의 형상에 따라 볼록형(凸), 스커트형, 오목형(凹)이 있다.

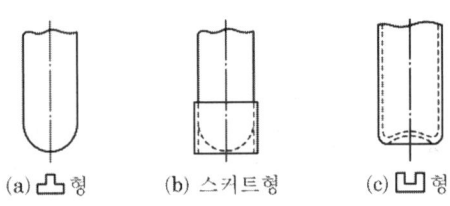

[용기 밑부분의 형상]

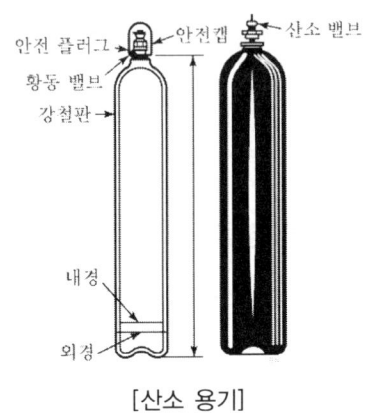

[산소 용기]

(2) 산소 용기의 크기(내용적)와 표시

① 33.7ℓ, 40.7ℓ, 46.7ℓ가 주로 사용되며, 충전된 산소를 환산하면 5000ℓ, 6000ℓ, 7000ℓ 등의 세 가지가 많이 쓰인다.

② 가스량 계산(환산)

ℓ = 용기 충전 충전기압(kgf/cm^2) × 용기 내용적(ℓ)

7005ℓ = 150kgf/cm^2 × 46.7ℓ

(3) 용기의 윗부분의 각인 표시

① □ : 용기 제조자의 명칭 또는 기호

② O_2 : 충전 가스의 명칭(산소)

③ 5.2014 : 제조 연월일(2014년 5월)

④ XYZ 1234 : 용기 제작자의 용기기호 및 제조번호

⑤ TP 250 : 내압 시험압력($250kgf/cm^2$)

⑥ V 40.5ℓ : 내용적(40.5ℓ)

⑦ FP 150 : 최고 충전압력($150kgf/cm^2$)

⑧ W 62.5kg : 용기중량(62.5kg, 밸브 및 보호 캡을 포함하지 않음)

(4) 용접용 호스(도관)

① 산소 및 아세틸렌가스의 혼용을 막기 위해서 아세틸렌용은 적색, 산소용은 검정색 또는 녹색을 띤 고무호스를 사용

② 호스의 내압시험은 산소호스는 $90kgf/cm^2$, 아세틸렌은 $10kgf/cm^2$에서 합격한 것이어야 된다.

③ 호스의 크기 : 내경이 9.5mm, 7.9mm, 6.3mm의 세 종류가 있으며, 보통 토치에는 7.9mm, 소형 토치에는 6.3mm가 사용되고 길이는 5m 정도의 것이 쓰인다.

> **참고 ▪ 산소병 취급 시 주의사항**
> ① 용기는 뉘어 두거나 굴리는 등 충돌, 충격을 주어서는 안 된다.
> ② 누설검사는 비눗물을 사용하여야 한다.
> ③ 고압산소병 밸브 주위에 그리스나 기름 등이 묻으면 산소 분출 시 발화의 위험성이 있으므로 묻혀서는 안 된다.
> ④ 가연성 가스와 함께 저장을 해서는 안 된다.
> ⑤ 산소병을 운반할 때에는 반드시 밸브를 잠가야 한다.
> ⑥ 용기 내 산소 압력은 온도에 따라 변하기 때문에 용기는 항상 40℃ 이하를 유지한다.
> ⑦ 고온의 직사광선이나 화기가 있는 장소에 두고 작업하거나 방치하지 않도록 한다.

5. 아세틸렌 발생기

아세틸렌 용접에는 용해 아세틸렌을 사용하는 경우와 아세틸렌 발생기를 사용하여 아세틸렌을 발생시켜 용접을 하는 두 가지 경우가 있다.

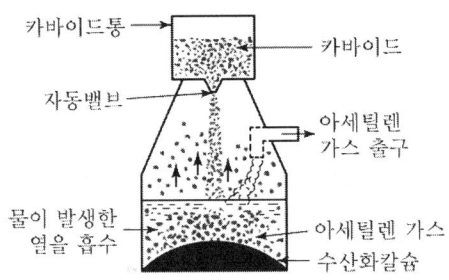

[아세틸렌가스 발생기의 원리]

(1) 압력에 의한 분류

① 저압식 : $0.07\text{kgf/cm}^2(0.007\text{MPa})$ 이하

② 중압식 : $0.07 \sim 1.3\text{kgf/cm}^2(0.007 \sim 0.13\text{MPa})$

③ 고압식 : $1.3\text{kgf/cm}^2(0.13\text{MPa})$ 이상

(2) 발생 방식에 의한 분류

① 투입식 발생기(carbide to water acetylene generator)

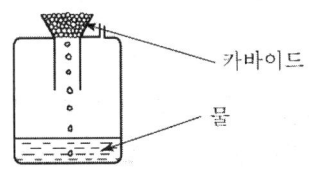

㉠ 투입식은 비교적 많은 양의 아세틸렌가스를 발생시킬 경우에 주로 사용

㉡ 많은 물에 카바이드를 조금씩 투입하는 방식

② 주수식 발생기(water to carbide acetylene generator) : 발생기에 들어 있는 카바이드에 필요한 양의 물을 주수할 수 있도록 된 구조

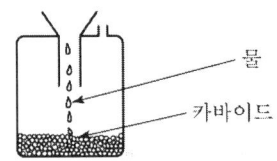

③ 침지식 발생기(dipping acetylene generator) : 카바이드 덩어리를 물에 닿게 하

여 가스를 발생시키는 방법

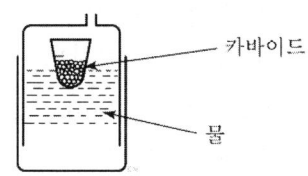

(3) 아세틸렌 발생기 취급 시 주의사항

① 발생기는 안전하게 설치하고 충격과 타격을 주지 않도록 하며, 발생기 가까이에서 화기를 사용하지 말 것
② 발생기의 기종 위에 물건을 올려 놓지 말아야 한다.
③ 발생기 내의 물이 얼었을 때는 화기를 사용해서는 안 되며, 따뜻한 물이나 증기를 사용해야 한다.
④ 가스의 누설검사를 할 때는 비눗물을 사용한다.
⑤ 항상 발생기의 물의 온도가 60℃ 이하가 유지되도록 주의한다.
⑥ 카바이드를 발생기에 넣을 때 조명이 필요하게 되면 스파크(spark)가 일어나지 않는 전등을 사용한다.

(4) 수봉식 안전기 취급 시 주의사항

① 겨울철 안전기가 결빙되었을 때 화기로 녹이지 말고 따뜻한 물이나 증기로 녹여야 한다.
② 수봉관의 수위는 작업 전에 반드시 점검한다.
③ 한 개의 안전기에는 반드시 한 개의 토치를 설치하도록 한다.
④ 수봉관에 규정된 선까지 물을 채워준다.

6. 압력 조정기(감압 조정기)

(1) 산소 압력 조정기

① 산소 압력 조정기는 구조상으로 압력 조정부, 고압계(산소 용기 내의 압력지시)와 저압계(용접 시 사용 압력)로 구성

② 조정기는 스템형(stem type)과 노즐형(nozzle type)으로 나뉜다.

③ 스템형은 프랑스식, 노즐형은 독일식이다.

④ 압력조정나사를 오른쪽으로 돌리면 밸브가 열리게 된다.

⑤ 보통 작업을 할 때에는 산소 압력을 3~4kgf/cm² 이하, 아세틸렌가스 압력을 0.1~0.3kgf/cm² 정도로 한다.

(2) 압력 게이지의 작동 순서

가스압력 → 부르동관 → 링크 → 섹터 기어 → 피니언(바늘)

(3) 압력 조정기의 구비 조건

① 조정압력과 방출압력과의 차이가 작아야 한다.

② 조정압력은 용기 내의 가스량이 변화하여도 항상 일정해야 한다.

③ 동작이 예민해야 한다.

④ 얼지 않아야 한다.

⑤ 가스의 방출량이 많아도 유량이 안정되어 있는 것이 필요하다.

(4) 압력 조정기 취급상의 유의사항

① 산소용기에 조정기를 설치할 때에는 압력 조정기 설치구에 있는 먼지를 불어내고 설치하도록 한다.

② 압력 조정기 설치구의 나사부나 조정기 각 부에 그리스나 기름 등을 사용하지 말아야 한다.

③ 소량의 산소가 누설되어도 고압이고, 사용하지 않아도 산소가 없어지게 되므로 반드시 비눗물로 점검한다.

④ 설치할 때는 연결부에서 가스의 누설이 없도록 한다.

⑤ 압력 지시계가 보이도록 바르게 세워서 설치하고 유리가 파손되지 않도록 주의한다.

⑥ 가스 용기의 고압에 상관없이 사용압력인 저압은 일정하게 나타나도록 해야 한다.

⑦ 압력용기 취급 시에 기름 묻은 장갑을 사용하지 않는다.

7. 가스용접 토치

> **용접 토치의 구비 조건**
> - 구조가 간단하고 취급이 용이하며 작업이 확실할 것
> - 불꽃이 안정될 것
> - 안전성을 충분히 구비하고 있을 것

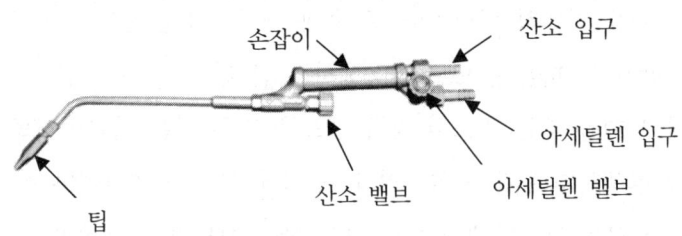

[토치의 각 부 명칭]

(1) 용접 토치의 구성

① 손잡이(산소, 아세틸렌 밸브), 혼합실, 팁으로 구성되어 있다.

② 토치의 용량은 1시간당 소비하는 혼합가스의 용량으로 표시한다.

③ 아세틸렌 가스압력에 따라 저압식, 중압식, 고압식으로 분류된다.

④ 토치의 구조에 따라 불변압식과 가변압식이 있다.
  ㉠ 불변압식 : A형, 독일식, A1호, A2호, A3호로 구분되며 벤투리(venturi) 부분이 니들(needle) 밸브로 되어 있다.
  ㉡ 가변압식 : B형, 프랑스식, B00호, B0호, B1호, B2호로 구분되며 하나의 팁에 하나의 인젝터가 있다.

(2) 토치의 종류

① 저압식 토치(인젝터식)
  ㉠ 발생기에서는 $0.07 \text{kgf/cm}^2 (0.007 \text{MPa})$ 이하로 사용한다.
  ㉡ 용해 아세틸렌가스에서는 $0.2 \text{kgf/cm}^2 (0.02 \text{MPa})$ 미만으로 하는 곳에 사용한다.

② 중압식 토치
　㉠ 아세틸렌가스의 압력이 0.07~1.3kgf/cm²(0.007~0.13MPa) 범위에서 사용한다.
　㉡ 등압식 토치라고도 한다.

(3) 토치의 취급상의 주의사항

① 토치에 기름, 그리스 등을 발라서는 안 된다.
② 팁 및 토치를 작업장 바닥이나 흙 속에 방치하지 않는다.
③ 토치를 망치 등 다른 용도로 사용해서는 안 된다.
④ 팁을 바꿔 끼울 때는 반드시 양쪽 밸브를 모두 닫은 다음에 교체한다.
⑤ 작업 중 발생하기 쉬운 역류, 역화, 인화에 항상 주의하여야 한다.
⑥ 팁의 과열 시는 아세틸렌 밸브를 닫고 산소 밸브만 조금 열어 물속에서 냉각시킨다.

8. 토치의 팁 능력(크기)

(1) 저압식 토치

저압식 토치 팁의 능력은 불변압식과 가변압식에 따라 두 가지로 나뉜다.

① 불변압식(독일식, A형)
　㉠ 팁의 능력은 연강판을 용접할 때 용접할 수 있는 판의 두께를 기준
　㉡ 두께 1mm의 연강판을 용접할 때에 적합한 팁의 크기를 1번 팁, 두께 2mm의 연강판에는 2번 팁, 이와 같은 식으로 팁의 번호를 정하고 있다.

② 가변압식(프랑스식, B형)
　㉠ 팁의 능력을 중성불꽃으로 용접할 때 매 시간당 아세틸렌가스의 소비량을 ℓ로 표시
　㉡ 팁의 번호가 100, 200, 300이라고 하면, 중성불꽃으로 용접할 때 시간당 아세틸렌의 소비량이 100ℓ, 200ℓ, 300ℓ라는 뜻
　㉢ 두께 1mm의 연강판을 용접할 때 1시간에 소비되는 아세틸렌가스의 양은 중성불꽃으로 약 100ℓ 정도

9. 역류, 역화, 인화

(1) 역류(contra flow)

토치 팁의 청소 불량으로 팁이 막히면 고압의 산소가 밖으로 배출되지 못하고 산소보다 압력이 낮은 아세틸렌 통로를 밀면서 아세틸렌 호스 쪽으로 흐르는 현상으로 폭발의 위험이 있다.

> **역류 시 조치 방법**
> - 팁을 깨끗이 청소
> - 산소를 차단
> - 아세틸렌을 차단

(2) 역화(back fire)

작업물에 팁 끝이 닿아 순간적으로 팁이 막히거나 팁의 과열, 사용가스의 압력이 적당하지 않을 때, 팁 속에서 폭발음이 나면서 불꽃이 꺼졌다가 다시 나타나는 현상

> **역화의 원인**
> - 팁이 절단물에 접촉했을 때
> - 가스 압력이 부적당할 때
> - 팁 조임이 불량할 때

(3) 인화(flash back)

팁 끝이 순간적으로 막히게 되면 가스의 분출이 나빠지고 혼합실까지 불꽃이 들어가 빨갛게 달구어지는 현상

> **인화 시 조치 방법**
> - 토치의 산소 밸브를 차단
> - 토치의 아세틸렌 밸브를 차단

[가스 용접 작업 시에 일어나는 현상과 원인 및 대책]

현 상	원 인	대 책
불꽃이 자주 커졌다 작아 졌다 한다.	① 아세틸렌 호스 속에 물이 들어갔다. ② 안전기의 기능 불능	① 가스 중의 수분이 모아져서 호스 속에 고이므로 청소를 한다. ② 안전기의 수위에 알맞게 맞춘다.
점화 시에 폭음이 난다.	① 혼합가스의 배출이 불완전하다. ② 산소와 아세틸렌 압력의 부족 ③ 가스 분출 속도의 부족	① 토치 속의 혼합비를 조절한다. ② 발생기의 기능을 검사한다. ③ 호스 속의 물을 없앤다. ④ 팁구멍의 변형을 수정하고 노즐을 청소한다.
불꽃이 거칠다.	① 산소의 고압력 ② 노즐의 불결	① 산소의 압력을 조절한다. ② 노즐을 청소한다.
작업 중에 탁탁 소리가 난다.	① 노즐의 과열 및 불결 ② 가스 압력의 조정 불량 ③ 팁과 용접 재료가 접촉	① 토치의 불을 끄고 산소를 약간 분출시키면서 물속에 넣어 식히고 팁을 깨끗이 한다. ② 아세틸렌 및 산소의 압력 부족을 조사한다. ③ 노즐을 모재에서 조금 뗀다.
산소가 반대로 흐른다.	① 팁의 막힘 ② 팁과 모재의 접촉 ③ 산소 압력의 과대 ④ 토치의 기능 불량	① 팁을 깨끗이 한다. ② 팁을 모재에서 뗀다. ③ 산소 압력을 용접 조건에 맞춘다. ④ 토치의 기능을 점검한다.
역화(소리가 나면서 손잡이 부분이 뜨거워진다.)	① 가스의 유출 속도 부족 　a. 팁 구멍의 불결 　b. 팁과 모재의 접촉 　c. 팁 구멍의 확대 변형 　d. 작업 중 불꽃의 역행 　e. 팁이 막힘, 파손 ② 가스 언소 속도의 증대(팁의 과열)로 혼합 가스의 연소속도가 분출속도 보다 높다.	① 아세틸렌을 차단한다.(아세틸렌 호스를 꺾어 차단해도 된다.) ② 팁을 물로 식힌다. ③ 토치의 기능을 점검한다.

10. 가스용접용 보호구 및 공구

가스용접에는 용접 지그, 슬래그 해머, 쇠솔(와이어 브러시), 점화 라이터, 팁 클리너 등이 사용된다.

(1) 보호안경

① 눈을 보호하기 위해 보호안경을 반드시 끼고 작업을 해야 한다.

② 가스 용접의 차광도 번호는 5~6 정도가 적당하다.

[용도에 맞는 필터유리의 차광번호]

용 도	토 치	차광번호
연납땜	공기-아세틸렌	2
경납땜	산소-아세틸렌	3~4
가스 용접		
3.2mm 이하	산소-아세틸렌	4~5
3.2~12.7mm	산소-아세틸렌	5~6
12.7mm 이상	산소-아세틸렌	6~8

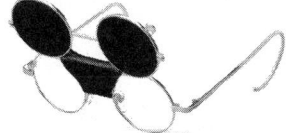 

[차광안경, 보호안경]

③ 차광도 번호가 큰 필터유리(대체로 10 이상)를 사용하는 작업에서는 필요한 차광도 번호보다 작은 번호의 것을 2장 겹쳐서 차광도 번호에 해당되도록 하여 사용하는 것이 좋다. 1장의 필터를 2장으로 할 때 환산하는 식은 다음과 같다.

$N = (n_1 + n_2) - 1$

여기서, N : 1장을 사용할 때 차광도
n_1, n_2 : 2장을 사용하는 경우 각각의 차광도 번호

[예] 필요한 차광도 번호가 10일 때 2장으로 하는 경우
  $10 = (8+3) - 1$ $10 = (7+4) - 1$

(2) 점화용 라이터

토치에 점화할 때에는 토치 점화용 라이터를 사용

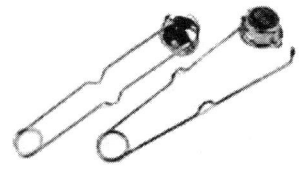

[점화용 라이터]

(3) 팁 클리너

팁의 구멍이 막혔거나 이물질이 묻었을 때에는 팁 클리너를 사용

[팁 클리너]

(4) 가스 호스(호스) 취급에 관한 주의사항

① 호스의 내부 청소는 압축공기를 사용할 것(산소 사용은 절대 안 됨)
② 한랭 시 호스가 얼면 더운 물로 녹일 것
③ 고무호스에 무리한 충격을 주지 말 것
④ 호스 이음부에는 조임용 밴드를 사용할 것

11. 용접용 지그

(1) 지그 사용 시 장점

① 공정수를 절약할 수 있다.
② 작업을 용이하게 할 수 있다.
③ 제품의 정도가 균일하다.

(2) 지그의 선택기준

① 고정을 쉽게 할 수 있어야 한다.

② 용접자세를 쉽게 조정할 수 있어야 한다.

③ 변형을 막아줄 수 있게 견고하여야 한다.

제4절 가스용접용 재료

1. 가스 용접봉

(1) 용접봉 구비 조건

① 될 수 있는 대로 모재와 같은 재료일 것

② 용융온도가 모재와 동일할 것

③ 용접봉의 재질 중에는 불순물을 포함하고 있지 않을 것

④ 모재에 충분한 강도를 줄 수 있을 것

⑤ 기계적 성질에 나쁜 영향을 주지 않을 것

(2) 모재의 두께가 1mm 이상일 때 용접봉의 지름을 결정하는 방법

$$D = \frac{T}{2} + 1 (\text{mm})$$

여기서, D : 용접봉의 지름(mm), T : 판 두께(mm)

[연강판의 두께와 용접봉의 지름(mm)]

모재의 두께	2.5 이하	2.5~6.0	5~8	7~10	9~15
용접봉의 지름	1.0~1.6	1.6~3.2	3.2~4.0	4~5	4~6

(3) 연강 용접봉

① NSR : 응력을 제거하지 않은 것

② SR : 625±25℃로써 응력을 제거, 즉 풀림(annealing)한 것

③ 용접봉의 지름 보통 1~6mm인 것을 사용

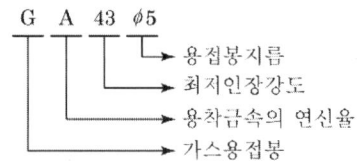

[용접봉의 종별 표시]

종별	GA46	GA43	GA35	GA46	GA43	GB35	GB32
끝면의 색	적색	청색	황색	백색	흑색	자색	녹색

(4) 구리 및 구리합금 용접봉

① 구리 및 구리합금은 열전도가 좋고 산화하기 쉬우므로 용접이 곤란하다.

② 용융 중에 산소나 수소를 흡수하기 때문에 산소와 수소의 반응에 따라 수증기가 생기기 쉬워 용착부에 기공이 생긴다.

(5) 주철용 용접봉

주철용 용접봉으로는 일반적으로 모재와 같은 주철봉이 많다.

(6) 알루미늄 용접봉

① 알루미늄이나 알루미늄 합금용 용접봉은 순 알루미늄 또는 5~10%의 규소를 함유한 알루미늄 합금봉이 쓰이는데, 용융온도가 낮아지고 냉각 시 수축도 감소되어 균열의 발생을 막으며 인성을 증가시키고 용착 금속의 성질을 좋게 하기 때문이다.

② 마그네슘 2~5%를 함유한 용접봉이나 티탄 0.3% 정도 함유한 용접봉도 생산되는데 균열 방지나 용착 금속의 입자를 미세화시킨다.

2. 용제

- 용접 중에 생성된 산화물과 유해물을 용융시켜 슬래그로 만들거나 산화물의 용융온도를 낮게 하기 위해서 용제 사용
- 용제는 분말이나 액체로 된 것이 있다.

- 용제의 융점은 모재의 융점보다 낮은 것이 좋다.

[각종 금속에 필요한 용제]

모 재	용 제
연강	사용하지 않는다.(일반적으로 용제 불필요)
반경강	중탄산소다 + 탄산소다
주철	탄산나트륨 15%, 붕사 15%, 중탄산나트륨 70%
구리합금	붕사 75%, 염화리튬 25%
알루미늄	염화나트륨 30%, 염화칼륨 45%, 염화리튬 15%, 플루오르화칼륨 7%, 황산칼륨 3%

(1) 연강용 용제

연강의 가스 용접에는 일반적으로는 용제가 불필요하다.

(2) 주철용 용제

① 고탄소강, 합금강, 주철 등의 용접에는 중조, 탄산소다, 붕사, 붕산 등이 사용됨

② 주철의 용접에는 구리 88.5%, 알루미늄 82%, 철 3.2%의 합금봉에 $NaCO_3$ 85%, NH_4Cu 22.8%, Na_2SO_4 0.5%를 함유한 붕사가 사용돼

③ 강에 동을 용접할 때는 Si 0.25%를 함유한 동 용접봉을 사용하며, 용제는 필요 없음

(3) 구리와 구리합금용 용제

붕산, 붕사, 인산소다 등의 혼합물, 예를 들면 붕사 75%, 염화나트륨 25%가 쓰임

(4) 알루미늄과 알루미늄 합금용 용제

알루미늄 및 그 합금용으로 사용하는 용제는 견고한 표면 산화물을 제거하기 위해 할로겐 계통의 강렬한 용제가 필요

제5절 가스용접 기법

1. 전진법(前進法)

(1) 왼쪽방향으로 용접을 진행해 나가는 것

(2) 용접봉이 앞에서 진행하기 때문에 전진법이라 함

(3) 왼쪽방향으로 움직인다고 하여 좌진법(左進法)이라고도 함

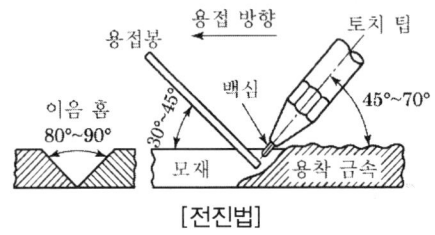

[전진법]

(1) 특징

① 용접부가 과열되기 쉽다.

② 변형이 심하여 기계적 성질이 떨어지게 된다.

③ 불꽃 때문에 용입이 방해되나 비드의 표면은 매끈하게 된다.

④ 판 두께 5mm 이하의 맞대기 용접이나 변두리 용접에 쓰인다.

⑤ 비철금속이나 주철용접 등에 쓰인다.

2. 후진법(後進法)

(1) 용접봉이 팁과 비드 사이에 있어 토치의 뒤를 용접봉이 따라가기 때문에 후진법이라 함

(2) 오른쪽으로 작업을 하기 때문에 우진법(右進法)이라고도 함

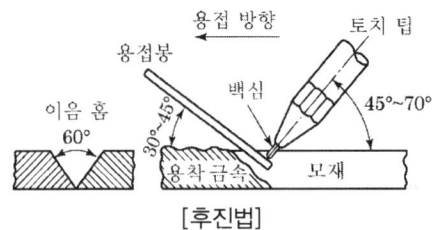

[후진법]

(1) 특징

① 5mm 이상의 두꺼운 판재의 용접
② 과열이 되지 않아 용접부의 기계적 성질이 우수하고 가스 소비량도 적다.
③ 표면은 좌진법과 같이 매끈하게 되기가 어렵고 비드의 높이가 커지기 쉽다.
④ 전진법은 용접봉의 소비가 비교적 많고 용접시간이 긴 데 비하여 후진법은 용접봉의 소비가 적고 용접시간이 짧다.

[전진법과 후진법의 비교]

구분 \ 용접법	전진법	후진법
열이용률	나쁘다	좋다
용접속도	느리다	빠르다
용접 변형	크다	작다
용접 가능 판 두께	얇다(5mm)	두껍다
산화의 정도	심하다	약하다
비드 모양	매끈하다	매끈하지 못하다
소요 홈의 각도	크다(80°)	작다(60°)
용착금속의 냉각도	급랭	서냉
용착금속의 조직	거칠다	미세하다

chapter 04 절단 및 가공

제1절 가스 절단

1. 절단의 원리

- 가스 절단은 산소 가스와 금속과의 화학반응을 이용하여 금속을 절단하는 방법
- 절단할 부분을 800~900℃ 정도로 예열한 후 고압의 산소로 불어 절단
- 탄소강이나 저합금강의 절단은 쉽게 절단 가능
- 주철, 비철금속 및 10% 이상의 크롬을 함유한 스테인리스강 같은 고합금강 등은 절단 곤란

[절단법의 종류]

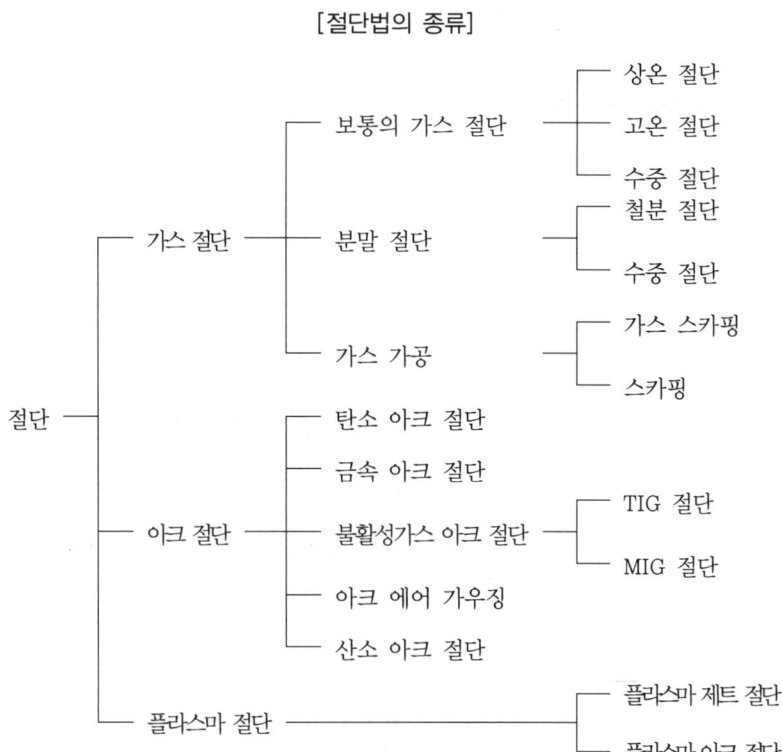

2. 가스 절단에 미치는 인자

(1) 양호한 절단면을 얻기 위한 절단 조건

① 드래그가 가능한 한 작을 것
② 절단면이 충분히 평활할 것
③ 절단 표면의 각이 예리할 것
④ 슬래그의 박리성이 양호할 것
⑤ 위의 조건 외 팁의 크기와 모양, 산소압력, 절단주행속도, 절단재의 두께, 절단재의 재질, 절단재의 표면 상태, 사용가스, 특히 산소의 순도, 예열불꽃의 세기, 절단재와 산소의 예열온도, 팁의 거리 및 각도 등이 알맞아야 됨

(2) 순도가 낮은 절단용 산소를 사용할 때의 영향

① 절단면이 거칠어진다.

② 절단속도가 늦어진다.
③ 산소의 소비량이 많아진다.
④ 절단 개시 시간이 길어진다.
⑤ 슬래그의 이탈성이 나빠진다.
⑥ 절단홈의 폭이 넓어진다.

(3) 예열 불꽃 세기의 영향

① 예열 불꽃의 구비 조건
  ㉠ 모재가 산화 연소하는 온도는 금속의 용융점보다 낮아야 한다.
  ㉡ 생성된 산화물은 유동성이 좋아야 하고 산소압력에 의해 잘 밀려나가야 한다.
  ㉢ 생성된 금속산화물의 용융온도는 모재의 용융온도보다 낮아야 한다.
  ㉣ 금속의 화합물 중에는 연소되지 않는 물질(불연성 물질)이 적어야 한다.
② 예열 불꽃이 강한 경우 미치는 영향
  ㉠ 모서리가 용융되어 둥글게 된다.
  ㉡ 절단면이 거칠게 된다.
  ㉢ 슬래그 중의 철 성분의 박리가 어렵게 된다.
③ 예열 불꽃이 약한 경우 미치는 영향
  ㉠ 절단 속도가 늦어지고 절단이 중단되기 쉽다.
  ㉡ 드래그가 증가한다.
  ㉢ 역화를 일으키기 쉽다.

[아세틸렌가스와 프로판가스의 절단 비교]

아세틸렌가스	프로판가스
점화하기 쉽다.	절단부 상부가 녹는 것이 적다.
중성불꽃을 만들기 쉽다.	절단면이 미세하며 깨끗하다.
절단 개시까지 시간이 빠르다.	슬래그 제거가 쉽다.
표면에 영향이 적다.	포갬 절단 속도가 아세틸렌보다 빠르다.
박판 절단 시는 빠르다.	후판 절단 시는 아세틸렌보다 빠르다.

※ 혼합비는 산소-프로판 사용 시 산소가 4.5배 더 필요하다.

(4) 절단속도에 영향을 주는 요소

① 절단속도는 모재의 온도가 높을수록 고속절단이 가능하다.
② 절단속도는 절단산소의 압력이 높을수록 정비례하여 증가한다.
③ 예열불꽃의 세기가 약하면 절단속도가 늦어진다.
④ 절단속도가 일정할 때 산소 소비량을 증가시키면 드래그 길이는 짧아진다.
⑤ 다이버전트 노즐은 고속분출을 얻는 데 적합하며 보통 팁보다 속도를 20~30% 증가시킬 수 있다.

절단속도에 영향을 주는 인자
- 팁의 형상
- 모재의 온도
- 산소 압력

(5) 절단 팁

최소 에너지 손실속도로 변화되는 절단팁의 노즐 형태는 다이버전트 노즐이다.

다이버전트 노즐의 형태

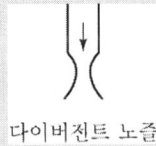
다이버전트 노즐

(6) 드래그(drag)

① 가스 절단에 일정한 속도로 절단할 때 산소의 오염, 절단 산소 속도의 저하 등에 의해 산화작용과 절단이 늦어져 절단면이 일정한 간격으로 평행한 곡선을 나타내는 것을 드래그 라인(drag line)이라 한다.
② 진행방향을 측정한 한 개의 드래그 라인의 처음과 마지막의 양끝 거리를 드래그 또는 드래그 길이라 한다.

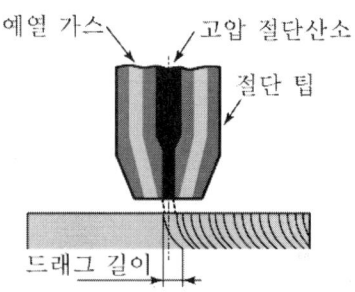

$$드래그(\%) = \frac{드래그\ 길이(mm)}{판\ 두께(mm)} \times 100$$

[예] 두께가 12.7mm인 강판을 가스 절단하려 할 때 표준 드래그의 길이는 2.4mm이다. 이때 드래그는?

$$드래그 = \frac{2.4mm}{12.7mm} \times 100\% = 18.9\%$$

③ 표준 드래그 길이는 보통 판 두께의 20% 정도이다.

[절단 시 표준 드래그값]

판 두께(mm)	12.7	25.4	51	51~152
드래그의 길이(mm)	2.4	5.2	5.6	6.4

④ 매끄러운 절단면은 산소 $3kgf/cm^2$ 이하에서 얻어지며, 그 이상에서는 절단면이 거칠어진다.

3. 가스 절단 장치

(1) 수동 가스 절단기

① 토치는 예열용 아세틸렌의 압력을 기준

② 저압식 : 아세틸렌 사용 압력이 $0.07kgf/cm^2$(0.007MPa) 미만

③ 중압식 : 아세틸렌 사용 압력이 $0.07~0.4kgf/cm^2$(0.007~0.04MPa)

[필터유리의 차광번호와 용도]

용 도	토 치	차광번호
산소 절단		
25.4mm 이하	산소-아세틸렌	3~4
25.4~152.4mm	산소-아세틸렌	4~5
152.4mm 이상	산소-아세틸렌	5~6

㉠ 절단 팁의 종류
- 동심형 : 프랑스식으로 팁이 하나로 된 동심원으로 구성되어 전후 좌우 및 곡선도 자유롭게 절단 가능
- 이심형 : 독일식으로 예열 불꽃과 고압절단가스 분출구가 분리되어 있으며, 한쪽 방향으로만 절단이 가능하며 작은 곡선의 절단은 곤란

(2) 자동 가스 절단기

① 소형 자동 가스 절단기
② 반자동 가스 절단기
③ 대형 자동 가스 절단기
④ 광전식형 자동 가스 절단기

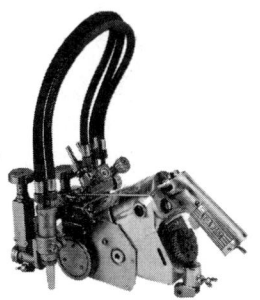

4. 각종 절단법의 종류

(1) 분말 절단

① 가스 절단이 곤란한 주철, 스테인리스강 및 비철금속의 절단부에 용제를 공급하며 절단하는 방법

② 분말 절단 중 철분 절단은 철분에 알루미늄 분말을 배합하여 절단하는 것으로 주철, 스테인리스강, 구리 청동 등의 절단에 효과적이다.

(2) 포갬 절단(stacking)

① 얇은 판(6mm 이하)을 여러 장 겹쳐 놓고 한 번에 절단하는 방법

② 작업 능률을 높이기 위함

③ 판과 판 사이의 틈은 0.08mm 이하이어야 함

④ 포갬 절단 속도는 프로판 가스를 사용하였을 때가 빠르다.

(3) 산소창 절단

① 토치의 팁 대신 안지름 3.2~6mm, 길이 1.5~3m 정도의 강관에 산소를 공급, 그 강관이 산화 연소할 때의 반응열로 금속을 절단하는 방법

(4) 워터 제트 절단

① 물의 정지에너지를 운동에너지로 전환하여 좁은 면적에 집중적으로 분사시켜 소재를 절단하는 방법

② 모든 소재의 설단 가능

③ 정밀성이 대단히 높다.

(5) CNC 자동 절단

① 모든 제어를 컴퓨터로 지시하는 절단기

② 무인작업도 가능

③ 현장에서는 전송된 프로그램에 의하여 작업 가능

제2절 아크 절단

1. 금속 아크 절단 및 탄소 아크 절단

(1) 금속 아크 절단

① 두께 12.7mm의 구리판은 260~430℃로 모재를 예열하면 절단결과가 4~5배 향상된다.

② 아크 절단에서의 절단속도, 제거된 금속량은 전류에 비례하지만 금속 아크 전극봉에서는 과대 전류를 통하면 절단봉이 적열되므로 절단효율은 저하된다.

(2) 탄소 아크 절단

① 탄소나 흑연 전극과 피절단재와의 사이에 아크를 발생시켜 모재를 용융시켜 절단하는 방법

② 전원은 교류나 직류 어느 것이나 쓰이며, 일반적으로 직류 정극성이 많이 쓰임

2. 플라스마 절단

(1) 절단하려는 재료에 전기적 접촉을 하지 않으므로 금속 재료뿐만 아니라 비금속의 절단도 가능한 절단법

(2) 아크 플라스마의 외각을 강제적으로 냉각함으로써 발생하는 고온, 고속의 플라스마 제트를 이용한 절단법

(3) 토치와 모재와의 사이에 전기적인 접속을 필요로 하지 않으므로 금속재료는 물론 콘크리트 등의 비금속재료도 절단할 수 있음

3. 불활성가스 아크 절단

(1) TIG 절단

① 텅스텐 전극과 모재와의 사이에 열적 핀치효과에 의하여 고온, 고속의 제트상의 아크 플라스마를 발생시켜 아르곤 가스와 수소의 혼합 가스를 공급하여 절단하는 방법

② 전원은 직류 정극성을 사용

③ 알루미늄, 마그네슘, 구리 및 구리합금, 스테인리스강 등의 금속재료 절단에 이용

④ 절단면이 매끈하고 열효율이 좋으며, 능률이 대단히 높다.

(2) TIG 절단(불활성가스 아크 절단)

① 절단부를 불활성가스로 보호, 금속 전극에 큰 전류를 흐르게 하여 절단하는 방법

② 사용 전원은 직류 역극성

③ 모든 금속의 절단 가능

제3절 가스 가공

1. 가스 가우징

(1) 가스 절단과 비슷한 토치를 사용해서 용접 뒷면을 따내거나 U형, H형의 용접 홈을 가공하기 위해 둥근 홈을 파는 방법이다.

(2) 가스 따내기라고도 한다.

2. 가스 스카핑(gas scarfing)

[스카핑 토치]

(1) 스카핑은 강재 표면의 흠이나 개재물, 탈탄층 등을 제거하기 위하여 될 수 있는 대로 얇게 그리고 타원형 모양으로 표면을 깎아내는 가공법으로 주로 제강공장에서 많이 이용된다.

(2) 스카핑 속도는 스테인리스강의 경우는 탄소강의 약 $\frac{1}{2}$로 하므로 산소의 소비량이 많고

스카핑 폭은 탄소강의 약 $\frac{2}{3}$ 정도

3. 아크 에어 가우징

　카본 가우징봉(전극)과 모재 사이에 아크를 발생시켜 카본 아크열에 의해 모재를 녹이면서 동시에 고압고속의 압축 공기로 용융된 금속을 불어내어 홈을 파는 방법이다.

① 탄소 아크 절단에 압축공기를 병용한 방법
② 용접 결함부의 제거 및 구멍 뚫기 등에 적합하며, 특히 가우징용으로 많이 이용
③ 직류역극성 전원에 정전류 특성 사용
④ 압축공기의 압력을 5~7kgf/cm² 정도로 사용

> **참고**
>
> **아크 에어 가우징을 가스 가우징이나 치핑에 비교한 장점**
> - 작업능률이 2~3배가 높다.
> - 용융금속을 순간적으로 불어내므로 모재에 나쁜 영향을 주지 않는다.
> - 용접 결함부를 그대로 밀어 붙이지 않으므로 특히 균열의 발견이 쉽다.
> - 경비가 저렴하고 응용범위가 넓다.
> - 조작이 간단하다.

chapter 05 특수 아크 용접 및 기타 용접

제1절 탄산가스 아크 용접(CO_2 용접)

1. 개요

탄산가스 아크 용접(CO_2 gas arc welding)은 MIG 용접의 불활성가스 대신 탄산가스를 사용하는 용극식 아크 용접이다.

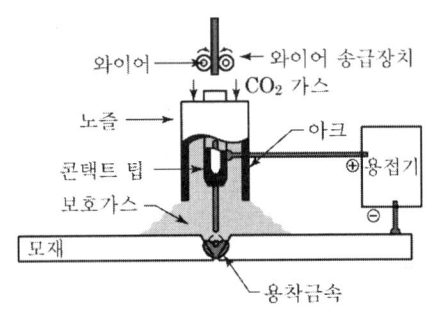

[탄산가스 아크 용접의 원리]

(1) 일반적 특성

① 탄산가스를 사용하는 용극식 아크 용접이다.
② 탄산가스(CO_2) 아크 용접에서 O_2의 해를 방지하기 위하여 와이어에 Mn을 첨가하여 용접한다.
③ MIG 용접에서 불활성가스 대신 탄산가스를 사용한다.

④ 가스분위기가 산화성이므로 알루미늄, 마그네슘, 티탄 등에는 사용하지 않는다.

(2) 용접법의 종류

① 실드 가스와 용극 방식에 의한 분류

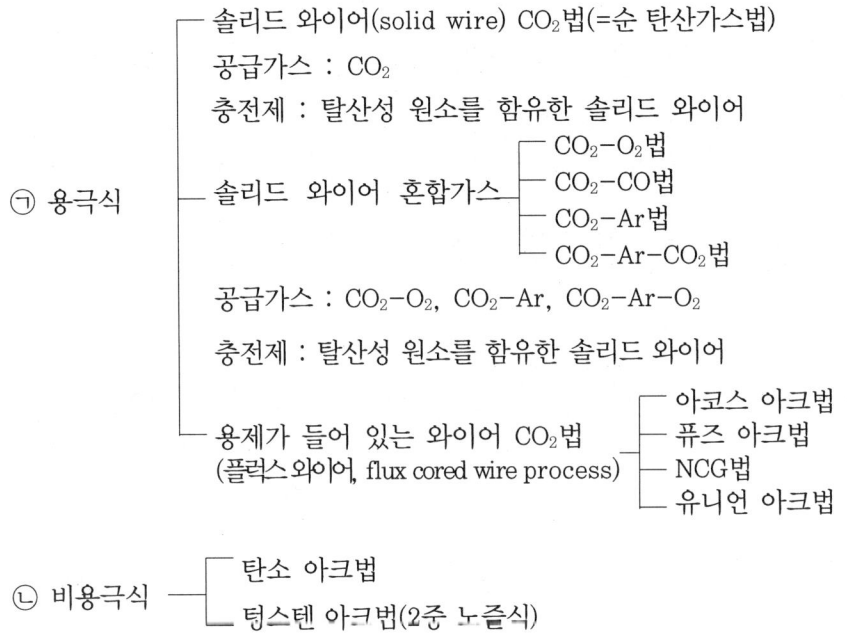

② 토치의 작동 형식에 의한 분류
  ㉠ 수동식(비용극식, 토치 수동)
  ㉡ 반자동식(용극식, 와이어의 송급 자동, 토치 수동)
  ㉢ 전자동식(용극식, 와이어 송급, 토치 동시 자동)

(3) 실드 가스의 종류

① CO_2
② 75% CO_2-25% O_2
③ 25% CO_2-75% Ar
④ 15% CO_2-5% O_2-80% Ar 등이 사용
⑤ 탄산가스 아크 용접은 분위기가 산화성이므로 알루미늄, 마그네슘, 티탄 등에는 사용하지 않는데, 이것은 용융 금속의 표면에 내화성의 산화막이 생겨서 용착을

방해하기 때문이다.

(4) 와이어

① 와이어의 지름에는 0.9, 1.0, 1.2, 1.6, 2.0, 2.4 등이 있다.

② 가장 많이 사용되는 것은 1.2mm와 1.6mm의 것이다.

③ 와이어의 표면은 녹을 방지하기 위하여 얇은 구리 도금이 되어 있다.

④ 심선은 대체로 모재와 동일한 재질을 사용

⑤ 용착금속의 균열을 방지하기 위하여 저탄소강을 사용

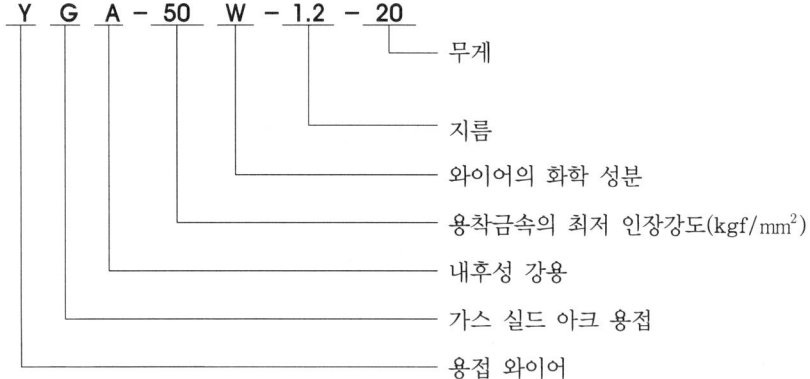

㉠ 솔리드 와이어
- 보호가스에 산소를 1~5% 혼합하면 용착강의 산화작용을 활발하게 하므로 좋은 효과를 얻을 수 있다.
- 고전류 사용 시 입상 이행의 아크이기 때문에 스패터가 많고 비드 외관이 좋지 않다.

㉡ 복합 와이어
- 이중 굽힘형
- 단일 인접형

㉢ 복합 와이어의 구조(단면도)

  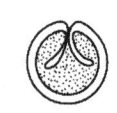 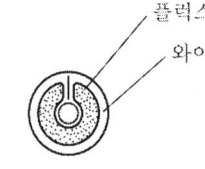 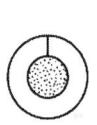

(a) 아코스 와이어 (b) Y관상 와이어 (c) S관상 와이어 (d) NCG 와이어

(5) 용접법의 특징

① 장점
  ㉠ 가시(可視) 아크이므로 시공이 편리
  ㉡ 전류 밀도가 높아 용입이 깊고, 빠른 용접도 가능
  ㉢ 필릿 용접에서 수동 용접보다 깊은 용입을 얻을 수 있다.
  ㉣ 용착금속의 기계적, 야금적 성질이 우수
  ㉤ 용접 결함이 작고 크레이터 균열이 생길 우려가 없으며, 특히 은점 발생 확률이 낮다.
  ㉥ 필릿 용접 이음의 정적 강도, 피로강도 등이 수동용접에 비해 매우 크다.
  ㉦ 단락 이행에 의하여 박판도 용접이 가능하며, 전자세 용접이 가능
  ㉧ 아크 시간을 길게 할 수 있다.

② 단점
  ㉠ 인체에 해로운 일산화탄소가 발생할 수 있다.
  ㉡ 풍속 2m/sec 이상의 바람에는 방풍대책이 필요하다.
  ㉢ 아크가 거칠고 스패터가 많이 발생한다.
  ㉣ 적용 재질이 철 계통으로 한정되어 있다.

(6) 탄산가스 아크 용접을 피복 아크 용접에 비교한 장점

① 전류 밀도가 높으므로 용입이 깊고 용접속도가 빠르다.
② 박판용접은 단락 이행 용접법에 의해 가능하다.
③ 용접 후 처리가 간단하다.
④ 가시 아크이므로 용융지의 상태를 보면서 용접할 수 있다.
⑤ 솔리드 와이어를 이용한 용접법에는 용제를 사용할 필요가 없으므로 용접부에 슬래그 섞임이 없다.
⑥ 용착금속에 포함된 수소량은 저수소계 피복 아크 용접봉의 경우보다 적다.

(7) CO_2 가스 아크 용접에서 산소를 약 1~5% 혼합하여 사용 시 효과

① 슬래그 생성량이 많아져 비드 외관이 개선
② 용입이 깊어 후판 용접에 유리

③ 용융지의 온도가 상승
④ 비금속개재물의 응집으로 용착강이 청결해진다.

(8) 용적이행

① 솔리드 와이어 : 극성이나 전류에 관계없이 입적 이행(globular)
② 플럭스 코드 와이어 : 스프레이 이행

2. 용접장치 및 재료

(1) 용접장치의 구성

① 용접장치에는 제어 케이블, CO_2 용접 토치, 와이어 송급장치, 보호가스 설비, 제어 장치 등이 있다.

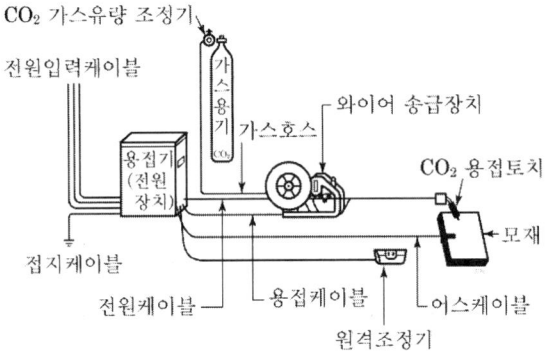

[탄산가스 아크 용접장치]

② 수동식, 반자동식, 전자동식이 있으며, 반자동식과 전자동식이 널리 사용된다.
③ 와이어 송급방식에는 푸시식(push type), 풀식(pull type), 푸시풀식(push pull type) 등이 있다.

(2) 용접 전원

① 솔리드 와이어용 : 정전압형 직류 용접기
② 플럭스 코드 와이어 : 수하 특성의 교류 용접기가 좋다.
③ 아크 전압의 계산(I는 사용 용접 전류값)

㉠ 박판의 아크 전압 $V_0=0.04\times I+15.5\pm1.5$
㉡ 후판의 아크 전압 $V_0=0.04\times I+20\pm2.0$

(3) 제어장치

① 와이어 송급 제어장치

② 보호가스 제어장치

③ 냉각수 공급 제어장치

(4) 토치

전자동, 반자동 용접용이 있다.

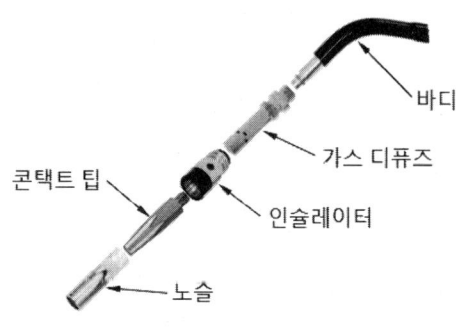

[탄산가스 아크 용접용 토치 구조]

(5) 보호가스 설비

가스용기, 히터, 조정기, 유량계 및 가스연결용 호스 등으로 구성

(6) 보호가스(탄산가스)

① 무색투명, 무미, 무취의 가스이다.

② 공기보다 1.53배, 아르곤보다 1.38배 무겁다.

③ 공기 중에 3~4% 있으면 두통이나 뇌빈혈이 생긴다.

④ 15% 이상이면 위험한 상태가 되며, 0.01% 이상 있어도 건강에 유해하다.

(7) 전진법과 후진법의 비교

구분	전진법	후진법
비드형상 및 진행방향	15~20° 용접진행방향	용접진행방향 15~20°
용접선	잘 보이고, 운봉 정확	노즐에 가리고 운봉 부정확
비드 단면 모양	높이가 낮고 비드 평탄	높이가 높고 비드폭이 좁음
스패터 발생	비교적 많고, 진행 방향 쪽으로 흩어진다.	전진법보다 발생량 적음
용입 깊이	낮은 용입	깊은 용입

3. 용접 시공

(1) 용접 조건

① 용접 전류와 아크 전압
  ㉠ 전류의 조정은 와이어 송급 속도를 변화하는 것에 의해 제어
  ㉡ 전류를 높게 하면 와이어의 녹아 내림이 빠르고 용착률과 용입이 증가
  ㉢ 아크 전압을 높이면 비드가 넓어지고 납작해지나 너무 지나치게 아크 전압을 높이면 기포가 발생
  ㉣ 낮은 아크 전압은 볼록하고 좁은 비드를 형성

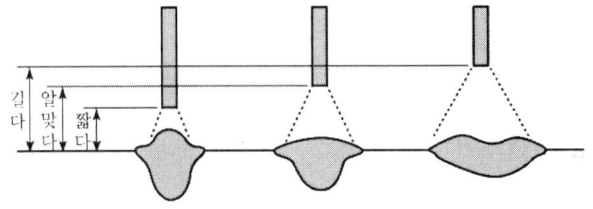

[아크 전압과 비드 단면]

② 와이어 돌출길이
  ㉠ 팁 끝에서 아크 끝단까지의 길이
  ㉡ 돌출길이가 길어짐에 따라 예열이 많아지고 따라서 용착속도와 용착효율이 커지며 보호효과가 나빠지고 용접 전류는 낮아진다.
  ㉢ 거리가 짧아지면 가스 보호는 좋으나 노즐에 스패터가 부착되기 쉽고 용접부의 외관도 나쁘며 작업성도 떨어진다.
  ㉣ 팁과 모재 간의 거리는 200A 미만의 저전류에서는 10~15mm 정도
  ㉤ 200A 이상에서는 15~25mm 정도가 적당

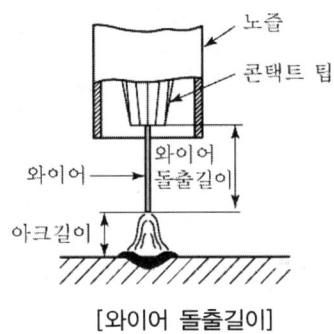

[와이어 돌출길이]

(2) 용접 결함 및 대책

① 탄산가스 아크 용접에서 기공이 발생하는 요인
  ㉠ CO_2 가스 유량 부족
  ㉡ 노즐에 스패터 많이 부착
  ㉢ CO_2 가스에 공기가 혼입
  ㉣ 바람에 CO_2 가스가 날림
  ㉤ CO_2 가스의 품질이 안 좋음
  ㉥ 노즐과 모재 간의 거리가 너무 길다.

[탄산가스 아크 용접부의 결함과 방지 대책]

결함	원인	방지대책
기공이나 피트	- 가스 실드가 불완전	- 가스유량, 노즐 높이 등을 조정하여 가스 실드를 완전하게 한다.
	- CO_2 가스 중에 수분이 혼입	- 순도가 높은 CO_2 가스를 사용하거나 가스건조기를 써서 건조한다.
	- 아크가 불안정	- 와이어 송급속도, 회로의 접속을 조사하여 알맞게 한다.
	- 솔리드 와이어에 녹이 있다.	- 녹이 없는 와이어를 사용한다.
	- 복합 와이어에 습기가 흡수되었다.	- 와이어를 200~300℃로 1~2시간 건조한다.
	- 용접 홈면에 기름류, 먼지 등이 부착되어 더러워져 있다.	- 용접 홈면을 깨끗이 청소한다.
비드의 외관불량	- 아크 전압이 높다.	- 아크 전압을 알맞게 한다.
	- 운봉 속도가 빠르다.	- 운봉 속도를 알맞게 한다.
	- 모재가 과열되어 있다.	- 모재의 냉각을 기다려 다음 층 용접을 한다.
	- 운봉 속도가 고르지 못하다.	- 일정하고 알맞은 속도로 운봉한다.
	- 노즐과 모재 사이의 거리가 지나치게 멀다.	- 노즐과 모재 사이의 거리를 알맞게 한다.
스패터	- 아크 전압이 높다.	- 아크 전압을 알맞게 한다.
	- 용접 전류가 높다.	- 용접 전류를 알맞게 한다.
	- 모재가 과열되어 있다.	- 모재의 냉각을 기다렸다가 다음 층 용접을 한다.
	- 아크가 불안정하다.	- 와이어의 송급속도나 회로의 접속을 조사하여 알맞게 한다.
언더컷	- 아크 전압이 높다.	- 아크 전압을 알맞게 한다.
	- 와이어 운봉 속도가 빠르다.	- 와이어 운봉 속도를 알맞게 한다.
	- 용접 전류가 높다.	- 용접 전류를 알맞게 한다.
필릿의 각장이 고르지 못함	- 아크 전압이 높다.	- 아크 전압을 알맞게 한다.
	- 운봉 속도가 고르지 못하다.	- 운봉 속도를 알맞게 한다.
	- 토치의 위치가 나쁘다.	- 토치의 위치를 조정한다.

4. 용접 안전

[일산화탄소(CO)에 의한 중독]

CO (체적%)	작 용
0.01 이상	건강에 유해
0.02 ~ 0.05	중독작용이 생긴다.
0.1 이상	몇 시간 호흡하면 위험
0.2 이상	30분 이상 호흡하면 사망할 위험

[탄산가스(CO_2)에 의한 중독]

CO_2 (체적%)	작 용
3 ~ 4	두통, 뇌빈혈을 일으킴
15 이상	위험상태가 된다.
30 이상	치사량이 된다.

제2절 불활성가스 아크 용접

1. 개요

(1) 특수용접의 분류

① 불활성가스 아크 용접 : 비용극식(TIG), 용극식(MIG)

② 이산화탄소 아크 용접 : 용극식, 비용극식(탄소 아크법, 텅스텐 아크법)

③ 서브머지드 아크 용접 : 반자동식, 전자동식

④ 기타 특수용접 : 일렉트로 슬래그 용접, 일렉트로 가스 아크 용접, 논 가스 아크 용접, 스터드 용접, 플라스마 용접, 테르밋 용접, 레이저 용접, 기타 특수 용접

(2) 불활성가스 용접의 원리

① 아르곤(Ar) 또는 헬륨(He) 등은 고온에서도 금속과 반응하지 않는 불활성가스의

분위기 속에서 텅스텐봉과 모재와의 사이에 아크를 발생시켜 그 열로 용접을 하는 것

② TIG 용접과 MIG 용접의 두 가지 방법이 있다.

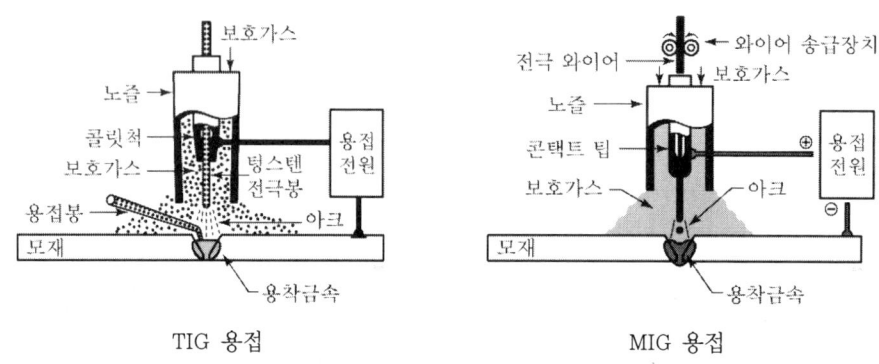

[불활성가스 아크 용접의 원리]

③ 불활성가스라 함은 주기율표 0족에 속하는 He, Ne, Ar, Xe 및 Rn 원소로 대단히 안정하다. 따라서 원자가가 0가이므로 이들 기체를 불활성 기체라 하며, 공기 중에는 1% 정도 함유되어 있다.

(3) 불활성가스 아크 용접의 장점

① 피복제 및 플럭스가 필요하지 않다.
② 전자세 용접이 가능하고 박판용접에 능률이 좋다.
③ 가열범위가 작아 열에 의한 수축변형 및 변질이 작은 우수한 용착금속을 얻을 수 있다.
④ 아크가 매우 안정적이고 열의 집중효과가 양호하다.
⑤ 청정작용이 있어 산화막이 강한 금속(알루미늄)의 용접이 가능하다.
⑥ 직류, 교류를 모두 사용할 수 있다.

(4) 단점

① 이동하며 사용하기가 불편하다.
② 옥외 작업 시 풍속에 영향을 받는다.
③ 슬래그가 형성되지 않으므로 냉각속도가 빠르고 금속의 조직 및 기계적 성질에

영향을 준다.

④ 후판 용접의 경우 다른 아크 용접에 비해 능률이 떨어진다.

(5) 불활성가스 아크 용접의 종류

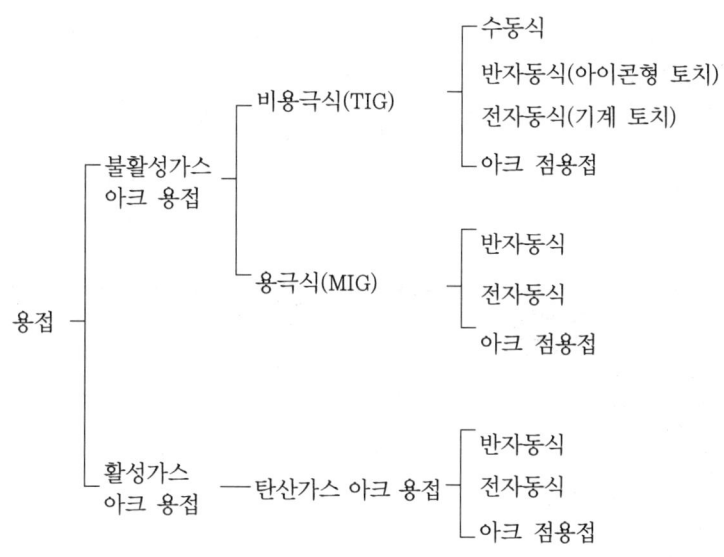

2. 불활성가스 텅스텐 아크 용접(inert Gas Tungsten Arc Welding, GTAW, TIG)

- 불활성가스 아크 용접은 Tungsten Inert Gas Arc Welding의 머리문자로 TIG 용접(=GTAW)이라 칭함
- 상품명 : 헬리 아크, 헬리 웰드, 아르곤 아크 용접
- 가스용접과 같은 방법으로 용가재의 역할을 하는 용접봉을 아크로 녹이면서 용접
- TIG 용접은 텅스텐봉을 전극으로 사용
- 텅스텐은 거의 소모되지 않으므로 비용극식(비소모식) 용접
- TIG 용접은 보통 두께 0.6~3mm의 박판 용접용

(1) 용접 전원

① 용접 전원으로는 직류 또는 교류 용접기를 그대로 이용

② 수하 특성의 것이 쓰인다.

③ 용접기의 개로(무부하) 전압으로는 직류에서는 50~60V 이상이면 되고, 교류에서는 약간 높아 65V 이상이면 된다.

　㉠ 펄스 TIG 용접기

　　ⓐ 고주파 펄스 용접기의 장점

　　　• 20A 이하의 저전류에서 아크가 안정하고 0.5mm 이하의 박판 용접도 가능하다.

　　　• 전극봉의 소모가 적어 수명이 길다.

　　　• 좁은 홈의 용접에서 아크의 교란 상태가 발생되지 않는다.

> **참고**
> ■ **사용 전류별 적용 재료**
> • ACHF, DCRP : 알루미늄, 마그네슘 합금 등
> • DCSP : 강, 스테인리스강

(2) 극성

① TIG 용접에서는 직류 또는 교류를 사용

② 직류 역극성에서 전극은 전자의 충격을 받아 과열되므로 동일 전류를 흐르게 하는 데 있어 정극성의 경우보다 약 4배의 큰 전극이 필요

③ 직류 역극성에서는 모재 표면의 산화피막을 제거하는 청정작용이 있음

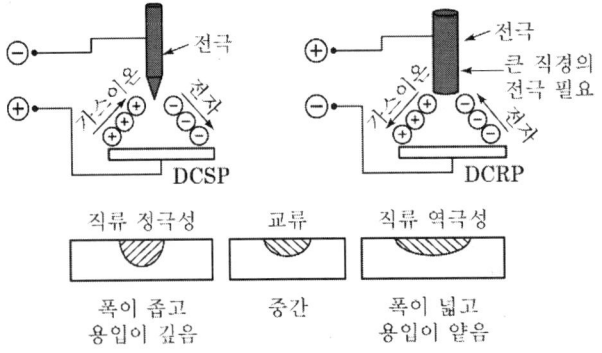

[TIG 용접에서 극성의 영향]

> **참고**
>
> **고주파 교류 사용 시 이점**
> - 전극을 모재에 접촉시키지 않아도 아크 발생이 용이하다.
> - 아크가 대단히 안정되며 아크 길이가 다소 길어져도 끊어지지 않는다.
> - 전극이 모재에 접촉하지 않아도 아크가 발생하므로 전극의 수명이 길다.
> - 텅스텐 전극봉에 많은 열을 받지 않는다.
> - 일정한 지름의 전극에 대하여 광범위한 전류의 사용이 가능하다.
> - 고주파용 교류 용접은 ACHF로 표기

(3) 용접장치와 토치

① 용접장치

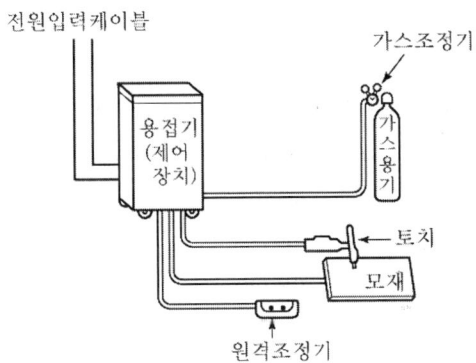

② 용접장치에 따른 분류
　　㉠ 수동식　　㉡ 반자동식　　㉢ 자동식

③ 냉각방식에 따른 분류
　　㉠ 공랭식 : 전류량이 200A 이하인 경우 사용
　　㉡ 수냉식 : 전류량이 200A 이상인 경우 사용

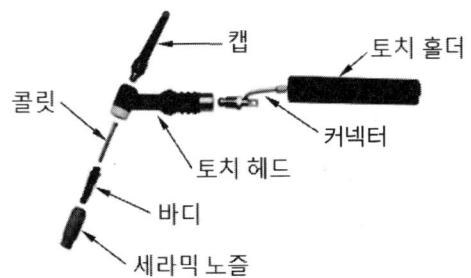

[공랭식 TIG 토치의 구조]

④ 토치의 형태에 따른 분류
  ㉠ T형 토치
  ㉡ 직선형 토치
  ㉢ 플렉시블형 토치

(4) 텅스텐 전극봉

① 전극의 조건
  ㉠ 용융점이 높은 금속일 것
  ㉡ 전자 방출이 잘 되는 금속일 것
  ㉢ 전기저항률이 작은 금속일 것
  ㉣ 열전도성이 좋은 금속일 것
② 전극봉의 종류

[텅스텐 전극봉의 종류]

종류	식별색 KS	식별색 AWS	사용전류	용도
순텅스텐	녹색	녹색	ACHF	Al, Mg 합금
지르코늄 텅스텐	–	갈색	ACHF	Al, Mg 합금
1% 토륨 텅스텐	황색	황색	DCSP	강, 스테인리스강
2% 토륨 텅스텐	적색	적색	DCSP	강, 스테인리스강

㉠ 순수 텅스텐 전극봉
  - 교류전원 사용 시 아크가 안정
  - 직류를 사용할 경우에는 아르곤(Ar)에 헬륨(He)을 첨가한 실드 가스를 사용해야 한다.
  - 토륨 텅스텐 전극에 비하여 전자 방사능력이 떨어진다.
  - 알루미늄, 마그네슘합금 용접에 사용
㉡ 토륨 텅스텐 전극봉
  - 토륨을 1~2% 함유한 토륨 텅스텐 전극
  - 순수 텅스텐 전극보다 전자방사능력이 크다.
  - 전극온도가 낮아도 전류용량을 크게 할 수 있다.
  - 낮은 전류나 전압에서도 아크 발생이 용이

- 전극의 동작 온도가 낮으므로 접촉에 의한 오손이 적다.
- 강, 스테인리스강, 동합금 용접에 적합

ⓒ 지르코늄 텅스텐 전극봉
- 지르코늄을 0.7~0.9% 함유한 지르코늄 텅스텐 전극
- 순 텅스텐 전극의 단점을 보완하여 전극의 오염이 적고, 아크 점화도 용이하나, 고주파 병용 교류에만 국한되어 사용

> **참고**
> **텅스텐 전극은 비소모성이나 텅스텐이 소모되는 경우**
> - 너무 높은 전류를 사용 시 전극봉 끝이 녹는다.
> - 용접 후 10A당 1초간 보호가스가 미공급되어 텅스텐이 산화
> - 용접 중 모재 또는 용가재와 접촉될 경우 전극봉 끝이 오염된다.
> - 노즐 속에 공기가 침투하여 전극봉이 산화

(5) 용접봉

① 용접봉은 모재와 동일한 재질을 사용한다.
② 자동 및 반자동 용접에서는 지름 1.2~2.4mm의 와이어를 자동 송급하므로 균일하고 아름다운 비드가 얻어진다.

(6) 보호가스의 종류

불활성가스 아크 용접에 사용되는 보호가스의 종류에는 아르곤가스, 헬륨가스, 혼합가스(아르곤과 헬륨, 아르곤과 산소) 등이 있다.

① 아르곤가스
ⓐ 1기압하에서 약 6,500ℓ의 양이 140기압으로 충전되어 공급된다.
ⓑ 무색, 무취, 무미의 독성이 없는 불활성가스이다.
ⓒ 가스의 순도는 99.99% 이상으로 규정하고 있다.
ⓓ 다른 불활성가스에 비해 공기 중에 약 0.94% 정도로 풍부하다.
ⓔ 헬륨보다 보호능력이 우수하고 아크 전압은 헬륨에 비해 낮다.

② 헬륨가스
ⓐ 무색, 무취, 무미의 독성이 없는 불활성가스이다.
ⓑ 아크 전압이 아르곤가스보다 높고 용접 입열을 높여 주어 용입을 양호하게 할

수 있으므로 경합금의 후판용접에 적합하다.
ⓒ 헬륨가스의 단점을 보완하기 위하여 아르곤가스와 혼합하여 사용된다.
③ 혼합가스
㉠ 아르곤과 헬륨, 아르곤과 산소 혼합가스가 사용된다.
㉡ 주로 비철금속의 TIG, MIG 용접에 사용
㉢ 아르곤 25%, 헬륨 75%가 가장 많이 사용
㉣ 알루미늄, 동합금 용접에서 용입이 깊고 기공이 적게 발생됨
㉤ 스테인리스강 용접 시 아르곤가스에 산소를 1~5% 혼합하면 깊은 용입과 양호한 외관을 얻을 수 있음

TIG 용접에 사용되는 뒷받침의 형식
- 금속 뒷받침(metal backing)
- 플럭스 뒷받침
- 용접부의 뒤쪽에 불활성가스를 흐르게 하는 방법
- 불활성가스 뒷댐판

3. 불활성가스 금속 아크 용접(inert Gas Metal Arc Welding, GMAW, MIG)

- MIG 용접법의 상품명 : 에어 코메틱 용접법, 시그마 용접법, 필러 아크 용접법, 아르고 노트 용접법
- MIG 용접은 텅스텐 전극 대신에 용가재인 전극선을 연속적으로 송급하여 아크를 발생시키는 방법
- 불활성가스 금속 아크 용접은 Metal Inert Gas Arc Welding의 머리문자를 취하여 MIG(=GMAW)라 약칭한다.
- 용극식(소모식) 용접이라고도 한다.
- MIG 용접은 약 3mm 이상의 판에 적합
- 알루미늄과 그 합금, 스테인리스강, 구리와 그 합금 등의 용접에 사용

■ MIG 용접에서 아크의 특성
- MIG 용접의 아크는 매우 안정하다.
- 표면 산화막에 대한 청정작용이 있다.
- 직류 용접의 극성은 정전압 특성을 갖춘 역극성을 사용한다.
- 역극성은 스프레이형(spray type)의 금속 이행 방식이다.
- 정극성은 입적 이행(globular transfer, 입상 이행)의 금속 이행이 일어나 용입은 얕고 평평한 용입이 된다.
- 반자동 또는 전자동 용접기로 용접속도가 빠르다.
- 정전압 특성 또는 상승특성의 직류용접기가 사용된다.
- 아크 자기 제어특성이 있다.

(1) MIG 용접의 특징

① 전류의 밀도가 대단히 커서 피복 아크 용접의 약 6배, TIG 용접의 약 2배, 서브머지드 아크 용접의 경우와 동일한 정도이다.
② 반자동 또는 전자동 용접기로 용접속도가 빠르다.
③ 아크 자기제어 특성이 있다.
④ 스테인리스강 용접에는 단락 아크 용접, 스프레이 아크 용접, 펄스 아크 용접 등이 사용된다.
⑤ 알루미늄 용접에는 단락 아크 용접, 스프레이 아크 용접, 펄스 아크 용접, 고전류 아크 용접 등이 사용된다.

(2) MIG 용접의 장점

① 각종 금속 용접에 다양하게 적용할 수 있다.
② TIG 용접에 비해 전류 밀도가 높아 용융속도가 빠르고 후판 용접에 적합하다.
③ 비교적 깨끗한 비드를 얻을 수 있고, CO_2 용접에 비해 스패터 발생이 적다.
④ 용제를 사용하지 않으므로 슬래그를 제거할 필요가 없다.
⑤ 용착금속의 품질이 우수
⑥ 매우 능률적이며 전자세 용접이 가능

(3) MIG 용접의 단점

① 바람의 영향을 받기 쉬워 방풍대책이 필요

② 3mm 이하의 박판용접에는 적용이 곤란

③ 보호가스의 가격이 비싸 연강용접의 경우에는 부적당

(4) 용융속도

① MIG 용접 심선의 용융속도는 매분 용융하는 와이어의 길이 또는 중량으로 표시

② 직류 정극성에서는 용융속도가 역극성의 경우보다 약 2배 크다.

(5) MIG 용접 아크의 자기제어

와이어의 송급속도가 갑자기 감소하거나 또는 용접물이 오목하게 파여 아크의 길이가 길어지면 아크 전압이 커져 전극의 용융속도가 감소하므로 아크 길이가 짧아져 다시 원래의 길이로 되돌아간다. 이것을 MIG 아크의 자기제어기능이라 한다.

> **MIG 용접 자기제어 특성**
> - 아크 전류가 일정할 때 아크 전압이 높아지면 용접봉의 용융속도가 늦어지고, 아크 전압이 낮아지면 용융속도가 빨라지는 아크 특성
> - 아크 길이가 짧아졌다면, 일정한 전압상태에서 전류값이 증가하여 용접봉의 녹는 속도가 빨라져 아크의 적당한 길이를 스스로 맞추게 된다. 이와 같이 하여 평형을 유지하는 현상을 아크의 자기제어라 한다.

(6) 용적 이행

① 용적 이행의 종류

  ㉠ 단락 이행

  ㉡ 입상 이행

　• 와이어보다 큰 용적으로 용융되어 이행

　• 주로 CO_2 가스를 사용할 때 나타난다.

  ㉢ 스프레이 이행

　• MIG 용접에서 가장 많이 사용되는 이행 형태이다.

　• 고전압, 고전류에서 얻어진다.

　• 높은 전류범위에서 용접되기 때문에 용착속도가 빠르다.

　• 경합금 용접에서 주로 나타난다.

(7) 실드 가스(shield gas)

① 동일 아크 길이에 대하여 헬륨가스는 아르곤가스보다 아크 전압이 현저히 높다.
② 헬륨가스를 사용하면 입열이 증가하고 용접속도가 빨라진다.
　㉠ MIG 용접에 사용하는 실드 가스의 종류
　　• 아르곤 + 헬륨
　　• 아르곤 + 탄산가스
　　• 아르곤 + 산소

(8) 용접장치

MIG 용접장치는 토치, 와이어 공급장치, 와이어 릴, 제어장치, 아르곤가스 용기, 압력조정기, 용접전원, 케이블 등으로 되어 있다.

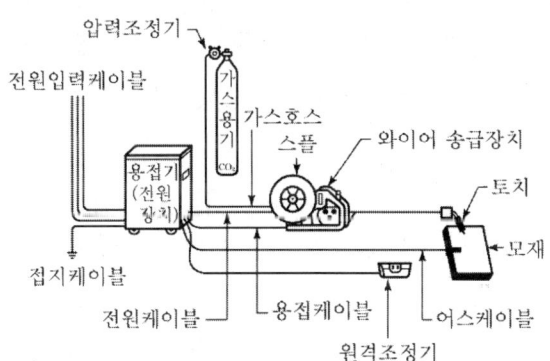

[MIG 용접장치]

① 용접전원 : 정전압특성 또는 상승특성의 직류 용접기가 사용되고 있다.
② 와이어 송급방식

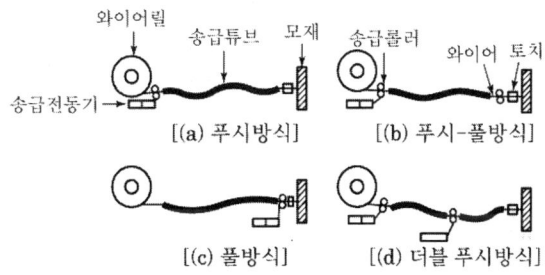

[MIG 용접의 와이어 송급방식]

심선 이송기구에서 와이어 송급방식
- 미는 식(push type, 푸시식)
- 당기는 식(pull type, 풀식)
- 푸시풀식(push-pull type)
- 더블 푸시풀식(double push-pull type)

(9) 제어장치의 제어기능과 사용 목적

① 예비 가스 유출시간 : 아크가 발생할 때 시작점을 보호하기 위한 기능

② 스타트 시간 : 아크가 발생되는 순간 용접 전류와 전압을 크게 하여 아크 발생과 모재의 융합을 돕는 핫 스타트 기능과, 와이어 송급속도를 아크가 발생되기 전 천천히 송급시켜 아크 발생 시 와이어가 튀는 것을 방지하는 슬로우 다운 기능

③ 크레이터 충전시간 : 용접이 끝나는 지점에서 토치 스위치를 다시 누르면 용접 전류와 전압이 낮아져 쉽게 크레이터가 채워져 결함을 방지하는 기능

④ 번 백 시간 : 크레이터 처리 기능에 의해 낮아진 전류가 서서히 줄어들면서 아크가 끊어지는 기능

⑤ 가스 지연 유출시간(post flow time) : 용접이 끝난 후에도 5~25초 동안 가스가 계속 흘러나와 크레이터 부위의 산화를 방지하는 기능

제3절 서브머지드 아크 용접

1. 개요

- 와이어 릴에 감겨진 솔리드 와이어를 송급 롤러에 의하여 연속적으로 보내 모재 사이에서 아크가 발생
- 아크가 용제 속에서 발생되어 눈에 보이지 않으므로 서브머지드 아크 용접법 또는 잠호 용접법이라 함
- 상품명으로는 유니언 멜트 용접법, 링컨 용접법이라고도 한다.

(1) 원리

전극 와이어보다 앞에 미세한 입상의 용제를 살포하면서 전극 와이어를 연속적으로 송급, 용제 속에서 아크가 발생되면서 용접이 진행되는 자동 용접법

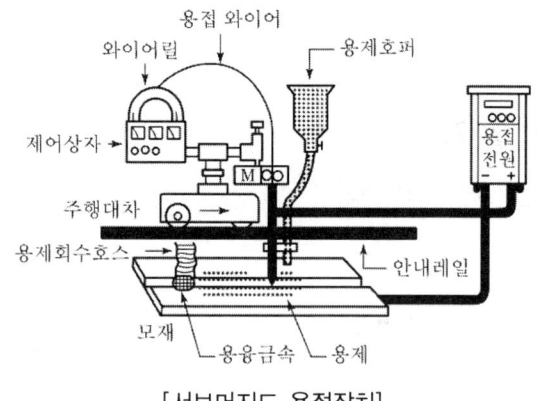

[서브머지드 용접장치]

(2) 특징

① 장점
  ㉠ 내전류 사용에 의한 고능률회기 이루어진다.
  ㉡ 용융속도, 용착속도가 빠르고 용입이 깊다.
  ㉢ 작업능률이 피복 아크 용접에 비해 판 두께 12mm에서 2~3배, 25mm에서 5~6배, 50mm에서 8~12배 정도로 높다.
  ㉣ 개선 각을 작게 하여 용접 패스 수를 줄일 수 있다.
  ㉤ 유해광선이나 퓸(fume) 등이 적게 발생되어 작업환경이 깨끗하다.
  ㉥ 대량생산이 가능하고 비드 외관이 매우 아름답다.
  ㉦ 기계적 성질(강도, 연신, 충격치, 균일성, 내식성 등)이 우수하다.
  ㉧ 용접 변형도 작다.
  ㉨ 미용융 용제는 재사용이 가능하다.

② 단점
  ㉠ 장비의 가격이 비싸다.
  ㉡ 아크가 눈에 보이지 않으므로 용접부를 확인하면서 용접할 수 없다.
  ㉢ 루트 간격이 0.8mm 이상일 경우는 받침쇠 등을 사용해야 한다.

ⓔ 용접선이 짧거나 형상이 복잡한 때에는 수동에 비하여 비능률적이다.
ⓓ 특수한 장치를 사용하지 않으면 아래보기나 수평 필릿 용접에 한정된다.
ⓑ 적용 재료의 제약을 받는다.(탄소강, 저합금강, 스테인리스강 등에 사용)
ⓢ 용접선이 수직인 경우 적용이 곤란하다.

2. 용접장치 및 재료

(1) 용접장치의 구성 및 종류

① 용접장치의 모양에 따른 분류

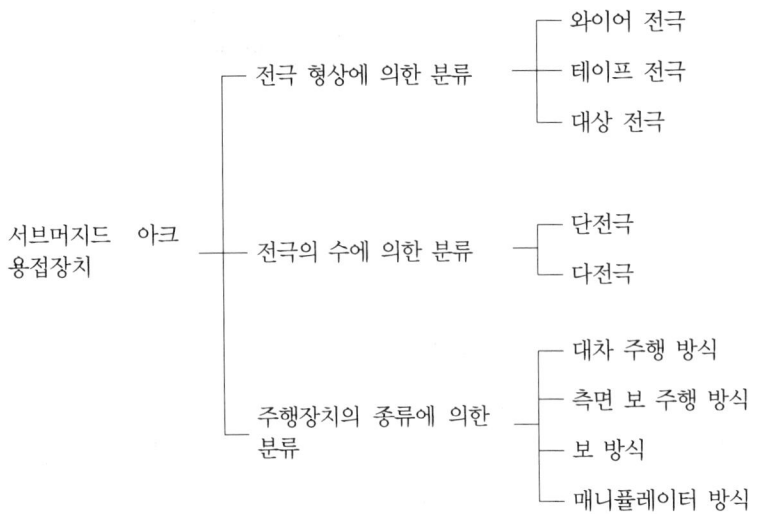

② 서브머지드 아크 용접기 4가지 형(type)
㉠ 대형 용접기(M형) : 최대전류 4,000A, 75mm의 후판을 한꺼번에 용접 가능
㉡ 표준 만능형(UE형, USW형) : 최대전류 2,000A
㉢ 경량형(DS형, SW형) : 최대전류 1,200A
㉣ 반자동형(UMW형, FSW형) : 최대전류 900A, 수동식 토치를 사용하는 반자동 용접기

③ 서브머지드 용접장치의 헤드(head)의 구성
㉠ 심선을 보내는 장치인 송급장치
㉡ 전압제어상자

ⓒ 콘택트 팁(조)
ⓓ 플럭스(용제) 호퍼

> **참고** 용접 헤드
> - 와이어 송급장치(심선을 보내는 장치)
> - 제어장치
> - 콘택트 팁(조)
> - 용제 호퍼

(2) 다전극 용접기

① 탠덤식
  ㉠ 두 개의 전극 와이어를 독립된 전원(교류 또는 직류)에 접속하여 용접
  ㉡ 전원의 조합 : 교류와 직류, 교류와 교류가 양호
  ㉢ 탠덤식에서는 직류와 직류는 사용되지 않는다.
  ㉣ 비드 폭이 좁고 용입이 깊은 것이 특징
  ㉤ 와이어가 두 개 있으므로 용접속도가 빨라 매우 능률적

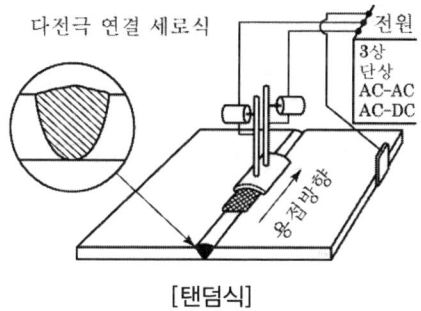

[탠덤식]

② 횡병렬식
  ㉠ 두 개의 와이어를 똑같은 전원에 접속하여 용접
  ㉡ 비드의 폭이 넓고 용입이 깊고 능률이 높다.
  ㉢ 전원의 조합 : 같은 전원끼리 조합하여 사용(교류와 교류, 직류와 직류)

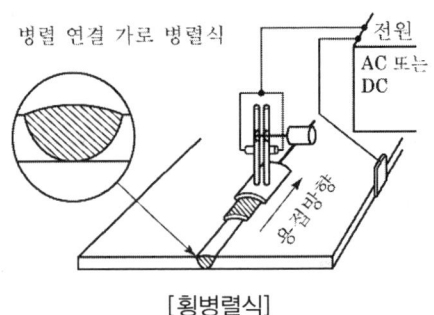

[횡병렬식]

③ 횡직렬식

  ㉠ 두 개의 와이어에 전류를 직렬로 흐르게 하여 용접
  ㉡ 용입이 얕은 관계로 스테인리스강 등의 덧붙이 용접에 흔히 쓰인다.
  ㉢ 용접전원 : 직류 또는 교류 사용
  ㉣ 자기 불림 현상이 생기는 단점이 있음
  ㉤ 두 와이어는 서로 45° 경사를 이루고 각기 다른 송급장치에 의해 개별 제어

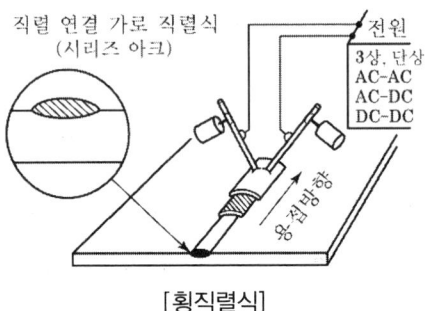

[횡직렬식]

참고 ─ 다전극식의 종류
• 탠덤식   • 횡병렬식   • 횡직렬식

(3) 용접용 와이어

① 비피복 철선을 코일 모양으로 감은 것이 쓰이며, 와이어 릴에 끼워서 사용
② 전기적 접촉과 녹 발생을 방지하기 위하여 표면에 구리 도금

(4) 용접용 용제

① 아크의 성질, 아크 주변의 실드와 화학적, 금속학적 반응으로서의 정련작용 및 합금 첨가작용 등의 역할
② 컴포지션이라고 부름
③ 150~200℃에서 1시간 정도 건조시켜 사용

(5) 용제의 구비 조건

① 아크의 발생 지속을 촉진시켜 안정된 용접을 할 수 있을 것
② 용착 금속에 합금성분을 첨가시키고 탈산, 탈황 등의 정련작업을 해서 양호한 용착금속을 얻을 수 있을 것
③ 적당한 용융온도 특성과 점성을 가져 양호한 비드를 얻을 수 있을 것
④ 용접 후 슬래그의 이탈성이 양호할 것
⑤ 적당한 입도를 가져 아크의 보호성이 양호할 것

용제의 종류
- 용융형 용제
- 고온 소결형 용제
- 저온 소결형 용제

㉠ 용융형 용제의 특징
- 비드 외관이 아름답다.
- 흡습성이 거의 없으므로 재건조할 필요가 없다.
- 미용융 용제 재사용 가능
- 용제의 화학적 균일성이 양호
- 용접 전류에 따라 용제의 입자가 다른 용제를 사용해야 한다.
- 용융 시 분해되거나 산화되는 원소를 첨가할 수 없다.

㉡ 소결형 용제의 특징
- 고전류에서의 작업성이 양호하고 후판의 고능률 용접에 적합
- 합금원소의 첨가가 용이, 절연성이 우수
- 용융형 용제에 비해 용제의 소모량이 적다.
- 전류의 높고 낮음에 관계없이 동일 입도의 용제 사용 가능

• 흡습성이 높으므로 사용 전 150~300℃에서 1시간 정도 재건조하여야 한다.

3. 용접 시공법

(1) 용접 준비에서 이음 가공 및 취부

① 홈의 각도 ±5°

② 루트 간격 0.8mm 이하(받침쇠가 없는 경우)

③ 루트면 ±1mm

(2) 엔드 탭

용접 개시점의 불완전 용착부와 종점의 크레이터를 이음에서 제거하기 위하여 용접선의 전·후에 약 150×150mm 정도의 판 두께의 엔드 탭(end tab)을 붙여 비드를 이음 끝에서 약 100mm 연장시켜 용접한다.

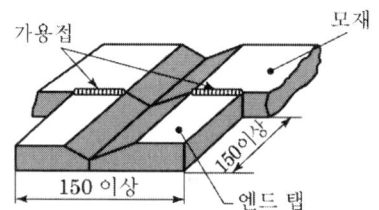

(3) 와이어 돌출 길이

① 와이어 돌출 길이는 팁 선단에서 와이어 선단까지의 거리

② 돌출 길이는 와이어 지름의 8배 전후

(4) 용접 조건의 영향

① 전류를 크게 증가시키면 와이어의 용융량과 용입이 크게 증가

② 전압이 증가하면 아크 길이가 길어지고 동시에 비드 폭이 넓어지면서 평평한 비드가 형성

③ 비드 폭은 속도의 증가에 거의 비례하여 감소하고 이에 따라 용입도 감소된다.

④ 동일 전류, 전압 조건에서 와이어 지름이 작으면 용입이 깊고 비드 폭이 좁아진다.

제4절 기타 용접

1. 논 실드 아크 용접

(1) 논 실드 아크 용접의 원리

① 보호가스의 공급없이 와이어 자체에서 발생하는 가스에 의해 아크 분위기를 보호하는 용접 방식

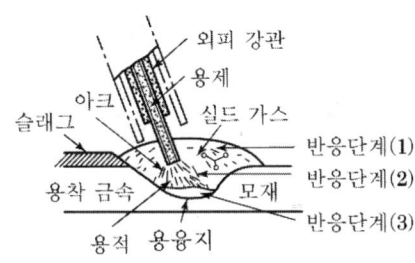

[논 실드 아크 용접의 원리]

(2) 특징

① 용접전원으로는 교류, 직류 어느 것이나 사용할 수 있다.
② 직류를 사용하면 비교적 낮은 용접 전류로 안정된 아크가 얻어지므로 얇은 판의 용접에 적합하다.
③ 비교적 큰 전류로 중·후판의 용접에도 사용된다.
　㉠ 장점
　　• 보호가스나 용제를 필요로 하지 않는다.
　　• 용접장치가 간단하며 운반이 편리하다.
　　• 용접길이가 긴 용접물에 아크를 중단하지 않고 연속용접을 할 수 있다.
　　• 용접전원으로 교류, 직류를 모두 사용할 수 있고, 전자세 용접이 가능하다.
　　• 피복 아크 용접봉의 저수소계와 같이 수소의 발생이 적다.
　　• 용접 비드가 아름답고 슬래그의 박리성이 좋다.
　　• 바람이 있는 옥외에서도 작업이 가능하다.

ⓒ 단점
- 보호가스(shield gas)의 발생이 많아서 용접선이 잘 보이지 않는다.
- 용착금속의 기계적 성질은 다른 용접법에 비하여 다소 떨어진다.
- 전극 와이어의 가격이 비싸다.
- 아크 빛과 열이 강렬하다.

(3) 용접법의 종류

① 논 가스 논 플럭스 아크 용접 : 탈산제를 적당히 첨가한 솔리드 와이어를 전극으로 하는 용접법

② 논 가스 아크 용접법 : 탈산제, 슬래그 생성, 아크 안정제, 탈질제를 섞은 용제를 넣은 복합 와이어를 쓰는 용접법

2. 플라스마 아크 용접

(1) 개요

① 플라스마 가스를 고속도로 분출시켜 생기는 고온의 불꽃을 이용해서 절단, 용융, 용접, 용사 등을 하는 방법

② 10,000~30,000℃의 고온 플라스마를 한 방향으로 분출시키는 것을 플라스마 제트라 부르고, 이것을 열원으로 이용하는 용접법을 플라스마 제트용접이라 한다.

③ 핀치효과에 의해 열에너지의 집중도가 좋고 고온이 얻어지므로 용입이 깊고 폭이 좁은 접합부가 형성되며, 용접속도가 빠른 것이 특징

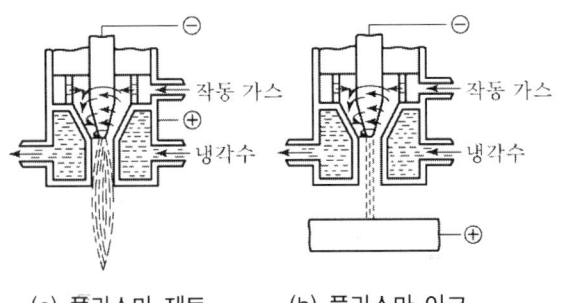

(a) 플라스마 제트   (b) 플라스마 아크

(2) 플라스마 아크 용접의 특징

① 장점
  ㉠ 용입이 깊고 비드 폭이 좁으며 용접속도가 빠르다.
  ㉡ 1층으로 용접할 수 있으므로 능률적이다.
  ㉢ 용접부의 기계적 성질이 좋으며, 변형도 작다.
  ㉣ 각종 재료의 용접이 가능하다.
  ㉤ 수동용접도 쉽게 할 수 있으며, 토치 조작에서 많은 숙련을 요하지 않는다.

② 단점
  ㉠ 설비비가 많이 든다.
  ㉡ 무부하 전압이 높다.(일반 아크 용접기의 2~5배)
  ㉢ 용접속도가 빠르므로 가스의 보호가 불충분하다.
  ㉣ 모재 표면에 기름, 먼지, 녹 등으로 오염되었을 때에는 용접부의 품질저하 등의 원인이 되므로 화학용제로 청정시켜야 한다.

(3) 용접장치

① 토치(용접 및 절단)
② 제어장치
③ 고주파 발생장치
④ 용접전원
⑤ 냉각수 공급 펌프
⑥ 가스 송급장치
⑦ 토치 탑재장치(자동의 경우)

(4) 플라스마 아크 용접법의 종류

① 이행형 아크법
② 비이행형 아크법
③ 중간형(반이행형) 아크법

3. 전자 빔 용접

(1) 전자 빔 용접의 원리

① 전자 빔을 모아서 그 에너지를 이용하는 방법

② $10^{-4} \sim 10^{-6}$ mmHg 정도의 높은 진공 속에서 음극 필라멘트를 가열

③ 방출된 전자를 양극 전압으로 가속하고 전자코일에 의해 수속하여 용접물에 충돌시켜 이 충돌에 의한 에너지 변환으로 용접물을 고온으로 용접하는 것

(2) 전자 빔 용접의 분류

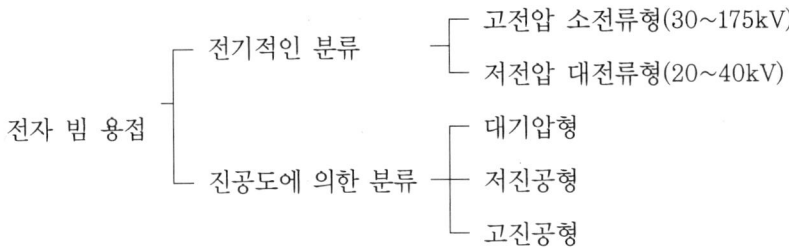

(3) 용접법의 특징

① 용접 입열이 적고 용접부가 좁으며 용입이 깊으므로 용접 변형이 작고 정밀용접이 가능

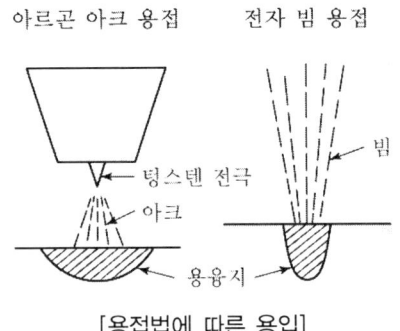

[용접법에 따른 용입]

② 고용융점 재료 또는 용융점, 열전도율이 다른 이종금속과의 용접이 용이

③ 진공 중에서 용접하기 때문에 대기 중의 산소, 질소 등의 유해가스에 의한 오염이

적고 높은 순도의 용접이 되므로 활성금속의 용접도 가능

④ 얇은 판(0.12mm 이하)에서 두꺼운 판(Al 150mm)까지 용접 가능

⑤ 용접부의 열영향부가 매우 작다.

⑥ 진공 작업실이 필요한 고진공형에서는 용접물의 크기가 제한을 받는다.

⑦ 대기압형의 용접기를 사용할 때에는 X-선 방호에 유의하여야 한다.

⑧ 소재의 성질을 저하시키지 않고 용접할 수 있다.

⑨ 용접부의 경화현상이 일어나기 쉽다.

⑩ 스테인리스강의 판 두께 500mm 정도의 맞대기 용접도 가능하다.

> **참고 — 전자빔 용접법의 특징**
> - 깊은 용입
> - 정밀 용접 가능
> - 대기에 의한 오염문제 불필요
> - 성분변화에 의한 기계적 성질 저하 요인
> - 불순물을 다량 함유한 금속은 용접 결함 발생 가능성이 있음

(4) 장점

① 전자 빔은 전자렌즈에 의해 에너지를 집중시킬 수 있으므로 고용융 재료의 용접도 가능

② 고진공 속에서 용접을 하므로 대기와 반응되기 쉬운 활성 재료도 쉽게 용접 가능

③ 얇은 판에서 두꺼운 판까지 광범위한 용접 가능

④ 에너지의 집중이 가능하기 때문에 고속 용접이 된다.

⑤ 슬래그 섞임 등의 결함이 생기지 않는다.

(5) 단점

① 배기장치가 필요하다.

② 피용접물의 크기에 제한을 받는다.

③ 용접기가 고가이다.

④ 진공상태의 용접이라 기공, 합금성분의 감소 등이 생긴다.

⑤ 용접속도가 빨라 급랭으로 인한 경화현상 발생

⑥ X선 누출로 방호장비 필요

⑦ 금속 증기의 발생으로 전리현상이 일어나 방전의 위험성이 있다.

4. 레이저 용접

(1) 레이저 용접의 원리

> **참고** ■ 레이저 용접장치의 기본형
> - 고체 금속(루비 결정)형(solid state type)
> - 가스(불활성) 방전형(gas discharge type)
> - 반도체형(semiconductor type)

(2) 레이저 용접의 특징

① 좁고 깊은 용접부를 얻을 수 있다.

② 고속 용접과 용접 공정의 융통성을 부여할 수 있다.

③ 접합되어야 할 부품의 조건에 따라서 한 방향의 용접으로 접합이 가능하다.

④ 육안으로 확인하면서 용접을 진행할 수 있다.

⑤ 진공 중에서도 용접이 가능하다.

⑥ 용접부는 폭이 작고 열영향부의 크기가 작다.

⑦ 전자부품과 같은 작은 크기의 정밀 용접이 가능하다.

⑧ 광선이 열원이며 광선의 제어는 원격조정이 가능하다.

⑨ 에너지 밀도가 매우 높으며, 고융점을 가진 금속의 용접에 이용된다.

5. 일렉트로 슬래그 용접과 일렉트로 가스 아크 용접

(1) 일렉트로 슬래그 용접

① 원리 : 아크를 발생시키지 않고 와이어와 용융 슬래그 사이에 통전된 전류의 저항열에 의하여 용접한다.

저항 열 $Q=0.24EI$(cal/sec)

여기서, E : 전극팁과 모재 사이의 전압
I : 용접 전류

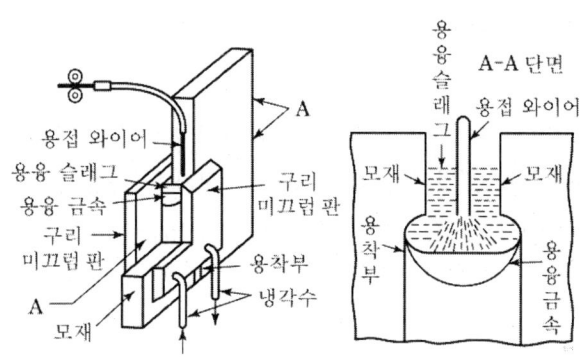

[일렉트로 슬래그 용접법의 원리]

② 특징
  ㉠ 다른 용접에 비하여 두꺼운 판의 용접에 대단히 경제적이다.
  ㉡ 홈의 형상은 I형 그대로 사용하므로 용접홈 가공 준비가 간단하다.
  ㉢ 변형이 작고 용접시간을 단축할 수 있다.
  ㉣ 용접전원은 정전압형의 교류가 적합하다.
  ㉤ 용융금속의 용착량은 100%가 된다.

③ 장점
  ㉠ 용접능률과 용접품질이 우수하여 후판 용접부에 적합한 용접이다.
  ㉡ 후판을 단일층으로 한 번에 용접할 수 있고, 6개 이상의 다전극을 이용하면 더욱 능률을 높일 수 있다.
  ㉢ 아크가 눈에 보이지 않고 아크 불꽃이 없다.
  ㉣ 최소한의 변형과 최단시간 용접법이다.

④ 단점
  ㉠ 박판용에는 적용할 수 없다.
  ㉡ 높은 입열로 인하여 용접부의 기계적 성질이 저하될 수 있다.(특히 노치 취성이 크다.)
  ㉢ 장비 설치가 복잡하여 냉각장치가 요구된다.

② 용접진행 중 용접부를 직접 관찰할 수 없다.
⑩ 장비가 비싸다.
⑭ 용접시간에 비하여 용접 준비시간이 길다.

(2) 일렉트로 가스 아크 용접

① 원리
㉠ 실드 가스로서 주로 탄산가스를 사용하여 용융부를 보호하여 탄산가스 분위기 속에서 아크를 발생시켜 그 아크열로 모재를 용융시켜 용접
㉡ 탄산가스 엔클로즈드 아크 용접(CO_2 enclosed arc welding)이라고도 한다.

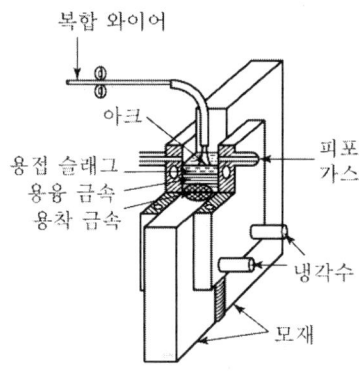

[일렉트로 가스 아크 용접의 원리]

② 특징
㉠ 판 두께에 관계없이 단층으로 상진 용접한다.
㉡ 판 두께가 두꺼울수록 경제적이다.
㉢ 용접 홈의 기계가공이 필요 없으며, 가스 절단 상태 그대로 용접 가능
㉣ 용접장치가 간단하며, 취급이 쉽다.
㉤ 용접속도는 자동적으로 조절된다.
㉥ 정확한 조립이 요구되며 이동용 냉각동판에 급수장치 필요
㉦ 스패터 및 가스의 발생이 많고, 용접 작업 시 바람의 영향을 많이 받는다.
㉧ 수직 상태에서 횡경사 60~90° 용접이 가능하며, 수평면에 대해서는 45~90° 경사 용접도 가능

6. 초음파 용접

(1) 초음파 용접의 원리

용접물을 겹쳐 놓고, 압력을 가하면서 초음파 주파수(18kHz 이상) 진동 에너지에 의해 접촉부의 원자가 서로 확산되어 접합

(2) 초음파 용접의 특징

① 극히 얇은 판, 즉 필름(film)도 쉽게 용접할 수 있으며, 이 용접법에 알맞은 모재의 두께는 0.01~2mm가 좋다.
② 이종금속의 용접도 가능하다.
③ 용접물의 표면처리가 간단하고 압연한 그대로의 재료도 용접이 가능하다.
④ 냉간압접에 비하여 주어지는 압력이 작으므로 용접물의 변형이 작다.
⑤ 판의 두께에 따라 용접 강도가 현저하게 변화한다.

7. 테르밋 용접

(1) 테르밋 용접의 원리

① 테르밋 반응(금속 산화물이 알루미늄에 의하여 생성되는 열, 약 2,800℃)을 이용하여 금속을 용접하는 방법
② 철강용 테르밋제의 반응식
  ㉠ $3FeO+2Al \rightarrow 3Fe+Al_2O_3+187.1kcal$
  ㉡ $Fe_2O_3+2Al \rightarrow 2Fe+Al_2O_3+181.5kcal$
  ㉢ $3Fe_3O_4+8Al \rightarrow 9Fe+4Al_2O_3+702.5kcal$

테르밋제
산화철 분말(FeO, Fe_2O_3, Fe_3O_4)과 미세한 알루미늄 분말을 3~4 : 1의 중량의 비로 혼합한 것

(2) 테르밋 용접의 특징

① 용접 작업이 단순하고 용접 결과의 재현성이 높다.

② 용접용 기구가 간단하고 설비비가 싸며, 작업장소의 이동이 쉽다.

③ 용접시간이 짧고 용접 후 변형이 작다.

④ 전력이 불필요하다.

⑤ 용접 이음부의 홈은 가스 절단한 그대로도 가능, 특별한 모양의 홈을 필요로 하지 않는다.

⑥ 주로 레일의 접합, 차축, 선박의 프레임 등 비교적 큰 단면을 가진 주조나 단조품의 맞대기 용접과 보수용접에 사용된다.

8. 가스 압접

(1) 원리와 종류

가열 토치로 접합부를 가열하여 그 재료의 재결정 온도 이상이 되면 축 방향에서 압력을 주어 접합

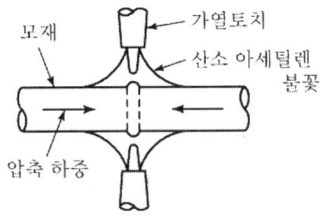

[가스 압접의 원리]

① 작업방식 : 밀착 맞대기 방식, 개방 맞대기 방식

② 가열 불꽃의 종류 : 산소-아세틸렌 불꽃, 산소-프로판 불꽃

(2) 가스 압접법의 특징

① 이음부에 탈탄층이 전혀 없다.

② 전력이 불필요하다.

③ 장치가 간단하고 설비비와 보수비가 싸다.

④ 작업이 거의 기계적이어서 숙련이 불필요하다.

⑤ 이음부에 첨가 금속 또는 용제가 불필요하다.

(3) 압접성에 비교적 영향을 주는 요소

① 가열 토치
② 압접면
③ 압력
④ 온도

9. 마찰 용접

두 개의 모재에 압력을 가해 접촉시킨 후 회전시켜 발생하는 열과 가압력을 이용하여 접합하는 용접법이다.

10. 냉간 압접

상온에서 단순히 가압만으로 금속 상호간의 확산을 일으켜 접합하는 방식

(1) 냉간(冷間) 압접 시 주의해야 할 점

① 표면을 깨끗이 한다.
② 표면 산화 방지에 유의한다.
③ 손으로 접촉면을 만지지 않는다.

(2) 냉간 압접의 장점

① 접합부에 열영향이 없다.
② 압접기구가 간단하다.
③ 접합부의 전기저항은 모재와 거의 비슷하다.
④ 철강재료의 냉간 압접은 부적당하다.

11. 스터드 용접

(1) 원리

모재와 스터드 사이에서 아크를 발생시키며 이 아크 열로서 모재와 스터드 끝면을 용융하여 스터드를 모재에 눌러 융합시키는 자동 아크 용접의 일종

■ 스터드 용접법의 종류
• 저항 용접법   • 충격 용접법   • 아크 용접법

(2) 특징

① 짧은 시간에 용접되므로 변형이 작다.
② 용착금속부 또는 열영향부(HAZ)가 경화되는 경우가 있으나 C 0.2%, Mn 0.7% 이하이면 균열 발생이 없다.
③ 적당한 용접조건에서 실시하면 양호한 결과가 얻어진다.
④ 철강재료 이외에 구리, 황동, 알루미늄, 스테인리스강 등의 비철금속에도 적용된다.
⑤ 탭 작업, 구멍 뚫기 등이 필요없이 모재에 볼트나 환봉 등을 용접할 수 있다.
⑥ 대체적으로 모재가 급열, 급랭되기 때문에 저탄소강에 용접하기가 좋다.

(3) 페룰의 역할

① 용접금속이 진행되는 동안 아크 열을 집중시켜 준다.
② 용융금속의 산화를 방지한다.
③ 용융금속의 유출을 막아준다.
④ 용착부의 오염을 방지한다.
⑤ 아크 광선으로부터 눈을 보호해 준다.

12. 그래비티 및 오토콘 용접

(1) 원리

그래비티 용접이나 오토콘 용접은 일종의 피복 아크 용접법

(2) 특징

① 운봉비를 조절할 수 있어(일반적으로 한 사람이 1.2~1.6 정도) 필요한 각장 및 목두께를 얻을 수 있다.(그래비티 용접)
② 용접작업을 반자동화함으로써 한 사람이 3~7대 정도의 장비를 조작할 수 있어

매우 능률적인 용접법

③ 용접장치가 가볍고 크기가 작아 취급이 용이(오토콘 용접)

④ 용접 기량을 크게 요구하지 않는다.

[그래비티 용접과 오토콘 용접과의 비교]

항목	구분	오토콘 용접	그래비티 용접
장치	구조	간단하다.	약간 복잡하다.
	형상	부피가 작다.	부피가 크다.
	중량	가볍다.	약간 무겁다.
	사용법	쉽다.	약간 어렵다.
적용성	적용부위	정확한 조립 이음부 루트간격 : 2mm 이하 조립 보강재 간격 : 200mm 이상 조립 모재길이 : 1m 이상 경사각 : 70° 미만 목두께 크기 : 4.0~6.0mm	정확한 조립 이음부 루트간격 : 2mm 이하 조립 보강재 간격 : 650mm 이상 조립 모재길이 : 3m 이상 경사각 : 70° 미만 목두께 크기 : 3.5~6.0mm
	운봉속도	조절 불가	조절 가능(0.8~1.8mm)
	용접자세	아래보기 맞대기, 수평 필릿	아래보기 맞대기, 수평 필릿
	모재두께	제한 없음	제한 없음
	모재종류	연강 및 고장력강	연강 및 고장력강
작업성	스패터	약간 많음	보통
	용입	약간 얕음	보통
	비드 외관	양호함	양호함

13. 원자 수소 아크 용접

두 개의 텅스텐 전극 사이에 아크를 발생시키고 수소(H_2)를 공급하여 분자 상태의 수소 H_2가 아크 열로 원자 상태의 수소(2H)로 분해된 후 다시 용접면에서 분자 상태의 수소로 환원할 때 발산하는 열로 용접한다.

chapter 06 전기저항 용접 및 납땜

제1절 저항 용접

1. 전기저항 용접의 원리

용접하려고 하는 재료를 서로 접촉시켜 놓고 전류를 통하면 저항열로 접합면의 온도가 높아졌을 때 가압하여 용접

- 저항열은 줄(Joule)의 법칙에 의해서 계산

$$H = 0.24I^2Rt = 0.24\frac{V^2}{R}t(\text{cal})$$

여기서, H : 열량(cal), R : 저항(Ω)
I : 전류(A), V : 전압(V)
t : 통전시간(sec)

2. 저항 용접의 특징

(1) 장점

① 용접사의 기능에 대한 영향이 작다.(숙련을 요하지 않는다.)
② 작업속도가 빠르고, 대량생산에 적합하다.
③ 용접부가 깨끗하다.
④ 산화 및 용접 변형이 작다.
⑤ 접합 강도가 비교적 크다.

⑥ 가압효과로 조직이 치밀하다.
⑦ 용접봉, 용제 등이 필요없다.

(2) 단점

① 설비가 복잡하고 가격이 비싸다.
② 급랭경화를 받게 되므로 후열처리가 필요하다.
③ 다른 금속 간의 접합이 곤란하다.
④ 용접부의 위치, 형상 등의 영향을 받는다.
⑤ 비파괴검사가 곤란하다.

3. 저항 용접의 종류

(1) 이음형상에 따른 저항 용접의 종류

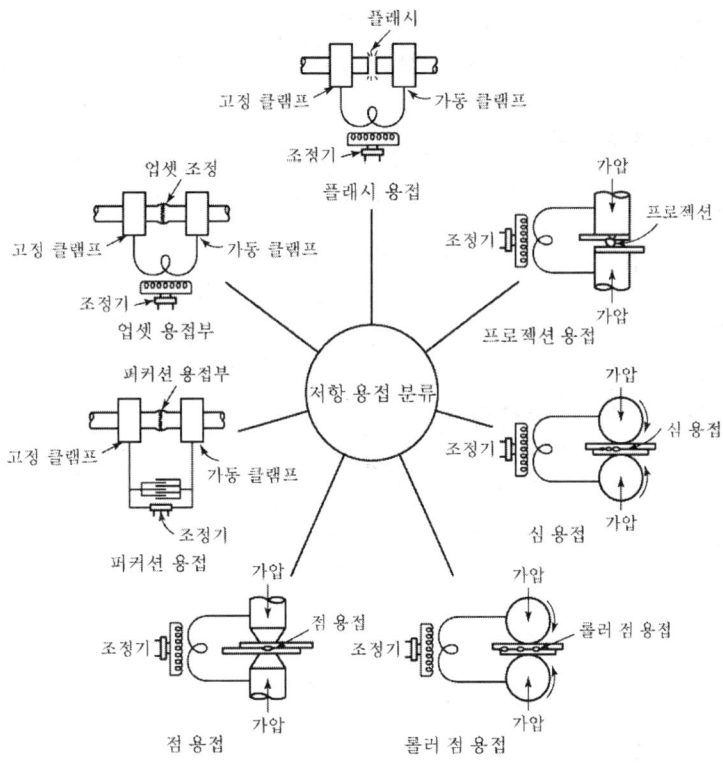

[전기저항 용접의 종류]

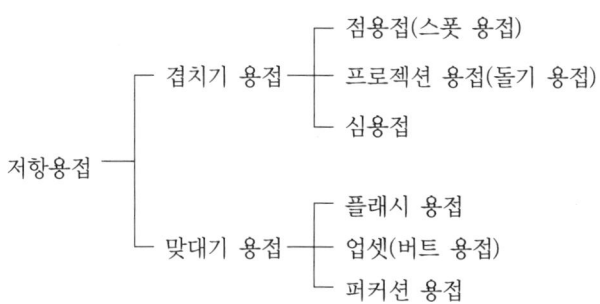

(2) 용접기 형식에 따른 분류

① 단상식
  ㉠ 비동기 제어   ㉡ 동기 제어
② 저리액턴스식
  ㉠ 저주파식   ㉡ 정류식
③ 축세식
  ㉠ 전자축세식   ㉡ 정전축세식

(3) 가압방식에 따른 분류

① 수동 가압식   ② 페달 가압식
③ 전자캠 가압식   ④ 공기 가압식
⑤ 유압식

4. 저항 용접할 때의 주의사항

(1) 전극의 접촉 저항이 최소가 되게 한다.
(2) 모재 접합부의 청소가 잘 되어 있어야 한다.
(3) 모재의 형상이나 두께에 적합한 전극을 택한다.
(4) 전극의 과열을 방지한다.

5. 저항 용접의 종류

(1) 점 용접법

저항 용접의 3요소
- 용접 전류(통전 전류)
- 통전 시간
- 가압력

① 원리
  ㉠ 두 개 또는 그 이상의 금속을 두 전극 사이에 끼워 넣고 전류를 통하면 전기 저항열이 발생, 이 열을 이용하여 접합부를 가열한 후 가압하여 융합한다.
  ㉡ 용접 중 접합면이 일부가 녹아 바둑알 모양의 단면으로 된 부분을 너겟(nugget)이라 한다.

② 특징
  ㉠ 표면이 평편하고 미관이 아름답다.(돌기부가 없다.)
  ㉡ 작업속도가 빠르고 작업공수가 줄어든다.
  ㉢ 재료가 절약되고 가압력에 의하여 조직이 치밀해진다.
  ㉣ 구멍을 가공할 필요가 없고, 변형이 거의 없다.
  ㉤ 고도의 숙련을 요하지 않는다.

③ 점용접법의 종류
  ㉠ 단극식 점용접 : 점용접의 기본으로 전극 1쌍으로 한 개의 점용접부를 만드는 용접법
  ㉡ 직렬식 점용접 : 한 개의 전류회로에 두 개 이상의 용접점을 만드는 방법으로 전류 손실이 많으므로 전류를 증가시켜야 하며, 용접 표면이 불량하여 용접 결과가 균일하지 못하다.
  ㉢ 다전극 점용접 : 전극을 두 개 이상으로 하여 두 점 이상의 용접을 하며 용접속도 향상 및 용접 변형 방지에 좋다. 용접점은 2개 이상 100점까지도 용접 가능
  ㉣ 맥동 용접 : 1회의 통전으로는 열평형을 취하기 곤란한 정도의 심한 열을 피하기 위하여 사이클 단위로 몇 번이고 전류를 단속하여 용접
  ㉤ 인터랙 점용접 : 용접 부분을 직접 두 개의 전극으로 물지 않고 용접 전류가 피용접물의 일부를 통하여 다른 곳으로 전달하는 방식

④ 전극의 종류
  ㉠ R형   ㉡ P형   ㉢ F형   ㉣ C형   ㉤ E형

(2) 심용접

① 원리 : 원판형 전극 사이에 용접물을 끼워 전극에 압력을 주면서 회전시켜 연속적으로 점용접을 반복하는 방법

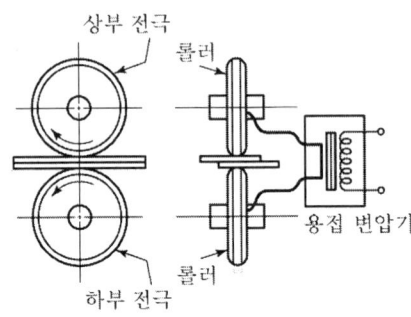

[심용접법의 원리]

> **참고 — 심용접의 통전 방법**
> - 단속(intermittent) 통전법
> - 연속(continuous) 통전법
> - 맥동(pulsation) 통전법

② 특징
　㉠ 수밀, 유밀, 기밀성을 필요로 하는 탱크나 자동차 부품, 판 이음 용접 등에 이용
　㉡ 적용되는 재질의 종류 : 탄소강, 알루미늄 합금, 스테인리스강, 니켈 합금 등

③ 심용접의 종류
　㉠ 맞대기 심용접　　㉡ 매시 심용접　　㉢ 포일 심용접

④ 심용접기의 종류
　㉠ 횡 심용접기　　㉡ 종 심용접기　　㉢ 만능 심용접기

(3) 플래시 버트 용접법

접합할 두 개의 금속 단면을 가볍게 접촉시키고 대전류로 접촉점을 집중가열하여 적정 온도에 도달하였을 때 강한 압력을 주어 압접하는 방법

> **참고** 플래시 버트 용접의 3단계
> 예열 → 플래시 → 업셋

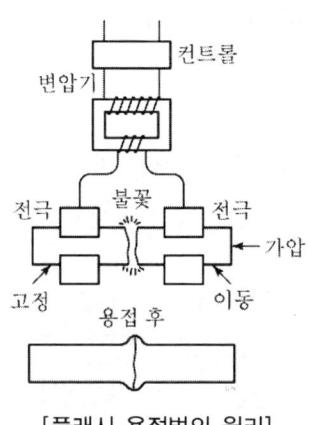

[플래시 용접법의 원리]

① 특징
  ㉠ 가열 범위가 좁고 열영향부가 작으며, 용접속도가 빠르다.
  ㉡ 용접시간과 소비전력이 적다.
  ㉢ 종류가 다른 이종재료의 용접이 가능하다.
  ㉣ 용접면의 끝맺음 가공을 정확하게 하지 않아도 된다.
  ㉤ 동일한 전기 용량으로 큰 물건의 용접이 가능하다.
  ㉥ 용접면에 산화물의 개입이 적다.
  ㉦ 신뢰도가 높고 이음강도가 높다.
  ㉧ 능률이 좋고 강재, 니켈, 니켈 합금에서 좋은 용접결과를 얻을 수 있다.

(4) 업셋 용접법

① 원리 : 업셋 버트 용접이라고도 하며 용접재를 세게 맞대고 이것에 교류의 대전류를 통하여 용접부 부근을 저항 발열에 의해 가열하고 적당한 온도에 달했을 때 축 방향으로 센 압력을 주어 용접하는 방법

② 특징
  ㉠ 적합한 온도에 도달했을 때 센 압접력을 가하므로 용접부의 산화물이나 개재물

이 밀려나 깨끗한 접합이 이루어진다.
ⓒ 열의 발산이 비교적 양호하며 긴 용접시간에 견딘다.
ⓒ 가압에 의하여 변형이 생기기 쉬우므로 판재나 선재의 용접은 곤란하다.
ⓔ 용접부의 접합강도는 매우 우수하다.
ⓜ 서로 다른 재료의 용접도 가능하다.

(5) 돌기 용접(프로젝션 용접)

① 원리 : 프로젝션 용접에서는 돌기부를 만들거나 피용접물의 구조상 원래 존재하는 돌기부 등을 이용하여 전류를 집중시켜 가압하여 눌러 붙이는 방법

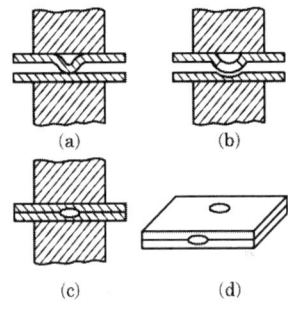

[돌기 용접 과정]

② 특징
ⓐ 용접된 양쪽의 열용량이 크게 다를 경우라도 양호한 열평형이 얻어진다.(열전도나 열용량이 다른 것도 쉽게 용접 가능)
ⓑ 작은 용접점이라도 높은 신뢰도를 얻을 수 있다.
ⓒ 전극의 수명이 길고 작업 능률이 높다.
ⓓ 용접부의 거리가 작은 점용접이 가능하다.
ⓔ 동시에 여러 점의 용접을 할 수 있고 속도가 빠르다.

(6) 퍼커션 용접

콘덴서에 저축된 전기적 에너지를 금속의 접촉면을 통하여 대단히 짧은 시간(1/1,000초 이내)에 충격적 압력을 가하여 접합하는 용접법

제2절 납땜

1. 납땜의 원리

납땜은 접합하려고 하는 같은 종류 또는 다른 종류의 금속을 용융시키지 않고 금속 사이에 융점이 낮은 땜납을 용융 첨가하여 접합하는 방법

2. 납땜의 종류

사용하는 용가재의 용융 온도에 따라서 연납땜과 경납땜으로 구분

(1) 연납땜

융점이 450℃ 이하인 용가재를 사용하여 납땜하는 것

(2) 경납땜

융점이 450℃ 이상의 용가재를 사용하여 납땜하는 것

① 가스 경납땜 : 가스 토치의 불꽃으로 가열하여 이음하는 방법

② 노내 경납땜 : 선열 또는 가스불꽃을 사용하는 노 안에 물품을 넣고 납땜을 하는 방법

③ 유도 가열 경납땜 : 납과 용제를 장입한 이음을 고주파 유도전류를 사용하여 가열 납땜하는 방법

④ 저항 경납땜 : 이음면에 용제를 바르고 납을 장입한 다음 전극 사이에 끼우고 가압 하면서 전류를 흘려 저항 발열로 접합하는 방법

⑤ 담금 경납땜 : 납을 장입한 이음을 미리 가열한 염욕에 첨가하여 가열하거나 이음을 용제가 들어 있는 용융납액 중에 담가 가열하여 납땜하는 방법

> **납땜의 구비 조건**
> - 작업능률이 2~3배 높다.
> - 용융금속을 순간적으로 불어내므로 모재에 나쁜 영향을 주지 않는다.
> - 용접 결함부를 그대로 밀어 붙이지 않으므로 특히 균열의 발견이 쉽다.
> - 경비가 저렴하고 응용범위가 넓다.
> - 조작이 간단하다.

제3절 땜납 및 용제

> **납땜의 구비 조건**
> - 모재보다 용융점이 낮아야 한다.
> - 표면장력이 적어 모재 표면에 잘 퍼져야 한다.
> - 유동성이 좋아서 틈이 잘 메워질 수 있어야 한다.
> - 모재와 친화력이 있고, 접합 강도가 우수해야 한다.
> - 사용 목적에 적합해야 한다.(강인성, 내식성, 내마멸성, 전기전도, 색채 조화, 화학적 성질 등)

1. 연납

융점이 450℃ 이하의 납땜재로 주석-납을 가장 많이 사용

(1) 연납재의 종류

① 주석-납(Pb-Sn)

② 카드뮴-아연납(Cd-Zn)

③ 저융점 납땜

2. 경납

융점이 450℃ 이상의 납땜재

(1) 경납재의 종류

① 은납   ② 동납과 황동납

③ 인동납   ④ 알루미늄납

⑤ 양은납   ⑥ 망간납

⑦ 금납

참고

■ 용제가 갖추어야 할 조건
- 모재의 산화피막 등 불순물을 제거할 수 있을 것
- 깨끗한 금속면의 산화를 방지할 수 있을 것
- 납땜 후의 슬래그 제거가 용이하고 인체에 해가 없을 것
- 모재나 납땜에 대한 부식작용이 작을 것
- 침지땜에 사용되는 것은 수분을 함유하지 않을 것
- 인체에 해가 없어야 할 것
- 모재와의 친화력을 높일 수 있으며 유동성이 좋을 것
- 용제의 유효온도 범위와 납땜온도가 일치할 것
- 전기 저항 납땜에 사용되는 것은 전도체일 것
- 용제의 탄화가 일어나기 어려울 것

3. 용제의 종류

(1) 연납용 용제

종류	용도	부식성	성질
염산(HCl)	아연, 아연 도금 강판용	부식성 용제	진한염산을 물로 묽게 하여 사용한다. 아연과 반응되면 염화이연이 되어 용제의 역할을 한다.
염화 암모니아 (NH_4Cl)	단독으로 쓰이지 않는다. 염화 아연에 혼합하여 사용	부식성 용제	산화물을 염화물로 한다.
염화아연 ($ZnCl_2$)	연납용에 주로 쓰인다. 알코올이나 글리세린을 섞어 양은 납땜에 쓰인다. 특수한 처리를 하면 스테인리스강의 납땜도 된다.	부식성 용제	염산에 아연을 넣어 포화액으로 한 것으로서 흡습성, 내수성이 강하다.
수지(樹脂)	전기 부품, 식품 용기용	비부식성 용제	용제의 작용이 약하나 독성, 부식성이 없다. 송지(松脂)가 쓰임
수지	다른 용제와 혼합하여 응고 상태의 용제(페이스트)로 사용하는 일이 많음	부식성 작은 용제	목재 수지(樹脂)보다 부식성이 크다.
인산	구리나 구리 합금용	부식성 작은 용제	인산 알코올 등의 용액으로 사용한다.

(2) 경납용 용제

① 붕사($Na_2B_4O_7 \cdot 10H_2O$)

② 붕산(H_3PO_3)

③ 빙정석($3NaF \cdot AlF_3$)

④ 식염(NaCl)

⑤ 염화리튬(LiCl)

chapter 07 용접의 자동화

제1절 용접의 자동화

1. 용접 자동화의 장점

(1) 생산성의 증대
(2) 품질의 향상, 원가 절감 효과
(3) 용접봉의 손실이 없다.
(4) 공정수와 용접 조건에 따른 노동력을 줄일 수 있다.
(5) 아크의 길이가 일정하게 되어 일정한 전류값 유지 가능
(6) 한 번의 제어에 의해 용접 높이, 너비, 용입 등을 정확히 제어 가능
(7) 고속용접이 가능

2. 용접 자동화의 단점

(1) 고열 발생으로 재료가 산화되기 쉽다.
(2) 우수한 용접기술이 우선되어야 한다.
(3) 용접 대상물을 프레스나 가스 절단으로 절단 시 조립 오차가 생기기 쉽다.

3. 자동제어

(1) 자동제어의 종류

① 시퀀스 제어　　② PLC 제어　　③ 피드백 제어

(2) 자동제어의 장점

① 제품의 품질이 균일화되어 불량품이 감소된다.
② 적정한 작업을 유지할 수 있어서 원자재, 원료 등이 절약된다.
③ 인간에게는 불가능한 고속작업이 가능하다.
④ 위험한 사고의 방지가 가능하다.
⑤ 연속작업이 가능하다.
⑥ 인간에게는 부적당한 환경에서 작업이 가능하다.

제2절 용접용 로봇

1. 로봇의 개요

(1) 하드웨어와 소프트웨어 분야로 나눌 수 있음
(2) 하드웨어 : 로봇의 몸체, 팔, 손 등의 운동장치와 감각장치가 이에 속함

2. 로봇의 종류

(1) 일반적인 분류

① 조종 로봇 : 로봇에 시킬 작업의 일부 또는 전부를 사람이 직접 조작함으로써 작업이 이루어지는 로봇
② 시퀀스 로봇 : 미리 설정된 정보에 따라 동작의 각 단계를 순차적으로 진행해 가는 로봇
③ 플레이 백 로봇 : 사람이 로봇을 작동시킴으로써 순서, 조건, 위치 및 기타의 정보를 교시하고 그 정보에 따라 작업을 할 수 있는 로봇
④ 수치 제어 로봇 : 로봇을 작동시키지 않고 순서, 조건, 위치 및 그 밖의 정보를 수치, 언어 등으로 교시하고 그 정보에 따라 작업할 수 있는 로봇
⑤ 지능 로봇 : 인공 지능에 의하여 행동을 결정할 수 있는 로봇

⑥ 감각 제어 로봇 : 감각 정보를 사용하여 동작을 제어하는 로봇

⑦ 적응 제어 로봇 : 적응 제어 기능을 가진 로봇

⑧ 학습 제어 로봇 : 학습 제어 기능을 가진 로봇

(2) 제어에 의한 분류

① 서보 제어 로봇

② 논 서보 제어 로봇

③ CP 제어 로봇

④ PTP 제어 로봇

(3) 동작기구에 의한 분류

① 원통 좌표 로봇

② 직각 좌표 로봇

③ 극 좌표 로봇

④ 관절형 로봇 : 사람의 팔꿈치나 손목의 관절에 해당하는 부분의 움직임을 가지는 로봇

3. 로봇의 구성

(1) 기능

① 작업 기능 ② 제어 기능 ③ 계측 인식 기능

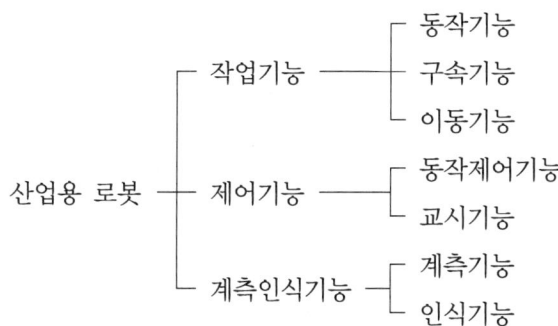

(2) 구성

① 매니퓰레이터 : 인간의 팔과 유사한 동작을 제공하는 기계적인 장치

② 동력원 : 동력 공급 장치의 기능은 로봇이 조작되는 데 필요한 에너지를 공급하는 것

③ 제어기 : 로봇의 운동과 시퀀스를 총괄하는 통신과 정보처리 장치

4. 로봇 팔의 제어

(1) 동작 순서 제어방식

① PTP 방식(점 간 제어방식)

② CP 방식(연속경로 제어방식)

(2) 교시방식

① 로봇에게 정보를 기억시키는 데 필요한 작업

② 로봇 동작 : 교시 → 기억 → 재생

chapter 08 안전관리

제1절 아크 용접 작업의 안전

1. 아크 광선에 의한 재해

(1) 아크로 인한 염증을 적절히 조치를 하지 못하였을 때는 붕산수(2% 수용액)로 눈을 닦고 안정을 취하면 효과가 있다.

(2) 아크에 의한 눈의 재해에는 가시광선, 자외선, 적외선에 의한 눈 장애를 일으킬 수 있다.

(3) TIG, MIG, CO_2 아크 용접 등은 전류 밀도가 높고 아크 빛이 강해 차광렌즈는 12~13번을 사용해야 한다.

(4) 아크 빛이 직접 혹은 반사하여 눈에 들어와 전광성 안염 또는 일반적으로 전안염이 발병하거나 따가울 경우, 냉수로 얼굴과 눈을 닦은 후 냉습포를 하거나 병원치료를 받아야 한다.

2. 전격에 의한 재해

[전류가 인체에 미치는 영향]

허용전류(mA)	작 용
1	반응을 느낀다.
8	위험을 수반하지 않는다.
8~15	고통을 수반한 쇼크를 느낀다.
15~20	고통을 느끼고 가까운 근육이 저려서 움직이지 않는다.

[전류가 인체에 미치는 영향]

허용전류(mA)	작 용
20~50	고통을 느끼고 강한 근육 수축이 일어나며 호흡이 곤란하다.
50~100	순간적으로 사망할 위험이 있다.
100~200	순간적으로 확실히 사망한다.
200 이상	강한 화상, 강한 근육수축이 일어나고 심장이 정지한다.

(1) 전격의 방지대책

① 홀더나 용접봉은 절대로 맨손으로 취급하지 않는다.

② 용접작업을 끝냈을 때나 장시간 중지할 때는 반드시 스위치를 차단시킨다.

③ 땀, 물 등에 의해 습기가 찬 작업복, 장갑, 구두 등을 착용하고 작업하지 않는다.

④ 감전되었을 때의 처리는 곧 전원을 차단하고 감전자를 감전부에서 이탈시켜야 하며, 스위치를 차단하지 않은 상태에서 감전자를 잡으면 똑같이 감전이 된다. 감전자를 구제한 후 즉시 의사의 치료를 받아야 한다.

⑤ 용접기의 내부에 함부로 손을 대지 않는다.

⑥ 절연 홀더의 절연부분이 균열이나 파손되었으면 곧 보수하거나 교체한다.

⑦ 가죽장갑, 앞치마, 발 덮개 등 규정된 보호구를 반드시 착용한다.

⑧ 맨홀 등과 같이 밀폐된 구조물 안이나 앞쪽에 막혀 잘 보이지 않는 장소에서 작업을 할 때에는 자동 전격방지를 부착하여 사용함은 물론이고, 보조자를 두거나 2명 이상이 교대로 작업하도록 한다.

⑨ TIG 용접 시 텅스텐봉을 교체할 때나 CO_2 아크 용접 및 MIG 용접에서 와이어를 용접기에 부착시킬 때는 항상 전원 스위치를 차단하고 작업해야 한다.

⑩ TIG 용접기나 MIG 용접기의 수냉식 토치에서 냉각수가 새어나오면 사용하지 말아야 한다.

⑪ 용접하지 않을 때는 금속 아크 용접봉이나 탄소 용접봉은 홀더로부터 제거하고 TIG 용접의 텅스텐 전극봉은 제거하거나 노즐 뒤쪽으로 밀어 넣는다.

3. 아크 발생으로 인한 가스 중독에 의한 재해

(1) 논가스 와이어, CO_2 복합 와이어, 피복 아크 용접봉

용접 중에 산화철, 규산, 산화칼슘, 산화망간 등의 가스 또는 퓸 등을 발생한다.

(2) 알루미늄, 스테인리스강용 용제

형석은 불소 화합물을 발산하는 경우도 있음

(3) CO_2 용접

좁은 장소나 환기가 불량한 장소에서 CO 가스 질식 위험

제2절 가스용접 및 절단작업의 안전

1. 가스용접 작업의 중독의 예방

(1) 납이나 아연합금 또는 도금재료 용접이나 절단 시에 납, 아연가스 중독의 우려가 있으므로 주의하여야 한다.
(2) 알루미늄 용접 용제에서는 불화물, 일산화탄소, 탄산가스 등 용접작업 시 유해한 가스가 발생하므로 통풍이 잘 되어야 한다.
(3) 유해한 가스, 연기, 분진 등이 많이 발생하는 작업에는 특별한 배기장치를 사용, 환기시켜야 한다.

2. 화재, 폭발 예방

(1) 용접작업은 가연성 물질이 없는 장소를 선택한다.
(2) 작업 중에는 소화기를 준비하여 회재사고에 대비한다.
(3) 가연성 가스 또는 인화성 액체가 들어 있는 용기, 탱크, 배관장치 등의 경우 증기 열탕 물로 청소 후 통풍구멍을 만들어 놓고 작업을 한다.

3. 산소와 아세틸렌 용기 취급

(1) 가스병은 세워서 보관하며, 용기의 온도는 40℃ 이하의 온도로 유지할 것
(2) 산소병 내에 다른 가스를 혼합하지 말 것
(3) 산소병을 운반할 때에는 반드시 캡(cap)을 씌워 이동
(4) 아세틸렌병은 세워서 사용, 병에 충격을 주어서는 안 된다.
(5) 산소병 밸브, 조정기, 호스, 취부구는 기름 묻은 천 사용 금지
(6) 산소병 운반 시는 충격을 주어서는 안 된다.
(7) 아세틸렌병 가까이에서 불똥이나 불꽃을 발생시키지 말 것
(8) 가스누설의 점검을 수시로 해야 하며, 점검은 비눗물로 검사한다.

4. 가스 용접장치의 연결

(1) 가스 집중장치는 화기를 사용하는 설비에서 5m 이상 떨어진 곳에 설치해야 한다.
(2) 가스집중 용접장치의 콕 등의 접합부에는 패킹을 사용하며 접합면을 서로 밀착, 가스의 누설이 되지 않게 한다.
(3) 아세틸렌가스 집중장치에는 소화기를 준비한다.
(4) 작업종료 시 메인 밸브 및 콕 등을 완전히 잠가준다.

5. 가스 절단의 안전

(1) 호스가 꼬여 있는지 혹은 막혀 있는지를 확인한다.
(2) 가스 절단에 알맞은 보호구를 착용한다.
(3) 가스 절단 토치의 불꽃방향은 안전한 쪽을 향하도록 해야 하며 조심스럽게 다루어야 한다.
(4) 호스가 용융금속이나 불똥으로 인해 손상되지 않도록 해야 한다.

6. 안전표지, 색채

(1) 녹십자 표지

흰색 바탕 위에 녹십자를 그린 표지

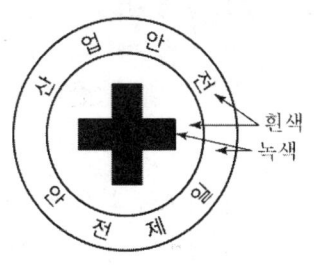

[녹십자 표지]

(2) 안전표지, 색채

① 빨강 : 방화, 금지, 정지, 고도의 위험

② 황적 : 위험, 항해, 항공의 보안시설

③ 노랑 : 주의

④ 녹색 : 안전, 피난, 위생 및 구호, 진행

⑤ 청색 : 지시, 주의

⑥ 자주 : 방사능

⑦ 흰색 : 통로, 정돈

⑧ 검정 : 위험 표지의 문자, 유도 표지의 화살표

7. 화재 및 폭발

(1) 화재의 구성 요소

① 가연성 물질

② 산소(공기)

③ 점화원

(2) 화재 및 폭발의 방지대책

① 인화성 액체의 반응 또는 취급은 폭발범위 이외의 농도로 할 것

② 배관 또는 기기에서 가연성 가스나 증기의 누출 여부를 철저히 점검할 것

③ 필요한 곳에 화재를 진화하기 위한 방화 설비를 설치할 것

④ 대기 중에 가연성 가스를 새게 하거나 방출시키지 말 것

⑤ 아세틸렌이나 LP 가스 용접 또는 절단 시 가연성 가스가 누설되지 않도록 할 것
⑥ 용접작업 부근에 점화원을 두지 않도록 할 것

(3) 소화기의 종류 및 용도

① 포말 소화기 : 목재, 섬유류 등의 A급 화재(일반화재)나 소규모 유류화재에 사용
② 분말 소화기 : 모든 종류의 화재에 사용이 가능하며, 특히 B급 화재(유류화재) 또는 C급 화재(전기화재)에 대해 소화력이 강하다.
③ 탄산가스 소화기
- 탄산가스를 상온에서 압축시켜 액화한 것
- 전기설비 화재의 초기 진화 등에 적합

[소화기의 종류와 용도]

소화기 종류 \ 화재	A급(일반화재)	B급(유류화재)	C급(전기화재)
포말 소화기	적합	적합	부적합
분말 소화기	양호	적합	양호
CO_2 소화기	양호	양호	적합

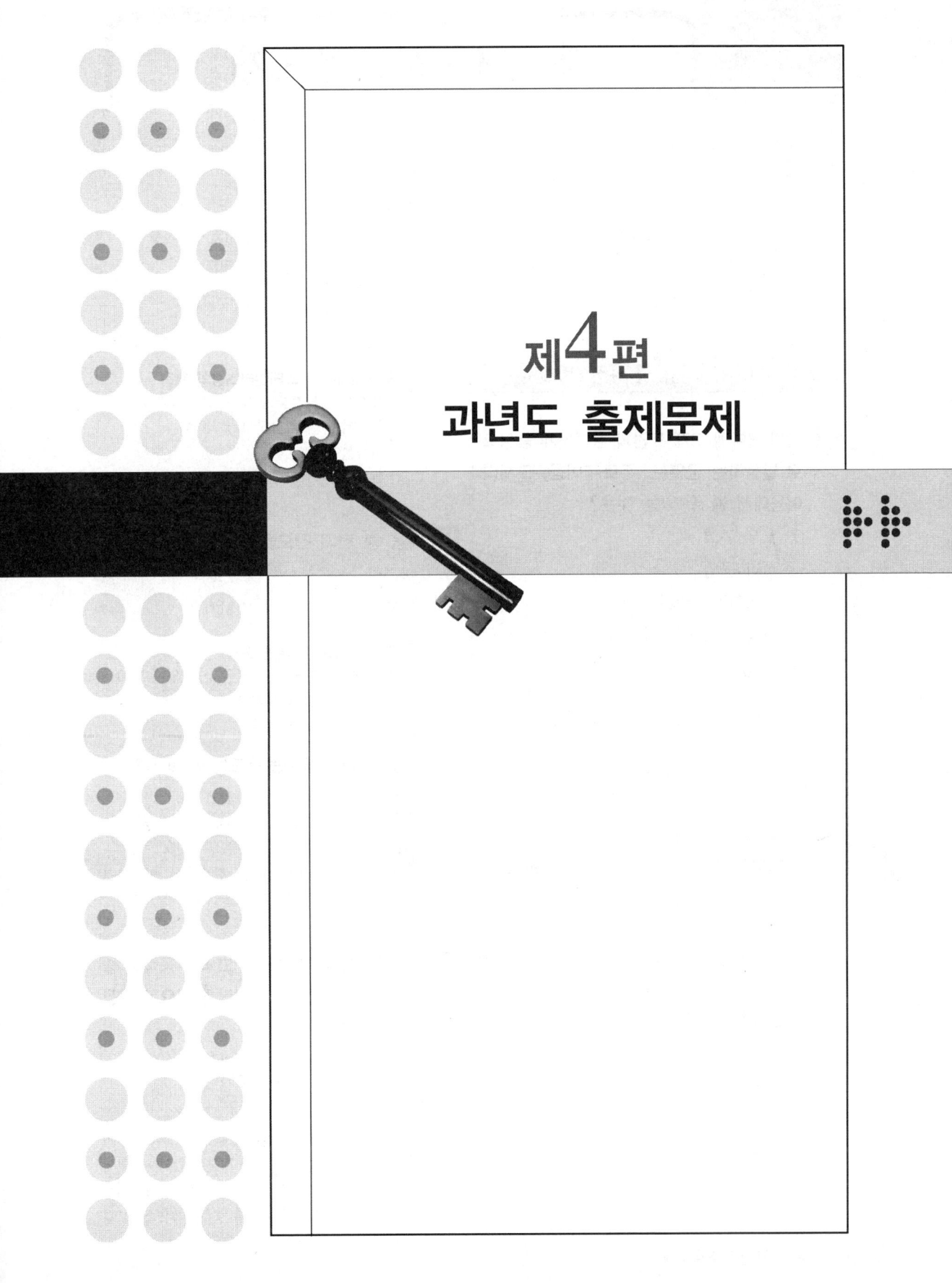

제4편
과년도 출제문제

자격종목 및 등급(선택분야)	종목코드	시험시간	문제지형별	수검번호	성 명
용접산업기사	2026	1시간 30분	A	20170305	

제1과목 용접야금 및 용접설비제도

01 강의 내부에 모재 표면과 평행하게 층상으로 발생하는 균열로, 주로 T이음, 모서리 이음에서 볼 수 있는 것은?

① 토우 균열
② 설퍼 균열
③ 크레이터 균열
④ 라멜라 티어 균열

균열의 종류

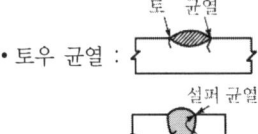

- 토우 균열 :
- 설퍼 균열 :
- 크레이터 균열

- 라멜라 티어 균열 :

02 다음 스테인리스강 중 용접성이 가장 우수한 것은?

① 페라이트 스테인리스강
② 펄라이트 스테인리스강
③ 마텐자이트계 스테인리스강
④ 오스테나이트계 스테인리스강

오스테나이트 스테인리스강의 특징
- 용접하기가 가장 쉽다.(용접성이 우수하다.)
- 인성이 좋아 가공하기 용이하다.
- 비자성이다.
- 산과 알칼리에 강하다.

03 다음 중 전기 전도율이 가장 높은 것은?

① Cr   ② Zn
③ Cu   ④ Mg

전기 전도율이 높은 순서
Ag(은) > Cu(구리) > Au(금) > Al(알루미늄) > Mg(마그네슘) > Cr(크롬)

04 청열취성이 발생하는 온도는 약 몇 ℃인가?

① 250   ② 450
③ 650   ④ 850

탄소강은 P(인)가 다량 함유되어 있으므로 200~300℃ 부근에서 청열취성을 일으킨다.

05 다음 중 재질을 연화시키고 내부응력을 줄이기 위해 실시하는 열처리 방법으로 가장 적합한 것은?

① 풀림   ② 담금질
③ 크로마이징   ④ 세라다이징

- 풀림 : 재질을 연화시킬 목적으로 적당한 온도까지 가열시켜 서서히 냉각시키면 재질이 연화되고 내부 잔류응력도 제거하는 열처리법
- 담금질 : 강도나 경도를 높이기 위하여 사용

하는 열처리법
- 크로마이징 : 금속침투법 중 경화법에서 Cr을 침투시켜 내열, 내식, 내마모성을 얻는 방법
- 세라다이징 : 철과 아연을 접촉시켜 표면을 경화하는 금속침투법

06 다음 중 황의 함유량이 많을 경우 발생하기 쉬운 취성은?

① 적열취성 ② 청열취성
③ 저온취성 ④ 뜨임취성

순철에서 황(S)이 원인이 되어 발생되는 취성은 적열취성이다.

07 다음 중 일반적인 금속재료의 특징으로 틀린 것은?

① 전성과 연성이 좋다.
② 열과 전기의 양도체이다.
③ 금속 고유의 광택을 갖는다.
④ 이온화하면 음(-)이온이 된다.

금속을 이온화하면 양(+)이온이 된다.

08 용접균열 중 일반적인 고온 균열의 특징으로 옳은 것은?

① 저합금강의 비드균열, 루트균열 등이 있다.
② 대입열량의 용접보다 소입열량의 용접에서 발생하기 쉽다.
③ 고온균열은 응고과정에서 발생하지 않고, 응고 후에 많이 발생한다.
④ 용접금속 내에서 종균열, 횡균열, 크레이터 균열 형태로 많이 나타난다.

고온균열과 저온균열
- 고온균열 : 용접금속의 응고 직후에 발생하는 균열로 용접금속 내에서 종균열, 횡균열, 크레이터균열 형태로 많이 나타난다.
- 저온균열 : 300℃ 이하에서 발생하거나 용접금속 응고 후 48시간 이내에 발생하며, 수축응력이나 열변형에 의한 응력집중 등의 원인으로 인하여 발생한다.

09 다음 중 용접 후 잔류응력을 제거하기 위한 열처리 방법으로 가장 적합한 것은?

① 담금질
② 노내풀림법
③ 실리코나이징
④ 서브제로처리

응력제거 열처리에는 구조물 전체를 대형 노에 넣는 노내응력제거 풀림법과 용접부 부근만 국부적으로 가열하는 국부응력제거 풀림법이 있다.

10 Fe-C 평형상태도에서 나타나는 불변반응이 아닌 것은?

① 포석반응 ② 포정반응
③ 공석반응 ④ 공정반응

Fe-C 평형상태도에는 3개의 불변반응으로 포정반응, 공석반응, 공정반응이 있다.

11 복사한 도면을 접을 때 그 크기는 원칙적으로 어느 사이즈로 하는가?

① A1 ② A2
③ A3 ④ A4

복사한 도면을 접을 때 그 크기는 A4(210mm×297mm)의 크기를 원칙으로 하며 표제란이 앞으로 나오게 접어야 한다.

12 다음 선의 종류 중 특수한 가공을 하는 부분 등 특별한 요구사항을 적용할 수 있는 범위를 표시하는 데 사용하는 선은?

① 굵은 실선

② 굵은 1점 쇄선
③ 가는 1점 쇄선
④ 가는 2점 쇄선

☞ 특수 지정선은 굵은 1점쇄선을 사용하여 특수한 가공을 하는 부분 등 특별한 요구사항을 적용할 수 있는 범위를 표시하는 데 사용하는 선이다.

13 다음 용접 기호 중 가장자리 용접에 해당되는 기호는?

①   ②
③ ④

☞ 용접이음의 기본기호

명칭	기호
급경사면 한쪽면 K형 맞대기 이음 용접	
가장자리 용접	‖‖‖
서피싱	
서피싱 이음	=
경사 이음	
겹침 이음	

14 용접부 보조 기호 중 영구적인 덮개판을 사용하는 기호는?

① ② M
③ MR ④

☞ 용접부의 보조 기호

기 호	용접부 및 표면의 형상
—	평면(동일 평면으로 다듬질)
	凸(볼록)형
	凹(오목)형
	끝단부를 매끄럽게 함
M	영구적인 덮개판을 사용
MR	제거 가능한 덮개판을 사용

15 다음 중 기계를 나타내는 KS 부문별 분류 기호는?

① KS A ② KS B
③ KS C ④ KS D

☞ KS의 부문별 분류기호

분류기호	KS A	KS B	KS C	KS D	KS E	KS F	KS G	KS H
부문	기본	기계	전기	금속	광산	토건	일용품	식료품
분류기호	KS K	KS L	KS M	KS P	KS R	KS V	KS W	KS X
부문	섬유	요업	화학	의료	수송기계	조선	항공	정보산업

16 사투상도에 있어서 경사축의 각도로 가장 적합하지 않은 것은?

① 20° ② 30°
③ 45° ④ 60°

☞ 사투상에서 경사축의 각도로 주로 사용하는 것은 30°, 45°, 60°이다.

17 KS 용접 기호 중 Z△n×L(e)에서 n이 의미하는 것은?

① 피치 ② 목 길이
③ 용접부 수 ④ 용접 길이

☞ 도면상의 기호 위치

용어설명	용접부 명칭	기호 표시	도시 및 정의
l : 용접부 길이(크레이터부 제외) (e) : 인접한 용접부 간의 거리(피치) n : 용접부의 개수(용접 수) a : 목두께(절단면에 내접하는 최대 2등변 삼각형의 높이) z : 다리길이(절단면에 내접하는 최대 2등변 삼각형의 변)	단속 필릿 용접부	z△n×ℓ(e)	

18 일부를 도시하는 것으로 충분한 경우에는 그 필요 부분만을 표시하는 투상도는?
① 부분 투상도
② 등각 투상도
③ 부분 확대도
④ 회전 투상도

👉 일부를 도시하는 것으로 충분한 경우 그 필요 부분만을 투상하여 도시하는 것을 부분 투상도라 한다.

19 탄소강 단강품인 SF 340A에서 340이 의미하는 것은?
① 종별 번호
② 탄소 함유량
③ 열처리 상황
④ 최저 인장강도

👉 기계재료의 표시방법
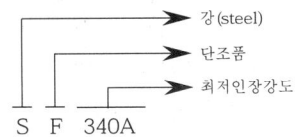

20 제3각법의 투상도 배치에서 정면도의 위쪽에는 어느 투상면이 배치되는가?
① 배면도
② 저면도
③ 평면도
④ 우측면도

👉 투상도의 배치
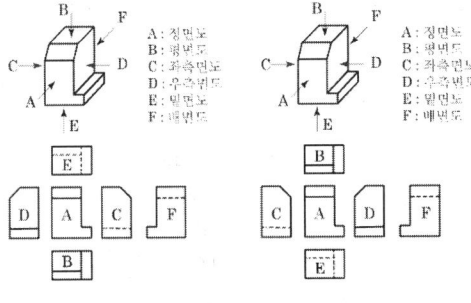

제2과목 용접구조설계

21 용접비용을 줄이기 위한 방법으로 틀린 것은?
① 용접지그를 활용한다.
② 대기 시간을 길게 한다.
③ 재료의 효과적인 사용계획을 세운다.
④ 용접이음부가 적은 경제적인 설계를 한다.

👉 조립 및 용접과정에서 작업이 중단되지 않고 연속적으로 작업을 할 수 있도록 교대시간, 장비 및 재료를 운반하는 시간 등의 대기시간을 줄여야 한다.

22 용접부의 변형교정 방법으로 틀린 것은?
① 롤러에 의한 방법
② 형재에 대한 직선 수축법
③ 가열 후 해머링하는 방법
④ 후판에 대하여 가열 후 공랭하는 방법

👉 변형교정 방법의 종류
• 얇은 판에 대한 점 수축법(점 가열법)
• 형재에 대한 직선 수축법(선상 가열법)
• 가열 후 해머링법
• 후판에 대하여 가열 후 압력을 주어 수냉 하는 법
• 롤러에 의한 방법
• 피닝법
• 절단에 의한 성형과 재용접

23 레이저 용접장치의 기본형에 속하지 않는 것은?
① 반도체형
② 에너지형
③ 가스 방전형
④ 고체 금속형

👉 레이저 용접장치의 기본형
• 가스(불활성) 방전형
• 반도체형
• 고체 금속(루비 결정)형

24 용접 시험에서 금속학적 시험에 해당하지 않는 것은?

① 파면 시험
② 피로 시험
③ 현미경 시험
④ 매크로 조직시험

피로시험은 기계적 시험에 속하며 금속학적, 야금학적 시험에는 매크로 시험, 현미경 조직 시험, 설퍼프린트 시험 등이 있다.

25 강판을 가스 절단할 때 절단열에 의하여 생기는 변형을 방지하기 위한 방법이 아닌 것은?

① 피절단재를 고정하는 방법
② 절단부에 역변형을 주는 방법
③ 절단 후 절단부를 수냉에 의하여 열을 제거하는 방법
④ 여러 대의 절단 토치로 한꺼번에 평행 절단하는 방법

절단 시 변형 방지 대책
- 지그를 사용하여 절단재의 이동을 구속하는 방법
- 변형되기 쉬운 부분을 냉각하면서 절단
- 여러 개의 토치를 사용하여 평행절단
- 절단 직후에 절단부의 가장자리를 수냉

26 맞대기 용접부의 접합면에 홈(groove)을 만드는 가장 큰 이유는?

① 용접 변형을 줄이기 위하여
② 제품의 치수를 맞추기 위하여
③ 용접부의 완전한 용입을 위하여
④ 용접 결함 발생을 적게 하기 위하여

용접 홈은 맞대기 용접에서 루트 부근까지 용접봉이 들어가 충분하고 완전하게 용입시켜 용접결함을 방지하기 위함이다.

27 용접부의 결함 중 구조상의 결함에 속하지 않는 것은?

① 기공
② 변형
③ 오버랩
④ 융합 불량

용접결함	결함 종류
치수상 결함	변형
	용접부의 크기가 부적당
	용접부의 형상이 부적당
구조상 결함	구조상 불연속 결함가공
	슬래그 섞임
	융합 불량
	용입 불량
	언더컷
	용접 균열
	표면 결함
	오버랩
성질상 결함	인장강도 부족
	항복점 강도 부족
	연성 부족
	경도 부족
	피로강도 부족
	충격강도 파괴
	화학성분 부적당
	내식성 불량

28 용접부 초음파 검사법의 종류에 해당되지 않는 것은?

① 투과법
② 공진법
③ 펄스반사법
④ 자기반사법

초음파 검사법에는 펄스반사법, 투과법, 공진법이 있는데 이 중에서 펄스 반사법이 가장 많이 이용된다.

29 용접 결함 중 기공의 발생 원인으로 틀린 것은?

① 용접 이음부가 서냉될 경우
② 아크 분위기 속에 수소가 많을 경우
③ 아크 분위기 속에 일산화탄소가 많을

경우

④ 이음부에 기름, 페인트 등 이물질이 있을 경우

👉 기공은 용접금속 내부에 존재하는 결함으로 수소나 산소(일산화탄소로 방출)를 줄이면 되며 홈 표면의 녹, 기름, 페인트, 먼지 등도 원인이 되나, 용접 이음부를 서냉시킬 경우 서냉되는 동안 가스 등이 방출되어 기공발생을 방지할 수 있다.

30 용접부 이음 강도에서 안전율을 구하는 식은?

① 안전율 = $\dfrac{허용응력}{전단응력}$

② 안전율 = $\dfrac{인장강도}{허용응력}$

③ 안전율 = $\dfrac{전단응력}{2 \times 허용응력}$

④ 안전율 = $\dfrac{2 \times 인장강도}{허용응력}$

👉 안전율 = $\dfrac{허용응력}{사용응력} = \dfrac{인장강도(극한강도)}{허용응력}$

31 용접균열의 발생 원인이 아닌 것은?

① 수소에 의한 균열
② 탈산에 의한 균열
③ 변태에 의한 균열
④ 노치에 의한 균열

👉 **균열의 발생원인**
  • 수소에 의한 균열
  • 변태에 의한 균열
  • 노치에 의한 균열
  • 외적인 힘에 의한 균열
  • 내적인 힘에 의한 균열
  • 용착금속의 화학성분에 의한 균열

32 다음 중 접합하려고 하는 부재 한쪽에 둥근 구멍을 뚫고 다른 쪽 부재와 겹쳐서 구멍을 완전히 용접하는 것은?

① 가 용접　　② 심 용접
③ 플러그 용접　④ 플레어 용접

👉 **플러그 용접과 슬롯 용접의 차이점**
  ① 플러그 용접
   • 플러그 용접 : 겹쳐진 2장의 판에서 한쪽 판에 둥근 구멍을 뚫어 그곳에 용융금속을 채워 용접하는 방법
   • 플러그 용접 : 접합하려고 하는 부재 한쪽에 구멍을 뚫고 다른 쪽 부재와 겹쳐서 구멍을 완전히 채워 용접하는 방법
   • 플러그 용접 : 접합하려는 두 부재를 겹쳐 놓고 한쪽의 부재에 드릴이나 밀링 머신으로 둥근 구멍을 뚫고 그곳을 용접하여 이음하는 것
   • 플러그의 모양 :
  ② 슬롯 용접
   • 슬롯 용접 : 접합하기 위하여 겹쳐 놓은 두 판재의 한쪽 판에 둥근 구멍 대신 좁고 긴 홈을 밀링 머신 등으로 가공하여 그곳을 용접하는 방법
   • 슬롯의 모양 :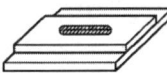

33 용접 이음을 설계할 때 주의사항으로 틀린 것은?

① 국부적인 열의 집중을 받게 한다.
② 용접선의 교차를 최대한으로 줄여야 한다.
③ 가능한 한 아래보기 자세로 작업을 많이 하도록 한다.
④ 용접 작업에 지장을 주지 않도록 공간을 두어야 한다.

용접 이음 설계 시 일반적인 주의사항
- 용접선은 될 수 있는 대로 교차하지 않도록 한다.
- 가능한 한 능률이 좋은 아래보기 용접을 많이 할 수 있도록 설계한다.
- 용접작업에 지장을 주지 않도록 충분한 공간을 갖도록 설계한다.
- 맞대기 용접에는 이면 용접을 할 수 있도록 하여 용입 부족이 없도록 한다.
- 강도가 약한 필릿 용접은 될 수 있는 대로 피하고 맞대기 용접을 하도록 한다.
- 판두께가 다를 때 얇은 쪽에서 1/4 이상의 테이퍼를 주어 이음한다.
- 용접이음을 1개소로 너무 집중시키거나 접근하여 설계하지 않아야 한다.
- 될 수 있는 대로 용접량이 적은 홈 형상을 선택한다.

34 용접 균열의 종류 중 맞대기 용접, 필릿 용접 등의 비드 표면과 모재와의 경계부에 발생하는 균열은?

① 토 균열
② 설퍼 균열
③ 헤어 균열
④ 크레이터 균열

> 맞대기 용접부와 필릿 용접부의 경계부에 발생하는 균열은 토 균열로 맞대기 용접이음, 필릿 용접 이음 등의 어느 경우에서나 비드표면과 모재와의 경계부에 발생된다.

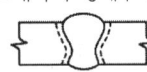
맞대기 용접부
토 균열

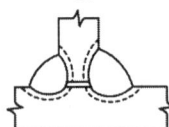
필릿 용접부
토 균열

35 용접 시공 전에 준비해야 할 사항 중 틀린 것은?

① 용접부의 녹 부분은 그대로 둔다.
② 예열, 후열의 필요성 여부를 검토한다.
③ 제작 도면을 확인하고 작업 내용을 검토한다.
④ 용접 전류, 용접 순서, 용접 조건을 미리 정해둔다.

> 용접부의 녹, 기름, 페인트, 먼지 등은 용접 시공 전에 깨끗하게 제거해 주어야 한다.

36 그림과 같은 용접이음에서 굽힘 응력을 σ_b 라 하고, 굽힘 단면계수를 W_b라 할 때, 굽힘 모멘트 M_b를 구하는 식은?

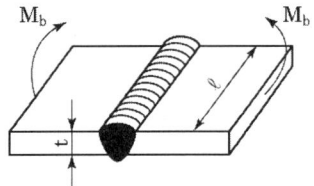

① $M_b = \dfrac{\sigma_b}{W_b}$
② $M_b = \sigma_b \cdot W_b$
③ $M_b = \dfrac{\sigma_b \cdot W_b}{\ell}$
④ $M_b = \dfrac{\sigma_b \cdot W_b}{t}$

> 굽힘 응력 $\sigma_b = \dfrac{M_b}{W_b}$ 이므로
> 굽힘 모멘트 $M_b = \sigma_b \times W_b$ 이다.

37 가 용접(tack welding)에 대한 설명으로 틀린 것은?

① 가 용접에는 본 용접보다도 지름이 약간 가는 용접봉을 사용한다.
② 가 용접은 쉬운 용접이므로 기량이 좀 떨어지는 용접사에 의해 실시하는 것이 좋다.
③ 가 용접은 본 용접을 하기 전에 좌우의 홈 부분을 잠정적으로 고정하기 위한 짧은 용접이다.

④ 가 용접은 슬래그 섞임, 기공 등의 결함을 수반하기 때문에 이음의 끝부분, 모서리 부분을 피하는 것이 좋다.

✋ 가접 시 주의하여야 할 사항
- 본 용접과 같은 온도에서 예열을 할 것
- 본 용접사와 동등한 기량을 갖는 용접사가 가접을 시행한다.
- 용접 홈 내를 가접했을 경우는 백 가우징으로 완전히 제거한 후 본 용접한다.
- 가접 시 사용 용접봉은 본 용접 작업 시 사용하는 것보다 지름이 약간 가는 것을 사용하여 충분한 용입이 되게 한다.

38 용접시공 시 엔드 탭(end tab)을 붙여 용접하는 가장 주된 이유는?

① 언더컷의 방지
② 용접변형 방지
③ 용접 목두께의 증가
④ 용접 시작점과 종점의 용접결함 방지

✋ 용접 시 처음과 끝부분은 비드가 급랭하여 결함이 발생되기 쉽기 때문에 엔드 탭을 사용하면 용접 시작점과 종점의 용접결함을 방지할 수 있다.

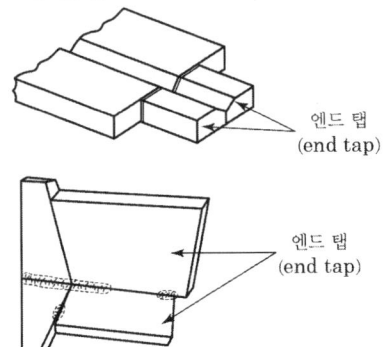

39 두께가 5mm인 강판을 가지고 다음 그림과 같이 완전 용입의 맞대기 용접을 하려고 한다. 이때 최대 인장하중을 50000N 작용시키려면 용접 길이는 얼마인가?(단, 용접부의 허용 인장응력은 100MPa이다.)

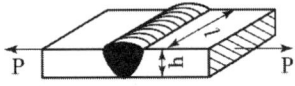

① 50mm
② 100mm
③ 150mm
④ 200mm

✋ 완전용입 맞대기의 용접길이 계산
- 강판의 두께 $h = 5mm = \frac{5}{1000}m = 0.005m$
- 최대 인장하중 $P = 50,000N$
- 허용 인장응력
  $\sigma_t = 100MPa$
  $= 100 \times 10^6 N/m^2 = 100,000,000 N/m^2$
  (여기서, 단위 앞에 있는 접두어 M(메가)은 10^6이고, $1Pa = 1N/m^2$이다.)

인장응력 $\sigma_t = \frac{P}{hl}$ 에서 용접길이 $l = \frac{P}{\sigma_t h}$ 이므로(여기서, 단위 m를 mm로 환산하면 1m는 1000mm이므로 $0.1m \times \frac{1000mm}{1m} = 10mm$ 이다.)

$l = \frac{50 \times 1000N}{100 \times 1000000 \frac{N}{m^2} \times 0.005m}$

$= 0.1m = 100mm$

40 용접전류가 120A, 용접전압이 12V, 용접속도가 분당 18cm/min일 경우에 용접부의 입열량은 몇 Joule/cm인가?

① 3500
② 4000
③ 4800
④ 5100

✋ 용접입열량 H는 용접전압 E(V), 용접전류 I(A), 용접속도 V(cm/min)일 때
- 용접입열(H)의 계산

$$H = \frac{60EI}{V} \text{ (Joule/cm)}$$

용접전압 E=12V, 용접전류 I=120A, 용접속도 V=18cm/min에서
용접입열

$$H = \frac{60 \times 12 \times 120}{18} = 4800 \text{Joule/cm}$$

제3과목 용접일반 및 안전관리

41 연강판 가스 절단 시 가장 적합한 예열 온도는 약 몇 ℃인가?

① 100~200 ② 300~400
③ 400~500 ④ 800~900

☞ 가스절단은 강 또는 합금강의 예열온도를 800~900℃가 될 때까지 예열한 후 고압의 산소로 불어내면 절단된다.

42 다음 중 피복 아크 용접기 설치 장소로 가장 부적합한 곳은?

① 진동이나 충격이 없는 장소
② 주위 온도가 -10℃ 이하인 장소
③ 유해한 부식성 가스가 없는 장소
④ 폭발성 가스가 존재하지 않는 장소

☞ 주위 온도가 -10℃ 이하인 장소에 용접기를 설치해서는 안 된다.

43 다음 중 압접에 속하지 않는 것은?

① 마찰 용접 ② 저항 용접
③ 가스 용접 ④ 초음파 용접

☞ 가스용접은 용접에 속하고 압접에는 가스압접법이 있다.

44 아크 용접기로 정격 2차 전류를 사용하여 4분간 아크를 발생시키고 6분을 쉬었다면 용접기의 사용률은?

① 20% ② 30%
③ 40% ④ 60%

☞ **용접기 사용률**
사용률의 기준은 아크시간과 휴식시간을 합한 10분을 기준으로 하며 용접기의 사용률이 40%인 경우 정격 2차 전류로 용접 시 아크발생시간은 4분(40%) 정도이고 나머지 6분(60%)은 아크를 발생하지 않고 쉬는 시간을 나타낸다.

45 용접에 사용되는 산소를 산소용기에 충전시키는 경우 가장 적당한 온도와 압력은?

① 35℃, 15MPa
② 35℃, 30MPa
③ 45℃, 15MPa
④ 45℃, 18MPa

☞ 산소는 산소용기에 35℃, 15MPa의 고압으로 충전되어 있다.

46 직류 역극성(reverse polarity)을 이용한 용접에 대한 설명으로 옳은 것은?

① 모재의 용입이 깊다.
② 용접봉의 용융 속도가 느려진다.
③ 용접봉을 음극(-), 모재를 양극(+)에 설치한다.
④ 얇은 판의 용접에서 용락을 피하기 위하여 사용한다.

☞ **역극성 용접의 특징**
• 모재의 용입이 얕다.
• 용접봉의 용융속도가 빠르다.
• 용접봉을 (+), 모재를 (-)에 연결하는 방법이다.
• 얇은 판 용접에서 용락을 줄일 수 있다.

47 산소 및 아세틸렌 용기의 취급 시 주의사항으로 틀린 것은?

① 용기는 가연성 물질과 함께 뉘어서 보관할 것

② 통풍이 잘 되고 직사광선이 없는 곳에 보관할 것
③ 산소 용기의 운반 시 밸브를 닫고 캡을 씌워서 이동할 것
④ 용기의 운반 시 가능한 한 운반기구를 이용하고, 넘어지지 않게 주의할 것

🖐 용기는 가연성 물질과 함께 보관하거나 눕혀서 보관해서는 안 된다.

48 일반적인 용접의 특징으로 틀린 것은?
① 작업 공정이 단축되며 경제적이다.
② 재질의 변형이 없으며 이음효율이 낮다.
③ 제품의 성능과 수명이 향상되며 이종 재료도 접합할 수 있다.
④ 소음이 적어 실내에서의 작업이 가능하며 복잡한 구조물 제작이 쉽다.

🖐 용접이음 효율은 높으나 재질의 변형 및 응력이 발생하는 단점이 있다.

49 강재 표면의 홈이나 개재물, 탈탄층 등을 제거하기 위하여 얇게 타원형 모양으로 표면을 깎아내는 가공법은?
① 스카핑
② 피닝법
③ 가스 가우징
④ 겹치기 절단

🖐 강재 표면의 홈이나 개재물, 탈탄층 등을 제거하기 위하여 얇게 타원형 모양으로 표면을 깎아내는 가공법을 스카핑이라 한다.

50 피복 아크 용접에서 피복제의 역할로 틀린 것은?
① 용착 효율을 높인다.

② 전기 절연 작용을 한다.
③ 스패터 발생을 적게 한다.
④ 용착금속의 냉각속도를 빠르게 한다.

🖐 피복제는 용착금속의 냉각속도를 느리게 하여 급랭을 방지한다.

51 다음 중 열전도율이 가장 높은 것은?
① 구리
② 아연
③ 알루미늄
④ 마그네슘

🖐 구리(Cu)의 열전도율이 가장 높다.

52 레일의 접합, 차축, 선박의 프레임 등 비교적 큰 단면을 가진 주조나 단조품의 맞대기 용접과 보수용접에 사용되는 용접은?
① 가스 용접
② 전자빔 용접
③ 테르밋 용접
④ 플라스마 용접

🖐 테르밋 용접은 테르밋 반응에 의해 생성되는 열을 이용하여 금속을 용접하는 방법으로 레일, 차축, 선박의 프레임 등에 사용된다.

53 불활성 가스 텅스텐 아크 용접을 할 때 주로 사용하는 가스는?
① H_2
② Ar
③ CO_2
④ C_2H_2

🖐 불활성 가스 텅스텐 아크 용접용 가스로는 Ar, He의 혼합가스인 Ar+He, Ar+O_2가 사용된다.

54 용접 자동화에서 자동제어의 특징으로 틀린 것은?
① 위험한 사고의 방지가 불가능하다.
② 인간에게는 불가능한 고속작업이 가능

하다.
③ 제품의 품질이 균일화되어 불량품이 감소된다.
④ 적정한 작업을 유지할 수 있어서 원자재, 원료 등이 절약된다.

☞ 용접 자동화에서 자동제어의 장점은 위험한 사고의 방지가 가능하다.

55 불활성 가스 금속 아크 용접에서 이용하는 와이어 송급 방식이 아닌 것은?

① 풀 방식
② 푸시 방식
③ 푸시-풀 방식
④ 더블-풀 방식

☞ 와이어 송급 장치의 종류
  • 미는 식(push-type, 푸시 방식)
  • 당기는 식(pull-type, 풀 방식)
  • 밀고 당기는 식(push-pull type, 푸시 풀 방식)

56 서브머지드 아크 용접(SAW)의 특징에 대한 설명으로 틀린 것은?

① 용융속도 및 용착속도가 빠르며 용입이 깊다.
② 특수한 지그를 사용하지 않는 한 아래보기 자세에 한정된다.
③ 용접선이 짧거나 불규칙한 경우 수동 용접에 비하여 능률적이다.
④ 불가시 용접으로 용접 도중 용접상태를 육안으로 확인할 수가 없다.

☞ 서브머지드 아크 용접법은 용접선이 짧거나 불규칙한 경우 수동 용접에 비하여 비능률적이다.

57 다음 연료가스 중 발열량(kcal/m²)이 가장 많은 것은?

① 수소
② 메탄
③ 프로판
④ 아세틸렌

☞ • 연료(가연성)가스의 발열량이 큰 순서
  프로판(C_3H_8) > 아세틸렌(C_2H_2) > 메탄(CH_4) > 수소(H_2)
• 가연성(연료) 가스의 불꽃온도가 높은 순서
  아세틸렌(C_2H_2) > 수소(H_2) > 프로판(C_3H_8) > 메탄(CH_4)

58 직류 용접기와 비교한 교류 용접기의 특징으로 틀린 것은?

① 무부하 전압이 높다.
② 자기쏠림이 거의 없다.
③ 아크의 안정성이 우수하다.
④ 직류보다 감전의 위험이 크다.

☞ 교류 아크 용접기의 특징(직류 아크 용접기와 비교 시)
  • 아크의 안정성이 약간 떨어진다.
  • 자기쏠림은 거의 없다.
  • 무부하 전압이 높아 감전의 위험이 있다.
  • 전격의 위험이 많다.

59 가스 용접에서 판 두께를 t(mm)라고 하면 용접봉의 지름 D(mm)를 구하는 식으로 옳은 것은? (단, 모재의 두께는 1mm 이상인 경우이다.)

① $D = t + 1$
② $D = \dfrac{t}{2} + 1$
③ $D = \dfrac{t}{3} + 1$
④ $D = \dfrac{t}{4} + 1$

☞ 용접봉의 지름 구하는 식
판의 두께와 토치의 용량에 따라 알맞은 용접봉 지름을 선택하여야 하는데 모재의 두께가 1mm 이상일 때 용접봉의 지름을 구하는 식은 $D = \dfrac{t}{2} + 1$이다.
여기서 D : 용접봉의 지름(mm), t : 판두께

(mm)이다.

60 용접 시 필요한 안전 보호구가 아닌 것은?
① 안전화 ② 용접 장갑
③ 핸드 실드 ④ 핸드 그라인더

핸드 그라인더는 용접 재료의 가공이나 보수용에 사용되는 장비에 속한다.

과·년·도·문·제

2017. 5. 7

자격종목 및 등급(선택분야)	종목코드	시험시간	문제지형별	수검번호	성 명
용접산업기사	2026	1시간 30분	A	20170507	

제1과목 용접야금 및 용접설비제도

01 담금질 시 재료의 두께에 따라 내·외부의 냉각속도 차이로 인하여 경화되는 깊이가 달라져 경도 차이가 발생하는 현상을 무엇이라고 하는가?

① 시효 경화   ② 질량 효과
③ 노치 효과   ④ 담금질 효과

> **질량 효과**
> 재료의 굵기나 두께에 따라 담금질 효과가 달라지게 되는데 이는 냉각속도가 질량의 영향을 받기 때문이다. 이와 같이 질량의 대소에 따라 담금질 효과가 다른 현상을 질량 효과라 한다.

02 강의 조직을 개선 또는 연화시키기 위해 가장 흔히 쓰이는 방법이며, 주조 조직이나 고온에서 조대화된 입자를 미세화시키기 위해 A_{C_3}점 또는 A_{C_1}점 이상 20~50℃로 가열 후 노냉시키는 풀림 방법은?

① 연화 풀림   ② 완전 풀림
③ 항온 풀림   ④ 구상화 풀림

> **완전 풀림**
> • 강의 조직을 개선 또는 연화시키기 위해 가장 흔히 쓰이는 방법이다.
> • 주조 조직이나 고온에서 조대화된 입자를 미세화시키기 위해 A_{C_3}점 또는 A_{C_1}점 이상 20~50℃로 가열 후 노냉시키는 풀림 방법으로 강의 조직을 개선 또는 연화시키기 위함

이다.

03 용접작업에서 예열을 실시하는 목적으로 틀린 것은?

① 열영향부와 용착 금속의 경화를 촉진하고 연성을 감소시킨다.
② 수소의 방출을 용이하게 하여 저온 균열을 방지한다.
③ 용접부의 기계적 성질을 향상시키고 경화조직의 석출을 방지시킨다.
④ 온도 분포가 완만하게 되어 열응력의 감소로 변형과 잔류 응력의 발생을 적게 한다.

> **예열 목적**
> • 열영향부와 용착 금속의 경화를 방지하고 연성을 증가시킨다.
> • 예열에 의해 용접부의 온도분포, 최고 도달 온도 및 냉각속도가 변한다.

04 담금질한 강을 실온까지 냉각한 다음, 다시 계속하여 실온 이하의 마텐자이트 변태 종료 온도까지 냉각하여 잔류 오스테나이트를 마텐자이트로 변화시키는 열처리는?

① 심랭 처리
② 하드 페이싱
③ 금속 용사법

④ 연속 냉각 변태 처리

✋ **심랭처리 또는 서브제로 처리**
담금질한 강을 실온까지 냉각한 다음, 다시 계속하여 실온 이하의 마텐자이트 변태 종료온도까지 냉각하여 잔류 오스테나이트를 마텐자이트로 변화시키는 열처리이다.

05 다음 중 금속조직에 따라 스테인리스강을 3종류로 분류하였을 때 옳은 것은?

① 마텐자이트계, 페라이트계, 펄라이트계
② 페라이트계, 오스테나이트계, 펄라이트계
③ 마텐자이트계, 페라이트계, 오스테나이트계
④ 페라이트계, 오스테나이트계, 시멘타이트계

✋ 스테인리스강은 크롬계와 크롬-니켈계로 구분하는데 크롬계는 페라이트계와 마텐자이트계로 구분하고, 크롬-니켈계는 오스테나이트계로 구분한다.

06 다음 중 건축 구조용 탄소 강관의 KS 기호는?

① SPS 6　　② SGT 275
③ SRT 275　　④ SNT 275A

✋ ・SPS 6 : 스프링 강재
・SGT 275 : 일반 구조용 탄소강관
・SRT 275 : 일반 구조용 각형 강관

07 탄소강에서 탄소의 함유량이 증가할 경우에 나타나는 현상은?

① 경도증가, 연성감소
② 경도감소, 연성감소
③ 경도증가, 연성증가
④ 경도감소, 연성증가

✋ 일반적으로 탄소 함유량이 증가할수록 강도와 경도는 증가되지만 연신율(연성)과 충격값은 매우 낮아진다.

08 다음 중 펄라이트의 조성으로 옳은 것은?

① 페라이트+소르바이트
② 페라이트+시멘타이트
③ 시멘타이트+오스테나이트
④ 오스테나이트+트루스타이트

✋ **펄라이트**
페라이트와 시멘타이트가 층상으로 나타나는 조직

09 다음 중 용접성이 가장 좋은 강은?

① 1.2%C강
② 0.8%C강
③ 0.5%C강
④ 0.2%C 이하의 강

✋ 저탄소강은 탄소 함유량이 0.3% 이하의 강으로 용접균열의 발생 위험이 적기 때문에 용접이 비교적 쉽고 용접법의 적용에도 제한이 없다.

10 일반적인 고장력강 용접 시 주의해야 할 사항으로 틀린 것은?

① 용접봉은 저수소계를 사용한다.
② 위빙 폭을 크게 하지 말아야 한다.
③ 아크 길이는 최대한 길게 유지한다.
④ 용접 전 이음부 내부를 청소한다.

✋ 고장력강 용접 시 아크 길이는 가능한 한 짧게 유지해야 한다.

11 다음 중 가는 1점 쇄선의 용도가 아닌 것은?

① 중심선　　② 외형선
③ 기준선　　④ 피치선

✋ **선의 용도**
・가는 1점 쇄선 : 중심선, 기준선, 피치선

• 굵은 실선 : 외형선

12 다음 중 치수 기입의 원칙으로 틀린 것은?
① 치수는 중복기입을 피한다.
② 치수는 되도록 주 투상도에 집중시킨다.
③ 치수는 계산하여 구할 필요가 없도록 기입한다.
④ 관련되는 치수는 되도록 분산시켜서 기입한다.

☞ 치수는 필요에 따라 기준으로 하는 점, 선 또는 면을 기준으로 하여 기입하며, 관련되는 치수는 되도록 한 곳에 모아서 기입한다.

13 다음 중 SM 45C의 명칭으로 옳은 것은?
① 기계 구조용 탄소 강재
② 일반 구조용 각형 강관
③ 저온 배관용 탄소 강관
④ 용접용 스테인리스강 선재

☞ SM 45C : 기계 구조용 탄소 강재

14 다음 용접의 명칭과 기호가 맞지 않는 것은?
① 심 용접 : ⊖
② 이면 용접 : ⌒
③ 겹침 접합부 : ⩗
④ 가장자리 용접 : |||

☞ 급경사면(스팁 플랭크) 한쪽면 V형 홈 맞대기 이음 용접 : ⩗

15 용접부 표면의 형상과 기호가 올바르게 연결된 것은?
① 토우를 매끄럽게 함 : ⌣
② 동일 평면으로 다듬질 : ⩘

③ 영구적인 덮개판을 사용 : ⌣
④ 제거 가능한 이면 판재 사용 : ⩗

☞ 용접기호
• ⩗ : 부분 용입 한쪽면 K형 맞대기 이음 용접
• ⌣ : 凹(오목)형(용접부 및 용접부 표면의 형상)
• ⩗ : 한쪽면 K형 맞대기 이음 용접

16 다음 중 각기둥이나 원기둥을 전개할 때 사용하는 전개도법으로 가장 적합한 것은?
① 사진 전개도법
② 평행선 전개도법
③ 삼각형 전개도법
④ 방사선 전개도법

☞ 평행선 전개도법은 각기둥과 원기둥을 전개할 때 사용한다.

17 다음 중 스케치 방법이 아닌 것은?
① 프린트법   ② 투상도법
③ 본뜨기법   ④ 프리핸드법

☞ 스케치 방법
프린트법, 모양뜨기법(본뜨기법), 프리핸드법, 사진법

18 치수 기입의 방법을 설명한 것으로 틀린 것은?
① 구의 반지름 치수를 기입할 때는 구의 반지름 기호인 Sϕ를 붙인다.
② 정사각형 변의 크기 치수 기입 시 치수 앞에 정사각형 기호 □를 붙인다.
③ 판재의 두께 치수 기입 시 치수 앞에 두께를 나타내는 기호 t를 붙인다.
④ 물체의 모양이 원형으로서 그 반지름

치수를 표시할 때는 치수 앞에 R을 붙인다.
- Sφ(구의 지름, 에스파이)는 구의 지름 치수의 치수 수치 앞에 붙인다.

19 KS의 부문별 기호 연결이 잘못된 것은?
① KS A - 기본
② KS B - 기계
③ KS C - 전기
④ KS D - 건설

- KS의 부문별 분류기호 중 KS D는 금속으로 분류된다.

20 다음 선의 용도 중 가는 실선을 사용하지 않는 것은?
① 지시선
② 치수선
③ 숨은선
④ 회전단면선

- 선의 용도
  - 가는 실선 : 지시선, 치수선, 회전 단면선, 치수 보조선, 중심선, 수준면선
  - 가는파선 또는 굵은 파선 : 숨은선

제2과목 용접구조설계

21 판두께 25mm 이상인 연강판을 0℃ 이하에서 용접할 경우 예열하는 방법은?
① 이음의 양쪽 폭 100mm 정도를 40~75℃로 예열하는 것이 좋다.
② 이음의 양쪽 폭 150mm 정도를 150~200℃로 예열하는 것이 좋다.
③ 이음의 한쪽 폭 100mm 정도를 40~75℃로 예열하는 것이 좋다.
④ 이음의 한쪽 폭 150mm 정도를 150~200℃로 예열하는 것이 좋다.

- 연강판의 예열방법
  - 용접성이 좋은 연강이라도 두께가 약 25mm 이상이 되면 급랭하기 때문에 예열을 하여 주면 결함을 방지할 수 있다.
  - 연강을 0℃ 이하에서 용접할 경우 이음의 양쪽 폭 100mm 정도를 40~75℃로 예열하는 것이 좋다.

22 연강판 용접을 하였을 때 발생한 용접 변형을 교정하는 방법이 아닌 것은?
① 롤러에 의한 방법
② 기계적 응력완화법
③ 가열 후 해머링하는 법
④ 얇은 판에 대한 점 수축법

- 용접 변형 교정법
  - 가열법 : 얇은 판에 대한 점 수축법, 형재에 대한 직선 수축법
  - 가압법 : 롤러에 의한 법, 가열 후 해머링 하는 법, 후판에 대하여 가열 후 압력을 주어 수냉하는 법
  - 절단에 의한 정형과 재용접

23 용접 구조물을 조립하는 순서를 정할 때 고려사항으로 틀린 것은?
① 용접 변형을 쉽게 제거할 수 있어야 한다.
② 작업환경을 고려하여 용접자세를 편하게 한다.
③ 구조물의 형상을 고정하고 지지할 수 있어야 한다.
④ 용접진행은 부재의 구속단을 향하여 용접한다.

- 용접 조립 순서 고려사항
  - 가능한 한 구속 용접은 피한다.
  - 용접진행은 자유단을 향하여 용접한다.
  - 변형 및 잔류응력을 경감할 수 있는 방법을

채택한다.
- 용접자세를 편하게 한다.
- 지그를 적절하게 채택한다.

24 용접 작업 시 용접 지그를 사용했을 때 얻는 효과로 틀린 것은?

① 용접 변형을 증가시킨다.
② 작업 능률을 향상시킨다.
③ 용접 작업을 용이하게 한다.
④ 제품의 마무리 정도를 향상시킨다.

👉 용접지그는 용접구조물을 정확한 치수로 마무리하기 위하여 항상 아래보기 자세로 용접, 조립, 가접 및 본용접을 할 수 있도록 고정하거나 구속하는 데 사용되는 도구로서 그 효과는 용접변형을 억제하고 정밀도를 높일 수 있다.

25 강자성체인 철강 등의 표면 결함 검사에 사용되는 비파괴 검사 방법은?

① 누설 비파괴 검사
② 자기 비파괴 검사
③ 초음파 비파괴 검사
④ 방사선 비파괴 검사

👉 **표면결함 비파괴검사법**
- 외관검사(VT), 침투탐상검사(PT), 자기탐상검사(MT), 와류탐상검사(ET)
- 자기탐상검사는 강자성체인 철강 등의 표면 결함검사에 사용되는 시험법이다.

26 다음 중 용접부 예열의 목적으로 틀린 것은?

① 용접부의 기계적 성질을 향상시킨다.
② 열응력의 감소로 잔류응력의 발생이 적다.
③ 열영향부와 용착금속의 경화를 방지한다.
④ 수소의 방출이 어렵고, 경도가 높아져 인성이 저하한다.

👉 수소의 방출을 용이하게 하여 저온 균열을 방지한다.

27 일반적인 용접의 장점으로 틀린 것은?

① 수밀, 기밀이 우수하다.
② 이종재료 접합이 가능하다.
③ 재료가 절약되고 무게가 가벼워진다.
④ 자동화가 가능하며 제작 공정수가 많아진다.

👉 자동화 및 고속화가 가능하며, 제작 공정수가 줄어든다.

28 비파괴 검사법 중 표면결함 검출에 사용되지 않는 것은?

① PT   ② MT
③ UT   ④ ET

👉 **비파괴검사법**
- 표면 결함 비파괴검사법 : 육안(외관)검사(VT), 침투탐상검사(PT), 자분탐상검사(MT), 와류탐상검사(ET)
- 내부 결함 비파괴검사법 : 방사선투과검사(RT), 초음파탐상검사(UT)

29 맞대기 용접 이음에서 이음 효율을 구하는 식은?

① 이음 효율 $= \dfrac{허용 응력}{사용 응력} \times 100(\%)$

② 이음 효율 $= \dfrac{사용 응력}{허용 응력} \times 100(\%)$

③ 이음 효율 $= \dfrac{모재의\ 인장강도}{용접시험편의\ 인장강도} \times 100(\%)$

④ 이음 효율 $= \dfrac{용접시험편의\ 인장강도}{모재의\ 인장강도}$

×100(%)

이음효율
$= \dfrac{\text{용접시험편의 인장강도}}{\text{모재의 인장강도}} \times 100(\%)$

30 얇은 판의 용접 시 주로 사용하는 방법으로 용접부의 뒷면에서 물을 뿌려주는 변형 방지법은?

① 살수법
② 도열법
③ 석면포 사용법
④ 수냉 동판 사용법

변형 방지법 중 냉각법의 종류
수냉동판 사용법, 살수법, 석면포 사용법
※ 살수법 : 주로 얇은 판의 용접에 사용하는 것으로 용접부의 뒷면에 물을 뿌려 냉각 시켜 주는 방지법

31 다음 중 용접 균열 시험법은?

① 킨젤 시험
② 코머렐 시험
③ 슈나트 시험
④ 리하이 구속 시험

용접부 시험법의 종류
• 용접 균열시험 : T형 필릿 균열시험 및 겹침 용접 균열시험, 리하이 구속 균열시험, 바텔 비드 밑 균열시험, 휘스코 균열시험, 분할형 원주 홈 균열시험
• 용접부 연성시험 : 코머렐시험, 킨젤시험, 재현열영향부시험, 연속냉각 변태시험, ⅡW최고경도시험
• 노치 취성시험 : 샤르피 충격시험, 슈나트시험, 2중 인장시험, 카안인열시험, 로버트슨시험, 반데어 빈 시험, DWT(낙중) 시험

32 중판 이상의 용접을 위한 홈 설계 요령으로 틀린 것은?

① 루트반지름은 가능한 한 크게 한다.
② 홈의 단면적을 가능한 한 작게 한다.
③ 적당한 루트면과 루트간격을 만들어 준다.
④ 전후좌우 5° 이하로 용접봉을 운봉할 수 없는 홈 각도를 만든다.

전후좌우로 용접봉을 움직일 수 있는 각도는 최소 10° 정도가 필요하다.

33 가접 시 주의해야 할 사항으로 옳은 것은?

① 본 용접자보다 용접 기량이 낮은 용접자가 가용접을 실시한다.
② 용접봉은 본 용접 작업 시에 사용하는 것보다 가는 것을 사용한다.
③ 가용접 간격은 일반적으로 판 두께의 60~80배 정도로 하는 것이 좋다.
④ 가용접 위치는 부품의 끝, 모서리나 각 등과 같이 응력이 집중되는 곳에 가접 한다.

① 가접 : 본 용접하기 전에 이음 좌우의 홈 부분을 잠정적으로 고정하기 위한 짧은 용접
② 가접 시 주의하여야 할 사항
 • 본 용접자와 동등한 기량을 갖는 용접자가 하여야 한다.
 • 가접의 간격은 판 두께의 15~30배 정도로 하는 것이 좋다.
 • 가접의 위치는 부품의 끝, 모서리, 각 등과 같이 단면이 급변하여 응력이 집중되는 곳은 가능한 한 피한다.
 • 본용접과 같은 온도에서 예열을 한다.

34 용접 전 길이를 적당한 구간으로 구분한 후 각 구간을 한 칸씩 건너 뛰어서 용접한 후 다시금 비어 있는 곳을 차례로 용접하는 방법으로 잔류응력이 가장 적은 용착법은?

① 후퇴법　　② 대칭법

③ 비석법　　　　④ 교호법

스킵법(뜀법, skip method)
- 일명 비석법이라고도 하며, 용접길이를 짧게 나누어 간격을 두면서 용접하는 방법으로 피용접물 전체에 변형이나 잔류응력이 적게 발생하도록 하는 용착법이다.
- 스킵법의 용접순서

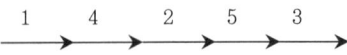

35 다음 용착법 중 각 층마다 전체 길이를 용접하며 쌓는 방법은?
① 전진법　　　　② 후진법
③ 스킵법　　　　④ 빌드업법

용착법
전진법, 후진(퇴)법, 대칭법, 비석(스킵)법, 덧살 올림법(빌드업법 : build up method), 캐스케이드법, 전진블록법
※ 빌드업법(덧살 올림법) : 각 층마다 전체길이를 용접하면서 쌓아 올리는 방법

36 용착부의 인장응력이 5kgf/mm², 용접선 유효길이가 80mm이며, V형 맞대기로 완전 용입인 경우 하중 8000kgf에 대한 판 두께는 몇 mm인가? (단, 하중은 용접선과 직각 방향이다.)
① 10　　　　② 20
③ 30　　　　④ 40

판 두께(t) 계산
인장응력 $\sigma_t = \dfrac{P}{tl}$ 에서
판 두께 $t = \dfrac{P}{\sigma_t \times l}$ (mm)
인장응력 $\sigma_t = 5\text{kgf/mm}^2$, 용접 길이 $l = 80\text{mm}$, 하중 $P = 8000\text{kgf}$에서
판두께 $t = \dfrac{8000\text{kgf}}{5\dfrac{\text{kgf}}{\text{mm}^2} \times 80\text{mm}} = 20\text{mm}$

37 다음 중 비파괴시험법에 해당되는 것은?
① 부식시험　　　　② 굽힘시험
③ 육안시험　　　　④ 충격시험

표면 결함 비파괴검사법
육안(외관)검사(VT), 침투탐상검사(PT), 자분탐상검사(MT), 와류탐상검사(ET)

38 V형 맞대기 용접에서 판 두께가 10mm, 용접선의 유효길이가 200mm일 때, 5N/mm²의 인장응력이 발생한다면 이때 작용하는 인장하중은 몇 N인가?
① 3000　　　　② 5000
③ 10000　　　　④ 12000

인장하중(P) 계산
$\sigma_t = \dfrac{P}{tl}$ (N/mm²)에서
인장하중 $P = \sigma_t \times t \times l$
인장응력 $\sigma_t = 5\text{N/mm}^2$, 두께 $t = 10\text{mm}$, 용접선의 유효길이 $l = 200\text{mm}$에서
인장하중 $P = \sigma_t \times t \times l$
$= 5\dfrac{\text{N}}{\text{mm}^2} \times 10\text{mm} \times 200\text{mm}$
$= 10000\text{N}$

39 용접부에 잔류응력을 제거하기 위하여 응력제거 풀림처리를 할 때 나타나는 효과로 틀린 것은?
① 충격 저항의 증대
② 크리프 강도의 향상
③ 응력 부식에 대한 저항력의 증대
④ 용착 금속 중의 수소 제거에 의한 경도 증대

응력제거 풀림 효과
- 강도의 증대
- 용접 잔류응력제거와 치수 비틀림 방지
- 열영향부의 뜨임 연화

• 용착금속 중의 수소제거에 의한 연성증대

40 용접부의 결함 중 구조상 결함이 아닌 것은?
① 변형 ② 기공
③ 언더컷 ④ 오버랩

구조상 결함(주로 내부결함)
기공, 슬래그 섞임, 비금속 개재물 혼입, 융합 불량, 용입부족, 언더컷, 오버랩, 용접균열, 표면결함

제3과목 용접일반 및 안전관리

41 산소-아세틸렌가스 용접의 특징으로 틀린 것은?
① 용접 변형이 적어 후판용접에 적합하다.
② 아크 용접에 비해서 불꽃의 온도가 낮다.
③ 열 집중성이 나빠서 효율적인 용접이 어렵다.
④ 폭발의 위험성이 크고 금속이 탄화 및 산화될 가능성이 많다.

산소 아세틸렌가스 용접은 용접변형이 크고 가열시간이 오래 걸려 박판 용접에 적합하다.

42 불활성가스 텅스텐 아크용접에 대한 설명으로 틀린 것은?
① 직류 역극성으로 용접하면 청정작용을 얻을 수 있다.
② 가스 노즐은 일반적으로 세라믹 노즐을 사용한다.
③ 불가시 용접으로 용접 중에는 용접부를 확인할 수 없다.
④ 용접용 토치는 냉각 방식에 따라 수냉식과 공랭식으로 구분된다.

TIG 용접인 불활성가스 텅스텐 아크 용접은 가시 용접으로 용접 중에 용접부를 확인하면서 용접이 가능하다.

43 연강용 피복 아크 용접봉의 종류에서 E4303 용접봉의 피복제 계통은?
① 특수계
② 저수소계
③ 일루미나이트계
④ 라임티타니아계

용접봉의 피복제 계통
• 특수계 : E4340
• 저수소계 : E4316
• 일루미나이트계(일미나이트계) : E4301

44 가스용접에서 가변압식 토치의 팁(B형) 250번을 사용하여 표준불꽃으로 용접하였을 때의 설명으로 옳은 것은?
① 독일식 토치의 팁을 사용한 것이다.
② 용접 가능한 판 두께가 250mm이다.
③ 1시간 동안에 산소 소비량이 25리터이다.
④ 1시간 동안에 아세틸렌가스의 소비량이 250리터 정도이다.

가변압식 토치
• 가변압식(프랑스식) 팁의 능력 : 1시간 동안에 표준불꽃을 이용하여 용접할 경우 아세틸렌가스 소비량 ℓ(리터)를 나타낸다.
• 팁번호가 250번이라면 1시간 동안에 아세틸렌가스의 소비량이 250ℓ라는 것이다.

45 U형, H형의 용접홈을 가공하기 위하여 슬로우 다이버전트로 설계된 팁을 사용하여 깊은 홈을 파내는 가공법은?

① 스카핑 ② 수중절단
③ 가스 가우징 ④ 산소창 절단

👆 **가스 가우징**
용접부분의 뒷면을 따낸다든지 U형, H형의 용접 홈을 가공하기 위한 가공법으로 저압으로 대용량의 산소를 방출할 수 있도록 슬로우 다이버전트로 설계되어 있다.

46 다음 중 아크 용접 시 발생되는 유해한 광선에 해당되는 것은?
① X-선 ② 자외선
③ 감마선 ④ 중성자선

👆 아크가 발생될 때 아크는 다량의 자외선과 소량의 적외선이 있기 때문에 아크를 볼 때 헬멧이나 핸드 실드를 사용하지 않으면 안 된다.

47 가스절단에서 예열불꽃이 약할 때 일어나는 현상으로 가장 거리가 먼 것은?
① 드래그가 증가한다.
② 절단면이 거칠어진다.
③ 절단 속도가 늦어진다.
④ 절단이 중단되기 쉽다.

👆 예열불꽃이 강하면 절단면이 거칠어진다.

48 모재 두께가 다른 경우에 전극의 과열을 피하기 위하여 전류를 단속하여 용접하는 점 용접법은?
① 맥동 점 용접
② 단극식 점 용접
③ 인터랙 점 용접
④ 다전극 점 용접

👆 **맥동 점 용접**
모재 두께가 다른 경우에 전극의 과열을 피하기 위하여 사이클 단위를 몇 번이고 전류를 단속하여 용접하는 것

49 다음 중 교류 아크 용접기에 해당되지 않는 것은?
① 발전기형 아크 용접기
② 탭 전환형 아크 용접기
③ 가동 코일형 아크 용접기
④ 가동 철심형 아크 용접기

👆 발전기형 아크 용접기는 발전기를 구동하여 직류를 얻는 방식으로 직류 아크 용접기에 속한다.

50 가스용접에서 탄산나트륨 15%, 붕사 15%, 중탄산나트륨 70%가 혼합된 용제는 어떤 금속용접에 가장 적합한가?
① 주철 ② 연강
③ 알루미늄 ④ 구리합금

👆 **각종 금속에 적당한 용제**
• 연강 : 사용하지 않는다.
• 반경강 : 중탄산소다+탄산소다
• 주철 : 탄산나트륨 15%, 붕사 15%, 중탄산나트륨 70%
• 구리합금 : 붕사 75%, 염화리튬 25%
• 알루미늄 : 염화나트륨 30%, 염화칼륨 45%, 염화리튬 15%, 플루오르화칼륨 7%, 황산칼륨 3%

51 피복 아크 용접봉의 피복 배합제 중 아크 안정제에 속하지 않는 것은?
① 석회석 ② 마그네슘
③ 규산칼륨 ④ 산화티탄

👆 마그네슘(Mg)은 탈산제로 사용된다.

52 다음 용접자세의 기호 중 수평자세를 나타낸 것은?
① F ② H

③ V   ④ O

👆 **용접자세의 종류**
- F : 아래보기자세(Flat Position)
- H : 수평자세(Horizontal Position)
- V : 수직자세(Vertical Position)
- O : 위보기자세(Overhead Position)

53 불활성가스 텅스텐 아크용접에서 전극을 모재에 접촉시키지 않아도 아크 발생이 되는 이유로 가장 적합한 것은?

① 전압을 높게 하기 때문에
② 텅스텐의 작용으로 인해서
③ 아크 안정제를 사용하기 때문에
④ 고주파 발생장치를 사용하기 때문에

👆 **고주파 발생장치**
용접전원과 아크를 쉽게 발생시키기 위하여 설치되어 있으며, 텅스텐 전극을 모재표면에 접촉하지 않아도 아크가 발생되는 장치이다.

54 정격 2차 전류가 300A, 정격 사용률 50%인 용접기를 사용하여 100A의 전류로 용접을 할 때 허용 사용률은?

① 5.6%   ② 150%
③ 450%   ④ 550%

👆 **허용사용률(η) 계산**

$$\eta = \frac{(정격\ 2차\ 전류)^2}{(실제\ 용접전류)^2} \times 정격\ 사용률(\%)$$

허용 사용률 $\eta = \frac{(300)^2}{(100)^2} \times 50\% = 450\%$

55 일반적인 가동 철심형 교류 아크용접기의 특성으로 틀린 것은?

① 미세한 전류 조정이 가능하다.
② 광범위한 전류 조정이 어렵다.
③ 조작이 간단하고 원격 제어가 된다.
④ 가동철심으로 누설자속을 가감하여 전류를 조정한다.

👆 원격제어는 가포화 리액터형에서 가능하다.

56 용접작업자의 전기적 재해를 줄이기 위한 방법으로 틀린 것은?

① 절연상태를 확인한 후 사용한다.
② 용접 안전보호구를 완전히 착용한다.
③ 무부하 전압이 낮은 용접기를 사용한다.
④ 직류용접기보다 교류용접기를 많이 사용한다.

👆 무부하 전압이 높은 교류 아크 용접기보다 무부하 전압이 낮은 직류 아크 용접기를 주로 사용하면 전기적 재해를 줄일 수 있다.(교류 아크 용접기의 무부하 전압은 70~80V, 직류아크 용접기의 무부하 전압은 40~60V이다.)

57 피복제 중에 석회석이나 형석을 주성분으로 사용한 것으로 용착금속 중의 수소 함유량이 다른 용접봉에 비해 약 1/10 정도로 현저하게 적은 피복 아크 용접봉은?

① E4301   ② E4311
③ E4313   ④ E4316

👆 **저수소계(E4316)**
피복제 주성분에 석회석이나 형석을 사용, 수소 함유량이 다른 용접봉에 비해 1/10 정도로 현저하게 적다.

58 다음 중 압접에 해당하는 것은?

① 전자빔 용접
② 초음파 용접
③ 피복 아크 용접
④ 일렉트로 슬래그 용접

👆 전자빔 용접, 피복 아크 용접, 일렉트로 슬래

그 용접은 용접으로 분류된다.

59 탄산가스 아크 용접에 대한 설명으로 틀린 것은?

① 전자세 용접이 가능하다.
② 가시 아크이므로 시공이 편리하다.
③ 용접전류의 밀도가 낮아 용입이 얕다.
④ 용착금속의 기계적, 야금적 성질이 우수하다.

> 탄산가스 아크 용접의 특징
> • 전류밀도가 높아 용입이 깊고 용접속도를 빠르게 할 수 있다.
> • 단락이행에 의하여 박판용접이 가능하다.
> • 용제를 사용하지 않아 슬래그 혼입이 없고, 용접 후의 처리가 간단하다.

60 자동 및 반자동 용접이 수동 아크 용접에 비하여 우수한 점이 아닌 것은?

① 용입이 깊다.
② 와이어 송급 속도가 빠르다.
③ 위보기 용접자세에 적합하다.
④ 용착금속의 기계적 성질이 우수하다.

> 자동 및 반자동 용접은 위보기 용접자세에 적합하지 않다.

정답

01	02	03	04	05	06	07	08	09	10
②	②	①	①	③	④	①	②	④	③
11	12	13	14	15	16	17	18	19	20
②	④	①	③	①	②	②	①	④	③
21	22	23	24	25	26	27	28	29	30
①	②	④	①	②	④	④	③	④	①
31	32	33	34	35	36	37	38	39	40
④	④	②	③	④	②	③	③	④	①
41	42	43	44	45	46	47	48	49	50
①	③	④	④	③	②	②	①	①	①
51	52	53	54	55	56	57	58	59	60
②	②	④	③	③	④	④	②	③	③

과·년·도·문·제

2017. 8. 26

자격종목 및 등급(선택분야)	종목코드	시험시간	문제지형별	수검번호	성 명
용접산업기사	2026	1시간 30분	A	20170826	

제1과목 용접야금 및 용접설비제도

01 체심입방격자의 슬립면과 슬립방향으로 맞는 것은?
① (110)-[110]   ② (110)-[111]
③ (111)-[110]   ④ (111)-[111]

> 체심입방격자의 슬립면과 슬립방향
> • (110)-[111]
> • (112)-[111]
> • (123)-[111]

02 다음 재료의 용접작업 시 예열을 하지 않았을 때 용접성이 가장 우수한 강은?
① 고장력강
② 고탄소강
③ 마텐자이트계 스테인리스강
④ 오스테나이트계 스테인리스강

> 용접작업 시 오스테나이트계 스테인리스강은 예열을 하지 말아야 한다.

03 일반적인 금속의 특성으로 틀린 것은?
① 열과 전기의 양도체이다.
② 이온화하면 양(+) 이온이 된다.
③ 비중이 크고, 금속적 광택을 갖는다.
④ 소성변형성이 있어 가공하기 어렵다.

> 금속의 일반적인 특성
> • 소성가공성이 있어 가공하기 쉽다.
> • 상온에서 고체이며, 결정체이다.(단, 수은은 제외)
> • 전성과 연성이 풍부하다.

04 용접부의 잔류응력을 경감시키기 위한 방법으로 틀린 것은?
① 예열을 할 것
② 용착금속량을 증가시킬 것
③ 적당한 용착법, 용접순서를 선정할 것
④ 적당한 포지셔너 및 회전대 등을 이용할 것

> 용착금속량을 적게 하면 잔류응력의 크기도 떨어진다.

05 다음 원소 중 강의 담금질 효과를 증대시키며, 고온에서 결정립 성장을 억제시키고, S의 해를 감소시키는 것은?
① C   ② Mn
③ P   ④ Si

> Mn은 담금질성을 높게 하는 효과가 크고 황의 나쁜 영향을 제거하는 데에도 중요한 역할을 한다.

06 피복 아크 용접봉의 피복 배합제의 성분 중 용착금속의 산화, 질화를 방지하고 용착금속의 냉각속도를 느리게 하는 것은?

① 탈산제　　② 가스 발생제
③ 아크 안정제　　④ 슬래그 생성제

👉 슬래그 생성제는 용융점이 낮은 가벼운 슬래그를 만들어 용융금속의 표면을 덮어서 산화나 질화를 방지하고 용착금속의 냉각속도를 느리게 한다.

07 다음 중 열전도율이 가장 높은 것은?

① Ag　　② Al
③ Pb　　④ Fe

👉 열전도율이 높은 순서
Ag(은) > Al(알루미늄) > Fe(철) > Pb(납)

08 용접부의 저온균열은 약 몇 ℃ 이하에서 발생하는가?

① 200　　② 450
③ 600　　④ 750

👉 용접부에 발생되는 균열의 종류
- 고온균열(hot crack) : 용접금속의 응고 직후에 발생하는 균열
- 저온 균열(cold crack) : 300℃ 이하에서 발생하거나 용접금속이 응고 후 48시간 이내에 발생하는 균열

09 응력제거 풀림처리 시 발생하는 효과가 아닌 것은?

① 잔류응력이 제거된다.
② 응력부식에 대한 저항력이 증가한다.
③ 충격저항성과 크리프 강도가 감소한다.
④ 용착금속 중의 수소가스가 제거되어 연성이 증가된다.

👉 응력제거 풀림처리의 효과
- 충격저항성이 증대
- 크리프 강도가 향상
- 열영향부의 템퍼링이 연화

- 강도의 증대(석출경화)
- 치수 비틀림의 방지

10 용접 시 발생하는 일차결함으로 응고온도 범위 또는 그 직하의 비교적 고온에서 용접부의 자기수축과 외부구속 등에 의한 인장스트레인과 균열에 민감한 조직이 존재하면 발생하는 용접부의 균열은?

① 루트 균열
② 저온 균열
③ 고온 균열
④ 비드 밑 균열

👉 고온균열(hot crack)
용접 시 발생하는 일차결함으로서 응고온도범위 또는 그 직하의 비교적 고온에서 용접부의 자기수축과 외부구속 등에 의한 인장스트레인(또는 응력)과 균열에 민감한 조직이 존재하면 발생하는 용접부의 균열을 말한다.

11 선의 종류에 의한 용도에서 가는 실선으로 사용하지 않는 것은?

① 치수선　　② 외형선
③ 지시선　　④ 치수보조선

👉 외형선은 대상물의 보이는 부분의 모양을 표시하는 데 쓰이며 굵은 실선이 사용된다.

12 KS의 부문별 분류기호 중 "B"에 해당하는 분야는?

① 기본　　② 기계
③ 전기　　④ 조선

👉 KS의 부문별 분류기호
- KS A : 기본
- KS B : 기계
- KS C : 전기
- KS V : 조선

13 용접 기본 기호 중 " ⌒ " 기호의 명칭으로 옳은 것은?

① 표면 육성
② 표면 접합부
③ 경사 접합부
④ 겹침 접합부

👆 ⌒ : 겹침이음

14 치수 보조기호로 사용되는 기호가 잘못 표기 된 것은?

① 구의 지름 : S
② 45° 모떼기 : C
③ 원의 반지름 : R
④ 정사각형의 한 변 : □

👆 Sφ : 구의 지름으로 치수의 치수 문자 앞에 붙인다.

15 다음 용접부 기호의 설명으로 옳은 것은? (단, 네모박스 안의 영문자는 MR이다.)

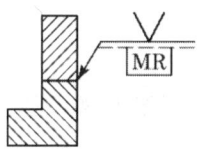

① 화살표 반대쪽에 필릿 용접한다.
② 화살표 쪽에 V형 맞대기 용접한다.
③ 화살표 쪽에 토우를 매끄럽게 한다.
④ 화살표 반대쪽에 영구적인 덮개판을 사용한다.

👆 용접이음의 기본기호인 V가 기준선(실선) 위에 있으므로 화살표 쪽을 V형 맞대기 용접하여야 한다.

16 그림과 같이 치수를 둘러싸고 있는 사각 틀(□)이 뜻하는 것은?

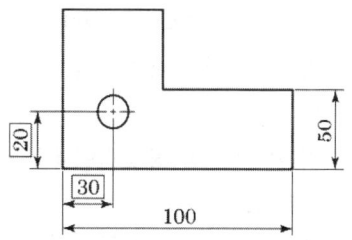

① 참고 치수
② 판 두께의 치수
③ 이론적으로 정확한 치수
④ 정사각형 한 변의 길이

👆 □(테두리, 사각 틀) : 이론적으로 정확한 치수의 치수 문자를 둘러싼다.

17 다음 용접기호 중 플러그 용접을 표시한 것은?

① ○ ② ∨
③ ∨ ④ ⊓

👆 ⊓ : 플러그 또는 슬롯 용접

18 도면에 치수를 기입할 때 유의해야 할 사항으로 틀린 것은?

① 치수는 중복 기입을 피한다.
② 관련되는 치수는 되도록 분산하여 기입한다.
③ 치수는 되도록 계산해서 구할 필요가 없도록 기입한다.
④ 치수는 필요에 따라 점, 선 또는 면을 기준으로 하여 기입한다.

👆 관련되는 치수는 되도록 주투상도에 집중시켜 기입한다.

19 다음 용접기호 표시를 바르게 설명한

것은?

C⊖n×ℓ(e)

① 지름이 C이고 용접길이 ℓ인 스폿 용접이다.
② 지름이 C이고 용접길이 ℓ인 플러그 용접이다.
③ 용접부 너비가 C이고 용접부 수가 n인 심 용접이다.
④ 용접부 너비가 C이고 용접부 수가 n인 스폿 용접이다.

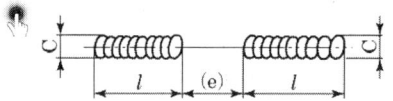

- C : 슬롯부의 폭(용접부 너비)
- ⊖ : 심 용접기호
- n : 용접부의 개수(용접 수)
- ℓ : 용접부 길이(크레이터부 제외)
- e : 인접한 용접부 간의 거리(피치)

20 일반적으로 부품의 모양을 스케치하는 방법이 아닌 것은?

① 판화법
② 프린트법
③ 프리핸드법
④ 사진 촬영법

☞ 스케치 방법에는 프린트법, 모양뜨기법, 프리핸드법, 사진법이 있다.

제2과목 용접구조설계

21 구조물 용접에서 조립순서를 정할 때의 고려사항으로 틀린 것은?

① 변형제거가 쉽게 되도록 한다.
② 잔류응력을 증가시킬 수 있게 한다.
③ 구조물의 형상을 유지할 수 있어야 한다.
④ 작업환경의 개선 및 용접자세 등을 고려한다.

☞ 구조물 조립순서의 결정
- 잔류응력을 경감시킬 수 있어야 한다.
- 적용할 수 있는 용접법, 이음형상을 고려할 것
- 장비의 취급과 지그의 활용을 고려한다.
- 경제적이고 고품질을 얻을 수 있는 조건을 설정한다.

22 용접 구조 설계상의 주의사항으로 틀린 것은?

① 용접 이음의 집중, 접근 및 교차를 피할 것
② 용접치수는 강도상 필요한 치수 이상으로 크게 하지 말 것
③ 용접성, 노치인성이 우수한 재료를 선택하여 시공하기 쉽게 설계할 것
④ 후판을 용접할 경우에는 용입이 얕은 용접법을 이용하여 층수를 늘릴 것

☞ 후판을 용접할 경우에는 용입이 깊은 용접법을 이용하여 층수를 줄일 것

23 다음 중 용접 비용 절감 요소에 해당되지 않는 것은?

① 용접 대기시간의 최대화
② 합리적이고 경제적인 설계
③ 조립 정반 및 용접지그의 활용
④ 가공불량에 의한 용접 손실 최소화

☞ 용접 비용에 영향을 미치는 인자
- 용접 대기시간의 최소화
- 용접이음부가 적은 경제적인 설계
- 재료의 효과적인 사용 계획
- 용접봉의 경제적 선택

24 다음 중 용접 구조물의 이음설계 방법으로 틀린 것은?

① 반복하중을 받는 맞대기 이음에서 용접부의 덧붙이를 필요 이상 높게 하지 않는다.
② 용접선이 교차하는 곳이나 만나는 곳의 응력집중을 방지하기 위하여 스캘롭을 만든다.
③ 용접 크레이터 부분의 결함을 방지하기 위하여 용접부 끝단에 돌출부를 주어 용접한 후 돌출부를 절단한다.
④ 굽힘응력이 작용하는 겹치기 필릿용접의 경우 굽힘응력에 대한 저항력을 크게 하기 위하여 한쪽 부분만 용접한다.

☞ 겹치기 용접의 경우 한쪽 부분만 용접하게 되면 굽힘하중을 받을 때 저항력이 약해져서 쉽게 파단될 수 있다.

25 다음 그림과 같은 순서로 용접하는 용착법을 무엇이라고 하는가?

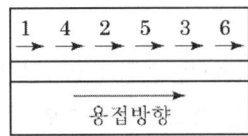

① 전진법　② 후퇴법
③ 스킵법　④ 캐스케이드법

☞ 스킵법(비석법)
짧은 용접길이로 나누어 놓고 간격을 두면서 용접하는 방법

26 피닝(peening)의 목적으로 가장 거리가 먼 것은?

① 수축변형의 증가
② 잔류응력의 완화
③ 용접변형의 방지
④ 용착금속의 균열방지

☞ 피닝을 하여 줌으로써 수축변형의 감소효과가 있다.

27 다음 중 직류 아크 용접기가 아닌 것은?

① 정류기식 직류 아크 용접기
② 엔진 구동식 직류 아크 용접기
③ 가동철심형 직류 아크 용접기
④ 전동 발전식 직류 아크 용접기

☞ 교류 아크 용접기에는 가동철심형, 가동 코일형, 탭 전환형, 가포화 리액터형이 있다.

28 강판의 두께가 7mm, 용접길이가 12mm인 완전 용입된 맞대기 용접부위에 인장하중을 3444kgf로 작용시켰을 때 용접부에 발생하는 인장응력은 몇 kgf/mm²인가?

① 0.024　② 41
③ 82　④ 2009

☞ 인장응력(σ) 계산

$$\sigma_t = \frac{P}{A} = \frac{P}{tl} \text{ (kgf/mm}^2\text{)}$$

인장하중 P=3444kgf, 두께 t=7mm, 용접길이 l=12mm에서
인장응력

$$\sigma_t = \frac{3444\text{kgf}}{7\text{mm} \times 12\text{mm}} = 41\frac{\text{kgf}}{\text{mm}^2} = 41\text{kgf/mm}^2$$

29 다음 맞대기 용접이음 홈의 종류 중 가장 두꺼운 판의 용접이음에 적용하는 것은?

① H형　② I형
③ U형　④ V형

☞ 맞대기 용접이음의 개선 형식
• H형 : 19~64mm
• I형 : 6.5mm까지

- U형 : 20~40mm
- V형 : 4.5~20mm

30 필릿용접에서 다리길이가 10mm인 용접부의 이론 목두께는 약 몇 mm인가?
① 0.707
② 7.07
③ 70.7
④ 707

> 필릿 용접에서 이론 목두께(ht)
> $$h_t = h\cos 45° = 0.707h \,(mm)$$
> 다리길이 h=10mm에서
> 목두께 $h_t = 0.707 \times 10mm = 7.07mm$

31 주로 비금속 개재물에 의해 발생되며, 강의 내부에 모재표면과 평행하게 층상으로 형성되는 균열은?
① 토 균열
② 힐 균열
③ 재열 균열
④ 라멜라 티어 균열

> 라멜라 티어(층상균열)는 모서리 이음, T이음 등에서 볼 수 있는 것으로 강의 내부에 모재 표면과 평행하게 층상으로 발생되는 균열이다.

32 다음 용접봉 중 내압용기, 철골 등의 후판 용접에서 비드 하층 용접에 사용하는 것으로 확산성 수소량이 적고 우수한 강도와 내균열성을 갖는 것은?
① 저수소계
② 일미나이트계
③ 고산화티탄계
④ 라임티타니아계

> 저수소계 용접봉은 강력한 탈산작용으로 용착금속 중의 수소의 함유량이 다른 용접봉에 비해 약 1/10 정도로 현저히 낮고 용착금속은 내균열성이 우수하다.

33 응력 제거 풀림에 의해 얻어지는 효과로 틀린 것은?
① 충격저항이 증대된다.
② 크리프 강도가 향상된다.
③ 용착금속 중의 수소가 제거된다.
④ 강도는 낮아지고 열영향부는 경화된다.

> 응력제거 풀림의 효과
> - 강도의 증대(석출경화)
> - 열영향부의 연화
> - 용접 잔류응력의 제거
> - 치수 비틀림의 방지
> - 응력부식의 방지

34 모재 및 용접부의 연성을 조사하는 파괴시험 방법으로 가장 적합한 것은?
① 경도시험
② 피로시험
③ 굽힘시험
④ 충격시험

> 용접부의 연성 결함을 검사하기 위하여 사용되는 시험법으로 굽힘시험 방법이 쓰인다.

35 두께 4mm인 연강 판을 I형 맞대기 이음 용접을 한 결과 용착금속의 중량이 3kg이었다. 이때 용착효율이 60%라면 용접봉의 사용중량은 몇 kg인가?
① 4
② 5
③ 6
④ 7

> 용착효율(η)
> $$\text{용착효율} = \frac{\text{용착금속의 중량}}{\text{사용 용접봉 중량}} \times 100\%$$
> 용착효율 $60\% = \frac{60}{100} = 0.6$이므로 $0.6 = \frac{3kg}{x}$에서
> $x = \frac{3kg}{0.6} = 5kg$

36 가용접 시 주의해야 할 사항으로 틀린 것은?

① 본 용접과 같은 온도에서 예열을 한다.
② 본 용접사와 동등한 기량을 갖는 용접사로 하여금 가용접을 하게 한다.
③ 가용접의 위치는 부품의 끝, 모서리, 각 등과 같이 단면이 급변하여 응력이 집중되는 곳은 가능한 한 피한다.
④ 용접봉은 본 용접 작업에 사용하는 것보다 큰 것을 사용하며, 간격은 판두께의 5~10배 정도로 하는 것이 좋다.

> 가용접 시 용접봉은 본 용접 작업 시에 사용하는 것보다 약간 가는 것을 사용하며, 간격은 판두께의 15~30배 정도로 하는 것이 좋다.

37 침투탐상 검사의 특징으로 틀린 것은?

① 제품의 크기, 형상 등에 크게 구애를 받지 않는다.
② 주변 환경이나 특히 온도에 민감하여 제약을 받는다.
③ 국부적 시험과 미세한 균열도 탐상이 가능하다.
④ 시험 표면이 침투제 등과 반응하여 손상을 입은 제품도 검사할 수 있다.

침투탐상법의 장점	침투탐상법의 단점
• 시험방법이 간단하다. • 고도의 숙련이 요구되지 않는다. • 비교적 가격이 저렴하다. • 판독이 쉽다. • 철, 비철, 플라스틱 등 거의 모든 제품에 적용이 용이하다.	• 시험표면이 침투제 등과 반응하여 손상을 입은 제품은 검사할 수 없다. • 표면의 균열이 열려 있는 상태이어야 한다. • 시험 표면이 너무 거칠거나 기공이 많으면 허위지시모양을 만든다. • 후처리가 요구된다. • 침투제가 오염되기 쉽다.

38 다음 중 플레어 용접부의 형상으로 맞는 것은?

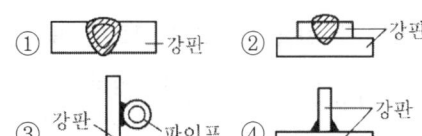

> 플레어 용접은 두 재료 사이의 휨 부분을 용접하는 것이다.

39 용접부의 부식에 대한 설명으로 틀린 것은?

① 틈새부식은 틈 사이의 부식을 말한다.
② 용접부의 잔류응력은 부식과 관계없다.
③ 용접부의 부식은 전면부식과 국부부식으로 분류한다.
④ 입계부식은 용접 열영향부의 오스테나이트입계에 Cr탄화물이 석출될 때 발생한다.

> 용접부에 잔류응력이 존재하면 응력부식이 발생될 경우가 많다.

40 다음 중 용접 홈을 설계할 때 고려하여야 할 사항으로 가장 거리가 먼 것은?

① 용접 방법
② 아크 쏠림
③ 모재의 두께
④ 변형 및 수축

> 아크 쏠림은 직류 아크 용접기에서 나타나는 특징으로 용접 홈 설계 시 고려사항과는 거리가 멀다.

제3과목 용접일반 및 안전관리

41 다음 중 허용 사용률을 구하는 공식은?

① 허용 사용률 = $\dfrac{(\text{정격 2차 전류})^2}{(\text{실제 용접 전류})} \times \text{정격사용률}(\%)$

② 허용 사용률 = $\dfrac{(\text{정격 2차 전류})}{(\text{실제 용접 전류})^2} \times \text{정격사용률}(\%)$

③ 허용 사용률 = $\dfrac{(\text{실제 용접 전류})^2}{(\text{정격 2차 전류})} \times \text{정격사용률}(\%)$

④ 허용 사용률 = $\dfrac{(\text{정격 2차 전류})^2}{(\text{실제 용접 전류})^2} \times \text{정격사용률}(\%)$

실제 용접작업에서는 정격 2차 전류보다 낮은 전류로 용접을 하는 경우가 많은데 이 경우에는 정격 사용률 이상으로 작업이 가능하다. 이 것을 허용 사용률이라 한다.

허용사용률(%)
= $\dfrac{(\text{정격 2차 전류})^2}{(\text{실제 용접 전류})^2} \times \text{정격사용률}(\%)$

42 일반적인 탄산가스 아크 용접의 특징으로 틀린 것은?

① 용접속도가 빠르다.
② 전류 밀도가 높으므로 용입이 깊다.
③ 가시 아크이므로 용융지의 상태를 보면서 용접할 수 있다.
④ 후판용접은 단락이행 방식으로 가능하고, 비철금속 용접에 적합하다.

① 탄산가스 아크 용접의 장점
 • 박판 용접은 단락이행 용접법에 의해 가능하다.
 • 용착금속의 기계적 성질 및 금속학적 성질이 우수하다.
 • 용제를 사용할 필요가 없다.
 • 용접봉을 갈아 끼우는 시간이 필요 없으므로 용접 작업 시간을 길게 할 수 있다.

② 탄산가스 아크 용접의 단점
 • 적용되는 재질이 철계통으로 한정되어 있다.
 • 바람의 영향을 받아 풍속 2m/sec 이상에서는 방풍장치가 필요하다.
 • 외관비드는 피복 아크 용접이나 서브머지드 아크 용접보다 약간 거칠다.

43 가스용접 작업 시 역화가 생기는 원인과 가장 거리가 먼 것은?

① 팁의 과열
② 산소압력 과대
③ 팁과 모재의 접촉
④ 팁 구멍에 이물질 부착

현 상	원 인	대 책
역화(소리가 나면서 손잡이 부분이 뜨거워진다.)	① 가스의 유출속도 부족 팁의 과열 팁과 모재의 접촉 팁 구멍의 이물질 부착 팁 구멍의 확대 변형 작업 중 불꽃의 역행 팁이 막힘 ② 가스 연소 속도의 증대 (팁의 과열)로 혼합가스의 연소속도가 분출 속도보다 높다.	① 아세틸렌을 차단한다. ② 팁을 물로 식힌다. ③ 토치의 기능을 점검한다.

44 다음 용접법 중 전기에너지를 에너지원으로 사용하지 않는 것은?

① 마찰 용접
② 피복 아크 용접
③ 서브머지드 아크 용접
④ 불활성가스 아크 용접

• 마찰 용접 : 마찰열을 이용하여 접합부의 산

화물을 녹여 내리면서 압력으로 접합시키는 방식이다.
- 전기에너지를 이용한 용접법 : 피복 아크 용접, 서브머지드 아크 용접, 불활성가스 아크 용접이 있다.

45 연납 땜과 경납 땜을 구분하는 온도는?

① 350℃ ② 450℃
③ 550℃ ④ 650℃

- 연납땜 : 용융점이 450℃ 이하인 용가재(땜납)를 사용하여 납땜을 하는 것
- 경납땜 : 용융점이 450℃ 이상인 용가재(은납, 황동납 등)를 사용하여 납땜을 하는 것

46 다음 중 모재를 녹이지 않고 접합하는 용접법으로 가장 적합한 것은?

① 납땜
② TIG용접
③ 피복 아크 용접
④ 일렉트로 슬래그 용접

납땜
접합할 모재는 용융시키지 않고 모재보다 용융점이 낮은 금속 또는 합금을 용가재로 사용하여 금속을 접합하는 방법

47 아크전류 200A, 무부하 전압 80V, 아크전압 30V인 교류용접기를 사용할 때 효율과 역률은 얼마인가? (단, 내부손실을 4kW라고 한다.)

① 효율 60%, 역률 40%
② 효율 60%, 역률 62.5%
③ 효율 62.5%, 역률 60%
④ 효율 62.5%, 역률 37.5%

- 아크전류 200A, 무부하 전압 80V, 아크전압 30V, 내부손실 4kW=4000W에서 효율과 역률

을 계산한다.
- 효율 계산

$$효율 = \frac{(아크전압 \times 아크전류)}{(아크전압 \times 아크전류) + 내부손실} \times 100\%$$

$$효율 = \frac{30 \times 200}{(30 \times 200) + 4000} \times 100\% = 60\%$$

- 역률 계산

$$역률 = \frac{(아크전압 \times 아크전류) + 내부손실}{무부하전압 \times 아크전류} \times 100\%$$

$$역률 = \frac{(30 \times 200) + 4000}{80 \times 200} \times 100\% = 62.5\%$$

48 일반적인 정류기형 직류 아크 용접기의 특성에 관한 설명으로 틀린 것은?

① 소음이 거의 없다.
② 보수 점검이 간단하다.
③ 완전한 직류를 얻을 수 있다.
④ 정류기 파손에 주의해야 한다.

정류기형 직류 아크 용접기의 특성
- 교류를 정류하므로 완전한 직류를 얻지 못한다.
- 정류기 파손에 주의하여야 한다.(셀렌 80℃, 실리콘 150℃ 이상에서 파손)
- 취급이 간단하고 가격이 싸다.

49 용접전류 200A, 전압 40V일 때 1초 동안에 전달되는 일률을 나타내는 전력은?

① 2kW ② 4kW
③ 6kW ④ 8kW

전력 계산
소비전력 P= EI(W)
전압 E=40V, 전류 I=200A에서
P=40V×200A=8000VA=8000W=8kW

50 가스용접에 쓰이는 토치의 취급상 주의사항으로 틀린 것은?

① 토치를 함부로 분해하지 말 것
② 팁을 모래나 먼지 위에 놓지 말 것
③ 토치에 기름, 그리스 등을 바를 것
④ 팁을 바꿀 때에는 반드시 양쪽 밸브를 잘 닫고 할 것

💡 **토치의 취급상 주의사항**
- 토치에 기름, 그리스 등을 절대로 발라서는 안 된다.
- 점화되어 있는 토치를 아무 곳이나 방치하지 않는다.
- 토치를 망치 등 다른 용도로 사용해서는 안 된다.
- 팁의 과열 시는 아세틸렌 밸브를 닫고 산소 밸브만 조금 열어 물속에서 냉각시킨다.
- 작업 중 발생하기 쉬운 역류, 역화, 인화에 항상 주의하여야 한다.

51 용접의 분류에서 압접에 속하지 않는 용접은?
① 저항 용접
② 마찰 용접
③ 스터드 용접
④ 초음파 용접

💡 스터드 용접은 융접으로 분류된다.

52 아크 용접기에 핫 스타트(hot start) 장치를 사용함으로써 얻어지는 장점이 아닌 것은?
① 기공을 방지한다.
② 아크 발생이 쉽다.
③ 크레이터 처리가 용이하다.
④ 아크 발생 초기의 용입을 양호하게 한다.

💡 핫 스타트 장치의 장점은 크레이터 처리를 용이하게 하는 것은 아니며, 비드모양을 개선한다.

53 불가시 아크 용접, 잠호 용접, 유니언 멜트 용접, 링컨 용접 등으로 불리는 용접법은?
① 전자 빔 용접
② 가압 테르밋 용접
③ 서브머지드 아크 용접
④ 불활성가스 아크 용접

💡 서브머지드 아크 용접은 아크가 보이지 않는 상태에서 진행된다고 하여 일명 잠호용접이라 부르며 상품명으로는 유니언 멜트 용접법 또는 링컨 용접법이라고도 한다.

54 가스절단에서 예열불꽃이 약할 때 나타나는 현상을 가장 적절하게 설명한 것은?
① 드래그가 증가한다.
② 절단속도가 빨라진다.
③ 절단면이 거칠어진다.
④ 모서리가 용융되어 둥글게 된다.

💡 **예열 불꽃이 약할 때**
- 드래그가 증가한다.
- 절단 속도가 늦어지고 절단이 중단되기 쉽다.
- 역화를 일으키기 쉽다.

55 다음 중 전격의 위험성이 가장 적은 것은?
① 젖은 몸에 홀더 등이 닿았을 때
② 땀을 흘리면서 전기용접을 할 때
③ 무부하 전압이 낮은 용접기를 사용할 때
④ 케이블의 피복이 파괴되어 절연이 나쁠 때

💡 교류 아크 용접기는 무부하 전압이 70~80V 정도로 높아 감전의 위험이 있으므로 용접사를 보호하기 위하여 전격방지장치를 부착하여 사용하는데, 이때의 무부하 전압은 20~30V로 되어 무부하 전압이 낮은 용접기가 되므로 전격을 방지할 수 있다.

56 다음 중 불활성 가스 금속 아크 용접(MIG)의 특징으로 틀린 것은?

① 후판용접에 적합하다.
② 용접속도가 빠르므로 변형이 적다.
③ 피복 아크 용접보다 전류 밀도가 크다.
④ 용접토치가 용접부에 접근하기 곤란한 경우에도 용접하기가 쉽다.

> **불활성 가스 금속 아크 용접의 특징**
> • 용접토치가 용접부에 접근하기 곤란한 경우에는 용접하기가 어렵다.
> • 정전압 특성 또는 상승특성의 직류 용접기가 사용된다.
> • 아크 자기제어 특성이 있다.
> • CO_2 용접에 비해 스패터 발생이 적다.
> • 수동 아크 용접에 비해 용착효율이 높다.
> • 직류 역극성 이용 시 알루미늄, 마그네슘 등의 용접이 가능하다.

57 연강의 가스 절단 시 드래그(drag)길이는 주로 어느 인자에 의해 변화하는가?
① 후열과 절단 팁의 크기
② 토치 각도의 진행 방향
③ 절단 속도와 산소 소비량
④ 예열 불꽃 및 백심의 크기

> 드래그 길이는 주로 절단속도, 산소소비량 등에 의해 변화한다.

58 가스 절단이 곤란한 주철, 스테인리스강 및 비철금속의 절단부에 철분 또는 용제를 공급하며 절단하는 방법은?
① 스카핑
② 분말 절단
③ 가스 가우징
④ 플라스마 절단

> 분말절단은 절단부에 철분이나 용제의 미세한 분말을 압축공기 또는 압축질소를 팁을 통하여 분출시켜 절단하는 방법으로 철분절단의 경우 주철, 스테인리스강, 구리, 청동 등의 절단에 효과적이다.

59 가스 용접 장치 중 압력 조정기의 취급상 주의사항으로 틀린 것은?
① 압력 지시계가 잘 보이도록 설치한다.
② 압력 용기의 설치구 방향에는 아무런 장애물이 없어야 한다.
③ 조정기를 취급할 때는 기름이 묻은 장갑을 착용하고 작업해야 한다.
④ 조정기를 견고하게 설치한 다음 조정 나사를 풀고 밸브를 천천히 열어야 하며 가스 누설여부를 비눗물로 점검한다.

> **압력 조정기의 취급상 주의사항**
> • 조정기를 취급할 때는 기름이 묻은 장갑을 착용하고 작업해서는 안 된다.
> • 조정기를 설치할 때에는 설치구에 먼지를 제거하고 가스 누설이 없도록 정확하게 연결한다.
> • 조정기 설치구 나사부와 조정기 각부에 그리스나 기름 등을 사용하지 않는다.

60 일반적인 용접의 특징으로 틀린 것은?
① 품질 검사가 곤란하다.
② 변형과 수축이 발생한다.
③ 잔류응력이 발생하지 않는다.
④ 저온취성이 발생할 우려가 있다.

> 용접의 특징 중 단점으로 재질의 변형 및 잔류응력이 발생한다.

정답

01	02	03	04	05	06	07	08	09	10
②	④	④	②	②	④	①	①	③	③
11	12	13	14	15	16	17	18	19	20
②	②	④	①	②	③	④	②	③	①
21	22	23	24	25	26	27	28	29	30
②	④	①	④	①	④	③	②	①	②
31	32	33	34	35	36	37	38	39	40
④	①	④	③	③	②	③	③	②	②
41	42	43	44	45	46	47	48	49	50
④	②	①	②	④	①	②	③	③	②
51	52	53	54	55	56	57	58	59	60
③	③	③	①	③	④	③	②	③	③

과·년·도·문·제

2018. 3. 4

자격종목 및 등급(선택분야)	종목코드	시험시간	문제지형별	수검번호	성 명
용접산업기사	2026	1시간 30분	A	20180304	

제1과목 용접야금 및 용접설비제도

01 저온균열의 발생에 관한 내용으로 옳은 것은?
① 용융금속의 응고 직후에 일어난다.
② 오스테나이트계 스테인리스강에서 자주 발생한다.
③ 용접금속이 약 300℃ 이하로 냉각되었을 때 발생한다.
④ 입계가 충분히 고상화되지 못한 상태에서 응력이 작용하여 발생한다.

☞ 저온균열은 용접금속이 300℃ 이하에서 냉각되었을 때 발생하거나 용접금속이 응고 후 48시간 이내에 발생하는 균열을 말한다.

02 일반적인 금속의 결정격자 중 전연성이 가장 큰 것은?
① 면심입방격자   ② 체심입방격자
③ 조밀육방격자   ④ 체심정방격자

☞ 면심입방격자(FCC) 구조를 가지는 금속은 전성과 연성(전연성)이 좋으며, 금(Au), 은(Ag), 알루미늄(Al), 구리(Cu), γ철 등이 이에 속한다.

03 탄소와 질소를 동시에 강의 표면에 침투, 확산시켜 강의 표면을 경화시키는 방법은?
① 침투법   ② 질화법
③ 침탄 질화법   ④ 고주파 담금질

☞ 탄소와 질소가 소재 표면으로 침투하게 하는 침탄법을 액체 침탄법 또는 침탄 질화법, 시안화법이라 한다.

04 킬드강(killed steel)을 제조할 때 탈산 작용을 하는 가장 적합한 원소는?
① P   ② S
③ Ar   ④ Si

☞ 킬드강 제조 시 탈산제로 페로실리콘(Fe-Si), 알루미늄 등을 첨가하여 탈산시키므로 적합한 원소로는 Si가 된다.

05 연강을 0℃ 이하에서 용접할 경우 예열하는 요령으로 옳은 것은?
① 연강은 예열이 필요 없다.
② 용접 이음부를 약 500~600℃로 예열한다.
③ 용접 이음부의 홈 안을 700℃ 전후로 예열한다.
④ 용접 이음의 양쪽 폭 100mm 정도를 40~75℃로 예열한다.

☞ 얇은 판의 연강도 기온이 0℃ 이하에서 용접하면 저온 균열이 발생하기 쉬우므로 이음의 양쪽을 약 100mm 폭이 되게 하여 약 40~75℃로 예열하는 것이 좋다.

06 스테인리스강 중 내식성, 내열성, 용접성

이 우수하며 대표적인 조성이 18Cr-8Ni인 계통은?

① 페라이트계   ② 소르바이트계
③ 마텐자이트계   ④ 오스테나이트계

👆 표준 조성이 18%Cr, 8%Ni인 18-8 스테인리스 강은 오스테나이트계가 대표적이다.

07 다음 중 용착금속의 샤르피 흡수 에너지를 가장 높게 할 수 있는 용접봉은?

① E4303   ② E4311
③ E4316   ④ E4327

👆 용착금속의 기계적 성질

용접봉 종류	충격시험에서의 샤르피 흡수 에너지(J)
E4303	27 이상
E4311	27 이상
E4316	47 이상
E4327	27 이상

08 Fe-C 합금에서 6.67%C를 함유하는 탄화철의 조직은?

① 페라이트
② 시멘타이트
③ 오스테나이트
④ 트루스타이트

👆 6.67%C의 농도를 가진 탄화철의 조직을 시멘타이트라 한다.

09 일반적인 피복 아크 용접봉의 편심률은 몇 % 이내인가?

① 3%   ② 5%
③ 10%   ④ 20%

👆 피복 아크 용접봉의 편심률은 3% 이내이어야 한다.

편심률 = $\dfrac{D' - D}{D} \times 100\%$

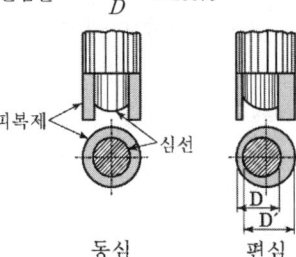

동심   편심

10 슬래그를 구성하는 산화물 중 산성 산화물에 속하는 것은?

① FeO ② SiO_2
③ TiO_2 ④ Fe_2O_3

👆 염기도(basicity)
- 슬래그의 염기성 성분의 양과 산성 성분 양의 비를 염기도라고 하며, 슬래그의 성질을 나타내는 지표가 된다.
- 염기성 성분 : FeO, MnO, CaO, MgO 등
- 산성 성분 : SiO_2, P_2O_5 등
- 양성 성분 : TiO_2, Al_2O_3, Fe_2O_3, Cr_2O_3 등
- 염기도 = $\dfrac{\text{염기성 성분의 총합}}{\text{산성 성분의 총합}}$

11 다음 용접자세 중 수직 자세를 나타내는 것은?

① F   ② O
③ V   ④ H

👆 용접자세
- 아래보기자세(flat position : F)
- 수평자세(horizontal position : H)
- 수직자세(vertical position : V)
- 위보기자세(over head position : O, OH)
- 전자세(all position : AP)

12 다음 중 도면의 크기에 대한 설명으로 틀린 것은?

① A0의 넓이는 약 $1m^2$이다.

② A4의 크기는 210mm×297mm이다.
③ 제도 용지의 세로와 가로 비는 $1 : \sqrt{2}$ 이다.
④ 복사한 도면이나 큰 도면을 접을 때는 A3의 크기로 접는 것을 원칙으로 한다.

☞ 도면을 접을 경우 그 크기를 원칙적으로 210mm×297mm(A4)로 한다.

13 다음 중 얇은 부분의 단면도를 도시할 때 사용하는 선은?
① 가는 실선   ② 가는 파선
③ 가는 1점 쇄선   ④ 아주 굵은 실선

☞ 아주 굵은 실선은 얇은 부분의 단면도시를 명시하는 데 사용한다.

14 다음 중 치수 보조기호의 의미가 틀린 것은?
① C : 45° 모떼기
② SR : 구의 반지름
③ t : 판의 두께
④ ( ) : 이론적으로 정확한 치수

☞ 치수 보조기호

구분	기호	읽기
이론적으로 정확한 치수	□	테두리

- 사용법 : 이론적으로 정확한 치수의 치수 수치를 둘러 싼다.
- ( )(괄호) : 참고 치수의 치수 수치를 둘러 싼다.

15 일반적인 판금전개도를 그릴 때 전개 방법이 아닌 것은?
① 사각형 전개법   ② 평행선 전개법
③ 방사선 전개법   ④ 삼각형 전개법

☞ 전개법의 종류

평행선 전개법, 방사선 전개법, 삼각형 전개법, 타출 전개법

16 상, 하 또는 좌, 우 대칭인 물체의 중심선을 기준으로 내부와 외부 모양을 동시에 표시하는 단면도법은?
① 온 단면도   ② 한쪽 단면도
③ 계단 단면도   ④ 부분 단면도

☞ 단면도의 종류
- 온 단면도 : 대상물을 1평면의 절단면으로 절단해서 얻어지는 단면을 빼놓지 않고 그린 단면도로 전 단면도라고도 한다.
- 한쪽 단면도 : 주로 대칭인 물체의 중심선을 기준으로 내부 모양과 외부 모양을 동시에 표시하는 방법으로 반쪽 단면도라고도 한다.
- 계단 단면도 : 절단면이 투상면에 평행 또는 수직하게 계단 형태로 절단된 것을 계단 단면도라 한다.
- 부분 단면도 : 일부분을 잘라내고 필요한 내부 모양을 그리기 위한 방법으로 일부분만을 단면도로 나타낸 그림이다.

17 다음은 KS 기계제도의 모양에 따른 선의 종류를 설명한 것이다. 틀린 것은?
① 실선 : 연속적으로 이어진 선
② 파선 : 짧은 선을 불규칙한 간격으로 나열한 선
③ 일점 쇄선 : 길고 짧은 두 종류의 선을 번갈아 나열한 선
④ 이점 쇄선 : 긴 선과 두 개의 짧은 선을 번갈아 나열한 선

☞ 선의 종류
- 실선 : 연속적으로 이어진 선
  (―――――)
- 파선 : 짧은 선을 일정한 간격으로 나열한 선
  (-------)
- 1점(일점) 쇄선 : 길고 짧은 두 종류의 선을

번갈아 나열한 선(—·—·—)
• 2점(이점) 쇄선 : 긴 선과 두 개의 짧은 선을 번갈아 나열한 선(—··—··—)

18 제도에서 사용되는 선의 종류 중 가는 2점 쇄선의 용도를 바르게 나타낸 것은?

① 대상물의 실제 보이는 부분을 나타낸다.
② 도형의 중심선을 간략하게 나타내는 데 쓰인다.
③ 가공 전 또는 가공 후의 모양을 표시하는 데 쓰인다.
④ 특수한 가공을 하는 부분 등 특별한 요구사항을 적용할 수 있는 범위를 표시하는 데 쓰인다.

👉 선의 종류에 의한 용도

선의 종류	가는 2점 쇄선	—··—··—
용도에 의한 명칭	가상선	무게 중심선
선의 용도	1) 인접부분을 참고로 표시 2) 공구, 지그 등의 위치를 참고로 나타내는 데 사용 3) 가동부분을 이동 중의 특정한 위치 또는 이동한계의 위치로 표시 4) 가공 전 또는 가공 후의 모양을 표시 5) 되풀이하는 것을 나타내는 데 사용 6) 도시된 단면의 앞쪽에 있는 부분을 표시	

19 도면에서 2종류 이상의 선이 같은 장소에서 중복될 경우 도면에 우선적으로 그어야 하는 선은?

① 외형선   ② 중심선
③ 숨은선   ④ 무게 중심선

👉 선의 우선 순위
외형선 → 숨은선 → 절단선 → 중심선 → 무게 중심선 → 치수 보조선

20 다음 중 가는 실선을 사용하지 않는 선은?

① 치수선   ② 지시선
③ 숨은선   ④ 치수 보조선

👉 선의 종류에 의한 용도
• 가는 실선 : 치수선, 지시선, 치수 보조선, 회전 단면선, 중심선, 수준면선에 사용
• 숨은선에는 가는 파선 또는 굵은 파선을 사용한다.

제2과목 용접구조설계

21 각 변형의 방지대책에 관한 설명 중 틀린 것은?

① 구속지그를 활용한다.
② 용접속도가 빠른 용접법을 이용한다.
③ 개선 각도는 작업에 지장이 없는 한도 내에서 작게 하는 것이 좋다.
④ 판 두께와 개선형상이 일정할 때 용접봉 지름이 작은 것을 이용하여 패스의 수를 늘린다.

👉 각 변형의 방지대책
• 구속지그를 활용한다.
• 용접속도가 빠른 용접법을 이용한다.
• 개선 각도는 작업에 지장이 없는 한도 내에서 작게 하는 것이 좋다.
• 판 두께와 개선형상이 일정할 때 용접봉 지름이 큰 것을 이용하여 패스의 수를 줄인다.
• 판두께가 얇을수록 첫 패스측의 개선깊이를 크게 한다.
• 역변형의 시공법을 사용한다.

22 용접 시점이나 종점 부분의 결함을 줄이는 설계 방법으로 가장 거리가 먼 것은?

① 주 부재와 2차 부재를 전둘레 용접하는 경우 틈새를 10mm 정도로 둔다.

② 용접부의 끝단에 돌출부를 주어 용접한 후에 엔드 탭(end tab)은 제거한다.
③ 양면에서 용접 후 다리길이 끝에 응력이 집중되지 않게 라운딩을 준다.
④ 엔드 탭(end tab)을 붙이지 않고 한 면에 V형 홈으로 만들어 용접 후 라운딩 한다.

• **시점, 종점부의 결함을 줄이는 설계 방법**
주 부재와 2차 부재를 전둘레 용접하는 경우 틈새를 30mm 정도로 둔다.

23 용접부 윗면이나 아랫면이 모재의 표면보다 낮게 되는 것으로 용접사가 충분히 용착금속을 채우지 못하였을 때 생기는 결함은?

① 오버랩   ② 언더필
③ 스패터   ④ 아크 스트라이크

• **용접 결함**
 • 오버랩 : 용융된 금속이 모재와 잘못 녹아 어울리지 못하고 모재면에 덮쳐진 상태
 • 언더필 : 용접부 윗면이나 아랫면이 모재의 표면보다 낮게 되는 것
 • 스패터 : 용융금속의 가는 입자가 비산하는 것
 • 아크 스트라이크 : 용접이음의 용융부 밖에서 아크를 발생시킬 때 아크열에 의하여 모재에 결함이 생기는 것

24 용접구조물에서 파괴 및 손상의 원인으로 가장 거리가 먼 것은?

① 재료 불량   ② 포장 불량
③ 설계 불량   ④ 시공 불량

• 용접구조물의 파기 및 손상은 재료의 불량과 시공 불량에 의한 것이 25%, 설계 불량에 의한 것이 50%

25 T이음 등에서 강의 내부에 강판 표면과 평행하게 층상으로 발생되는 균열로 주요 원인이 모재의 비금속 개재물인 것은?

① 토 균열   ② 재열 균열
③ 루트 균열   ④ 라멜라 테어

• 라멜라 테어(층상균열) : T이음 등에서 볼 수 있는 것으로 강의 내부에 모재 표면과 평행하게 층상으로 발생되는 비금속 개재물로 균열의 주요 원인이 된다.
• 토 균열 : 맞대기 이음, 필릿 이음 등의 어느 경우에서나 비드 표면과 모재와의 경계부에 발생
• 재열 균열 : 응력제거풀림 균열, 즉 SR 균열이라고도 한다.
• 루트 균열 : 저온 균열에서 가장 주의하지 않으면 안 되는 것은 맞대기 용접 이음의 가접, 또는 첫 층 용접에서 루트 근방의 열영향부에 발생하는 균열

26 아래 그림과 같은 필릿 용접부의 종류는?

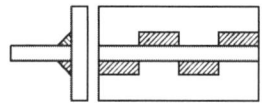

① 연속 필릿용접
② 단속 병렬 필릿용접
③ 연속 병렬 필릿용접
④ 단속 지그재그 필릿용접

• **단속 지그재그 필릿용접법**

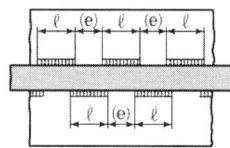

• ℓ : 용접부 길이(크레이터부 제외), (e) : 인접한 용접 간의 거리(피치), n : 용접수(용접부의 개수), a : 목두께(실제목두께, 이론목두께), Z : 각장(목길이, 다리길이)

27 응력 제거 풀림의 효과에 대한 설명으로 틀린 것은?

① 치수틀림의 방지
② 충격저항의 감소
③ 크리프 강도의 향상
④ 열영향부의 템퍼링 연화

🖐 응력 제거 풀림 효과
• 충격저항의 증대
• 용접잔류응력의 제거
• 응력부식의 방지
• 강도의 증대(석출경화)
• 용착금속 중의 수소 제거에 의한 연성 증대

28 다음 중 용접용 공구가 아닌 것은?
① 앞치마   ② 치핑 해머
③ 용접집게   ④ 와이어브러시

🖐 앞치마는 용접 안전 보호구로 분류된다.

29 판두께 8mm를 아래보기 자세로 15m, 판두께 15mm를 수직 자세로 8m 맞대기 용접하였다. 이때 환산 용접 길이는 얼마인가? (단, 아래보기 맞대기 용접의 환산계수는 1.32이고, 수직 맞대기 용접의 환산계수는 4.32이다.)
① 44.28m   ② 48.56m
③ 54.36m   ④ 61.24m

🖐 용접길이 계산
용접길이=자세별 용접길이×자세별 환산계수 에서
• 아래보기자세 15m×환산계수 1.32=19.8m
• 수직자세 8m×환산계수 4.32=34.56m
환산 용접길이는 19.8m+34.56m=54.36m

30 용접변형의 일반적 특성에서 홈 용접 시 용접진행에 따라 홈 간격이 넓어지거나 좁아지는 변형은?
① 종변형   ② 횡변형
③ 각변형   ④ 회전변형

🖐 회전변형
용접되지 않은 판의 면 내에서 내측 또는 외측으로 회전 이동하는 변형

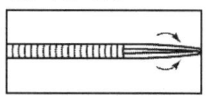
(a) 수동용접의 경우

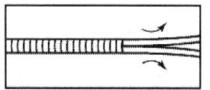
(b) 자동용접의 경우

31 다음 중 용착금속 내부에 발생된 기공을 검출하는 데 가장 적합한 검사법은?
① 누설 검사
② 육안 검사
③ 침투 탐상 검사
④ 방사선 투과 검사

🖐 비파괴 방법으로 내부 결함을 검사하는 데 적합한 것은 방사선 투과검사법(RT)이다.

32 모세관 현상을 이용하여 표면결함을 검사하는 방법은?
① 육안검사   ② 침투검사
③ 자분검사   ④ 전자기적 검사

🖐 침투검사
형광 또는 착색도료를 함유한 침투성이 강한 액체를 모세관 현상을 이용하여 균열 등의 결함 표면에 침투시켜 표면에 나타나게 하는 검사법

33 맞대기 용접 시에 사용되는 엔드 탭(end tab)에 대한 설명으로 틀린 것은?
① 모재와 다른 재질을 사용해야 한다.
② 용접 시작부와 끝부분의 결함을 방지한다.

③ 모재와 같은 두께와 홈을 만들어 사용한다.
④ 용접 시작부와 끝부분에 가접한 후 용접한다.

👉 엔드 탭을 붙여 용접하고자 할 때에는 모재와 같은 재질을 사용하여야 한다.

34 어떤 용접구조물을 시공할 때 용접봉이 0.2톤이 소모되었는데, 170kgf의 용착금속 중량이 산출되었다면 용착효율은 몇 %인가?
① 7.6   ② 8.5
③ 76   ④ 85

👉 용착효율(η) 계산
용착효율 $\eta = \dfrac{\text{용착금속의 중량}}{\text{용접봉의 사용중량}} \times 100$에서
용접봉 사용중량 0.2톤=200kgf
용착금속의 중량 170kgf이므로
용착효율 $\eta = \dfrac{170\text{kgf}}{200\text{kgf}} \times 100\%$
$= 0.085 \times 100\% = 85\%$

35 본 용접의 용착법에서 용접방향에 따른 비드 배치법이 아닌 것은?
① 전진법   ② 펄스법
③ 대칭법   ④ 스킵법

👉 • 용접방향과 용접순서에 의한 분류 : 전진법, 후진법(후퇴법) 대칭법, 스킵법(뜀법, 비석법)
• 다층 용접에서 층을 쌓는 방법에 의한 분류 : 덧붙이법(덧살올림법, 빌드업법), 블록법, 캐스케이드법(단계법)

36 인장 시험기로 인장·파단하여 측정할 수 없는 것은?
① 연신율
② 인장 강도

③ 굽힘 응력
④ 단면 수축률

👉 인장시험에는 판상, 관상 혹은 봉상의 시험편을 인장 파단하여 항복점(내력), 인장강도, 연신율, 단면 수축률 등을 측정한다.

37 용착금속의 인장강도가 40kgf/mm²이고 안전율이 5라면 용접이음의 허용응력은 몇 kgf/mm²인가?
① 8   ② 20
③ 40   ④ 200

👉 허용응력(σ_a) 계산
안전율(S) = $\dfrac{\text{허용응력}}{\text{사용응력}} = \dfrac{\text{극한강도(인장강도)}}{\text{허용응력}}$
에서
허용응력(σ_a) = $\dfrac{\text{인장강도}(\sigma)}{\text{안전율}(S)}$ 이므로
S=5, 인장강도=40kgf/mm² 일 때
허용응력 $\sigma_a = \dfrac{40\text{kgf}/\text{mm}^2}{5} = 8\text{kgf}/\text{mm}^2$

38 용접 구조 설계 시 주의 사항으로 틀린 것은?
① 용접 이음의 집중, 접근 및 교차를 피한다.
② 리벳과 용접의 혼용 시에는 충분히 주의를 한다.
③ 용착 금속은 가능한 한 다듬질 부분에 포함되게 한다.
④ 후판 용접의 경우 용입이 깊은 용접법을 이용하여 층수를 줄인다.

👉 용접 구조 설계 시 주의 사항
용착 금속은 가능한 한 다듬질 부분에 포함되지 않게 한다.

39 똑같은 두께의 재료를 용접할 때 냉각 속도가 가장 빠른 이음은?

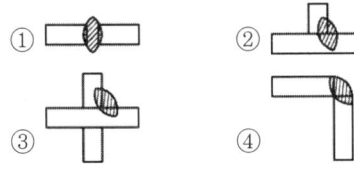

보기에서의 냉각 속도가 빠른 순서
- ③ > ② > ①, ④
- 다양한 방향의 냉각 속도

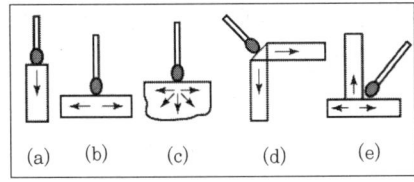

- 냉각 속도가 빠른 순서 : (e) > (c) > (b), (d) > (a)
  (a)는 한 방향으로 열이 전도
  (b)는 얇은 평판의 경우 2방향으로 열이 전도
  (c)는 판이 두꺼운 경우로 여러 방향으로 방열되어 냉각속도가 빠르게 됨
  (d)의 모서리 이음은 2방향으로 열이 전도
  (e)의 T형 필릿 용접은 3방향으로 열이 전도

40 용접 이음부의 형태를 설계할 때 고려하여야 할 사항으로 틀린 것은?

① 최대한 깊은 홈을 설계한다.
② 적당한 루트 간격과 홈각도를 선택한다.
③ 용착 금속량이 적게 되는 이음모양을 선택한다.
④ 용접봉이 쉽게 접근되도록 하여 용접하기 쉽게 한다.

너무 깊은 홈의 설계는 피할 것(용접이 어려울 뿐만 아니라 균열이 발생하기 쉽다.)

제3과목 용접일반 및 안전관리

41 불활성 가스 텅스텐 아크 용접에서 일반 교류 전원을 사용하지 않고, 고주파 교류 전원을 사용할 때의 장점으로 틀린 것은?

① 텅스텐 전극의 수명이 길어진다.
② 텅스텐 전극봉이 많은 열을 받는다.
③ 전극봉을 모재에 접촉시키지 않아도 아크가 발생한다.
④ 아크가 안정되어 작업 중 아크가 약간 길어져도 끊어지지 않는다.

고주파 교류 전원(ACHF)을 일반교류 전원과 비교하였을 때 다음과 같은 장점을 가지고 있다.
1) 텅스텐 전극봉에 많은 열을 받지 않는다.
2) 아크가 안정된다.
3) 텅스텐 전극봉을 모재에 접촉시키지 않아도 아크가 발생되므로 용착금속에 텅스텐이 오염되지 않고, 텅스텐 전극봉의 수명도 연장된다.
4) 전 자세 용접이 용이하다.
5) 전류범위가 크다.
6) 긴 아크를 유지할 수 있어 표면 덧살 용접이나 표면 경화 작업에 용이하다.

42 공업용 아세틸렌가스 용기의 색상은?

① 황색   ② 녹색
③ 백색   ④ 주황색

충전 가스 용기의 색상

가스의 명칭	용기 색상
산소	녹 색
탄산가스	청 색
염소	갈 색
암모니아	백 색
수소	주 황 색
아세틸렌	황 색
프로판	회 색
아르곤	회 색

43 피복 아크 용접 작업에서 아크 쏠림의 방지대책으로 틀린 것은?

① 짧은 아크를 사용할 것
② 직류용접 대신 교류용접을 사용할 것
③ 용접봉 끝을 아크 쏠림 반대 방향으로 기울일 것
④ 접지점을 될 수 있는 대로 용접부에 가까이 할 것

> 접지점 2개를 연결하거나 접지점을 될 수 있는 대로 용접부에서 멀리 할 것

44 아크용접과 가스용접을 비교할 때, 일반적인 가스용접의 특징으로 옳은 것은?

① 아크용접에 비해 불꽃의 온도가 높다.
② 열 집중성이 좋아 효율적인 용접이 된다.
③ 금속이 탄화 및 산화 될 가능성이 많다.
④ 아크용접에 비해서 유해광선의 발생이 많다.

> 가스용접의 특징으로 금속이 탄화 및 산화 될 가능성이 많다.

45 CO_2 가스 아크 용접에 대한 설명으로 틀린 것은?

① 전류 밀도가 높아 용입이 깊고, 용접속도를 빠르게 할 수 있다.
② 용접장치, 용접전원 등 장치로서는 MIG 용접과 같은 점이 많다.
③ CO_2 가스 아크 용접에서는 탈산제로 Mn 및 Si를 포함한 용접 와이어를 사용한다.
④ CO_2 가스 아크 용접에서는 보호가스로 CO_2에 다량의 수소를 혼합한 것을 사용한다.

> CO_2 가스 아크 용접에서 사용하는 혼합가스
> • CO_2+CO_2 법
> • CO_2+CO 법
> • CO_2+Ar 법
> • $CO_2+Ar+CO_2$ 법이 사용되므로 수소를 혼합한 것을 사용하지는 않는다.

46 용접 작업에서 전격의 방지대책으로 틀린 것은?

① 무부하 전압이 높은 용접기를 사용한다.
② 작업을 중단하거나 완료 시 전원을 차단한다.
③ 안전 홀더 및 완전 절연된 보호구를 착용한다.
④ 습기 찬 작업복 및 장갑 등을 착용하지 않는다.

> 무부하 전압이 높은 교류 아크 용접기를 사용할 경우 감전의 위험이 있으므로 용접사를 보호하기 위하여 전격 방지장치를 설치하여 사용하여야 한다.

47 가스 용접봉에 관한 내용으로 틀린 것은?

① 용접봉을 용가재라고도 한다.
② 인이나 황의 성분이 많아야 한다.
③ 용융온도가 모재와 동일하여야 한다.
④ 가능한 한 모재와 같은 재질이어야 한다.

> 연강용 가스 용접봉에는 아크 용접봉의 심선과 같이 인이나 황 등의 유해성분이 극히 적은 저탄소강을 사용

48 돌기용접(projection welding)의 특징으로 틀린 것은?

① 점용접에 비해 작업 속도가 매우 느리다.
② 작은 용접점이라도 높은 신뢰도를 얻을

수 있다.
③ 점용접에 비해 전극의 소모가 적어 수명이 길다.
④ 용접된 양쪽의 열용량이 크게 다를 경우라도 양호한 열평형이 얻어진다.

👉 돌기용접은 점용접에 비해 작업 속도를 매우 빠르게 할 수 있다.

49 정격전류가 500A인 용접기를 실제는 400A로 사용하는 경우의 허용사용률은 몇 %인가? (단, 이 용접기의 정격사용률은 40%이다.)

① 60.5 ② 62.5
③ 64.5 ④ 66.5

👉 허용사용률(η) 계산
허용사용률
$\eta = \dfrac{(정격\ 2차\ 전류)^2}{(실제\ 용접전류)^2} \times 정격사용률(\%)$에서
$\eta = \dfrac{(500A)^2}{(400A)^2} \times 40\% = 62.5\%$

50 저수소계 용접봉의 피복제에 30~50% 정도의 철분을 첨가한 것으로서 용착 속도가 크고 작업 능률이 좋은 용접봉은?

① E4326 ② E4313
③ E4324 ④ E4327

👉 철분저수소계인 E4326은 저수소계 용접봉(E4316)의 피복제에 30~50% 정도의 철분을 첨가한 것

51 아크 에어 가우징에 대한 설명으로 틀린 것은?

① 가우징봉은 탄소 전극봉을 사용한다.
② 가스 가우징보다 작업 능률이 2~3배 높다.
③ 용접 결함부 제거 및 홈의 가공 등에 이용된다.
④ 사용하는 압축공기의 압력은 20kgf/cm² 정도가 좋다.

👉 아크 에어 가우징에 사용되는 압축공기의 압력은 5~7kgf/cm² 정도가 좋다.

52 불활성 가스 금속 아크 용접의 특징으로 틀린 것은?

① 가시 아크이므로 시공이 편리하다.
② 전류밀도가 낮기 때문에 용입이 얇고, 용접 재료의 손실이 크다.
③ 바람이 부는 옥외에서는 별도의 방풍장치를 설치하여야 한다.
④ 용접토치가 용접부에 접근하기 곤란한 조건에서는 용접이 불가능한 경우가 있다.

👉 MIG 용접의 특징은 전류밀도가 현저하게 높다.

53 표피 효과(skin effect)와 근접 효과(proximity effect)를 이용하여 용접부를 가열 용접하는 방법은?

① 폭발 압접(explosive welding)
② 초음파 용접(ultrasonic welding)
③ 마찰 용접(friction pressure welding)
④ 고주파 용접(high-frequency welding)

👉 고주파 용접
고주파 용접은 표피 효과와 근접 효과를 이용하여 압접하는 방법으로 유도 가열법과 통전 가열법이 있다.

54 다음 용착법 중 각 층마다 전체의 길이를 용접하면서 쌓아 올리는 다층 용착법은?

① 스킵법 ② 대칭법

③ 빌드업법 ④ 캐스케이드법

🖐 덧붙이법(덧살 올림법 : Build-up method)
각 층마다 전체의 길이를 용접하면서 쌓아 올리는 방법으로서 가장 일반적인 방법이다.

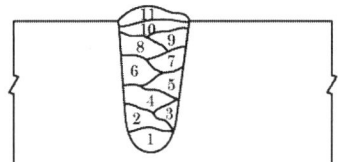

55 가스용접에서 압력 조정기(pressure regulator)의 구비 조건으로 틀린 것은?

① 동작이 예민해야 한다.
② 빙결하지 않아야 한다.
③ 조정압력과 방출압력과의 차이가 커야 한다.
④ 조정압력은 용기 내의 가스량이 변화하여도 항상 일정해야 한다.

🖐 조정압력과 방출압력(사용압력)과의 차이가 작아야 한다.

56 용접법의 분류에서 경납땜의 종류가 아닌 것은?

① 가스 납땜 ② 마찰 납땜
③ 노내 납땜 ④ 저항 납땜

🖐 경납땜에는 가스 납땜, 노내 납땜, 저항 납땜, 담금 납땜, 진공 납땜, 유도가열 납땜법이 있다.

57 다음 중 용접작업자가 착용하는 보호구가 아닌 것은?

① 용접 장갑
② 용접 헬멧
③ 용접 차광막
④ 가죽 앞치마

🖐 용접 차광막
작업 중 다른 사람에게 유해광선인 자외선, 적외선 등을 차단하는 데 사용된다.

58 용접기의 아크 발생시간을 6분, 휴식시간을 4분이라 할 때 용접기의 사용률은 몇 %인가?

① 20 ② 40
③ 60 ④ 80

🖐 사용률 계산

사용률(%) = $\dfrac{\text{아크 시간}}{\text{아크 시간} + \text{휴식 시간}} \times 100\%$ 에서 아크 시간(아크 발생 시간) 6분, 휴식 시간 4분이므로

사용률 = $\dfrac{6분}{6분 + 4분} \times 100\%$
= $0.6 \times 100\% = 60\%$

59 TIG 용접 시 직류 정극성을 사용하여 용접하면 비드 모양은 어떻게 되는가?

① 극성은 비드와는 관계없다.
② 비드 폭이 역극성과 같아진다.
③ 비드 폭이 역극성보다 좁아진다.
④ 비드 폭이 역극성보다 넓어진다.

🖐 직류 정극성(DCSP)에서는 비드의 폭이 직류 역극성(DCRP)보다 좁아진다.

60 실드 가스로서 주로 탄산가스를 사용하여 용융부를 보호하고 탄산가스 분위기 속에서 아크를 발생시켜 그 아크열로 모재를 용융시켜 용접하는 방법은?

① 실드 용접
② 테르밋 용접
③ 전자 빔 용접
④ 일렉트로 가스 아크 용접

👆 탄산가스로 보호가스를 사용하여 CO_2 가스 분위기 속에서 아크를 발생시키고, 그 아크열로 모재를 용융시켜 접합하는 방식으로 일렉트로 가스 아크 용접법이 있다. 일명 엔클로즈 아크 용접이라고도 한다.

정답

01	02	03	04	05	06	07	08	09	10
③	①	③	④	④	④	③	②	①	②
11	12	13	14	15	16	17	18	19	20
③	④	④	④	①	③	②	②	③	②
21	22	23	24	25	26	27	28	29	30
④	①	②	②	④	④	②	①	③	④
31	32	33	34	35	36	37	38	39	40
④	②	①	③	②	③	①	③	③	①
41	42	43	44	45	46	47	48	49	50
②	④	③	③	④	②	①	②	①	③
51	52	53	54	55	56	57	58	59	60
④	②	④	③	③	②	③	③	③	④

과·년·도·문·제

2018. 4. 28

자격종목 및 등급(선택분야)	종목코드	시험시간	문제지형별	수검번호	성 명
용접산업기사	2026	1시간 30분	B	20180428	

제1과목 용접야금 및 용접설비제도

01 비드 밑 균열에 대한 설명으로 틀린 것은?

① 주로 200℃ 이하 저온에서 발생한다.
② 용착 금속 속의 확산성 수소에 의해 발생한다.
③ 오스테나이트에서 마텐자이트 변태 시 발생한다.
④ 담금질 경화성이 약한 재료를 용접했을 때 발생하기 쉽다.

☞ 비드 밑 균열은 고탄소강이나 저합금강과 같은 경화성이 강한 재료를 용접했을 경우에 나타나기 쉽다.

02 주철용접에서 예열을 실시할 때 얻는 효과 중 틀린 것은?

① 변형의 저감
② 열영향부 경도의 증가
③ 이종재료 용접 시 온도기울기 감소
④ 사용 중인 주조의 탄수화물 오염 저감

☞ **주철용접에서의 예열 실시 효과**
 • 변형의 저감
 • 열 영향부 경도의 저감
 • 이종재료 용접 시의 온도 기울기 감소
 • 사용 중인 주조의 탄수화물 오염 저감
 • 주조품 내 잔류응력 감소
 • 온도 기울기나 열응력에 기인한 균열 발생의 방지

03 마텐자이트계 스테인리스강은 지연 균열 감수성이 높다. 이를 방지하기 위한 적정한 예열온도 범위는?

① 100~200℃ ② 200~400℃
③ 400~500℃ ④ 500~650℃

☞ 마텐자이트계 스테인리스강은 200~400℃의 예열과 층간 온도의 유지가 필요하다.

04 Fe-C 평형 상태도에 없는 반응은?

① 편정 반응 ② 공정 반응
③ 공석 반응 ④ 포정 반응

☞ Fe-C 평형 상태도에서의 주요 온도 반응에는 공정, 공석, 포정 반응이 있으나, 편정 반응은 없다.

05 다음 중 탈황을 촉진하기 위한 조건으로 틀린 것은?

① 비교적 고온이어야 한다.
② 슬래그의 염기도가 낮아야 한다.
③ 슬래그의 유동성이 좋아야 한다.
④ 슬래그 중의 산화철분 함유량이 낮아야 한다.

☞ 탈황을 촉진하기 위한 조건 중 슬래그의 염기도가 높아야 한다.

06 일반적으로 탄소의 함유량이 0.025~0.8% 사이의 강을 무슨 강이라 하는가?
① 공석강   ② 공정강
③ 아공석강 ④ 과공석강

강은 금속 조직학상 탄소의 함유량에 따라 아공석강, 공석강, 과공석강으로 분류한다.

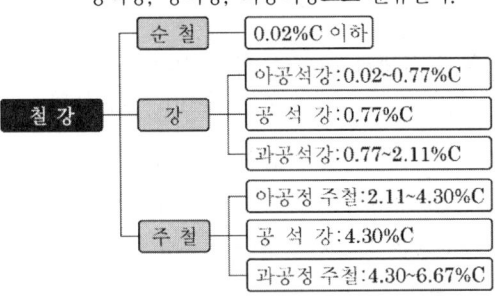

07 γ고용체와 α고용체에서 나타나는 조직은?
① γ고용체 – 페라이트조직
   α고용체 – 오스테나이트조직
② γ고용체 – 페라이트조직
   α고용체 – 시멘타이트조직
③ γ고용체 – 시멘타이트조직
   α고용체 – 페라이트조직
④ γ고용체 – 오스테나이트조직
   α고용체 – 페라이트조직

• α고용체 – α철에 탄소가 최대 0.02% 고용된 고용체로 조직상 페라이트라 한다.
• γ고용체 – γ철에 탄소가 최대 2.11%까지 고용된 고용체로 조직상 오스테나이트라 한다.

08 풀림의 방법에 속하지 않는 것은?
① 질화   ② 항온
③ 완전   ④ 구상화

강의 풀림에는 목적에 따라 완전 풀림, 등온(항온) 풀림, 응력 제거 풀림, 연화 풀림, 확산 풀림, 구상화 풀림, 저온 풀림, 탈탄 풀림 등이 있다.

09 강의 5원소에 포함되지 않는 것은?
① P   ② S
③ Cr   ④ Mn

강의 5대 원소는 C, P, S, Mn, Si로 이루어져 있다.

10 강에 함유된 원소 중 강의 담금질 효과를 증대시키며, 고온에서 결정립 성장을 억제시키는 것은?
① 황   ② 크롬
③ 탄소 ④ 망간

Mn(망간)은 주조성과 담금질 효과를 향상시킨다.

11 용접부 표면 및 용접부 형상 보조기호 중 영구적인 이면 판재 사용을 나타내는 기호는?
① ──   ② ⌐M⌐
③ ⌐MR⌐   ④ ⌣

용접부 및 표면 형상 중 영구적인 덮개판 사용은 ⌐M⌐으로 나타낸다.
• 제거 가능한 덮개판 사용 : ⌐MR⌐
• 동일 평면으로 다듬질 : ──
• 끝단부를 매끄럽게 함 : ⌣

12 그림과 같은 용접도시기호에 의하여 용접할 경우 설명으로 틀린 것은?

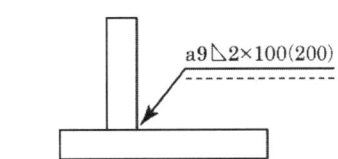

① 목두께는 9mm이다.

② 용접부의 개수는 2개이다.
③ 화살표 쪽에 필릿 용접한다.
④ 용접부 길이는 200mm이다.

👉 **용접도시기호의 표시 : a△n×$l(e)$**

기호표시	정의	결과
a△n×$l(e)$	a : 목두께	9mm
	△ : 용접기호	필릿용접
	n : 용접부의 개수(용접 수)	2개
	l : 용접부 길이(크레이터부 제외)	100mm
	(e) : 인접한 용접부 간의 거리(피치)	(200)mm
	기선 위에 기재하면 화살표 쪽 용접(___)	화살표 쪽 용접
z△n×$l(e)$	z : 각장(목길이, 다리길이)	

13 KS의 재료기호 중 "SPLT 390"은 어떤 재료를 의미하는가?
① 내열강판
② 저온 배관용 탄소 강관
③ 일반 구조용 탄소 강관
④ 보일러 열 교환기용 합금강 강관

👉 **KS의 재료기호**
• 내열강판 : STR
• 저온 배관용 탄소 강관 : SPLT
• 일반 구조용 탄소 강관 : SPS
• 보일러 열 교환기용 합금강 강관 : STHA

14 도면에 치수를 기입할 때 유의사항으로 틀린 것은?
① 치수는 가급적 주 투상도에 집중해서 기입한다.
② 치수는 가급적 계산할 필요가 없도록 기입한다.
③ 치수는 가급적 공정마다 배열을 분리하

여 기입한다.
④ 참고치수를 기입할 때는 원을 먼저 그린 후 원 안에 치수를 넣는다.

👉 **치수기입 시 유의사항**
참고치수는 기호로 ( )를 사용하며 참고치수의 치수 수치를 둘러싼다.

15 도면에서 해칭을 하는 경우는?
① 단면도의 절단된 부분을 나타낼 때
② 움직이는 부분을 나타내고자 할 때
③ 회전하는 물체를 나타내고자 할 때
④ 대상물의 보이는 부분을 표시할 때

👉 단면(절단된 면)이란 것을 표시하기 위하여 해칭 또는 스머징을 한다.

16 도면의 양식 및 도면 접기에 대한 설명 중 틀린 것은?
① 척도는 도면의 표제란에 기입한다.
② 복사한 도면을 접을 때, 그 크기는 원칙적으로 210mm×297mm(A4의 크기)로 한다.
③ 도면의 중심마크는 사용하기 편리한 크기와 양식으로 임의의 위치에 설치한다.
④ 도면의 크기 치수에 따라 굵기 0.5mm 이상의 실선으로 윤곽선을 그린다.

👉 도면의 중심마크는 윤곽선 중앙으로부터 용지의 가장자리에 이르는 굵기 0.5mm의 수직한 직선으로 그리며 그 허용오차는 ±0.5mm로 한다.

17 도면관리에 필요한 사항과 도면 내용에 관한 중요한 사항을 정리하여 도면에 기입하는 것은?
① 표제란   ② 윤곽선

③ 중심마크 ④ 비교눈금

표제란은 도면관리에 필요한 사항과 도면 내용에 관한 중요한 사항을 정리하여 도면에 기입하는 것이다.

18 용접 기본 기호의 명칭으로 맞는 것은?

〔보기〕 V

① 필릿 용접
② 가장자리 용접
③ 일면 개선형 맞대기 용접
④ 개선 각이 급격한 V형 맞대기 용접

V은 한쪽 면 K형 맞대기 이음 용접 또는 일면(한쪽 면) 개선형 맞대기 용접을 나타냄

19 다음 도면에서 ①이 표시된 선의 명칭은?

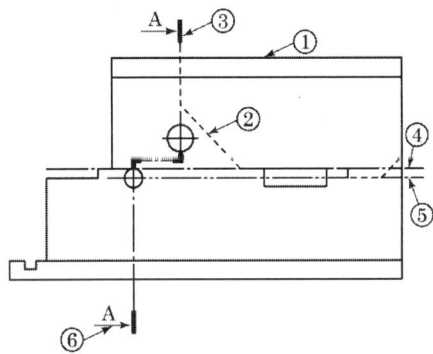

① 해칭선 ② 절단선
③ 외형선 ④ 치수 보조선

선의 명칭(원 안의 번호는 보기 그림에서의 번호)
① 외형선 ② 숨은선
③ 절단선 ④ 중심선
⑤ 무게중심선 ⑥ 치수 보조선

20 도형 내의 특정한 부분이 평면이라는 것을 표시할 경우 맞는 기입방법은?

① 은선으로 대각선을 기입
② 가는 실선으로 대각선을 기입
③ 가는 1점 쇄선으로 사각형을 기입
④ 가는 2점 쇄선으로 대각선을 기입

도형 내의 특정한 부분이 평면이라는 것을 표시할 경우 필요가 있을 때는 가는 실선을 대각선으로 그어준다.

평면임을 나타내는 표시 :

제2과목 용접구조설계

21 다음 중 용접부를 검사하는 데 이용하는 비파괴검사법이 아닌 것은?

① 누설시험 ② 충격시험
③ 침투 탐상법 ④ 초음파 탐상법

비파괴시험에는 육안시험, 방사선시험, 초음파탐상시험, 자분탐상시험, 침투탐상시험, 와류탐상시험, 음향시험, 누설시험, 수압시험 등이 있다.

22 용접 제품을 제작하기 위한 조립 및 가용접에 대한 일반적인 설명으로 틀린 것은?

① 조립 순서는 용접 순서 및 용접 작업의 특성을 고려하여 계획한다.
② 불필요한 잔류응력이 남지 않도록 미리 검토하여 조립 순서를 정한다.
③ 강도상 중요한 곳과 용접의 시점과 종점이 되는 끝부분에 주로 가용접한다.
④ 가용접 시에는 본용접보다도 지름이 약간 가는 용접봉을 사용하는 것이 좋다.

강도상 중요한 곳과 용접의 시점, 종점 등과 같이 단면이 급변하여 응력이 집중되는 곳은 가능한 한 피한다.

23 서브머지드 아크 용접 이음설계에서 용접부의 시작점과 끝점에 모재와 같은 재질의 판 두께를 사용하여 충분한 용입을 얻기 위하여 사용하는 것은?

① 엔드 탭
② 실링 비드
③ 플레이트 정반
④ 알루미늄 판 받침

👉 **엔드 탭**
서브머지드 아크 용접 시 용접 시작점과 끝나는 점에 결함 발생의 방지와 회전 변형방지를 위해 엔드 탭을 붙여 충분한 용입을 얻는 데 사용된다.

24 다음 중 용접부에서 방사선 투과검사법으로 검출하기 가장 곤란한 결함은?

① 기공
② 용입 불량
③ 슬래그 섞임
④ 라미네이션 균열

👉 방사선 투과 시험법에서는 미세한 표면 균열이나 라미네이션은 검출되지 않는다.

25 다음 중 열전도율이 가장 낮은 금속은?

① 연강
② 구리
③ 알루미늄
④ 18-8 스테인리스강

👉 **열전도도가 큰 순서**
구리 > 알루미늄 > 연강 > 18-8 스테인리스강

26 다음 중 용접이음 성능에 영향을 주는 요소로 가장 거리가 먼 것은?

① 용접 결함
② 용접 홀더
③ 용접이음의 위치
④ 용접변형 및 잔류응력

👉 용접 홀더는 용접봉을 물려 용접을 하는 기구로 용접이음 성능에 영향을 주는 요소와는 거리가 멀다.

27 그림과 같은 겹치기 이음의 필릿 용접을 하려고 한다. 허용응력이 50MPa, 인장하중이 50kN, 판두께가 12mm일 때, 용접 유효길이(l)는 약 몇 mm인가?

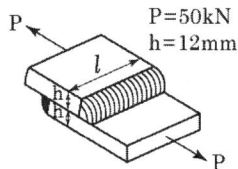

① 59
② 73
③ 69
④ 83

👉 **용접 유효길이(l) 계산**

허용응력 $\sigma_a = \dfrac{1.414P}{(h_1+h_2)l}$ 에서

유효길이 $l = \dfrac{1.414 \times P}{\sigma_a \times (h_1+h_2)}$

허용응력
σ_a = 50MPa = 50×10^6Pa = 50×10^6N/m²,
판 두께 $h_1 = h_2$ = 12mm = 0.012m,
인장하중 P = 50kN = 50×10^3N에서
유효길이

$l = \dfrac{1.414 \times (50 \times 10^3 \text{N})}{(50 \times 10^6 \text{N/m}^2) \times (0.012\text{m} + 0.012\text{m})}$

= 0.059m = 59mm

28 용접구조물의 재료 절약 설계 요령으로 틀린 것은?

① 가능한 한 표준 규격의 재료를 이용한다.
② 용접할 조각의 수를 가능한 한 많게 한다.

③ 재료는 쉽게 구입할 수 있는 것으로 한다.

④ 고장이 발생했을 경우 수리할 때의 편의도 고려한다.

👆 재료절약 설계 요령에 용접할 조각의 수를 가능한 한 줄이도록 한다.

29 잔류응력이 남아 있는 용접제품에 소성변형을 주어 용접 잔류응력을 제거(완화)하는 방법을 무엇이라고 하는가?

① 노내 풀림법
② 국부 풀림법
③ 저온 응력 완화법
④ 기계적 응력 완화법

👆 용접부를 약간 소성변형시킨 다음 하중을 제거하면 잔류응력이 현저하게 감소하는 현상을 이용하는 방법을 기계적 응력 완화법이라 한다.

30 아크용접 시 용접이음의 용융부 밖에서 아크를 발생시킬 때 아크열에 의해 모재표면에 생기는 결함은?

① 은점(fish eye)
② 언더 필(under fill)
③ 스캐터링(scattering)
④ 아크 스트라이크(arc strike)

👆 용접이음의 용융부 밖에서 아크를 발생시킬 때 아크열에 의해 모재에 결함이 생기는 것을 아크 스트라이크라고 한다.

31 다음 용접기호가 뜻하는 용접은?

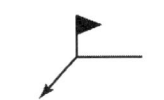

① 심 용접
② 점 용접

③ 현장 용접
④ 일주 용접

👆 현장 용접(▶), 원주 용접(○ : 일주 용접, 전체 둘레 용접, 온둘레 용접), 현장 원주 용접(⌀) 등의 보조 기호는 화살표와 기준선의 교점에 표시한다.

32 그림과 같이 완전용입 T형 맞대기용접 이음에 굽힘 모멘트 M=9000kgf·cm가 작용할 때 최대 굽힘 응력(kgf/cm²)은?
(단, L=400mm, l=300mm, t=20mm, P(kgf)는 하중이다.)

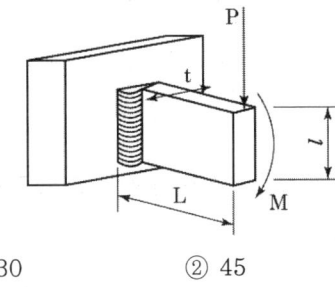

① 30
② 45
③ 300
④ 450

👆 최대 굽힘 응력(σ_b)의 계산

$\sigma_b = \dfrac{6M}{tl^2}$ 에서

M은 9000kgf·cm, l=300mm=30cm,
t(h)=20mm=2cm이므로

$\sigma_b = \dfrac{6 \times 9000 \text{kgf} \cdot \text{cm}}{2\text{cm} \times (30\text{cm})^2} = \dfrac{54000 \text{kgf} \cdot \text{cm}}{1800 \text{cm}^3}$

$= 30 \text{kgf/cm}^2$

33 그라인더를 사용하여 용접부의 표면 비드를 모재의 표면 높이와 동일하게 잘 다듬질하는 가장 큰 이유는?

① 용접부의 인성을 낮추기 위해
② 용접부의 잔류응력을 증가시키기 위해
③ 용접부의 응력 집중을 감소시키기 위해
④ 용접부의 내부결함의 크기를 증대시키

기 위해

👉 용접을 한 후 표면 비드를 모재의 높이와 평행으로 가공하는 이유는 용접부 응력 집중을 줄이기 위함이다.

34 다음 용접봉 중 제품의 인장강도가 요구될 때 사용하는 것으로 내균열성이 가장 우수한 용접봉은?

① 저수소계 ② 라임 티탄계
③ 고셀룰로오스계 ④ 고산화티탄계

👉 저수소계 용접봉의 경우 강력한 탈산작용으로 인하여 산소량도 적으므로 용착금속은 강인성이 풍부하고 기계적 성질, 내균열성이 다른 용접봉에 비하여 우수하다.

35 본 용접에서 그림과 같은 순서로 용접하는 용착법은?

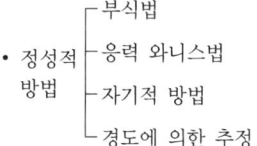

① 대칭법 ② 스킵법
③ 후퇴법 ④ 살수법

👉 용접방향과 용접순서에 의한 분류
전진법, 후진법(후퇴법), 대칭법, 스킵법(뜀법, 비석법)

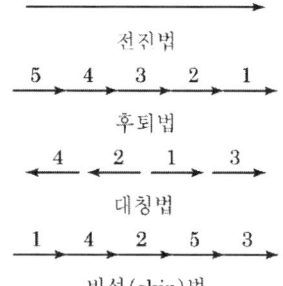

• 비석법 : 용접 길이를 짧게 나누어 간격을 두면서 용접하는 방법으로 피용접물 전체에 변형이나 잔류응력이 적게 발생하도록 하는 용착법

36 잔류응력 측정법에는 정성적 방법과 정량적 방법이 있다. 다음 중 정성적 방법에 속하는 것은?

① X-선법
② 자기적 방법
③ 응력 이완법
④ 광탄성에 의한 방법

👉 잔류응력 측정법

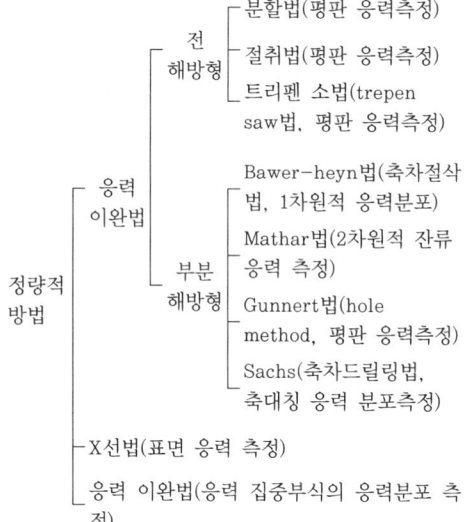

37 용접 모재의 뒤편을 강하게 받쳐 주어 구속에 의하여 변형을 억제하는 것은?

① 포지셔너
② 회전지그
③ 스트롱 백
④ 매니플레이트

👉 구속에 의한 변형 방지법의 하나로 용접구조물

의 뒤편을 강하게 구속시켜 변형을 방지하는 방법에 스트롱 백(strong back)이 사용된다.

38 20kg의 피복 아크 용접봉을 가지고 두께 9mm 연강판 구조물을 용접하여 용착되고 남은 피복중량, 스패터, 잔봉, 연소에 의한 손실 등의 무게가 4kg이었다면, 이때 피복 아크 용접봉의 용착효율은?

① 60% ② 70%
③ 80% ④ 90%

👉 용착효율(η)

용착효율 $\eta = \dfrac{용착\ 금속의\ 중량}{용접봉\ 사용\ 중량} \times 100(\%)$ 에서

$\eta = \dfrac{20\text{kg} - 4\text{kg}}{20\text{kg}} \times 100\% = 80\%$

39 구조물 용접작업 시 용접순서에 관한 설명으로 틀린 것은?

① 용접물의 중심에서 대칭으로 용접을 해 나간다.
② 용접 작업이 불가능한 곳이나 곤란한 곳이 생기지 않도록 한다.
③ 수축이 작은 이음을 먼저 용접하고 수축이 큰 이음을 나중에 용접한다.
④ 용접 구조물의 중심축을 기준으로 용접 수축력의 모멘트 합이 0이 되게 하면 용접선 방향에 대한 굽힘을 줄일 수 있다.

👉 용접작업에서는 가능한 한 수축이 큰 이음을 먼저 용접하고 수축이 작은 이음은 나중에 용접하도록 순서를 정한다.

40 끝이 구면인 특수한 해머로 용접부를 연속적으로 때려 용착금속부의 인장응력을 완화하는 데 큰 효과가 있는 잔류응력 제거법은?

① 피닝법
② 국부 풀림법
③ 케이블 커넥터법
④ 저온 응력 완화법

👉 끝이 구면인 특수한 해머로 용접부를 연속적으로 때려 용착금속부의 인장응력을 완화하는 데 큰 효과가 있는 잔류응력 제거법으로 피닝법이 쓰인다.

제3과목 용접일반 및 안전관리

41 진공 상태에서 용접을 행하게 되므로 텅스텐, 몰리브덴과 같이 대기에서 반응하기 쉬운 금속도 용이하게 접합할 수 있는 용접은?

① 스터드 용접 ② 테르밋 용접
③ 전자빔 용접 ④ 원자수소 용접

👉 전자빔 용접은 진공 상태에서 용접을 행하게 되므로 텅스텐, 몰리브덴과 같이 대기에서 반응하기 쉬운 금속도 용이하게 용접할 수 있다.

42 다음 재료 중 용제 없이 가스용접을 할 수 있는 것은?

① 주철 ② 황동
③ 연강 ④ 알루미늄

👉 가스용접 시 연강을 용접할 경우 용제를 사용하지 않는다.

• 각종 금속재료별 용제의 종류

재 료	용 제
연 강	일반적으로는 용제 불필요
반경강	중탄산소다+탄산소다
주 철	탄산나트륨 15%, 붕사 15%, 중탄산나트륨 70%
구리합금	붕사 75%, 염화리튬 25%
알루미늄	염화나트륨 30%, 염화칼륨 45%, 염화리튬 15%, 플루오르화칼륨 7%, 황산칼륨 3%

43 강인성이 풍부하고 기계적 성질, 내균열성이 가장 좋은 피복 아크 용접봉은?

① 저수소계
② 고산화티탄계
③ 철분 산화티탄계
④ 고셀룰로오스계

🖐 저수소계 용접봉의 경우 강력한 탈산작용으로 인하여 산소량도 적으므로 용착금속은 강인성이 풍부하고 기계적 성질, 내균열성이 다른 용접봉에 비하여 우수하다.

44 유전, 습지대에서 분출되는 메탄이 주성분인 가스는?

① 수소가스　② 천연가스
③ 아르곤가스　④ 프로판가스

🖐 천연가스(LNG)는 유전지대에서 분출되는 가스로 메탄(CH_4)이 주성분으로 80~90%를 차지하고 있다.

45 다음 용접법 중 가장 두꺼운 판을 용접할 수 있는 것은?

① 전자빔 용접
② 일렉트로 슬래그 용접
③ 서브머지드 아크 용접
④ 불활성 가스 아크 용접

🖐 일렉트로 슬래그 용접은 단층 수직 상진 용접법으로서 특히 원판 용접에 적당하며 1m 두께의 강판 연속 용접도 가능하다.

46 리벳이음과 비교하여 용접의 장점을 설명한 것으로 틀린 것은?

① 작업공정이 단축된다.
② 기밀, 수밀이 우수하다.
③ 복잡한 구조물 제작에 용이하다.
④ 열 영향으로 이음부의 재질이 변하지 않는다.

🖐 용접은 열 영향으로 이음부의 재질의 변형 및 잔류응력이 생기는 단점을 가지고 있다.

47 다음 중 용접기의 설치 및 정비 시 주의해야 할 사항으로 틀린 것은?

① 습도가 높은 곳에 설치해야 한다.
② 먼지가 많은 장소에는 가급적 용접기 설치를 피한다.
③ 용접 케이블 등의 파손된 부분은 절연 테이프로 감아야 한다.
④ 2차측 단자의 한쪽과 용접기 케이스는 접지를 확실히 해 둔다.

🖐 습기가 많은 곳이나 습도가 높은 곳에 용접기를 설치하게 되면 누전으로 인한 감전의 위험이 있을 수 있으므로 설치를 피하는 것이 좋다.

48 다음 보기 중 용접의 자동화에서 자동제어의 장점을 모두 고른 것은?

> ㉠ 제품의 품질이 균일화되어 불량품이 감소한다.
> ㉡ 원자재, 원가 등이 증가한다.
> ㉢ 인간에게는 불가능한 고속작업이 가능하다.
> ㉣ 위험한 사고의 방지가 불가능하다.
> ㉤ 연속작업이 가능하다.

① ㉠, ㉡, ㉣
② ㉠, ㉢, ㉤
③ ㉠, ㉡, ㉢, ㉤
④ ㉠, ㉡, ㉢, ㉣, ㉤

🖐 ㉡ 원자재, 원가 등이 감소한다.
　㉣ 위험한 사고의 방지가 가능하다.

49 가스 용접 토치의 종류가 아닌 것은?

① 저압식 토치　② 중압식 토치

③ 고압식 토치   ④ 등압식 토치

☝ 가스 용접 토치는 사용되는 아세틸렌 가스의 압력에 따라 저압식, 중압식, 고압식으로 분류하고 토치의 구조에 따라 불변압식(독일식 : A형)과 가변압식(프랑스식 : B형)으로 나눈다.

50 무부하 전압 80V, 아크 전압 30V, 아크 전류 300A, 내부 손실이 4kW인 경우 아크 용접기의 효율은 약 몇 %인가?

① 59   ② 69
③ 75   ④ 80

☝ 용접기 효율(η) 계산
효율(η)
$= \dfrac{\text{아크입력(소비전력)}}{\text{아크입력(소비전력)}+\text{내부손실}} \times 100\%$ 에서
무부하 전압 80V, 아크 전압 30V, 아크 전류 300A, 내부 손실 4kW일 때
- 아크 입력(VA)
  = 아크 전압(V) × 아크 전류(A)
  = 30V × 300A = 9000VA
  = 9kVA (1kVA는 1000VA이다.)
- 효율 $\eta = \dfrac{9\text{kVA}}{9\text{kVA}+4\text{kVA}} \times 100\% = 69.2\%$

51 다음 중 연소의 3요소에 해당하지 않는 것은?

① 가연물   ② 점화원
③ 충전재   ④ 산소공급원

☝ 화재의 구성은 가연물(가연성 물질), 점화원, 산소(산소공급원)가 필수적으로 필요하게 되는데 이것을 화재의 구성 요소라 한다.(연소의 3요소)

52 냉간 압접의 일반적인 특징으로 틀린 것은?

① 용접부가 가공 경화된다.
② 압접에 필요한 공구가 간단하다.
③ 접합부의 열 영향으로 숙련이 필요하다.
④ 접합부의 전기저항은 모재와 거의 동일하다.

☝ 냉간 압접의 특징은 접합부의 열영향이 없고 숙련이 불필요하며, 철강재료의 경우 냉간 압접은 부적당하다.

53 가스절단에서 판 두께가 12.7mm일 때, 표준 드래그의 길이로 가장 적당한 것은?

① 2.4mm   ② 5.2mm
③ 5.6mm   ④ 6.4mm

☝ 가스절단에서의 표준 드래그 길이는 보통 판 두께의 20% 정도이므로 12.7mm일 때에는 약 2.5mm 정도가 된다.

54 금속 원자 사이에 작용하는 인력으로 원자를 서로 결합하기 위해서는 원자 간의 거리가 어느 정도 되어야 하는가?

① 10^{-4}cm   ② 10^{-6}cm
③ 10^{-7}cm   ④ 10^{-8}cm

☝ 뉴턴의 만유인력 법칙에 따라서 금속원자들 사이의 인력에 의해 두 금속은 굳게 결합된다. 이때의 원자들은 1cm의 1억분의 1 정도(Å= 10^{-8}cm, 옴스트롬) 거리에서 인력이 작용된다.

55 서브머지드 아크 용접법의 설명 중 틀린 것은?

① 비소모식이므로 비드의 외관이 거칠다.
② 용접선이 수직인 경우 적용이 곤란하다.
③ 모재 두께가 두꺼운 용접에서 효율적이다.
④ 용융속도와 용착속도가 빠르며, 용입이 깊다.

☝ 서브머지드 아크 용접
소모식으로 비드의 외관이 아름답다.

56 피복 아크 용접에서 정극성과 역극성의 설명으로 옳은 것은?

① 박판의 용접은 주로 정극성을 이용한다.
② 용접봉에 (-)극을, 모재에 (+)극을 연결하는 것을 정극성이라 한다.
③ 정극성일 때 용접봉의 용융속도는 빠르고 모재의 용입은 얕아진다.
④ 역극성일 때 용접봉의 용융속도는 빠르고 모재의 용입은 깊어진다.

👉 정극성과 역극성의 비교

극성	상 태	
정극성 (DCSP) (DCEN)	모재가 양극	열분배 - : 30% 정도 + : 70% 정도
	특 징	
	① 모재의 용입이 깊다. ② 봉의 용융이 늦다. ③ 비드 폭이 좁다. ④ 일반적으로 많이 쓰인다.	

극성	상 태	
역극성 (DCRP) (DCEP)	모재가 음극	열분배 + : 70% 정도 - : 30% 정도
	특 징	
	① 모재의 용입이 얕다. ② 봉의 용융이 빠르다. ③ 비드 폭이 넓다. ④ 박판, 주철, 고탄소강, 합금강, 비철금속 용접 등에 쓰인다.	

57 다음 분말 소화기의 종류 중 A, B, C급 화재에 모두 사용할 수 있는 것은?

① 제1종 분말 소화기
② 제2종 분말 소화기
③ 제3종 분말 소화기
④ 제4종 분말 소화기

👉 분말 소화액제의 적용

구 분	적용 화재급
제1종 분말 소화기	BC급
제2종 분말 소화기	BC급
제3종 분말 소화기	ABC급
제4종 분말 소화기	BC급

58 용접법의 종류 중 압접법이 아닌 것은?

① 마찰 용접
② 초음파 용접
③ 스터드 용접
④ 업셋 맞대기 용접

👉 스터드 용접은 용접법의 분류에서 융접으로 분류된다.

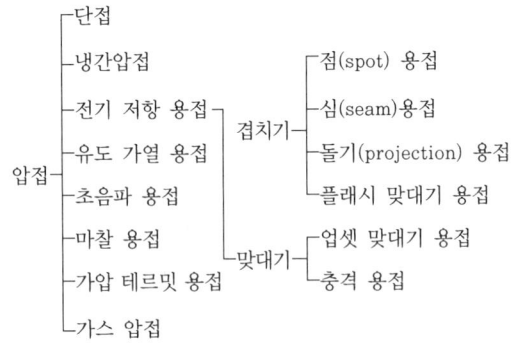

59 아크 용접 시 차광 유리를 선택할 경우 용접전류가 400A 이상일 때의 가장 적합한 차광도 번호는?

① 5
② 8
③ 10
④ 14

👉 용접전류가 400A 이상일 때에는 13~14번 정도를 사용하여야 한다.

60 두 개의 모재에 압력을 가해 접촉시킨 후 회전시켜 발생하는 열과 가압력을 이용하여 접합하는 용접법은?

① 단조 용접
② 마찰 용접

③ 확산 용접   ④ 스터드 용접

마찰 용접
두 개의 모재에 압력을 가해 접촉시킨 후 회전시켜 발생하는 열과 가압력을 이용하여 접합하는 용접법

01	02	03	04	05	06	07	08	09	10
④	②	②	①	②	③	④	①	③	④
11	12	13	14	15	16	17	18	19	20
②	④	②	④	①	③	①	③	③	②
21	22	23	24	25	26	27	28	29	30
②	③	①	④	④	②	①	②	④	④
31	32	33	34	35	36	37	38	39	40
③	①	③	①	②	②	③	③	①	③
41	42	43	44	45	46	47	48	49	50
③	③	①	②	②	④	①	②	④	②
51	52	53	54	55	56	57	58	59	60
③	③	①	④	①	②	③	③	④	②

과·년·도·문·제

2018. 8. 19

자격종목 및 등급(선택분야)	종목코드	시험시간	문제지형별	수검번호	성 명
용접산업기사	2026	1시간 30분	A	20180819	

● 제1과목 용접야금 및 용접설비제도

01 다음 중 탈황을 촉진하기 위한 조건으로 틀린 것은?
① 비교적 고온이어야 한다.
② 슬래그의 염기도가 낮아야 한다.
③ 슬래그의 유동성이 좋아야 한다.
④ 슬래그 중의 산화철분이 낮아야 한다.

☞ 탈황반응은 슬래그의 염기도가 높을수록 크다.

02 탄소강의 표준조직이 아닌 것은?
① 페라이트   ② 마텐자이트
③ 펄라이트   ④ 시멘타이트

☞ 강의 표준조직에는 페라이트, 오스테나이트, 시멘타이트, 펄라이트, 레데뷰라이트가 있으며, 마텐자이트는 공석강을 빠르게 냉각시켰을 때 생성되는 변태이다.

03 용접하기 전 예열하는 목적이 아닌 것은?
① 수축 변형을 감소한다.
② 열영향부 경도를 증가시킨다.
③ 용접 금속 및 열영향부에 균열을 방지한다.
④ 용접 금속 및 열영향부의 연성 또는 노치인성을 개선한다.

☞ 예열의 목적으로 냉각 속도를 느리게 해줌으로써 열영향부의 경도가 낮아지며 인성이 증가된다.

04 다음 균열 중 모재의 열팽창 및 수축에 의한 비틀림이 주원인이며, 필릿 용접이음부의 루트 부분에 생기는 균열은?
① 힐 균열
② 설퍼 균열
③ 크레이터 균열
④ 라미네이션 균열

☞ 힐 균열은 필릿용접 이음부의 루트부분에 생기는 저온 균열로 모재의 열팽창 및 수축에 의한 비틀림이 주원인으로 볼 수 있다.

05 강자성체인 Fe, Ni, Co의 자기 변태 온도가 낮은 것에서 높은 순으로 바르게 배열된 것은?
① Fe → Ni → Co
② Fe → Co → Ni
③ Ni → Fe → Co
④ Ni → Co → Fe

☞ 자기 변태 온도
• Ni : 358℃
• Fe : 768℃
• Co : 1130℃

06 강을 연하게 하여 기계가공성을 향상시키거나, 내부 응력을 제거하기 위해 실시하

는 열처리는?

① 불림(nomalizing)
② 뜨임(tempering)
③ 담금질(quenching)
④ 풀림(annealing)

👉 풀림
탄소강을 연하게 할 목적으로 적당한 온도까지 가열시켰다가 서서히 냉각시켜 재료의 연화, 잔류응력제거, 절삭성(기계 가공성) 향상, 냉간가공의 개선, 결정 조직의 조성 등을 목적으로 하는 열처리이다.

07 일반적인 탄소강에 함유된 5대 원소에 속하지 않는 것은?

① Mn   ② Si
③ P   ④ Cr

👉 철강의 5대 원소
C, Mn, Si, P, S

08 습기 제거를 위한 용접봉의 건조 시 건조 온도가 가장 높은 것은?

① 저수소계   ② 라임티탄계
③ 셀룰로오스계 ④ 고산화티탄계

👉 용접봉의 건조 온도

용접봉의 종류	건조온도	건조시간
셀룰로오스계 (일반 용접봉)	70~100℃	30~1시간
저수소계	300~350℃	1~2시간

09 알루미늄 계열의 분류에서 번호대와 첨가 원소가 바르게 짝지어진 것은?

① 1000계 : 순금속 알루미늄(순도)99.0%)
② 3000계 : 알루미늄-Si계 합금
③ 4000계 : 알루미늄-Mg계 합금
④ 5000계 : 알루미늄-Mn계 합금

👉 알루미늄의 분류
• 3000계 : 알루미늄-Mn계 합금
• 4000계 : 알루미늄-Si계 합금
• 5000계 : 알루미늄-Mg계 합금

10 다음 원소 중 황(S)의 해를 방지할 수 있는 것으로 가장 적합한 것은?

① Mn   ② Si
③ Al   ④ Mo

👉 Mn(망간)
규소와 같이 탈산제로 사용되는 이외에 황의 나쁜 영향을 제거하는 데 중요한 역할을 한다.

11 다음 중 판의 맞대기 용접에서 위보기 자세를 나타내는 것은?

① H   ② V
③ O   ④ AP

👉 용접 자세
F : 아래보기 자세   H : 수평 자세
V : 수직 자세   O : 위보기 자세
AP : 전 자세

12 다음 KS 용접기호에서 C가 의미하는 것은?

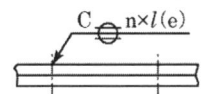

① 용접 강도
② 용접 길이
③ 루트 간격
④ 용접부의 너비

👉 용접도시기호의 표시 : c ⊖ n×l(e)

기호표시	정 의
	⊖ : 시임용접 기호
	c : 슬롯부의 폭(용접부의 너비)
	n : 용접부의 개수(용접 수)
	l : 용접부 길이(크레이터부 제외)
	(e) : 인접한 용접부 간의 거리 (피치)

13 기계제도에 사용하는 문자의 종류가 아닌 것은?

① 한글 ② 알파벳
③ 상형문자 ④ 아라비아 숫자

👆 상형문자는 제도에 사용하는 문자의 종류에 속하지 않는다.

14 X, Y, Z방향의 축을 기준으로 공간상에 하나의 점을 표시할 때 각 축에 대한 X, Y, Z에 대응하는 좌표값으로 표시하는 CAD 시스템의 좌표계의 명칭은?

① 극좌표계 ② 직교좌표계
③ 원통좌표계 ④ 구면좌표계

👆 직교좌표계는 X, Y, Z방향의 축을 기준으로 공간상에 하나의 점을 표시할 때 각 축에 대한 X, Y, Z에 대응하는 좌표값으로 표시하는 방법이다.

15 아래 그림의 화살표 쪽의 인접부분을 참고로 표시하는 데 사용하는 선의 명칭은?

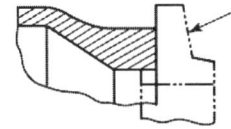

① 가상선 ② 숨은선
③ 외형선 ④ 파단선

👆 인접한 부분을 참고로 표시하는 데 사용하는 선을 가상선이라 하며 가는 2점 쇄선으로 나타낸다.

16 다음 중 가는 실선으로 표시되는 것은?

① 외형선 ② 숨은선
③ 절단선 ④ 회전 단면선

👆 **선의 표시**
• 가는 실선으로 표시되는 선에는 치수선, 치수 보조선, 지시선, 회전 단면선, 중심선, 수준면선 등이 있다.
• 외형선은 굵은 실선으로 표기하며, 숨은선은 가는 파선 또는 굵은 파선으로 그리고 절단선은 가는 1점 쇄선으로 끝부분 및 방향이 변하는 부분을 굵게 하여 준다.

17 다음 중 심(seam) 용접이음 기호로 맞는 것은?

① ◯ ② ⌣
③ ⊖ ④ ⌢

👆 **용접부의 보조기호**
• ◯ : 기본기호로 스폿 용접기호
• ⌣ : 기본기호로 뒷면 용접기호
• ⊖ : 심 용접기호
• ⌢ : 서페이싱(덧쌓기)

18 다음 치수기입 방법의 일반 형식 중 잘못 표시된 것은?

① 각도 치수 :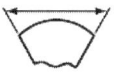

② 호의 길이 치수 :

③ 현의 길이 치수 :

④ 변의 길이 치수 :

👉 치수기입 방법

각도 치수 :

19 도면에 치수를 기입할 때의 유의 사항으로 틀린 것은?
① 치수는 계산할 필요가 없도록 기입하여야 한다.
② 치수는 중복 기입하여 도면을 이해하기 쉽게 한다.
③ 관련되는 치수는 가능한 한 한곳에 모아서 기입한다.
④ 치수는 될 수 있는 대로 주투상도에 기입해야 한다.

👉 치수는 중복 기입을 피하도록 한다.

20 핸들이나 바퀴의 암 및 리브, 훅, 축 구조물의 부재 등에 절단면을 90° 회전하여 그린 단면도는?
① 회전 단면도   ② 부분 단면도
③ 한쪽 단면도   ④ 온 단면도

👉 회전 단면도는 핸들이나 바퀴의 암 및 리브, 훅, 축 구조물의 부재 등에 절단면을 90° 회전하여 그린 단면도이다.

● **제2과목 용접구조설계**

21 일반적인 자분탐상 검사를 나타내는 기호는?
① UT   ② PT
③ MT   ④ RT

👉 비파괴검사 기호
• UT : 초음파탐상검사
• PT : 육안검사
• MT : 자분탐상검사
• RT : 방사선검사

22 가늘고 긴 망치로 용접 부위를 계속적으로 두들겨 줌으로써 비드 표면층에 성질 변화를 주어 용접부의 인장 잔류 응력을 완화시키는 방법은?
① 피닝법   ② 역변형법
③ 취성 경감법   ④ 저온 응력 완화법

👉 피닝법
가늘고 긴 망치로 용접 부위를 계속적으로 두들겨 줌으로써 비드 표면층에 성질 변화를 주어 용접부의 인장 잔류 응력을 완화시킴과 동시에 용접변형을 경감시키고 용접 금속의 급열을 방지하는 효과를 얻는 작업이다.

23 맞대기 용접 시 부등형 용접 홈을 사용하는 이유로 가장 거리가 먼 것은?
① 수축 변형을 적게 하기 위할 때
② 홈의 용적을 가능한 한 크게 하기 위할 때
③ 루트 주위를 가우징해야 할 경우
④ 위보기 용접을 할 경우 용착량을 적게 하여 용접시공을 쉽게 해야 할 때

👉 부등형 용접 홈을 사용하는 이유로 홈의 용적을 가능한 한 작게 하고자 할 때의 이음 방법에 적용한다.

24 피복 아크 용접에서 언더컷(under cut)의 발생 원인으로 가장 거리가 먼 것은?
① 용착부가 급랭될 때
② 아크길이가 너무 길 때
③ 용접전류가 너무 높을 때

④ 용접봉의 운봉속도가 부적당할 때

※ 용접부가 급랭되면 선상조직이나 기공 등이 발생되기 쉬우나 언더컷의 발생 원인과는 거리가 멀다.

25 본 용접을 시행하기 전에 좌우의 이음 부분을 일시적으로 고정하기 위한 짧은 용접은?
① 후용접 ② 점용접
③ 가용접 ④ 선용접

※ 본 용접을 시행하기 전에 좌우의 이음 부분을 일시적으로 고정하기 위한 짧은 용접을 가용접(가접)이라 한다.

26 예열에 관한 설명으로 틀린 것은?
① 용접부와 인접한 모재의 수축응력을 감소시키기 위하여 예열을 한다.
② 냉각속도를 지연시켜 열영향부와 용착금속의 경화를 방지하기 위하여 예열을 한다.
③ 냉각속도를 지연시켜 용접금속 내에 수소성분을 배출함으로써 비드 밑 균열을 방지한다.
④ 탄소성분이 높을수록 임계점에서의 냉각속도가 느리므로 예열을 할 필요가 없다.

※ 탄소성분이 높을수록 임계점에서의 냉각속도가 빨라지므로 더욱 예열이 필요하다.

27 용접구조물을 설계할 때 주의해야 할 사항으로 틀린 것은?
① 용접구조물은 가능한 한 균형을 고려한다.
② 용접성, 노치인성이 우수한 재료를 선택하여 시공하기 쉽게 설계한다.
③ 중요한 부분에서 용접이음의 집중, 접근, 교차가 되도록 설계한다.
④ 후판을 용접할 경우는 용입이 깊은 용접법을 이용하여 층수를 줄이도록 한다.

※ 용접이음의 집중, 접근, 교차를 피하도록 설계하여야 한다.

28 인장강도 P, 사용응력 σ, 허용응력 σ_a라 할 때, 안전율을 구하는 공식으로 옳은 것은?
① 안전율 $= \dfrac{P}{(\sigma \times \sigma_a)}$
② 안전율 $= \dfrac{P}{\sigma_a}$
③ 안전율 $= \dfrac{P}{(2 \times \sigma)}$
④ 안전율 $= \dfrac{P}{\sigma}$

※ 안전율(S)
• 사용응력(σ)과 재료의 허용응력(σ_a)과의 사이에 적당한 균형을 유지할 수 있는 인자가 필요하게 된다. 이 관련성을 나타내는 지수를 안전율(safety factor)이라 한다.
• 안전율 $S = \dfrac{허용응력(\sigma_a)}{사용응력(\sigma)}$
$= \dfrac{극한강도(인장강도, P)}{허용응력(\sigma_a)}$

29 일반적인 침투 탐상 검사의 특징으로 틀린 것은?
① 제품의 크기, 형상 등에 크게 구애를 받지 않는다.
② 주변 환경의 오염도, 습도, 온도와 무관하게 탐상 검사가 가능하다.
③ 철, 비철, 플라스틱, 세라믹 등 거의 모든 제품에 적용이 용이하다.
④ 시험 표면이 침투제 등과 반응하여 손

상을 입는 제품은 검사할 수 없다.
- 침투 탐상 검사는 주변 환경, 특히 온도에 민감하여 제약을 받는다.

30 다음 중 용접사의 기량과 무관한 결함은?
① 용입 불량 ② 슬래그 섞임
③ 크레이터 균열 ④ 라미네이션 균열

- 라미네이션은 모재 자체의 재질 결함으로 용접사의 기량과는 무관하다.
  - 용접사에 의하여 발생될 수 있는 결함에는 용입 불량, 융합 불량, 언더컷, 언더필, 슬래그 섞임, 크레이터 균열, 스패터, 기공, 아크 스트라이크 등이 있다.

31 잔류 응력 측정법의 분류에서 정량적 방법에 속하는 것은?
① 부식법 ② 자기적 방법
③ 응력 이완법 ④ 경도에 의한 방법

- 잔류응력 측정법

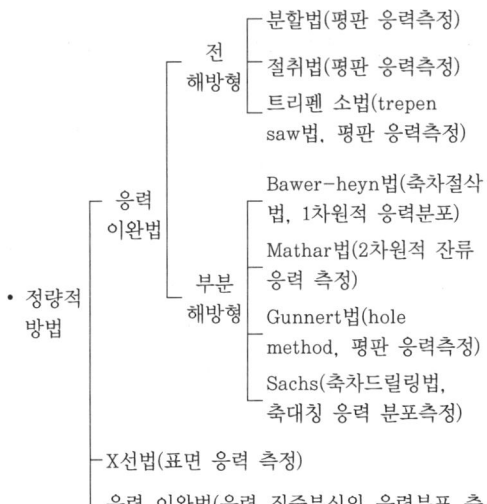

32 다음과 같은 형상의 용접이음 종류는?

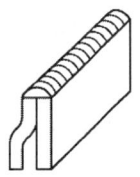

① 십자 이음 ② 모서리 이음
③ 겹치기 이음 ④ 변두리 이음

- 이음의 종류
  맞대기, 모서리, 변두리, 겹치기, T 이음, 십자 이음, 전면 필릿 이음, 측면 필릿 이음, 양면 덮개판 이음 등이 대표적 이음으로 그림에서의 이음은 변두리 이음에 속한다.

33 그림의 용착 방법 종류로 옳은 것은?

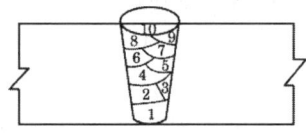

① 전진법
② 후진법
③ 비석법
④ 덧살 올림법

- 다층쌓기에는 덧살 올림법과 캐스케이드법, 전진 블록법이 있으며, 문제에서의 그림은 덧살 올림법을 나타낸 것으로 빌드업법이라고도 하며, 각 층마다 전체의 길이를 용접하면서 쌓아 올리는 방법이다.

34 그림과 같은 용접부에 발생하는 인장응력 (σ_t)은 약 몇 MPa인가? (단, 용접길이, 두께의 단위는 mm이다.)

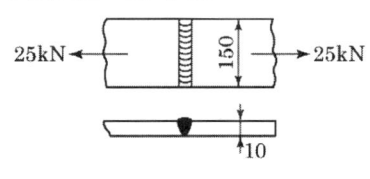

① 14.6 ② 16.7

③ 21.6 ④ 26.6

✋ 인장응력(σ_t) 계산

$\sigma_t = \dfrac{P}{A} = \dfrac{P}{hl}$ (MPa)

하중 P=25kN=25×10³N,
두께 h=10mm=0.01m,
유효길이 l=150mm=0.15m에서

인장응력 $\sigma_t = \dfrac{25 \times 10^3 N}{0.01m \times 0.15m} = 16.7$MPa

(1N/m²는 1Pa(파스칼)이고, 1M(메가)는 10⁶이다.)

35 금속에 열을 가했을 경우 변화에 대한 설명으로 틀린 것은?

① 팽창과 수축의 정도는 가열된 면적의 크기에 반비례한다.
② 구속된 상태의 팽창과 수축은 금속의 변형과 잔류응력을 생기게 한다.
③ 구속된 상태의 수축은 금속이 그 장력에 견딜 만한 연성이 없으면 파단한다.
④ 금속은 고온에서 압축응력을 받으면 잘 파단되지 않으며, 인장력에 대해서는 파단되기 쉽다.

✋ 금속의 팽창과 수축의 정도는 가열된 면적의 크기에 정비례한다.

36 용접을 실시하면 일부 변형과 내부에 응력이 남는 경우가 있는데 이것을 무엇이라고 하는가?

① 인장응력 ② 공칭응력
③ 잔류응력 ④ 전단응력

✋ 용접의 경우 국부 가열과 냉각이 계속되면서 용착 금속 인접부의 내부저항에 의해 변형이 저지된 만큼 응력이 남게 되는데 이 응력을 잔류응력이라 한다.

37 처음 길이가 340mm인 용접 재료를 길이 방향으로 인장시험한 결과 390mm가 되었다. 이 재료의 연신율은 약 몇 %인가?

① 12.8 ② 14.7
③ 17.2 ④ 87.2

✋ 연신율(ε) 계산

연신율 $\varepsilon = \dfrac{늘어난 길이(l') - 처음 길이(l)}{처음 길이(l)} \times 100\%$ 에서

$\varepsilon = \dfrac{390mm - 340mm}{340mm} \times 100\% = 14.7\%$

38 저온 균열의 발생에 가장 큰 영향을 주는 것은?

① 피닝
② 후열처리
③ 예열처리
④ 용착금속의 확산성 수소

✋ 저온 균열은 수축응력이나 열변형에 의한 응력 집중 등의 원인으로 인하여 발생하는 것으로 가장 큰 영향을 주는 것은 용착금속의 확산성 수소이다.

39 용접구조물의 피로 강도를 향상시키기 위한 주의사항으로 틀린 것은?

① 가능한 한 응력 집중부에 용접부가 집중 되도록 할 것
② 냉간가공 또는 야금적 변태 등에 의하여 기계적인 강도를 높일 것
③ 열처리 또는 기계적인 방법으로 용접부 잔류응력을 완화시킬 것
④ 표면가공 또는 다듬질 등을 이용하여 단면이 급변하는 부분을 최소화할 것

✋ 가능한 한 응력 집중부에 용접부가 집중되도록 하는 것을 피하도록 한다.

40 판 두께가 25mm 이상인 연강에서는 주위의 기온이 0℃ 이하로 내려가면 저온 균열이 발생할 우려가 있다. 이것을 방지하기 위한 예열온도는 얼마 정도로 하는 것이 좋은가?

① 50~75℃
② 100~150℃
③ 200~250℃
④ 300~350℃

👆 각종 금속의 예열온도

금속의 종류	예열 방법
고장력강, 저합금강, 주철	용접 홈을 50~350℃로 예열(두께 25t 이상의 연강 포함)한다.
연강	연강에서도 판두께 25mm 이상에서는 0℃ 이하로 용접하게 되면 저온 균열이 발생하기 쉬우므로 이음의 양쪽 폭 100mm 정도를 50~75℃로 가열하는 것이 좋다.
후판, Al합금, 구리 또는 Cu합금	200~400℃의 예열이 필요하다.

제3과목 용접일반 및 안전관리

41 다음 중 아크 에어 가우징에 관한 설명으로 가장 적합한 것은?

① 비철금속에는 적용되지 않는다.
② 압축공기의 압력은 1~2kgf/cm² 정도가 가장 좋다.
③ 용접 균열부분이나 용접 결함부를 제거하는 데 사용한다.
④ 그라인딩이나 가스 가우징보다 작업 능률이 낮다.

👆 압축공기의 압력은 5~7kgf/cm² 정도가 좋으며, 5kgf/cm² 이하의 경우 양호한 작업 결과를 기대할 수 없게 된다.

42 아크 용접 작업 중 전격에 관련된 설명으로 옳지 않은 것은?

① 용접 홀더를 맨손으로 취급하지 않는다.
② 습기찬 작업복, 장갑 등을 착용하지 않는다.
③ 전격 받은 사람을 발견하였을 때에는 즉시 맨손으로 잡아당긴다.
④ 오랜 시간 작업을 중단할 때에는 용접기의 스위치를 끄도록 한다.

👆 타인이 감전된 것을 발견했을 때에는 전원 스위치를 차단시키고 감전자를 감전부에서 이탈시켜야 하며, 스위치를 차단하지 않은 상태에서 맨손으로 감전자를 잡으면 똑같이 감전이 될 수 있다.

43 다음 중 T형 필릿 용접을 나타낸 것은?

①  ②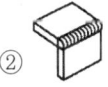
③  ④

👆 용접이음의 종류

- 맞대기 용접 :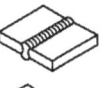
- 모서리 용접 :
- 겹치기 용접 :
- T형 필릿 용접 :

44 가스용접 시 전진법에 비교한 후진법의 장점으로 가장 거리가 먼 것은?

① 열 이용률이 좋다.
② 용접 변형이 작다.
③ 용접속도가 빠르다.
④ 판두께가 얇은 것(3~4mm)에 적당하다.

☞ 전진법(5mm까지)에 비해 두꺼운 판의 용접에 적합하다.

45 피복 아크 용접기의 구비 조건으로 틀린 것은?

① 역률 및 효율이 좋아야 한다.
② 구조 및 취급이 간단해야 한다.
③ 사용 중에 온도 상승이 커야 한다.
④ 용접 전류 조정이 용이하여야 한다.

☞ 사용 중에 용접기의 온도 상승이 작아야 한다.

46 피복 아크 용접기에서 감전으로부터 용접사를 보호하는 장치는?

① 원격 제어 장치
② 핫 스타트 장치
③ 전격 방지 장치
④ 고주파 발생 장치

☞ **용접 부속장치**
- 원격 제어 장치 : 용접기에서 떨어져 작업할 때 작업위치에서 전류를 조정할 수 있는 장치
- 핫 스타트 장치 : 아크 발생 초기에 용접봉과 모재가 냉각되어 있어 용접입열이 부족하여 아크가 불안정하기 때문에 아크 초기에만 용접전류를 특별히 높게 하여 주는 장치
- 전격 방지 장치 : 교류 아크 용접기는 무부하 전압이 높아 감전으로부터 용접사를 보호하기 위한 장치로 설치 전에는 70~80V인 것을 설치 후 20~30V로 하여 전격을 방지할 수 있다.
- 고주파 발생 장치 : 교류 아크 용접기에서 아크를 안정시키기 위하여 사용하는 장치

47 피복 아크 용접봉에서 피복 배합제의 성분 중 슬래그 생성제의 역할이 아닌 것은?

① 급랭 방지
② 균일한 전류 유지
③ 산화와 질화 방지
④ 기공, 내부결함 방지

☞ 균일한 전류 유지는 슬래그 생성제의 역할로 볼 수 없다.

48 납땜에 쓰이는 용제(paste)가 갖추어야 할 조건으로 가장 적합한 것은?

① 납땜 후 슬래그 제거가 어려울 것
② 청정한 금속면의 산화를 촉진시킬 것
③ 침지땜에 사용되는 것은 수분을 함유할 것
④ 모재와 친화력을 높일 수 있으며, 유동성이 좋을 것

☞ **용제가 갖추어야 할 조건**
- 모재의 산화피막과 같은 불순물을 제거하고 유동성이 좋을 것
- 청정한 금속면의 산화를 방지할 것
- 땜납의 표면 장력을 맞추어서 모재와의 친화력을 높일 것
- 용제의 유효온도 범위와 납땜온도가 일치할 것
- 납땜 후의 슬래그 제거가 용이할 것
- 모재나 납땜에 대한 부식 작용이 최소한일 것
- 전기 저항 납땜에 사용되는 것은 전도체일 것
- 침지땜에 사용되는 것은 수분을 함유하지 않을 것
- 인체에 해가 없어야 할 것

49 가스 용접용 용제에 관한 설명 중 틀린 것은?

① 용제는 건조한 분말, 페이스트 또는 용접봉 표면에 피복한 것도 있다.
② 용제의 융점은 모재의 융점보다 낮은 것이 좋다.
③ 연강재료를 가스 용접할 때에는 용제를

사용하지 않는다.

④ 용제는 용접 중에 발생하는 금속의 산화물을 용해하지 않는다.

> **용제**
> 용제 중에 발생하는 금속의 산화물을 용해하여 용융온도가 낮은 슬래그를 만들고, 용융금속이 표면에 떠올라 용착금속의 성질을 양호하게 한다.

50 일반적인 서브머지드 아크 용접에 대한 설명으로 틀린 것은?

① 용접 전류를 증가시키면 용입이 증가한다.
② 용접 전압이 증가하면 비드 폭이 넓어진다.
③ 용접 속도가 증가하면 비드 폭과 용입이 감소한다.
④ 용접 와이어 지름이 증가하면 용입이 깊어진다.

> 동일 전류, 전압 조건에서 와이어 지름이 작으면 용입이 깊고, 비드 폭이 좁아진다.

51 다음 교류 아크용접기 중 가변 저항의 변화로 전류를 조정하며, 조작이 간단하고 원격제어가 가능한 것은?

① 탭 전환형
② 가동 코일형
③ 가동 철심형
④ 가포화 리액터형

> 가변 저항을 사용하여 전류를 조정하고 용접전류의 원격 조정이 가능한 용접기에는 가포화 리액터형이 있다.

52 다음 중 폭발위험이 가장 큰 산소 : 아세틸렌가스의 혼합비율은?

① 85 : 15 ② 75 : 25
③ 25 : 75 ④ 15 : 85

> 아세틸렌가스는 산소와 혼합되면 폭발성이 증가되고 인화점도 매우 낮아진다. 가장 폭발위험이 큰 혼합비율은 산소 85%와 아세틸렌 15% 부근이다.

53 MIG 용접에 관한 설명으로 틀린 것은?

① CO_2 가스 아크 용접에 비해 스패터의 발생이 많아 깨끗한 비드를 얻기 힘들다.
② 수동 피복 아크 용접에 비해 용접 속도가 빠르다.
③ 정전압 특성 또는 상승 특성이 있는 직류용접기가 사용된다.
④ 전류 밀도가 높아 3mm 이상의 두꺼운 판의 용접에 능률적이다.

> MIG 용접은 비교적 아름답고 깨끗한 비드를 얻을 수 있고, CO_2 용접에 비해 스패터 발생이 적다.

54 판 두께가 12.7mm인 강판을 가스 절단하려 할 때 표준 드래그의 길이는 2.4mm이다. 이 때 드래그는 약 몇 %인가?

① 18.9 ② 32.1
③ 42.9 ④ 52.4

> 표준 드래그 길이는 보통 판 두께의 20% 정도이다.
> • 표준 드래그 길이

판두께 (mm)	12.7	25.4	51	51~152
드래그 길이(mm)	2.4	5.2	5.6	6.4

55 다음 중 압접에 속하는 용접법은?

① 단접

② 가스 용접
③ 전자빔 용접
④ 피복 아크 용접

👉 용접법의 분류

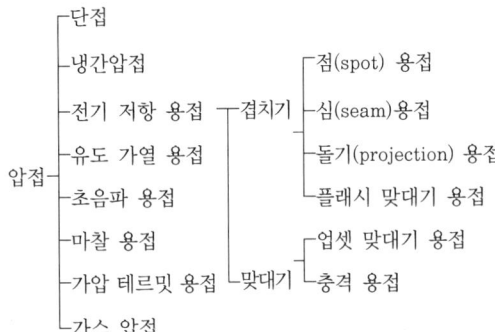

56 다전극 서브머지드 아크 용접 중 두 개의 전극 와이어를 독립된 전원에 접속하여 용접선에 따라 전극의 간격을 10~30mm 정도로 하여 2개의 전극 와이어를 동시에 녹게 함으로써 한꺼번에 많은 양의 용착금속을 얻을 수 있는 것은?

① 다전식   ② 탠덤식
③ 횡직렬식   ④ 횡병렬식

👉 서브머지드 용접 다전극 방식에 의한 분류
• 탠덤식 : 두 개의 전극와이어를 각각 독립된 전원에 연결
• 횡직렬식 : 두 개의 와이어에 전류를 직렬로 연결
• 횡병렬식 : 같은 종류의 전원에 두 개의 전극을 연결

57 구리(순동)를 불활성 가스 텅스텐 아크 용접으로 용접하려 할 때의 설명으로 틀린 것은?

① 보호가스는 아르곤 가스를 사용한다.
② 전류는 직류 정극성을 사용한다.
③ 전극봉은 순수 텅스텐봉을 사용하는 것이 가장 효과적이다.
④ 박판을 용접할 때에는 아크열로 시작점에서 가열한 후 용융지가 형성될 때 용접한다.

👉 토륨을 1~2% 함유한 토륨 텅스텐 전극봉은 전자 방사 능력이 뛰어나 동합금 용접에 적합하다.

58 φ3.2mm인 용접봉으로 연강판을 가스 용접하려 할 때 선택하여야 할 가장 적합한 판재의 두께는 몇 mm인가?

① 4.4   ② 6.6
③ 7.5   ④ 8.8

👉 판재의 두께(T) 계산
용접봉 두께 $D = \dfrac{T}{2} + 1$에서
$T = 2 \times (D-1)$
$= 2 \times (3.2mm - 1) = 4.4mm$

59 상온에서 강하게 압축함으로써 경계면을 국부적으로 소성 변형시켜 압접하는 방법은?

① 냉간 압접
② 가스 압접
③ 테르밋 용접
④ 초음파 용접

👉 냉간 압접
외부로부터 가열 또는 전류를 통하지 않고 상온에서 강하게 압축함으로써 경계면을 국부적으로 소성 변형시켜 압접을 하는 방법이다.

60 절단산소의 순도가 낮을수록 발생하는 현상이 아닌 것은?

① 절단 속도가 늦어진다.
② 절단홈의 폭이 좁아진다.
③ 산소의 소비량이 증가한다.

④ 절단 개시 시간이 길어진다.

순도가 낮을 때 영향
- 절단홈의 폭이 넓어진다.
- 절단면이 거칠어진다.
- 슬래그의 이탈성이 나빠진다.

01	02	03	04	05	06	07	08	09	10
②	②	②	①	③	④	④	①	①	①
11	12	13	14	15	16	17	18	19	20
③	④	③	②	①	④	③	①	②	①
21	22	23	24	25	26	27	28	29	30
③	①	②	①	③	④	③	②	②	④
31	32	33	34	35	36	37	38	39	40
③	④	④	②	①	③	②	④	①	①
41	42	43	44	45	46	47	48	49	50
③	③	④	④	③	③	②	④	④	④
51	52	53	54	55	56	57	58	59	60
④	①	①	①	①	②	③	①	①	②

과·년·도·문·제

2019. 3. 3

자격종목 및 등급(선택분야)	종목코드	시험시간	문제지형별	수검번호	성 명
용접산업기사	2026	1시간 30분	A	20190303	

제1과목 용접야금 및 용접설비제도

01 금속의 일반적인 특성으로 틀린 것은?
① 전성 및 연성이 좋다.
② 전기 및 열의 양도체이다.
③ 금속 고유의 광택을 가진다.
④ 액체 상태에서 결정 구조를 가진다.

　금속재료는 고체 상태에서 결정 구조를 가진다.

02 용접작업에서 예열을 하는 목적으로 가장 거리가 먼 것은?
① 열영향부와 용착금속의 경도를 증가시키기 위해
② 수소의 방출을 용이하게 하여 저온균열을 방지하기 위해
③ 용접부의 기계적 성질을 향상시키고 경화조직의 석출을 방지하기 위해
④ 온도 분포가 완만하게 되어 열응력의 감소로 용접변형을 줄이기 위해

　예열의 목적
• 열영향부와 용착금속의 경화를 방지하고 연성을 증가시킨다.
• 수소의 방출을 용이하게 하여 저온균열을 방지한다.
• 용접부의 기계적 성질을 향상시키고 경화조직의 석출을 방지한다.
• 온도 분포가 완만하게 되어 열응력의 감소로 용접변형과 잔류응력 발생을 적게 한다.
• 예열에 의해 용접부의 온도분포, 도달온도 및 냉각속도가 변한다.

03 Fe-C계 평형상태도에서 체심입방격자인 α철이 A3점에서 γ철인 면심입방격자로, A4점에서 다시 δ철인 체심입방격자로 구조가 바뀌는 것을 무엇이라고 하는가?
① 편석   ② 자기 변태
③ 동소 변태   ④ 금속 간 화합물

　순철에는 α철, γ철, δ철의 세 가지 동소체가 있는데, α철은 911℃ 이하에서 체심입방격자를, γ철은 911~1394℃에서 면심입방격자를 가지며, 1394℃에서 γ철이 δ철로 바뀌면서 체심입방격자로 변하는 것을 동소변태라 한다.

04 한국산업표준에서 정한 일반구조용 탄소강관을 표시하는 것은?
① SS275   ② SM275A
③ SGT275   ④ STWW290

　재료의 표시

KS 규격	재료 명칭	변경 전	변경 후
KS D 3503	일반구조용 압연강재	SS400	SS275
		SS490	SS315
KS D 3515	용접구조용 압연강재	SM400A	SM275A
		SM490A	SM355A
KS D 3566	일반구조용 탄소강관	SKT400	SGT275
		SKT490	SGT355
KS D 565	상수도용 도복장강관	–	STWW290

05 다음 원소 중 적열취성의 원인이 되는 것은?

① C ② H
③ P ④ S

> 황을 많이 함유한 탄소강은 약 950℃에서 인성이 저하하는 특성을 가지며, 적열취성의 원인이 된다.

06 연강류 제품을 용접한 후 노 내 풀림법을 이용하여 용접 후 처리를 하려고 한다. 이때 제품을 노 내에서 출입시키는 온도로 가장 적당한 것은?

① 300℃ 이하 ② 400℃ 이하
③ 500℃ 이하 ④ 600℃ 이하

> 연강류 제품을 노 내에 출입시키는 온도는 300℃를 넘어서는 안 되며, 300℃ 이상에 있어서의 가열 및 냉각속도 R은 다음 식을 만족시켜야 한다.
>
> $R \leq 200 \times \dfrac{25}{t}$ (deg/h 또는 ℃/h)
>
> 여기서, t는 가열부에 있어서의 용접부 최대 두께(mm)이다.
> 탄소강재의 경우에는 625±25℃에서 1시간 정도 풀림을 유지한다.

07 황동에서 일어나는 화학적 성질이 아닌 것은?

① 자연균열 ② 시효경화
③ 탈아연 부식 ④ 고온 탈아연

> **황동에서 일어나는 화학적 성질**
> 탈아연 부식, 자연균열, 고온 탈아연 등

08 일반적으로 강재의 탄소당량이 몇 % 이하일 때 용접성이 양호한 것으로 판단하는가?

① 0.4 ② 0.6
③ 0.8 ④ 1.0

> 일반적으로 강재의 경우 탄소 당량이 0.4% 이하이면 용접성이 양호하나 0.45~0.5%로 되면 약간 곤란하게 된다.

09 다음 중 경도가 가장 낮은 조직은?

① 펄라이트 ② 페라이트
③ 시멘타이트 ④ 마텐자이트

> **조직의 강도와 경도**
> 페라이트 < 펄라이트 < 소르바이트 < 트루스타이트 < 마텐자이트 < 시멘타이트

10 용접한 오스테나이트계 스테인리스강의 입간 부식을 방지하기 위해 사용하는 탄화물 안정화 원소에 속하지 않는 것은?

① Ti ② Nb
③ Ta ④ Al

> **탄화물 안정화 원소의 종류**
> Ti, Nb, Mo, Ta

11 다음 재료 기호 중 기계구조용 탄소강재를 나타낸 것은?

① SM38C ② SF340A
③ SMA460 ④ SM375A

> KS 규격에서 기계구조용 탄소강재의 표시는 SM38C로 나타낸다.

12 도면에서 척도를 표시할 때 NS의 의미는?

① 배척을 나타낸다.
② 현척이 아님을 나타낸다.
③ 비례척이 아님을 나타낸다.
④ 척도가 생략됨을 나타낸다.

> 도면의 길이가 비례하지 않을 때에는 '비례척이 아님' 또는 NS(Non Scale)라고 적절한 곳에 기입한다.

13 다음 그림과 같은 제3각법 투상도에서 A가 정면도일 때 배면도는?

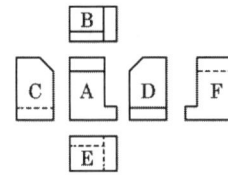

① C ② D
③ E ④ F

🔥 A : 정면도, B : 평면도, C : 좌측면도
   D : 우측면도, E : 저면도, F : 배면도

14 다음 용접 기호 중 '2a'가 의미하는 것은?

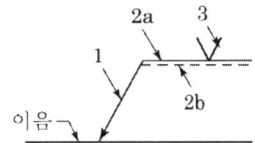

① 홈 형상 ② 루트 간격
③ 기준선(실선) ④ 식별선(점선)

🔥 1 : 화살
  2a : 기준선(실선)
  2b : 동일선(파선) 또는 식별선(점선)
  3 : 용접기호(이음용접)

15 용접 기호의 참고 표시로 끝(꼬리) 부분에 표시하는 내용이 아닌 것은?

① 용접 방법
② 허용 수준
③ 작업 자세
④ 재료 인장강도

🔥 참고 정보(꼬리)의 표시법
  ㉠ 용접방법
  ㉡ 허용수준
  ㉢ 용접(작업)자세
  ㉣ 용가재 등을 표시하며, 개개의 항목은 사선 (/)으로 분리하여 준다.

16 다음 그림 중 모서리 이음을 나타낸 것은?

① 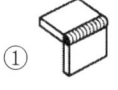 ②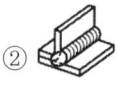
③  ④

🔥 이음의 종류
  • 모서리 이음 :
  • 플레어 이음 :
  • 맞대기 이음 :
  • 겹치기 이음 :

17 부품의 면이 평면으로 가공되어 있고, 복잡한 윤곽을 갖는 부품인 경우에 그 면에 광명단 등을 발라 스케치 용지에 찍어 그 면의 실형을 얻는 스케치 방법은?

① 본뜨기법
② 프린트법
③ 사진촬영법
④ 프리핸드법

🔥 부품의 면이 평면으로 가공되어 있고, 복잡한 윤곽을 갖는 부품인 경우에 그 면에 광명단 등을 발라 스케치 용지에 찍어 그 면의 실형을 얻는 스케치 방법을 프린트법이라 한다.

18 다음 중 가는 이점쇄선의 용도로 가장 적합한 것은?

① 치수선
② 수준면선
③ 회전 단면선
④ 무게 중심선

가는 2점 쇄선

선의 종류	가는 2점 쇄선	—‥—‥—
용도에 의한 명칭	가상선	무게 중심선
선의 용도	1) 인접부분을 참고로 표시 2) 공구, 지그 등의 위치를 참고로 나타내는 데 사용 3) 가동부분을 이동 중의 특정한 위치 또는 이동한계의 위치로 표시 4) 가공 전 또는 가공 후의 모양을 표시 5) 되풀이하는 것을 나타내는 데 사용 6) 도시된 단면의 앞쪽에 있는 부분을 표시	

19 핸들이나 바퀴 등의 암 및 리브, 훅, 축, 구조물의 부재 등의 절단면을 표시하는 데 가장 적합한 단면도는?

① 부분 단면도
② 한쪽 단면도
③ 회전도시 단면도
④ 조합에 의한 단면도

🐞 핸들이나 바퀴 등의 암 및 리브, 훅, 축, 구조물의 부재 등의 절단면의 표시는 회전도시 단면도로 나타낸다.

20 다음 용접 도시기호의 설명으로 옳은 것은?

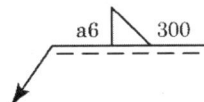

① 필릿 용접부의 목 길이는 6mm이다.
② 필릿 용접부의 목 두께는 6mm이다.
③ 맞대기 용접부의 길이는 300mm이다.
④ 필릿 용접을 화살표 반대쪽에서 실시한다.

🐞 용접 도시기호에서 a는 목 두께, 6은 목 두께 길이를 나타내며, 삼각기호는 필릿 용접기호, 300은 연속 필릿 용접 길이, 실선 위에 표기되어 있으므로 화살표 방향의 용접을 나타냄

제2과목 용접구조설계

21 연강의 맞대기 용접 이음에서 용착금속의 인장강도가 100kgf/mm² 이고 안전율이 5 일 때 용접 이음의 허용응력은 몇 kgf/mm² 인가?

① 10   ② 20
③ 40   ④ 80

🐞 허용응력 계산

허용응력 = $\frac{인장강도}{안전율}$ (kgf/mm²)

허용응력 = $\frac{100 kgf/mm^2}{5}$ = 20 kgf/mm²

22 다음 용접시공 조건 중 수축과 관련된 내용으로 틀린 것은?

① 루트 간격이 클수록 수축이 작다.
② 피닝을 하면 수축이 감소한다.
③ 구속도가 크면 수축이 작아진다.
④ V형 이음은 X형 이음보다 수축이 크다.

🐞 루트 간격이 클수록 수축은 크게 된다.

23 용접 구조물 조립 시 일반적인 고려사항이 아닌 것은?

① 변형 제거가 쉽게 되도록 하여야 한다.
② 구조물의 형상을 유지할 수 있어야 한다.
③ 경제적이고 고품질을 얻을 수 있는 조건을 설정한다.
④ 용접 변형 및 잔류 응력을 증가시킬 수 있어야 한다.

🐞 용접 구조물은 다음과 같은 사항을 고려하여 조립 순서를 결정한다.
• 용접변형 및 잔류응력을 경감할 수 있는 방법을 선택한다.
• 가능한 한 구속용접을 피한다.

- 구조물의 형상이 변형되지 않게 유지할 수 있어야 한다.
- 변형이 발생되면 쉽게 제거할 수 있어야 한다.

24 용접부의 후열 처리로 나타나는 효과가 아닌 것은?
① 조직을 경화시킨다.
② 잔류응력을 제거한다.
③ 확산성 수소를 방출한다.
④ 급랭에 따른 균열을 방지한다.

🔥 후열 처리를 하여 주면 조직을 연화시키는 효과가 있다.

25 표점거리가 50mm인 인장 시험편을 인장 시험한 결과 62mm로 늘어났다면 연신율(%)은 얼마인가?
① 12   ② 18
③ 24   ④ 30

🔥 연신율 계산

$$연신율 = \frac{B(mm) - A(mm)}{A(mm)} \times 100\%$$

A : 시험 전의 표점거리(=50mm)
B : 시험 후의 표점거리(=62mm)

$$연신율 = \frac{62mm - 50mm}{50mm} \times 100\% = 24\%$$

26 120A의 용접 전류로 피복 아크 용접을 하고자 한다. 적정한 차광 유리의 차광도 번호는?
① 4번   ② 6번
③ 8번   ④ 10번

🔥 차광도 번호

차광도 번호(NO)	용접 전류(A)	용접봉 지름(mm)
10	100~200	2.6~3.2
11	150~250	3.2~4.0
12	200~300	4.8~6.4
13	300~400	4.4~9.0

27 다음 그림의 필릿 용접부에서 이론 목두께 h_t는?

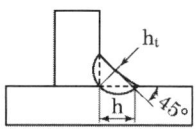

① 0.303h   ② 0.505h
③ 0.707h   ④ 1.414h

🔥 이론 목두께란 필릿 용접의 가로 단면에 내접하는 2등변 삼각형의 루트부터 빗변까지의 수직거리를 말한다.
이론 목두께 $h_t = h\cos 45° = 0.707h$

28 용접 이음을 설계할 때 정하중을 받는 강(steel)의 안전율로 가장 적합한 것은?
① 3   ② 6
③ 9   ④ 12

🔥 안전율
사용응력과 재료의 허용응력과의 사이에 적당한 균형을 유지할 수 있는 인자가 필요한데 이 관련성을 나타내는 지수를 안전율이라 한다.

하중의 종류	정하중	동하중		충격 하중
		단진응력	교번응력	
안전율	3	5	8	12

29 다음 중 침투 탐상 검사의 특징으로 틀린 것은?
① 침투제가 오염되기 쉽다.
② 국부적 시험이 불가능하다.
③ 미세한 균열도 탐상이 가능하다.
④ 시험표면이 너무 거칠거나 기공이 많으면 허위 지시 모양을 만든다.

🔥 **침투 탐상 검사의 장단점**
㉠ 장점
- 시험방법이 간단하며, 고도의 숙련이 요구되지 않는다.
- 제품의 크기, 형상 등에 크게 구애를 받지

않는다.
- 국부적 시험과 미세한 균열도 탐상이 가능하며 판독이 쉽다.
- 모든 제품에 적용이 용이하다.

ⓒ 단점
- 표면의 결함(균열, 피트 등) 검출만 가능하다.
- 시험 표면이 너무 거칠거나 기공이 많으면 허위 지시 모양을 만든다.
- 시험 표면이 침투제 등과 반응하여 손상을 입는 제품은 검사할 수 없다.
- 침투제가 오염되기 쉽다.
- 온도에 민감하여 제약을 받는다.

30 잔류 응력을 경감시키는 방법이 아닌 것은?

① 피닝법
② 담금질 열처리법
③ 저온 응력 완화법
④ 기계적 응력 완화법

🔥 **잔류 응력 완화법의 종류**
- 응력 제거 풀림
- 국부 응력 제거법
- 기계적 응력 완화법
- 저온 응력 완화법
- 피닝법

31 용접구조물 설계 시 주의사항에 대한 설명으로 틀린 것은?

① 용접이음의 집중, 교차를 피한다.
② 용접치수는 강도상 필요 이상 크게 하지 않는다.
③ 후판을 용접할 경우 용입이 낮은 용접법을 이용하여 층수를 늘린다.
④ 판면에 직각방향으로 인장하중이 작용할 경우 판의 압연방향에 주의한다.

🔥 **용접구조물 설계 시 주의 사항**
- 용접 이음의 집중, 접근 및 교차를 피한다.
- 용접치수는 강도상 필요한 치수 이상으로 크게 하지 않는다.
- 두꺼운 판을 용접할 경우에는 용입이 깊은 용접법을 이용하여 층수를 줄인다.
- 판면에 직각방향으로 인장하중이 작용할 경우 판의 이방성(압연방향)에 주의한다.
- 용접성, 노치 인성이 우수한 재료를 선택하여 시공하기 쉽게 설계한다.
- 용착 금속은 가능한 한 다듬질 부분에 포함되지 않도록 주의한다.

32 용접 잔류응력 등 인장응력이 걸리거나, 특정의 부식 환경으로 될 때 발생하는 용접 이음의 부식은?

① 입계부식
② 틈새부식
③ 응력부식
④ 접촉부식

🔥 용접이음에 잔류응력이나 인장응력이 존재하면 응력부식이 발생될 경우가 많다. 응력부식은 어떤 재료가 응력을 받은 상태에서 특정 매개물에 노출되면 국부적인 부식이 진행되어 구조물이 파괴될 수 있다.

33 일반적인 용접구조물의 조립 순서를 결정할 때 고려해야 할 사항으로 틀린 것은?

① 변형 발생 시 변형 제거가 용이해야 한다.
② 수축이 큰 이음보다 적은 이음을 먼저 용접한다.
③ 구조물의 형상을 고정하고 지지할 수 있어야 한다.
④ 변형 및 잔류응력을 경감할 수 있는 방법을 채택한다.

🔥 **용접 조립 순서의 결정 방법**
- 구조물의 형상을 고정하고 지지할 수 있어야 한다.
- 변형 발생 시 변형을 쉽게 제거할 수 있어야 한다.
- 변형 및 잔류응력을 경감할 수 있는 방법을 채택한다.
- 가능한 한 구속 용접을 피한다.

• 가접용 정반이나 지그를 적절히 채택한다.

34 다음 용접 결함 중 치수상의 결함이 아닌 것은?
① 변형
② 치수 불량
③ 형상 불량
④ 슬래그 섞임

> 결함의 종류 중 치수상 결함에는 변형, 치수불량, 형상불량 등이 해당되며, 슬래그 섞임은 구조상 결함으로 분류된다.

35 용융된 금속이 모재와 잘못 녹아 어울리지 못하고 모재에 덮인 상태의 결함은?
① 스패터
② 언더컷
③ 오버랩
④ 기공

> **오버랩**
> 용착금속이 모재에 융합하지 않고 겹친 부분 (모재에 덮인 상태)

36 용접이음부의 홈 형상을 선택할 때 고려해야 할 사항이 아닌 것은?
① 용착 금속의 양이 많을 것
② 경제적인 시공이 가능할 것
③ 완전한 용접부가 얻어질 수 있을 것
④ 홈 가공이 쉽고 용접하기가 편할 것

> 용접구조에서 이음 홈을 선택할 때는 용착금속의 양을 적게 하고, 완전한 용접부가 얻어질 수 있도록 하며, 홈가공이 쉽고 용접하기 편하게, 사용 목적에 따라 경제적인 시공을 할 수 있어야 한다.

37 용접준비 사항 중 용접 변형 방지를 위해 사용하는 것은?
① 앤빌(anvil)
② 스트롱백(strong back)
③ 터닝 롤러(turning roller)
④ 용접 머니퓰레이터(welding manipulator)

> **용어**
> • 터닝 롤러(turing roller) : 아래보기 자세의 용접에 의한 능률과 품질의 향상 목적
> • 머니퓰레이터(manipulator) : 용접능률을 용접장치에 의하여 향상
> • 스트롱백(strong back) : 구속에 의한 용접변형 방지용으로 적당한 구속 지그가 없는 경우 사용
> • 앤빌(anvil) : 단조 작업에서 재료를 단조할 때 작업대로 사용

38 용접구조물 시공 시 비틀림 변형을 경감하기 위한 방법으로 틀린 것은?
① 용접 지그를 활용한다.
② 집중 용접을 피하여 작업한다.
③ 이음부의 맞춤을 정확하게 한다.
④ 용접 순서는 구속이 없는 자유단에서부터 구속이 큰 부분으로 진행한다.

> **비틀림 변형을 경감시켜 주는 시공상의 주의사항**
> • 집중 용접을 피할 것
> • 표면 덧붙이를 필요이상 주지 말 것
> • 용접 순서는 구속이 큰 부분부터 자유단으로 진행한다.
> • 용접 지그를 활용한다.
> • 이음부의 맞춤을 정확하게 한다.

39 허용응력을 계산하는 식으로 옳은 것은?
① 허용응력 = $\dfrac{하중}{단면적}$
② 허용응력 = $\dfrac{단면적}{하중}$
③ 허용응력 = $\dfrac{변형량}{단면적}$
④ 허용응력 = $\dfrac{단면적}{변형량}$

> **허용응력 계산식**

허용응력 $\sigma = \dfrac{P}{h\ell} = \dfrac{하중}{단면적}$

40 다음 중 위보기 자세를 의미하는 기호는?
① F ② H
③ V ④ O

▸ 용접 자세의 종류
- F : 아래보기 자세(Flat Position)
- H : 수평 자세(Horizontal Position)
- V : 수직 자세(Vertical Position)
- O : 위보기 자세(Overhead Position)

● 제3과목 용접일반 및 안전관리

41 피복 아크 용접 작업 중 스패터가 발생하는 원인으로 가장 거리가 먼 것은?
① 운봉이 불량할 때
② 전류가 너무 높을 때
③ 아크 길이가 너무 짧을 때
④ 건조되지 않은 용접봉을 사용했을 때

▸ 아크 길이가 길면 스패터가 많이 발생하고 용입 불량이 일어날 수 있으며, 아크가 불안정하게 된다.

42 46.7리터의 산소용기에 150kgf/cm²이 되게 산소를 충전하였고, 이것을 대기 중에서 환산하면 산소는 약 몇 리터인가?
① 4,090 ② 5,030
③ 6,100 ④ 7,005

▸ 가스량 계산
- 산소 충전량(l) = 내용적 × 압력
  = 46.7리터 × 150기압
  = 7,005리터

43 피복 아크 용접 중 용접봉에서 모재로 용융금속이 이행하는 방식이 아닌 것은?
① 단락형 ② 용단형
③ 스프레이형 ④ 글로뷸러형

▸ 용적이행이란 용접봉에서 모재로 용융금속이 옮겨가는 상태로 그 종류에는 단락형, 글로뷸러형, 스프레이형이 있다.
- 단락형 : 표면장력의 작용으로 모재에 옮겨가서 용착
- 글로뷸러형 : 큰 용적이 단락되지 않고 옮겨가는 형식으로 일명 핀치 효과형이라고 한다.
- 스프레이형 : 미세한 용적이 스프레이와 같이 날려 모재에 옮겨가서 용착

44 TIG 용접 시 안전사항에 대한 설명으로 틀린 것은?
① 용접기 덮개를 벗기는 경우 반드시 전원 스위치를 켜고 작업한다.
② 제어장치 및 토치 등 전기계통의 절연상태를 항상 점검해야 한다.
③ 전원과 제어상지의 섭시 난사는 반드시 지면과 접지되도록 한다.
④ 케이블 연결부와 단자의 연결 상태가 느슨해졌는지 확인하여 조치한다.

▸ 용접기의 덮개를 벗기는 경우 반드시 전원 스위치를 끄고 안전하게 작업해야 한다.

45 연납땜에 가장 많이 사용하는 용가재는?
① 구리납 ② 망간납
③ 주석납 ④ 황동납

▸ 주석납은 연납땜으로서의 가치가 가장 크다.

46 가스용접에서 수소가스 충전용기의 도색 표시로 옳은 것은?
① 회색 ② 백색

③ 청색　　　　④ 주황색

🔥 충전 가스 용기의 도색

가스의 명칭	용기 색상
산소	녹색
탄산가스	청색
염소	갈색
암모니아	백색
수소	주황색
아세틸렌	황색
프로판	회색
아르곤	회색

47 산소-아세틸렌 용접에서 후진법과 비교한 전진법의 특징으로 틀린 것은?

① 용접변형이 크다.
② 용접속도가 느리다.
③ 열 이용률이 나쁘다.
④ 산화의 정도가 약하다.

🔥 전진법과 후진법의 비교

용접법 구분	전진법	후진법
열이용률	나쁘다	좋다
용접속도	느리다	빠르다
용접변형	크다	작다
용착금속의 조직	거칠다	미세하다

48 아크용접기의 보수 및 점검 시 유의해야 할 사항으로 틀린 것은?

① 회전부와 가동부분에 윤활유가 없도록 한다.
② 용접기는 습기나 먼지 많은 곳에 설치하지 않도록 한다.
③ 2차측 단자의 한쪽과 용접기 케이스는 접지를 확실히 해 둔다.
④ 탭 전환의 전기적 접속부는 샌드 페이퍼(sand paper) 등으로 잘 닦아 준다.

🔥 아크용접기의 보수 및 점검 시 지켜야 할 사항
• 2차측 단자의 한쪽과 용접기 케이스는 반드시 접지(earth)를 한다.
• 가동부분, 냉각 팬(fan)을 정기적으로 점검하고 주유해야 한다.(회전부, 베어링, 축 등)
• 탭 전환부의 전기적 접속부는 자주 사포 등으로 잘 닦아준다.
• 용접 케이블 등의 파손된 부분은 절연테이프로 감아준다.
• 용접기는 습기나 먼지가 많은 곳은 가급적 설치를 하지 말아야 한다.

49 일반적인 가스압접의 특징으로 틀린 것은?

① 전력이 불필요하다.
② 용가재 및 용제가 불필요하다.
③ 이음부의 탈탄층이 전혀 없다.
④ 장치가 복잡하고 설비비가 비싸다.

🔥 가스압접의 특징
• 이음부에 탈탄층이 전혀 없다.
• 전력이 불필요하다.
• 장치가 간단하고 설비비와 보수비가 싸다.
• 작업이 거의 기계적이다.
• 이음부에 첨가 금속이나 용제가 불필요하다.

50 다음 중 땜납의 구비 조건으로 틀린 것은?

① 접합강도가 우수해야 한다.
② 모재보다 용융점이 높아야 한다.
③ 표면장력이 적어 모재의 표면에 잘 퍼져야 한다.
④ 유동성이 좋고 금속과의 친화력이 있어야 한다.

🔥 땜납은 모재보다 용융점이 낮아야 한다.

51 가스 절단 시 예열불꽃의 세기가 강할 때 나타나는 현상으로 틀린 것은?

① 절단면이 거칠어진다.
② 역화를 일으키기 쉽다.

③ 모서리가 용융되어 둥글게 된다.
④ 슬래그 중 철 성분의 박리가 어려워진다.

💡 예열불꽃의 세기가 약하게 되면 역화를 일으키기 쉽다.

52 탄산가스 아크 용접에 대한 설명으로 틀린 것은?

① 가시 아크이므로 시공이 편리하다.
② 바람의 영향을 받지 않으므로 방풍장치가 필요 없다.
③ 전류 밀도가 높아 용입이 깊고, 용접 속도를 빠르게 할 수 있다.
④ 단락 이행에 의하여 박판도 용접이 가능하며, 전자세 용접이 가능하다.

💡 **탄산가스 아크 용접**
- 전류 밀도가 높아 용입이 깊고 용접속도를 빠르게 할 수 있다.
- 용착 금속의 기계적 성질 및 금속학적 성질이 우수하다.
- 용제를 사용하지 않아 용접부에 슬래그의 혼입이 없고, 용접 후의 처리가 간단하다.
- 가시(可視) 아크이므로 시공이 편리하다.
- 풍속 2m/sec 이상의 바람에는 방풍대책이 필요하다.
- 단락 이행에 의하여 박판도 용접이 가능하며, 전자세 용접이 가능하다.

53 논 가스 아크 용접의 특징으로 옳은 것은?

① 보호가스나 용제를 필요로 한다.
② 용접장치가 복잡하고 운반이 불편하다.
③ 보호가스의 발생이 적어 용접선이 잘 보인다.
④ 용접 길이가 긴 용접물에 아크를 중단하지 않고 연속 용접을 할 수 있다.

💡 논 가스 아크 용접의 특징은 용접 길이가 긴 용접물에 아크를 중단하지 않고 연속 용접을 할 수 있는 것이 장점이다.

54 초음파 용접으로 금속을 용접하고자 할 때 모재의 두께로 가장 적당한 것은?

① 0.01~2mm   ② 3~5mm
③ 6~9mm   ④ 10~15mm

💡 초음파 용접의 특징은 얇은 판(금속 : 0.01~2mm, 플라스틱 : 1~5mm)이나 필름의 용접도 가능하다.

55 AW 300의 교류 아크 용접기로 조정할 수 있는 2차 전류(A) 값의 범위는?

① 30~220A   ② 40~330A
③ 60~330A   ④ 120~480A

💡 **교류 아크 용접기에서 용접전류의 조정범위**
- KS 규격에서 교류 아크 용접기 제조 시 용접 전류의 조정범위를 정격 2차 전류의 20~110% 정도가 되도록 규정하고 있다.

종류	정격2차 전류(A)	정격사용률(%)	정격 부하전압	2차전류 최댓값	최솟값
AW200	200	40	30	200 이상 220 이하	35 이하
AW300	300	40	35	300 이상 330 이하	60 이하
AW400	400	40	40	400 이상 440 이하	80 이하
AW500	500	60	40	500 이상 550 이하	100 이하

56 가스절단에 사용하는 연료용 가스 중 발열량(kcal/m³)이 가장 낮은 것은?

① 수소   ② 메탄
③ 프로판   ④ 아세틸렌

💡 **가스 발열량**
- 연료용(가연성) 가스의 발열량이 큰 순서
  프로판(C_3H_8) > 아세틸렌(C_2H_2) > 메탄(CH_4) > 수소(H_2)
- 가연성(연료) 가스의 불꽃온도가 높은 순서
  아세틸렌(C_2H_2) > 수소(H_2) > 프로판(C_3H_8) > 메탄(CH_4)

57 다음 용접기호 중 수평 자세를 의미하는 것은?

① F ② H
③ V ④ O

💡 **용접 자세의 종류**
- F : 아래보기 자세(Flat Position)
- H : 수평 자세(Horizontal Position)
- V : 수직 자세(Vertical Position)
- O : 위보기 자세(Overhead Position)

58 카바이드(CaC_2)의 취급 시 주의사항으로 틀린 것은?

① 카바이드는 인화성 물질과 같이 보관한다.
② 카바이드 통을 개봉할 때 절단가위를 사용한다.
③ 카바이드 운반 시 타격, 충격, 마찰을 주지 말아야 한다.
④ 카바이드 개봉 후 뚜껑을 잘 닫아 습기가 침투되지 않도록 보관한다.

💡 **카바이드 취급 시 주의사항**
- 카바이드 운반 시 타격, 충격, 마찰 등을 주지 않도록 한다.
- 저장소 가까이에 화기를 가까이 해서는 안 된다.
- 개봉 후 보관 시는 습기가 침투하지 않도록 보관을 잘한다.
- 카바이드 통에서 카바이드를 꺼낼 때에는 모넬메탈(Ni합금)이나 목재공구를 사용해야 한다.
- 카바이드는 인화성 물질과 함께 보관해서는 절대로 안 된다.

59 토치를 사용하여 용접 부분의 뒷면을 따내거나 U형, H형의 용접홈으로 가공하기 위한 방법으로 가장 적당한 것은?

① 스카핑 ② 분말 절단
③ 가스 가우징 ④ 산소창 절단

💡 가스 가우징은 용접부분의 뒷면을 따낸다든지 U형, H형의 용접 홈을 가공하기 위한 가공법으로 저압으로 대용량의 산소를 방출할 수 있도록 슬로우 다이버전트로 설계되어 있다.

60 접합할 모재를 고정시킨 후, 비소모식 툴을 이음부에 삽입시킨 후 회전하여 마찰열을 발생시켜 접합하는 것으로, 알루미늄 및 마그네슘 합금의 접합에 주로 활용되는 용접은?

① 오토콘 용접
② 레이저빔 용접
③ 마찰 교반 용접
④ 고주파 업셋용접

💡 마찰 교반 용접이란 나사산 형태의 돌기를 가지는 비소모성 공구를 고속 회전하는 상호 마찰열로 접합시키는 방법으로 기존에 불가능했던 Al, Mg, Ti 등의 이종 재료의 접합도 가능하다.

정답

01	02	03	04	05	06	07	08	09	10
④	①	③	③	④	①	②	①	②	④
11	12	13	14	15	16	17	18	19	20
①	③	④	③	④	①	②	④	③	②
21	22	23	24	25	26	27	28	29	30
②	③	③	③	③	③	③	①	①	②
31	32	33	34	35	36	37	38	39	40
③	③	②	①	②	③	②	②	①	④
41	42	43	44	45	46	47	48	49	50
③	④	②	③	③	②	④	①	④	②
51	52	53	54	55	56	57	58	59	60
②	②	④	①	③	①	②	①	③	③

과·년·도·문·제

2019. 4. 27

자격종목 및 등급(선택분야)	종목코드	시험시간	문제지형별	수검번호	성 명
용접산업기사	2026	1시간 30분	A	20190303	

제1과목 용접야금 및 용접설비제도

01 제련공정 및 용접공정에서 용융금속과 슬래그와의 반응에 의해 P를 제거하여 금속 중의 P의 함량을 제거시키는 것을 무엇이라고 하는가?

① 탈산   ② 탈황
③ 탈인   ④ 탈탄

🔦 **탈인**
제련공정 및 용접공정에서 용융금속과 슬래그와의 반응에 의해 P를 제거하여 금속 중의 P의 함량을 저하시키는 것을 말한다. 슬래그 중에 CaO, FeO가 많을수록 탈인반응은 어렵다. 일반적으로 강 중에 P는 유해하고 용접 시 응고 균열의 발생을 조장하는 원소로 알려져 있다.

02 다음 스테인리스강 중 내식성, 가공성 및 용접성이 가장 우수한 것은?

① 페라이트계 스테인리스강
② 펄라이트계 스테인리스강
③ 마텐자이트계 스테인리스강
④ 오스테나이트계 스테인리스강

🔦 오스테나이트계 스테인리스강은 18-8 스테인리스강이 대표적이며, 변태점이 없어 열처리에 의하여 기계적 성질을 개선할 수 없으며, 오스테나이트계 조직이기 때문에 연성이 매우 좋아 가공성, 용접성, 내산, 내식성이 우수하다.

03 내부 응력의 제거, 경도 저하, 연화를 목적으로 적당한 온도까지 가열한 다음 그 온도에서 유지하고 나서 서냉하는 열처리는?

① 뜨임   ② 풀림
③ 담금질 ④ 심랭처리

🔦 내부 응력 제거, 재료의 연화, 절삭성 향상, 냉간가공의 개선 등을 목적으로 하는 열처리를 풀림이라 한다.
강의 풀림에는 목적에 따라 완전풀림, 등온풀림, 응력제거풀림, 연화풀림, 확산풀림, 구상화 풀림, 저온풀림, 탈산풀림 등이 있다.

04 한국산업규격에서 용접구조용 압연 강재를 나타내는 종류의 기호는?

① SM 35C   ② SM 420A
③ HSM 500 ④ STS 430TKA

🔦 용접구조용 압연 강재를 나타내는 종류의 기호로는 SM275A, SM355A, SM420A, SM460B 등이 있다.

05 Fe-C 평형상태도에서 아공석강의 탄소 함량은 약 몇 %인가?

① 0.0025~0.80   ② 0.80~2.0
③ 2.0~4.3   ④ 4.3~6.67

🔦 아공석강은 0.77%C의 오스테나이트가 727℃ 이하로 냉각될 때 0.02%C의 페라이트와 6.67%C의 시멘타이트로 석출되어 생긴 공석강으로 0.02~0.77%C(본 문제의 내용 : 0.0025~0.8%C)까지를 아공석강, 0.77~2.11%C까지를

과공석강으로 구분한다.

06 용접부의 노 내 응력 제거 방법에서 가열부를 노에 넣을 때와 꺼낼 때의 노 내 온도는 몇 ℃ 이하로 하는가?

① 300℃   ② 400℃
③ 500℃   ④ 600℃

> 연강류 제품을 노 내에 출입시키는 온도는 300℃를 넘어서는 안 되며, 300℃ 이상에 있어서의 가열 및 냉각속도 R은 다음 식을 만족시켜야 한다.
> $$R \leq 200 \times \frac{25}{t} \text{ (deg/h 또는 ℃/h)}$$
> 여기서, t는 가열부에 있어서의 용접부 최대 두께(mm)이다.
> 탄소강재의 경우에는 625±25℃에서 1시간 정도 풀림을 유지한다.

07 Fe-C 평형상태도에서 탄소함유량 4.3%, 온도 1130℃에서 공정반응이 일어날 때, 생성되는 금속 조직은?

① 페라이트   ② 펄라이트
③ 베이나이트   ④ 레데뷰라이트

> 탄소함유량 4.3%, 온도 1130℃에서 공정반응이 일어날 때, γ고용체와 시멘타이트가 동시에 정출되는 공정 주철이며, Fe-Fe₃C 평형 상태도에서 A₁점 이상에서는 안정적으로 존재하는 조직으로 레데뷰라이트라 한다.

08 용착금속이 응고할 때 불순물은 주로 어디에 모이는가?

① 결정입계   ② 결정입 내
③ 금속의 표면   ④ 금속의 모서리

> 응고할 때 고용되지 않는 불순물은 주로 결정입계 부분에 존재하게 된다.

09 다음 조직 중 브리넬 경도가 가장 높은 것은?

① 페라이트   ② 펄라이트
③ 마텐자이트   ④ 오스테나이트

> **조직별 경도가 큰 순서**
> • 페라이트 < 오스테나이트 < 펄라이트 < 마텐자이트
> • 조직별 브리넬 경도(HB)
> 페라이트(80~100), 오스테나이트(약 150), 펄라이트(200~250), 소르바이트(250~400), 트루스타이트(400~500), 마텐자이트(500~750), 시멘타이트(800~850)

10 오스테나이트계 스테인리스강의 용접 시 유의해야 할 사항이 아닌 것은?

① 예열을 실시한다.
② 짧은 아크 길이를 유지한다.
③ 층간 온도가 320℃ 이상을 넘어서는 안 된다.
④ 아크를 중단하기 전에 크레이터 처리를 한다.

> 오스테나이트계 스테인리스강의 용접 시에는 예열을 하지 않는다.

11 불규칙한 곡선부분이 있는 부품을 직접 용지 위에 놓고 납선 또는 구리선 등의 연납선을 부품의 윤곽에 대고 스케치하는 방법은?

① 사진법   ② 프린트법
③ 본뜨기법   ④ 프리핸드법

> **본뜨기법(모양뜨기법)**
> 불규칙한 곡선부분이 있는 부품을 직접 용지 위에 놓고 납선 또는 구리선 등의 연(납)선을 부품의 윤곽에 대고 구부린 후 그 선의 커브를 용지에 대고 본뜨는 방법

12 정투상도법의 제3각법에서 투상 순서로 가장 적합한 것은?

① 눈 → 투상면 → 물체
② 눈 → 물체 → 투상면
③ 물체 → 투상면 → 눈
④ 물체 → 눈 → 투상면

💡 제3각법은 대상물을 제3상한에 두고 투상면에 정투상하여 그리는 방법으로 대상물을 투상면의 뒤쪽에 놓고 투상하게 되므로 눈 → 투상면 → 물체의 순서로 투상하게 된다.

13 도면에서 2종류 이상의 선이 같은 장소에서 중복될 경우 우선되는 선의 순서는?

① 외형선 → 숨은선 → 중심선 → 절단선
② 외형선 → 숨은선 → 절단선 → 중심선
③ 외형선 → 중심선 → 절단선 → 숨은선
④ 외형선 → 중심선 → 숨은선 → 절단선

💡 도면에서 2종류 이상의 선이 같은 선상에서 중복될 경우 우선 순위
① 외형선   ② 숨은선
③ 절단선   ④ 중심선
⑤ 무게 중심선 ⑥ 치수 보조선

14 정면, 평면, 측면을 하나의 투상면 위에 동시에 볼 수 있도록 두 개의 옆면 모서리가 수평선과 30°가 되게 하여 세 축이 120°의 등각이 되도록 입체도로 투상한 것은?

① 투시도   ② 정 투상도
③ 등각 투상도   ④ 부등각 투상도

💡 등각 투상도법
그림 (a)와 같이 정면, 평면, 측면을 하나의 투상면 위에 동시에 볼 수 있도록 두 개의 옆면 모서리가 수평선과 30°가 되게 하여 그림 (b)와 같이 세 축이 120°의 등각이 되도록 입체도로 투상한 것

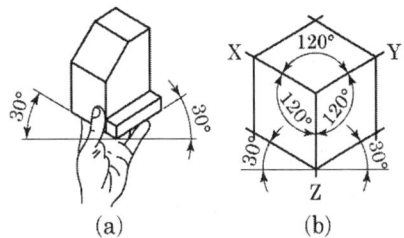

15 특수한 용도의 선으로 얇은 부분의 단면도시를 명시하는 데 사용하는 선은?

① 파단선   ② 가는 1점 쇄선
③ 가는 2점 쇄선 ④ 아주 굵은 실선

💡 아주 굵은 실선

선의 종류		용도에 의한 명칭	선의 용도
특수한 용도의 지정선	▬▬▬	아주 굵은 실선	얇은 부분의 단면 도시를 명시하는 데 사용한다.

16 도면의 크기에서 A4 제도 용지의 크기는? (단, 단위는 mm이다.)

① 594×841   ② 420×594
③ 297×420   ④ 210×297

💡 도면의 크기(a : 세로 크기, b : 가로 크기)

도면의 크기	A0	A1	A2	A3	A4
a×b	841×1189	594×841	420×594	297×420	210×297
c(최소)	20	20	10	10	10
d(철하지 않을 때)	20	20	10	10	10
d(철할 때)	25	25	25	25	25

※ 복사한 도면을 접을 때 그 크기는 원칙적으로 210×297(A4의 크기)로 한다.

17 1개의 원이 직선 또는 원주 위를 굴러갈 때, 그 구르는 원의 원주 위의 1점이 움직이며 그려 나가는 선은?

① 타원
② 포물선
③ 쌍곡선
④ 사이클로이드 곡선

💡 **사이클로이드 곡선**
1개의 원이 직선 또는 원주 위를 굴러갈 때, 그 구르는 원의 원주 위의 1점이 움직이며 그려 나가는 선을 말하며, 기어의 이 모양을 그리는 데 사용된다.

18 KS 용접 도시 기호에서 현장 용접을 표시한 것은?

① 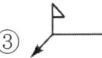   ②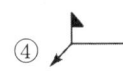
③ 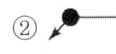   ④

💡 현장용접의 경우 보조기호로 ▶(깃발)을 사용하며, 깃발은 빈틈없이 칠한 상태로 표시한다.

19 다음 그림이 나타내는 용접 명칭으로 옳은 것은?

① 점 용접   ② 심 용접
③ 플러그 용접 ④ 단속 필릿 용접

💡 **용접이음의 기본 기호**

뒷면 용접	⌒
필릿 용접	△
플러그용접 : 플러그 또는 슬롯용접	⊓
스폿 용접	○
심 용접	⊖

20 치수 보조 기호에 대한 용어의 연결이 틀린 것은?

① φ – 지름
② C – 치핑
③ R – 반지름
④ SR – 구의 반지름

💡 **치수 보조 기호**

기 호	구 분
φ	지름
R	반지름
Sφ	구의 지름
SR	구의 반지름
□	정사각형의 변
t	판의 두께
⌒	원호
C	45° 모따기
▭	이론적으로 정확한 치수
( )	참고 치수

제2과목 용접구조설계

21 다음 용접 기호 중 가장자리 용접 기호로 옳은 것은?

① △   ② |||
③ ○   ④ ⊓

💡 **용접이음의 기본 기호**

명 칭	기 호
급경사면 한쪽면 K형 맞대기 이음 용접	⊬
가장자리 용접	|||
서피싱	⌢
서피싱 이음	=
경사 이음	⁄⁄
겹침 이음	⊃

22 그림과 같은 변형 방지용 지그의 명칭은?

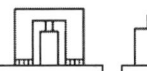 

① 스트롱 백
② 바이스 지그
③ 탄성 역변형 지그
④ 맞대기 이음 각변형 지그

구속에 의한 변형 방지법의 하나로 용접구조물의 뒤편을 강하게 구속시켜 변형을 방지하는 방법에 스트롱 백(strong back)이 사용된다.

23 다음 그림과 같은 용접 이음의 종류는?

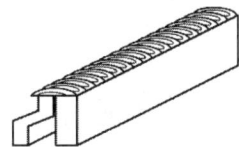

① 변두리 이음 ② 모서리 이음
③ 겹치기 이음 ④ 전면 필릿 이음

이음의 종류에는 맞대기, 모서리, 변두리, 겹치기, T 이음, 십자 이음, 전면 필릿 이음, 측면 필릿 이음, 양면 덮개판 이음 등이 대표적 이음으로 그림에서의 이음은 변두리 이음에 속한다.

24 용접 구조물을 설계할 때 주의사항으로 틀린 것은?

① 용접 이음의 집중, 접근 및 교차를 피한다.
② 용접치수는 강도상 필요한 치수 이상으로 크게 하지 않는다.
③ 두꺼운 판을 용접할 때에는 용입이 얕은 용접법을 이용하여 층수를 늘린다.
④ 이음의 역학적 특성을 고려하여 구조상의 불연속부, 단면형상의 급격한 변화를 피한다.

용접 구조의 설계 시 주의사항
• 용접 이음의 집중, 접근 및 교차를 피한다.
• 용접치수는 강도상 필요한 치수 이상으로 크게 하지 않으며, 접합부재의 균형을 고려한다.
• 두꺼운 판을 용접할 경우에는 용입이 깊은 용접법을 이용하여 층수를 줄인다.
• 이음의 역학적 특성을 고려하여 구조상의 불연속부, 단면형상의 급격한 변화 및 노치를 피한다.
• 용접성, 노치 인성이 우수한 재료를 선택하여 시공하기 쉽게 설계한다.
• 용접에 의한 변형 및 잔류 응력을 경감시킬 수 있도록 주의하며, 특히 수축이 불가능한 용접은 피한다.
• 주단조 구조 및 리벳 구조 부품 등의 개념을 떠나서 용접의 특징을 활용한다.
• 리벳과 용접의 혼용 시에는 충분한 주의를 한다.
• 용접에 의하여 구조물이 하나의 연속체로 되므로 부착물의 용접 설계도 신중을 기한다.
• 판면에 직각 방향으로 인장 하중이 작용할 경우에는 판의 이방성에 주의한다.
• 용착 금속은 가능한 한 다듬질 부분에 포함되지 않도록 주의한다.
• 용접 이음을 감소시키기 위하여 압연 형재, 주단조품, 파이프 등을 부분적으로 이용하거나 굽힘 가공, 프레스 가공 등을 이용한다.

25 용접부의 이음 효율을 계산하는 식으로 옳은 것은?

① 이음 효율
$= \dfrac{\text{모재의 인장강도}}{\text{용접시편의 인장강도}} \times 100(\%)$

② 이음 효율
$= \dfrac{\text{모재의 충격강도}}{\text{용접시편의 충격강도}} \times 100(\%)$

③ 이음 효율
$= \dfrac{\text{용접시편의 충격강도}}{\text{모재의 충격강도}} \times 100(\%)$

④ 이음 효율
$= \dfrac{\text{용접시편의 인장강도}}{\text{모재의 인장강도}} \times 100(\%)$

이음 효율
• 이음의 허용응력을 정할 경우 모재의 허용응

력을 기준으로 하여 사용재료, 시공방법, 사용조건 등에 따라 이음의 허용응력을 낮게 하여 주는 비율을 말한다.

• 이음 효율
$$= \frac{용접시험편의\ 인장강도}{모재의\ 인장강도} \times 100(\%)$$

• 이음 효율 $= \dfrac{용접시편의\ 인장강도}{모재의\ 인장강도} \times 100\%$

• 이음 효율 $= \dfrac{용착금속의\ 인장강도}{모재의\ 인장강도} \times 100\%$

• 이음 효율 $= \dfrac{용착이음의\ 인장강도}{모재의\ 인장강도} \times 100\%$

26 서브머지드 아크 용접에서 와이어 돌출 길이는 와이어 지름의 몇 배 전후가 가장 적당한가?

① 2배 ② 5배
③ 8배 ④ 12배

🔥 와이어 돌출 길이는 와이어 지름의 8배 전후로 하는 것이 적당하다.

27 용접시공 시 모재의 열전도를 억제하여 변형을 방지하는 방법으로 가장 적합한 것은?

① 피닝법 ② 도열법
③ 역변형법 ④ 가우징법

🔥 모재의 열전도를 억제하여 변형을 방지하는 방법으로 도열법을 쓴다.

28 다음 용접 결함 중 구조상 결함에 속하지 않는 것은?

① 변형 ② 기공
③ 균열 ④ 오버랩

🔥 변형은 치수상 결함으로 분류된다.

29 일반적으로 가접(tack welding) 시에 수반되는 용접 결함이라고 볼 수 없는 것은?

① 기공

② 균열
③ 슬래그 섞임
④ 용접 홈 각도 증가

🔥 가접 시에 수반될 수 있는 용접 결함의 종류
균열, 기공, 슬래그 섞임 등이 있다.

30 레이저 용접의 특징으로 틀린 것은?

① 좁고 깊은 용접부를 얻을 수 있다.
② 대입열 용접이 가능하고, 열영향부의 범위가 넓다.
③ 고속 용접과 용접 공정의 융통성을 부여할 수 있다.
④ 접합되어야 할 부품의 조건에 따라서 한 방향의 용접으로 접합이 가능하다.

🔥 레이저 용접의 주요 특징으로 열영향부의 범위를 매우 좁게 할 수 있다는 것이다.

31 용접봉의 용착효율은 용접봉의 소요량을 산출하거나 용접 작업시간을 판단하는 데 필요하다. 용착 효율(%)을 나타내는 식으로 옳은 것은?

① 용착 효율(%) $= \dfrac{피복제의\ 중량}{용착금속의\ 중량} \times 100$

② 용착 효율(%) $= \dfrac{용착금속의\ 중량}{피복제의\ 중량} \times 100$

③ 용착 효율(%) $= \dfrac{용착금속의\ 중량}{용접봉\ 사용중량} \times 100$

④ 용착 효율(%) $= \dfrac{용접봉\ 사용중량}{용착금속의\ 중량} \times 100$

🔥 용착 효율의 식
용착 효율 $= \dfrac{용착금속의\ 중량}{용접봉의\ 사용중량} \times 100$

32 용접부에 균열이 발생했을 때 보수 방법으로 가장 적합한 것은?

① 가열 후 해머링한다.

② 엔드탭을 사용하여 재용접한다.
③ 국부풀림을 이용하여 열처리한다.
④ 정지구멍을 뚫고 가우징 후 재용접한다.

🔥 균열이 발견되면 균열이 더 이상 커지지 않게 정지 구멍을 균열 끝에 뚫고 균열 부분을 깎아내어 재용접한다.

33 다음 중 크리프(creep) 곡선의 영역에 속하지 않는 것은?

① 강도 크리프 ② 천이 크리프
③ 정상 크리프 ④ 가속 크리프

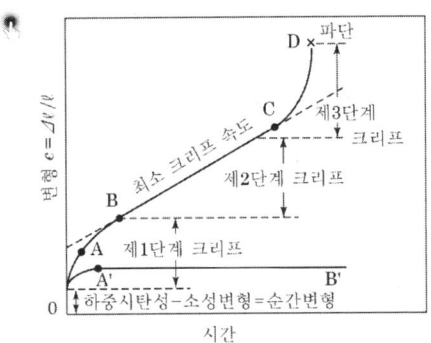

크리프 곡선에서 제1단계 크리프를 천이 크리프, 제2단계 크리프를 정상 크리프, 제3단계 크리프를 가속 크리프라 한다.

34 각 층마다 전체의 길이를 용접하면서 쌓아 올리는 용착법은?

① 비석법 ② 대칭법
③ 덧살 올림법 ④ 캐스케이드법

🔥 빌드업법(덧붙이법, 덧살 올림법)은 각 층마다 전체의 길이를 용접하면서 쌓아 올리는 방법으로서 가장 일반적인 방법이다.

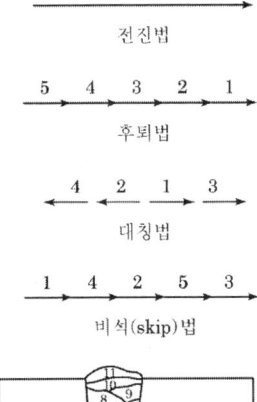
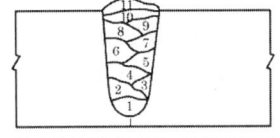
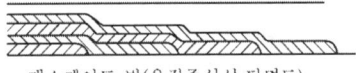
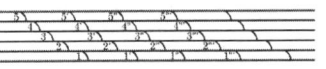
용착법의 종류

35 다음 용접부 표면결함 검출법 중 렌즈, 반사경을 이용하여 작은 결함을 확대하여 조사하거나 치수의 적부를 조사하는 것은?

① 육안검사 ② 침투검사
③ 자기검사 ④ 와류검사

🔥 육안검사는 렌즈, 반사경을 이용하여 작은 결함을 확대하여 조사하거나 치수의 적부를 조사한다.

36 노 내 풀림법으로 잔류 응력을 제거하고자 할 때 연강재 용접부의 최대 두께가 25mm인 경우 가열 및 냉각속도 R이 만족시켜야 하는 식은?

① R ≤ 500(deg/h)
② R ≤ 200(deg/h)

③ R ≤ 300(deg/h)
④ R ≤ 400(deg/h)

💡 300℃ 이상의 온도에서의 가열 또는 냉각속도 R(℃/hr 또는 deg/h)은 다음 식에 의한다.

$$R \leq 200 \times \frac{25}{t} \text{(deg/h 또는 ℃/h)}$$

여기서 t는 판두께(mm)
즉, 판두께 1″(25mm)에 대해 200℃/hr보다 늦은 속도로 하는 것이 좋다.

37 일반적인 용접구조물을 제작할 때, 용접순서를 결정하는 기준으로 틀린 것은?

① 용접구조물이 조립되면서 용접이 곤란한 경우가 발생하지 않도록 한다.
② 용접물의 중심에서 항상 좌우가 대칭이 되도록 용접해 나간다.
③ 수축이 작은 이음을 먼저 하고 수축이 큰 이음은 나중에 용접한다.
④ 구조물의 중립축에 대하여 수축력의 모멘트의 합이 0이 되도록 한다.

💡 가능한 한 수축이 큰 이음을 먼저 용접하고 수축이 작은 이음을 나중에 용접하도록 한다.

38 맞대기 용접이음의 덧살은 용접이음의 강도에 어떤 영향을 주는가?

① 덧살은 응력집중과 무관하다.
② 덧살을 작게 하면 응력집중이 커진다.
③ 덧살을 크게 하면 피로강도가 증가한다.
④ 덧살은 보강 덧붙임으로서 과대한 경우 피로강도를 감소시킨다.

💡 용접부 표면 덧붙이(덧살) 비드 높이가 있으면 피로강도가 떨어지게 된다.

39 용접비용을 줄이기 위해 고려해야 할 사항으로 틀린 것은?

① 효과적인 재료 사용 계획을 세운다.
② 조립 정반 및 용접 지그를 활용한다.
③ 인원 배치 및 교대 시간 등에 대한 시간 계획을 잘 세운다.
④ 개선 홈 가공 정밀도가 불량하더라도 우선 용접작업을 수행한다.

💡 용접비용에 영향을 미치는 인자에는 대기시간, 용접이음부가 적은 설계, 재료의 효과적 사용 계획, 용접지그의 활용, 용접봉의 경제적 선택 등이 있다.

40 두께 10mm, 폭 20mm인 시편을 인장시험한 후 파단부위를 측정하였더니 두께 8mm, 폭 16mm가 되었을 때 단면수축률은 몇 %인가?

① 36 ② 48
③ 64 ④ 82

💡 단면수축률 계산

$$\text{단면수축률} = \frac{\text{원단면적} - \text{파단부단면적}}{\text{원단면적}} \times 100$$

$$= \frac{A_0 - A}{A_0} \times 100\% \text{에서}$$

$A_0 = 10\text{mm} \times 20\text{mm} = 200\text{mm}^2$,
$A = 8\text{mm} \times 16\text{mm} = 128\text{mm}^2$이 되므로

$$\text{단면수축률} = \frac{200\text{mm}^2 - 128\text{mm}^2}{200\text{mm}^2} \times 100\%$$

$$= 0.36 \times 100\% = 36\%$$

제3과목 용접일반 및 안전관리

41 가스절단에서 절단용 산소 중에 불순물이 증가되었을 때 나타나는 현상으로 옳은 것은?

① 절단면이 거칠어진다.
② 절단시간이 단축된다.
③ 절단 홈의 폭이 좁아진다.

④ 슬래그 박리성이 양호하다.

💡 절단용 산소 중에 불순물이 증가되었을 때 나타나는 현상
- 절단면이 거칠어진다.
- 절단개시 시간이 길어진다.
- 슬래그의 이탈성이 나빠진다.
- 절단 홈의 폭이 넓어진다.
- 절단속도가 늦어진다.
- 산소 소비량이 많아진다.

42 아크 에어 가우징에 대한 설명으로 틀린 것은?

① 그라인딩이나 가스 가우징보다 작업능률이 높다.
② 용접 현장에서 결함부 제거, 용접 홈의 준비 및 가공 등에 이용된다.
③ 비철금속(스테인리스강, 알루미늄, 동합금 등)에는 사용할 수 없다.
④ 가우징 봉은 탄소와 흑연의 혼합물로 만들어지고, 표면은 구리로 도금한다.

💡 아크 에어 가우징은 활용 범위가 넓어 비철금속(스테인리스강, 알루미늄, 동합금 등)에도 적용이 될 수 있다.

43 침몰선의 해체나 교량의 개조공사 등에 쓰이는 수중절단 작업에서 예열가스의 양은 공기 중에서보다 몇 배가 필요한가?

① 1 ② 3
③ 4~8 ④ 10~15

💡 수중에서 절단 작업을 할 때 예열가스의 양은 공기 중에서 4~8배 정도로 하고, 절단 산소의 압력은 1.5~2배로 한다. 일반적으로 수중절단은 물 깊이 45m까지 작업이 가능하다.

44 자동으로 용접을 하는 서브머지드 아크 용접에서 루트 간격과 루트면의 필요한 조건은? (단, 받침쇠가 없는 경우이다.)

① 루트 간격 3mm 이상, 루트면은 ±5mm 허용
② 루트 간격 0.8mm 이하, 루트면은 ±1mm 허용
③ 루트 간격 0.8mm 이상, 루트면은 ±5mm 허용
④ 루트 간격 10mm 이상, 루트면은 ±10mm 허용

💡 서브머지드 아크 용접에서 용접 홈의 조건
- 홈의 각도는 ±5° 허용
- 루트 간격 0.8mm 이하(받침쇠가 없는 경우)
- 루트면은 ±1mm까지 허용

45 아크 용접 작업장 안에서 나타나는 상황의 설명으로 옳지 않은 것은?

① 작업 중 해로운 가스가 발생한다.
② 용접 시 발생하는 가스에 일산화탄소가 함유되어 있다.
③ 아크 용접 시 저융섬 금속의 경우도 증기가 발생한다.
④ 아연도금판 용접에는 유독한 금속증기가 발생하나, 납 도금판의 경우에는 증기가 발생하지 않아 중독의 위험이 없다.

💡 납이나 아연합금 또는 도금재료의 용접이나 절단할 때 납, 아연가스 중독의 우려가 있으므로 주의해야 한다.

46 다음 용접 중 산화철 분말과 알루미늄 분말의 혼합제에 점화시켜 화학반응을 이용하여 용접하는 것은?

① 테르밋 용접 ② 스터드 용접
③ 전자 빔 용접 ④ 아크 점 용접

💡 테르밋 용접은 테르밋 반응(화학반응)에 의해 생성되는 열을 이용하여 금속을 접합하는 방법

이다.

47 피복 아크 용접에서 아크가 용접의 단위길이 1cm당 발생하는 용접 입열(H)를 구하는 식은? (단, 아크전압 E(V), 아크전류 I(A), 용접속도 V(cm/min)이다.)

① $H = \dfrac{EI}{60V}$(J/cm)

② $H = \dfrac{60V}{EI}$(J/cm)

③ $H = \dfrac{V}{60EI}$(J/cm)

④ $H = \dfrac{60EI}{V}$(J/cm)

용접 입열

$H = \dfrac{60EI}{V}$(J/cm)

일반적으로 모재에 흡수된 열량은 입열의 75~85% 정도가 보통이다.

48 탄산가스 아크 용접장치에 해당되지 않는 것은?

① 제어 케이블
② 세라믹 노즐
③ CO_2 용접 토치
④ 와이어 송급장치

세라믹 노즐은 TIG 용접 토치의 부품이다.

49 피복 아크 용접봉에서 피복제의 역할이 아닌 것은?

① 아크를 안정시킨다.
② 용착 금속의 냉각속도를 빠르게 한다.
③ 용적을 미세화하고 용착 효율을 높인다.
④ 용착 금속에 필요한 합금 원소를 첨가한다.

피복제의 역할

- 아크를 안정시킨다.
- 용착 금속의 냉각 속도를 느리게 하여 급랭을 방지한다.
- 용융 금속의 용적(globule)을 미세화하여 용착 효율을 높인다.
- 용착 금속에 필요한 합금 원소를 첨가시킨다.
- 중성 또는 환원성 분위기로 대기 중으로부터 산화, 질화 등의 해를 방지하여 용착금속을 보호한다.
- 용착 금속의 탈산 정련 작용을 하며, 용융점이 낮은 적당한 점성의 가벼운 슬래그를 만든다.
- 슬래그를 제거하기 쉽게 하고, 파형이 고운 비드를 만든다.
- 스패터(spatter)의 발생을 적게 한다.
- 모재 표면의 산화물을 제거하고, 양호한 용접부를 만든다.
- 전기 절연 작용을 한다.

50 탄산가스 아크 용접의 특징으로 틀린 것은?

① 용착금속의 기계적 성질 및 금속학적 성질이 좋다.
② 전류밀도가 높으므로 용입이 깊고 용접 속도를 빠르게 할 수 있다.
③ 가시 아크이므로 용융지의 상태를 보면서 용접할 수 있어 시공이 편리하다.
④ 솔리드 와이어를 이용한 용접에서는 용제가 필요하고 슬래그 섞임이 발생하여 용접 후의 처리가 필요하다.

솔리드 와이어를 이용한 용접법에서는 용제를 사용할 필요가 없으므로 슬래그 섞임이 없고, 용접 후의 처리가 간단하다.

51 일반적인 용접의 특징으로 틀린 것은?

① 재료가 절약된다.
② 변형, 수축이 없다.
③ 기밀성, 수밀성이 우수하다.
④ 기공, 균열 등 결함이 있다.

※ 용접을 하게 되면 재질의 변형 및 수축, 잔류 응력 등이 발생한다.

52 가스용접에서 사용하는 가스의 종류와 용기의 색상이 옳게 짝지어진 것은?

① 산소 - 황색
② 수소 - 주황색
③ 탄산가스 - 녹색
④ 아세틸렌가스 - 흰색

※ 충전 가스 용기의 색상

가스의 명칭	용기 색상
산소	녹색
탄산가스	청색
염소	갈색
암모니아	백색
수소	주황색
아세틸렌	황색
프로판	회색
아르곤	회색

53 불활성 가스 텅스텐 아크 용접에서 직류 정극성 사용에 관한 내용으로 옳은 것은?

① 비드 폭이 넓어진다.
② 전극이 냉각되며 용입이 얕아진다.
③ 양극(+)에 모재를, 음극(-)에 토치를 연결한다.
④ 직류 역극성을 사용할 때보다 청정 작용이 우수하다.

※ 직류 정극성과 역극성의 비교

극성	상 태		
정극성 (DCSP) (DCEN)	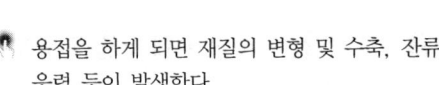	모재가 양극	열분배 - : 30% 정도 + : 70% 정도
	특징		
	① 모재의 용입이 깊다. ② 봉의 용융이 늦다. ③ 비드 폭이 좁다. ④ 일반적으로 많이 쓰인다.		

극성	상 태		
역극성 (DCRP) (DCEP)		모재가 음극	열분배 + : 70% 정도 - : 30% 정도
	특징		
	① 모재의 용입이 얕다. ② 박판, 주철, 고탄소강, 합금강, 비철금속의 용접 등에 쓰인다. ③ 비드 폭이 넓다. ④ 봉의 용융이 빠르다. ⑤ 청정작용이 우수하다.		

54 일반적인 가스용접에 사용하는 차광유리의 차광도 번호로 가장 적합한 것은?

① 0~1번   ② 2~3번
③ 4~8번   ④ 10~12번

※ 일반적인 가스용접에 사용하는 차광유리의 차광도 번호는 4~8번이 적합하다.

55 플라스마 아크 용접의 특징으로 틀린 것은?

① 전류 밀도가 높아 용입이 깊다.
② 아크의 방향성과 집중성이 좋다.
③ 1층으로 용접할 수 있으므로 능률적이다.
④ 용접부에 텅스텐이 혼입될 가능성이 높다.

※ 플라스마 아크 용접에서는 용접부에 텅스텐이 혼입될 가능성이 없다.

56 내용적 40리터의 산소용기에 125kgf/cm² 의 산소가 들어 있다. 1시간에 200리터를

사용하는 토치를 쓰고 있을 때, 1 : 1의 중성 불꽃으로는 약 몇 시간 쓸 수 있는가?
① 2   ② 4
③ 25   ④ 40

🌱 **가스 소비량 계산**
- 1시간당 표준불꽃(1 : 1)으로 소비되는 아세틸렌 소비량을 리터로 나타내는 것으로 1시간에 200리터가 소비됨을 뜻한다.
- 산소 충전량=내용적×압력
  =40리터×125기압
  =5000리터
- 혼합비가 1 : 1인 표준 불꽃으로 작업할 경우
  가스소비량 = $\dfrac{가스충전량}{소비량}$ = $\dfrac{5000\ell}{200\ell/h}$
  = 25시간

57 피복 아크 용접 시 아크 쏠림 방지 대책이 아닌 것은?
① 직류로 용접한다.
② 짧은 아크를 사용한다.
③ 용접봉 끝을 아크 쏠림 반대 방향으로 기울인다.
④ 접지점은 될 수 있는 대로 용접부에서 멀리한다.

🌱 **아크 쏠림의 방지 대책**
- 직류 아크 용접을 하지 말고 교류 아크 용접을 할 것
- 큰 가접부, 또는 이미 용접이 끝난 용착부를 향하여 용접할 것
- 용접부가 긴 경우는 후퇴법(back step welding)으로 할 것
- 접지점을 될 수 있는 대로 용접부에서 멀리 할 것
- 짧은 아크를 사용할 것
- 전원 두 개를 연결할 것
- 용접봉 끝을 아크 쏠림 반대방향으로 기울일 것
- 받침쇠, 긴 가접부, 이음의 처음과 끝에 엔드 탭(end tap) 등을 이용할 것

58 이음 형상에 따른 저항 용접의 분류 중 맞대기 용접에 속하지 않는 것은?
① 점 용접
② 플래시 용접
③ 버트심 용접
④ 퍼커션 용접

🌱 **이음 형상에 따른 저항 용접의 종류**

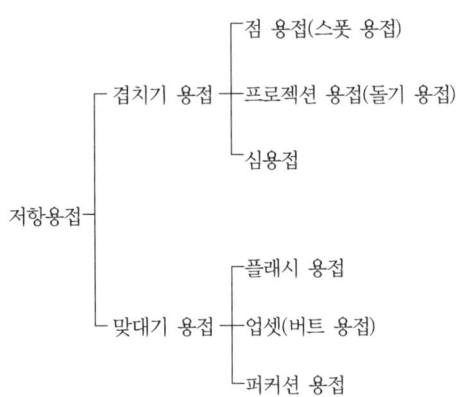

59 교류 아크 용접 시 비안전형 홀더를 사용할 때 가장 발생하기 쉬운 재해는?
① 낙상 재해   ② 협착 재해
③ 전도 재해   ④ 전격 재해

🌱 **피복 아크 용접 홀더의 종류**
- A형과 B형으로 나뉜다.
- A형은 안전 홀더로 작업 중 전격위험이 적어 주로 사용된다.
- B형(비안전형 홀더)은 손잡이 부분 외에는 절연되지 않은 노출된 형태로 전격의 위험이 있다.

60 다음 피복 아크 용접봉 중 가스 실드계의 대표적인 용접봉으로 셀룰로오스를 20~30% 정도 포함하고 있으며, 파이프 용접에 이용되는 용접봉은?

① E4301 ② E4303
③ E4311 ④ E4316

🖊 고셀룰로오스계 용접봉(E4311)은 가스 실드계의 대표적인 용접봉으로 셀룰로오스를 20~30% 정도 포함하고 있으며, 파이프 용접 등에 이용되는 용접봉이다.

정답

01	02	03	04	05	06	07	08	09	10
③	④	②	②	①	①	④	①	③	①
11	12	13	14	15	16	17	18	19	20
③	①	②	③	④	④	④	④	③	②
21	22	23	24	25	26	27	28	29	30
②	①	①	③	④	③	②	①	④	②
31	32	33	34	35	36	37	38	39	40
③	④	①	③	①	②	③	④	④	①
41	42	43	44	45	46	47	48	49	50
①	③	②	④	①	④	②	②	②	④
51	52	53	54	55	56	57	58	59	60
②	②	③	③	④	③	①	①	④	③

과·년·도·문·제

2019. 8. 21

자격종목 및 등급(선택분야)	종목코드	시험시간	문제지형별	수검번호	성 명
용접산업기사	2026	1시간 30분	A	20190821	

제1과목 용접야금 및 용접설비제도

01 피복 아크 용접 시 수소가 원인이 되어 발생할 수 있는 결함으로 가장 거리가 먼 것은?

① 은점   ② 언더컷
③ 헤어 크랙   ④ 비드 밑 균열

🔆 용접금속에 수소가 침입하여 발생하는 결함에는 은점, 헤어크랙, 비드 밑 균열(언더 비드 크랙), 미세균열, 힐 균열, 루트균열 등이 있다.

02 다음 중 입방정계의 결정격자구조에 해당하지 않는 것은?

① SC   ② BCC
③ FCC   ④ HCP

🔆 금속결정의 격자 구조
- SC(Simple Cubic, 단순입방) : 셀의 각 꼭지점에 원자가 위치

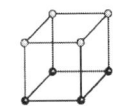

- BCC(Body Centered Cubic, 체심입방격자) : 입방체의 중심에 위치

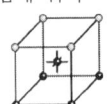

- FCC(Face Centered Cubic, 면심입방격자) : 셀의 8개 꼭지점과 6면의 중앙에 원자가 위치하는 구조

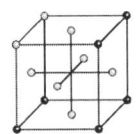

03 Fe-C 평형 상태도에서 용융액으로부터 γ(감마) 고용체와 시멘타이트가 동시에 정출하는 점은?

① 포정점   ② 공석점
③ 공정점   ④ 고용점

🔆 γ 고용체와 시멘타이트가 동시에 정출되는 점을 공정점이라 한다.

04 연강용 피복 아크 용접봉에서 피복제의 염기도가 가장 낮은 것은?

① 티탄계   ② 저수소계
③ 일미나이트계   ④ 고셀룰로오스계

🔆 피복제의 염기도
- 티탄계<고셀룰로오스계<고산화티탄계<일미나이트계<저수소계

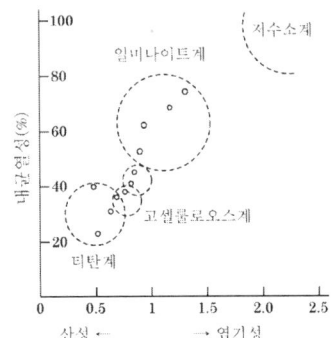

05 용접하기 전 예열을 하는 목적으로 틀린 것은?

① 수축변형의 감소를 위하여
② 용접 작업성의 개선을 위하여
③ 용접부의 결함을 방지하기 위하여
④ 용접부의 냉각 속도를 빠르게 하기 위하여

> 예열의 목적으로 냉각 속도를 느리게 해줌으로써 열영향부의 경도가 낮아지며 인성이 증가된다.

06 다음 중 용접구조용 압연강재는?

① STC2
② SS330
③ SM275A
④ SMn433

> 재료의 표시

KS 규격	재료 명칭	변경 전	변경 후
KS D 3503	일반구조용 압연강재	SS400	SS275
		SS490	SS315
KS D 3515	용접구조용 압연강재	SM400A	SM275A
		SM490A	SM355A
KS D 3566	일반구조용 탄소강관	SKT400	SGT275
		SKT490	SGT355
KS D 565	상수도용 도복장강관	–	STWW290

07 내부응력 제거, 경도 저하, 절삭성 및 냉간 가공성을 향상시키기 위해 실시하는 일반 열처리는?

① 뜨임
② 풀림
③ 청화법
④ 오스포밍

> 내부응력 제거, 재료의 연화, 절삭성 향상, 냉간 가공의 개선 등을 목적으로 하는 열처리를 풀림이라 한다. 강의 풀림에는 목적에 따라 완전풀림, 등온풀림, 응력제거풀림, 연화풀림, 확산풀림, 구상화 풀림, 저온풀림, 탈산풀림 등이 있다.

08 두 가지 이상의 금속 원소가 간단한 원자비로 결합되어 있는 물질을 무엇이라고 하는가?

① 층간화합물
② 합금화합물
③ 치환화합물
④ 금속간화합물

> 금속간화합물
> 금속과 금속 간의 친화력이 클 때, 2종 이상의 금속 원소가 간단한 원자비로 결합되어 성분금속과는 다른 성질을 가지는 독립된 화합물을 형성하는 것을 말한다.

09 일반적인 용접작업 시 각종 금속의 예열에 대한 설명으로 틀린 것은?

① 주철의 경우 용접 홈을 600~700℃로 예열한다.
② 알루미늄 합금, 구리 합금은 200~400℃ 정도로 예열한다.
③ 고장력강, 저합금강의 경우 용접 홈을 50~350℃로 예열한다.
④ 연강을 0℃ 이하에서 용접할 경우 이음의 양쪽 폭 100mm 정도를 40~75℃로 예열한다.

> 주철의 경우 용접 홈을 50~350℃로 예열(두께 25mm 이상의 연강 포함)한다.

10 규소는 선철과 탈산제에서 잔류하게 되며, 보통 0.35~1.0%를 함유한다. 규소가 페라이트 중에 고용되면 생기는 영향으로 틀린 것은?

① 용접성을 저하시킨다.
② 결정립을 조대화한다.
③ 연신율과 충격값을 감소시킨다.
④ 강의 인장강도, 탄성한계, 경도를 낮게

한다.
- 규소가 페라이트 중에 고용되면 인장강도, 탄성한계, 경도를 높게 한다.

11 다음 용접보조기호의 설명으로 옳은 것은?

① 오목 필릿용접
② 평면 마감 처리한 필릿용접
③ 매끄럽게 처리한 필릿용접
④ 표면 모두 평면 마감 처리한 필릿용접

- 용접기호 및 보조기호의 표시
  · 필릿용접 기호 :
  · 끝단부를 매끄럽게 표기 보조기호 :

12 치수선, 치수보조선, 지시선, 회전단면선에 사용되는 선으로 가장 적합한 것은?

① 가는 실선   ② 가는 파선
③ 굵은 파선   ④ 굵은 실선

- 선의 종류 및 용도

선의 종류	용도에 의한 명칭
굵은 실선	외형선
가는 실선	치수선
	치수보조선
	지시선
	회전 단면선
	중심선
	수준면선
가는 파선 또는 굵은 파선	숨은선

13 일반구조용 압연강재를 KS 기호로 바르게 나타낸 것은?

① SM45C   ② SS275
③ SGT275   ④ SPP

- 재료의 표시

KS 규격	재료 명칭	변경 전	변경 후
KS D 3503	일반구조용 압연강재	SS400	SS275
		SS490	SS315

14 다음 중 관 결합 방식의 종류가 아닌 것은?

① 용접식 이음   ② 풀리식 이음
③ 플랜지식 이음   ④ 턱걸이식 이음

- 관 결합 방식의 종류에는 일반이음, 용접식 이음, 플랜지식 이음, 턱걸이식 이음, 유니언식 이음이 있다.

15 복사한 도면을 접을 때 그 크기는 원칙적으로 어느 사이즈로 하는가?

① A1   ② A2
③ A3   ④ A4

- 도면을 접을 경우의 크기
  원칙적으로 210mm×297mm(A4 크기)로 한다.

16 다음 용접부 기호에 대한 설명으로 틀린 것은?

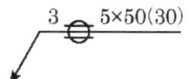

① 심 용접부의 폭은 3mm이다.
② 심 용접부의 두께는 5mm이다.
③ 심 용접부의 길이는 50mm이다.
④ 심 용접부의 간격은 30mm이다.

- 용접부 기호
  · 3 : 슬롯부의 폭
  · 5 : 용접부의 개수
  · 50 : 용접부의 길이
  · (30) : 인접한 용접 간의 거리(피치)
  · : 시임 용접기호

17 치수 기입 시 구의 반지름을 표시하는 치

수보조기호는?
① t   ② R
③ SR   ④ Sϕ

※ 치수보조기호

기 호	구 분
ϕ	지름
R	반지름
Sϕ	구의 지름
SR	구의 반지름
□	정사각형의 변
t	판의 두께
⌒	원호
C	45° 모따기
⬜	이론적으로 정확한 치수
( )	참고치수

18 사투상도에 있어서 경사축의 각도로 가장 적합하지 않은 것은?

① 20°   ② 30°
③ 45°   ④ 60°

※ 사투상도 경사축의 사용각도는 30°, 45°, 60° 로 사용하며, 45° 경사축으로 그린 것을 카발리에도, 60° 경사축으로 그린 것을 캐비닛도라고 한다.

19 핸들이나 바퀴 등의 암 및 림, 리브, 훅 등의 절단부위를 90° 회전시켜서 그린 단면도는?

① 온 단면도
② 한쪽 단면도
③ 부분 단면도
④ 회전도시 단면도

※ 회전도시 단면도
핸들이나 바퀴 등의 암 및 림, 리브, 훅, 축, 구조물의 부재 등의 절단면을 90° 회전하여 그린 단면도

20 KS 규격에 의한 치수 기입의 원칙에 대한 설명으로 틀린 것은?

① 치수는 되도록 주 투상도에 집중한다.
② 각 형체의 치수는 하나의 도면에서 한 번만 기입한다.
③ 기능 치수는 대응하는 도면에 직접 기입해야 한다.
④ 도면에는 특별히 명시하지 않는 한, 그 도면에 도시한 대상물의 다듬질 치수를 생략한다.

※ 도면에 표시하는 치수는 특별히 명시하지 않는 한, 그 도면에 도시한 대상물의 마무리 치수(완성 치수)를 기입한다.

제2과목 용접구조설계

21 연강의 맞대기 용접이음에서 용착금속의 인장강도가 45kgf/mm², 안전율 3일 때 용접이음의 허용응력은 몇 kgf/mm²인가?

① 10   ② 15
③ 20   ④ 25

※ 허용응력(σ_a) 계산

안전율 $S = \dfrac{허용응력}{사용응력} = \dfrac{극한강도(인장강도)}{허용응력}$

에서 허용응력 $\sigma_a = \dfrac{인장강도(\sigma)}{안전율(S)}$ 이므로

안전율=3, 인장강도=45kgf/mm²일 때

허용응력 $\sigma_a = \dfrac{45}{3} = 15\text{kgf/mm}^2$

22 용접 결함의 분류에서 내부결함에 속하지 않는 것은?

① 기공   ② 은점
③ 언더컷   ④ 선상조직

💡 내부결함에는 선상조직, 은점, 기공, 슬래그 혼입, 비금속개재물 등이 있다.

23 용접부에 발생하는 기공이나 피트의 원인으로 가장 거리가 먼 것은?

① 용접봉 건조 불량
② 용접 홈 각도의 과대
③ 이음부에 녹이나 이물질 부착
④ 용접 전류가 높고 아크 길이가 길 때

💡 기공이나 피트와 같은 결함의 원인은 용접 홈 각도가 과대한 것과는 무관하다.

24 약 25g의 강구를 25cm 높이에서 낙하시켰을 때 20cm 튀어 올랐다면 쇼어 경도(HS) 값은 약 얼마인가? (단, 계측통은 목측형(C형)이다.)

① 112.4
② 192.3
③ 123.1
④ 154.1

💡 쇼어 경도(HS) 계산

쇼어 경도 $HS = \dfrac{10000}{65} \times \dfrac{h_1}{h_0}$

낙하 물체의 높이 h_0=25cm, 낙하 물체가 튀어 오른 높이 h=20cm에서

쇼어 경도 $HS = \dfrac{10000}{65} \times \dfrac{20}{25}$
$= 153.84 \times 0.8 = 123.07$

25 강에서 탄소량이 증가할 때 기계적 성질의 변화로 옳은 것은?

① 경도가 증가한다.
② 인성이 증가한다.
③ 전연성이 증가한다.
④ 단면 수축률이 증가한다.

💡 탄소 함유량이 증가할수록 경도가 증가되지만 연신율과 충격값은 매우 낮아진다.

26 피복 아크 용접을 이용하여 연강 맞대기용 접을 실시할 때 용접 경비를 줄이기 위한 방법으로 가장 거리가 먼 것은?

① 적절한 용접봉을 선정하여 용접한다.
② 용접용 고정구를 사용하여 용접한다.
③ 재료를 절약할 수 있는 용접 방법을 사용하여 용접한다.
④ 용접 지그를 사용하여 위보기 자세 위주로 용접한다.

💡 경비를 줄이고자 하는 경우로 용접 지그를 사용하는데 위보기 자세보다 아래보기 자세로 용접을 하여 줌으로써 경비를 절약할 수 있다.

27 용접 재료의 시험 중 경도 시험에 포함되지 않는 것은?

① 쇼어 경도 시험
② 비커스 경도 시험
③ 현미경 경도 시험
④ 브리넬 경도 시험

💡 경도 시험의 종류
브리넬 경도 시험, 로크웰 경도 시험, 비커스 경도 시험, 쇼어 경도 시험이 있다.

28 탐촉자를 이용하여 결함의 위치 및 크기를 검사하는 비파괴시험법은?

① 침투탐상시험
② 자분탐상시험
③ 방사선투과시험
④ 초음파탐상시험

💡 탐촉자를 이용한 검사법은 초음파탐상검사로 탐상법의 종류에는 투과법, 펄스 반사법, 공진법이 있다.

29 파이프 용접 시 용접 능률과 품질을 향상

시킬 수 있고 아래보기 자세의 유지가 가능한 용접 지그는?

① 정반
② 터닝 롤러
③ 스트롱 백
④ 바이스 플라이어

🔥 터닝 롤러
아래보기 자세 용접에 의하여 능률과 품질을 향상시킬 수 있는 것으로 터닝 롤러에 의하여 관의 원주속도와 용접속도를 같게 조정하여 파이프의 내면 및 외면을 자동 용접하는 것이다.

30 일반적인 주철의 용접 시 주의사항으로 틀린 것은?

① 용접봉은 지름이 굵은 것을 사용한다.
② 비드의 배치는 짧게 여러 번 실시한다.
③ 가열되어 있을 때는 피닝 작업을 하여 변형을 줄이는 것이 좋다.
④ 용접 전류는 필요 이상 높이지 않고, 지나치게 용입을 깊게 하지 않는다.

🔥 주철 용접 시 주의사항
• 용접봉은 가급적 지름이 작은 것을 사용한다.
• 용접부를 필요 이상 크게 하지 않는다.
• 용접 전류는 필요 이상 높이지 말고, 지나치게 용입을 깊게 하지 않는다.
• 균열의 보수는 균열의 연장을 방지하기 위하여 균열의 끝에 작은 구멍을 뚫어준다.
• 용접전류는 필요 이상 높이지 말고 직선 비드를 배치한다.
• 비드의 배치는 짧게 해서 여러 번의 조작으로 완료한다.
• 가열되어 있을 때는 피닝 작업을 하여 변형을 줄이는 것이 좋다.

31 다음 이음 홈 형상 중 가장 얇은 판의 용접에 이용되는 것은?

① I형   ② V형
③ U형   ④ K형

🔥 피복 아크 용접의 홈 형태
• I형 홈 : 판두께 6mm 정도까지
• V형 홈 : 4~19mm 정도의 판에
• K형 홈과 양면 |/형 홈 : 판 두께 12mm 이상에
• U형 홈 : 16~50mm 정도의 판에 사용

32 다음 중 수직자세를 나타내는 기호는?

① O   ② F
③ V   ④ H

🔥 용접자세의 종류
• F : 아래보기 자세(Flat Position)
• H : 수평 자세(Horizontal Position)
• V : 수직 자세(Vertical Position)
• O : 위보기 자세(Overhead Position)

33 V형 맞대기 이음에 완전 용입된 경우 용접선에 직각 방향으로 5000kgf의 인장하중이 작용하고 모재 두께가 5mm, 용접선 길이가 5cm일 때 이음부에 발생되는 인장응력은 몇 kgf/mm²인가?

① 2   ② 20
③ 200   ④ 2000

🔥 인장응력(σ_t) 계산
$\sigma_t = \dfrac{P}{A} = \dfrac{P}{t\ell}$ (kgf/mm²)

인장하중 P=5000kgf, 두께 t=5mm, 용접길이 ℓ=50mm에서

인장응력 $\sigma_t = \dfrac{5000\text{kgf}}{5\text{mm} \times 50\text{mm}} = 20\text{kgf/mm}^2$

34 연강용 피복 아크 용접봉 중 내균열성이 가장 우수한 것은?

① E4303   ② E4311
③ E4313   ④ E4316

🔥 저수소계 용접봉(E4316)

금속 중의 수소 함유량이 다른 피복봉에 비하면 1/10 정도로 매우 낮고 또한 강력한 탈산작용 때문에 산소량도 적으므로 용착금속은 강인성이 풍부하고 기계적 성질, 내균열성 등이 우수하다.
- E4311 : 고셀룰로오스계 용접봉
- E4301 : 일미나이트계 용접봉
- E4303 : 라임 티타니아계 용접봉
- E4313 : 고산화 티탄계 용접봉
- E4324 : 철분 산화티탄계 용접봉
- E4326 : 철분 저수소계 용접봉
- E4327 : 철분 산화철계 용접봉

35 용접구조물을 설치할 때 일반적인 주의사항으로 틀린 것은?

① 용접에 적합한 설계와 용접하기 편하고 쉽도록 설계할 것
② 용접 길이는 짧게 하고 용착량도 강도상 필요한 최소량으로 설계할 것
③ 용접이음이 한 곳에 집중되고 용접선이 한쪽방향으로 되도록 설계할 것
④ 노치 인성이 우수한 재료를 선택하여 시공하기 쉽게 설계할 것

🔥 용접이음의 집중, 접근 및 교차를 피하도록 설계하여야 한다.

36 용접부를 연속적으로 타격하여 표면층의 소성변형을 주어 잔류응력을 감소시키는 방법은?

① 피닝법
② 변형 교정법
③ 응력제거 풀림
④ 저온 응력 완화법

🔥 피닝법은 구면상의 선단을 갖는 특수한 피닝해머로 용접부를 연속적으로 타격하여 용접에 의한 수축변형을 감소시키며, 잔류응력 완화, 용접변형방지 및 용착금속의 균열 방지 등에 효력이 있다.

37 그림과 같은 V형 맞대기 용접 이음부에서 각 부의 명칭 중 틀린 것은?

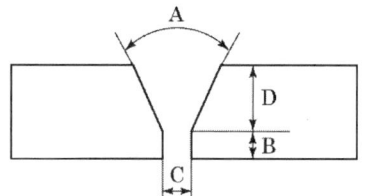

① A : 홈 각도
② B : 루트면
③ C : 루트 간격
④ D : 비드 높이

🔥 D는 홈 깊이 또는 개선깊이를 나타낸다.

38 용접부에 응력제거풀림을 실시했을 때 나타나는 효과가 아닌 것은?

① 충격저항의 감소
② 응력부식의 방지
③ 크리프 강도의 향상
④ 열영향부의 템퍼링 연화

🔥 **응력제거풀림의 효과**
- 치수 틀림(오차)의 방지
- 크리프 강도의 강화
- 용접 잔류응력의 제거
- 응력부식의 방지(저항력 증가)
- 강도의 증대(석출 경화)
- 열영향부의 템퍼링 연화
- 충격저항의 증대
- 용착금속 중의 수소 제거에 의한 연성의 증대

39 다음 중 적열취성의 주요 원인이 되는 원소는?

① P
② S
③ Si
④ Mn

🔥 **취성의 원인**
- 적열취성의 주원인이 되는 원소 : 황(S)
- 상온취성의 주원인이 되는 원소 : 인(P)

40 용접부의 응력 집중을 피하는 방법이 아닌 것은?

① 판 두께가 다른 경우 라운딩(rounding)이나 경사를 주어 용접한다.
② 모서리의 응력 집중을 피하기 위해 평탄부에 용접부를 설치한다.
③ 용접 구조물에서 용접선이 교차하는 곳에는 부채꼴 오목부를 주어 설계한다.
④ 강도상 중요한 용접이음 설계 시 맞대기 용접부는 가능한 한 피하고 필릿 용접부를 많이 하도록 한다.

🔥 용접부의 응력 집중을 피하는 방법 중 강도가 약한 필릿 용접은 피하고 맞대기 용접을 하도록 한다.

제3과목 용접일반 및 안전관리

41 300A 이상의 아크 용접 및 절단 시 착용하는 차광 유리의 차광도 번호로 가장 적합한 것은?

① 1~2   ② 5~6
③ 9~10   ④ 13~14

🔥 용접전류가 300A 이상일 때에는 13~14번 정도를 사용하여야 한다.
• 사용 용접 전류별 차광 유리의 규격

용접전류(A)	차광도 번호
75~130	9
100~200	10
150~250	11
200~300	12
300~400	13
400 이상	14

42 이음 형상에 따른 저항 용접의 분류에서 맞대기 용접에 속하는 것은?

① 점 용접
② 심 용접
③ 플래시 용접
④ 프로젝션 용접

🔥 저항용접의 분류

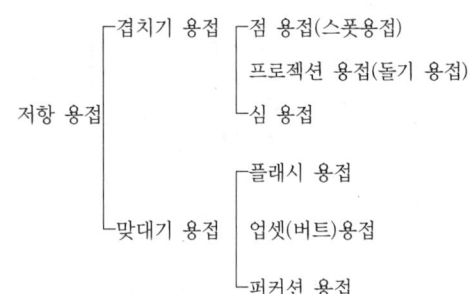

43 용접봉의 용융속도에 대한 설명으로 틀린 것은?

① 용융속도는 아크전압×용접봉 쪽 전압강하이다.
② 용접봉 혹은 용접심선이 1분간 용융되는 중량(g/min)을 말한다.
③ 용접봉 혹은 용접심선이 1분간에 용융되는 길이(mm/min)를 말한다.
④ 용접봉의 지름(심선의 지름)이 동일할 때는 전압과 전류가 높을수록 커진다.

🔥 용접봉의 용융속도
단위 시간당 소비되는 용접봉의 길이 또는 무게로 나타내며, 용융속도는 아크전류×용접봉 쪽 전압강하로 결정된다.

44 산소 용기의 윗부분에 표기된 각인 중 용기 중량을 나타내는 기호는?

① V   ② W
③ FP   ④ TP

용기의 표시

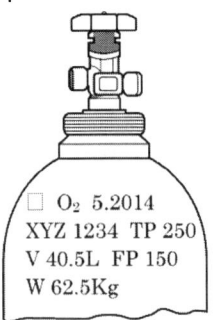

○ O₂ 5.2014
XYZ 1234 TP 250
V 40.5L FP 150
W 62.5Kg

- □ : 용기 제조자의 명칭 또는 기호
- O₂ : 충전 가스의 명칭(산소)
- 5. 2014 : 제조 연월일(2014년 5월)
- XYZ 1234 : 용기 제작자의 용기기호 및 제조번호
- TP 250 : 내압 시험압력(250kgf/cm²)
- V 40.5L : 내용적(40.5ℓ)
- FP 150 : 최고 충전압력(150kgf/cm²)
- W 62.5kg : 용기중량(62.5kg, 밸브 및 캡을 포함하지 않음)

45 아크 용접기의 보수 및 점검 시 지켜야 할 사항으로 틀린 것은?

① 가동부분 냉각팬을 점검하고 회전부 등에는 주유를 해야 한다.
② 2차측 단자의 한쪽과 용접기 케이스는 접지해서는 안 된다.
③ 탭 전환의 전기적 접속부는 샌드 페이퍼 등으로 잘 닦아 준다.
④ 용접 케이블 등의 파손된 부분은 절연 테이프로 감아야 한다.

아크 용접기의 보수 및 점검 시 지켜야 할 사항

- 2차측 단자의 한쪽과 용접기 케이스는 반드시 접지(earth)를 한다.
- 가동부분, 냉각팬(fan)을 정기적으로 점검하고 주유해야 한다.(회전부, 베어링, 축 등)
- 탭 전환부의 전기적 접속부는 자주 사포 등으로 잘 닦아준다.
- 용접 케이블 등의 파손된 부분은 절연 테이프

프로 감아준다.
- 용접기는 습기나 먼지가 많은 곳에는 가급적 설치를 하지 말아야 한다.

46 산소 아세틸렌 용접에서 전진법과 비교한 후진법의 특징으로 옳은 것은?

① 용접변형이 크다.
② 열이용률이 나쁘다.
③ 용접속도가 빠르다.
④ 용접 가능한 판 두께가 얇다.

전진법과 후진법의 비교

용접법 구분	전진법	후진법
열이용률	나쁘다	좋다
용접속도	느리다	빠르다
용접변형	크다	작다
용착금속의 조직	거칠다	미세하다
용접가능 두께	얇다	두껍다
비드모양	매끈하다	매끈하지 못하다
소요홈의 각도	크다(80°)	작다(60°)

47 가용접 시 주의사항으로 가장 거리가 먼 것은?

① 강도상 중요한 부분에는 가용접을 피한다.
② 용접의 시점 및 종점이 되는 끝 부분은 가용접을 피한다.
③ 본 용접보다 지름이 굵은 용접봉을 사용하는 것이 좋다.
④ 본 용접과 비슷한 기량을 가진 용접사에 의해 실시하는 것이 좋다.

가접 시 주의하여야 할 사항

- 본 용접과 같은 온도에서 예열을 할 것
- 본 용접사와 동등한 기량을 갖는 용접사가 가접을 시행한다.
- 용접 홈 내를 가접했을 경우는 백 가우징으

로 완전히 제거한 후 본 용접한다.
- 가접 시 사용 용접봉은 본 용접보다 지름이 약간 가는 것을 사용한다.
- 가접의 간격은 판 두께의 15~30배 정도로 하는 것이 좋다.
- 가접의 위치는 부품의 끝, 모서리, 각 등과 같이 단면이 급변하여 응력이 집중되는 곳은 가능한 한 피한다.

48 정격 2차 전류 300A인 아크 용접기에서 200A로 용접 시 허용사용률은 몇 %인가? (단, 정격사용률은 40%이다.)

① 75   ② 90
③ 100 ④ 120

🔖 **허용사용률**
허용사용률
$$= \frac{(정격\ 2차\ 전류)^2}{(실제\ 용접전류)^2} \times 정격사용률(\%)$$
여기서, 정격전류 300A, 실제 용접전류 200A, 정격사용률 40%이면
허용사용률 $= \frac{(300A)^2}{(200A)^2} \times 40\% = 90\%$

49 전기 저항 용접에 의한 압접에서 전류 25A, 저항 20Ω, 통전시간 10s일 때 발열량은 약 몇 cal인가?

① 300   ② 1200
③ 6000 ④ 30000

🔖 **발열량(H) 계산**
$H = 0.24 I^2 R t$ (cal)
여기서, 전류 I=25A, 전기저항 R=20Ω, 통전시간 t=10sec이면
발열량 $H = 0.24 \times (25)^2 \times 20 \times 10 = 30000$ cal

50 탄소전극과 모재와의 사이에 아크를 발생시켜 고압의 공기로 용융금속을 불어내어 홈을 파는 방법은?

① 스카핑
② 용제 절단
③ 워터젯 가우징
④ 아크 에어 가우징

🔖 아크 에어 가우징은 탄소 아크 절단에 압축공기를 병용하여 전극 홀더의 구멍에서 탄소 전극봉에 나란히 분출하는 고속의 공기를 분출시켜 용융금속을 불어내어 홈을 파는 방법으로 활용범위가 넓어 비철금속(스테인리스강, 알루미늄, 동합금 등)에도 적용이 될 수 있다.

51 용접봉 홀더 200호로 접속할 수 있는 최대 홀더용 케이블의 도체 공칭 단면적은 몇 mm^2인가?

① 22   ② 30
③ 38   ④ 50

🔖 용접봉 홀더는 KS 규격에서 200호로 접속할 수 있는 최대 홀더용 케이블의 도체 공칭 단면적을 $38mm^2$으로 규정하고 있다.

52 피복 아크 용접봉에서 피복 배합제 성분인 슬래그 생성제에 속하지 않는 원료는?

① 구리   ② 규사
③ 산화티탄 ④ 이산화망간

🔖 **피복 배합제 중 슬래그 생성제**
산화티탄(TiO_2), 석회석, 산화철, 루틸, 일미나이트, 이산화망간, 규사, 장석, 형석

53 산소 및 아세틸렌용기 취급에 대한 설명으로 옳은 것은?

① 아세틸렌 용기는 눕혀서 운반하되 운반 중 충격을 주어서는 안된다.
② 용기를 이동할 때에는 밸브를 닫고 캡을 반드시 제거하고 이동시킨다.
③ 산소용기는 60℃ 이하, 아세틸렌 용기

는 30℃ 이하의 온도에서 보관한다.
④ 산소용기 보관 장소에 가연성 가스용기를 혼합하여 보관해서는 안 되며 누설시험 시는 비눗물을 사용한다.

- 산소 및 아세틸렌 용기 취급 시 주의사항
  - 산소와 아세틸렌병은 40℃ 이하의 온도에서 보관한다.
  - 아세틸렌 용기를 눕혀 운반해서는 절대로 안 된다.
  - 산소의 누설검사는 비눗물을 사용하여야 한다.
  - 산소병은 화기로부터 5m 이상 거리를 두어야 한다.
  - 산소병 내에 다른 가스를 혼합해서는 안 된다.
  - 용기를 이동할 때에는 밸브를 닫고 캡을 반드시 씌워서 이동시킨다.

54 용접재를 강하게 맞대어 놓고 대전류를 통하여 이음부 부근에 발생하는 접촉 저항열에 의해 용접부가 적당한 온도에 도달하였을 때 축 방향으로 큰 압력을 주어 용접하는 방법은?

① 업셋 용접   ② 가스 압접
③ 초음파 용접 ④ 테르밋 용접

- 업셋 용접은 용접재를 세게 맞대어 놓고 대전류를 통하여 이음부 부근에 발생하는 접촉저항열로 축 방향으로 큰 압력을 주어 용접하는 방법이다.

55 일반적인 일렉트로 슬래그 용접의 특징으로 틀린 것은?

① 용접속도가 빠르다.
② 박판용접에 주로 이용된다.
③ 아크가 눈에 보이지 않는다.
④ 용접구조가 복잡한 형상은 적용하기 어렵다.

- 일렉트로 슬래그 용접은 1m 두께의 강판도 연속 용접이 가능하나 박판의 용접에는 적용할 수 없다.

56 피복 아크 용접기의 구비 조건으로 틀린 것은?

① 역률 및 효율이 좋아야 한다.
② 구조 및 취급이 간단해야 한다.
③ 사용 중에 내부 온도상승이 커야 한다.
④ 전류조정이 용이하고 일정한 전류가 흘러야 한다.

- 용접기는 사용 중에 내부 온도상승이 적어야 한다.

57 점 용접의 특징으로 틀린 것은?

① 가압력에 의하여 조직이 치밀해진다.
② 용접부 표면에 돌기가 발생하지 않는다.
③ 재료가 절약되고 작업의 공정수가 감소한다.
④ 작업속도가 느리고 용접변형이 비교적 크다.

- 점 용접의 특징은 작업속도가 빠르고 용접변형이 적다.

58 피부가 붉게 되고 따끔거리는 통증을 수반하며 피부층의 가장 바깥쪽 표피의 손상만을 가져오는 화상으로, 며칠 안에 증세는 없어지며 냉찜질만으로도 효과를 볼 수 있는 화상은?

① 제1도 화상   ② 제2도 화상
③ 제3도 화상   ④ 제4도 화상

- 피부가 붉게 되고 따끔거리는 통증을 수반하며 피부층의 가장 바깥쪽 표피의 손상만을 가져오는 화상을 제1도 화상으로 본다.

59 금속 산화물이 알루미늄에 의하여 산소를 빼앗기는 반응을 이용하여 주로 레일의 접합, 차축, 선박의 프레임 등 비교적 큰 단면을 가진 구조나 단조품의 맞대기 용접과 보수용접에 사용되는 용접은?

① 테르밋 용접
② 레이저 용접
③ 플라스마 용접
④ 넌 실드 아크용접

> **테르밋 용접**
> 주로 레일의 접합, 차축, 선박의 프레임 등 비교적 큰 단면을 가진 구조나 단조품의 맞대기 용접과 보수용접에 사용되는 용접법이다.

60 가스용접 시 역화의 원인에 대한 설명으로 틀린 것은?

① 팁이 과열되었을 때
② 역화방지기를 사용하였을 때
③ 순간적으로 팁 끝이 막혔을 때
④ 사용 가스의 압력이 부적당할 때

> 역화방지기는 가스용접이나 절단 중 사용자 부주의로 역화가 발생되었을 때 차단하는 안전장치이다.

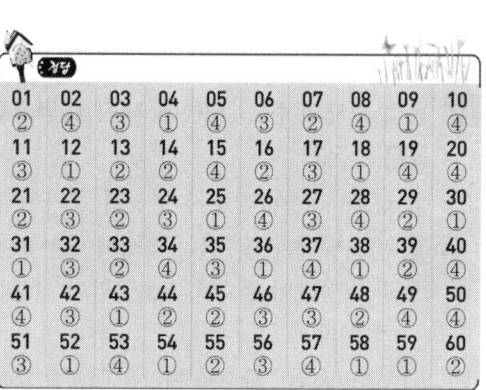

정답

01	02	03	04	05	06	07	08	09	10
②	④	③	①	④	③	②	④	①	④
11	12	13	14	15	16	17	18	19	20
③	①	②	②	④	②	③	①	④	④
21	22	23	24	25	26	27	28	29	30
②	③	②	③	①	④	③	④	②	①
31	32	33	34	35	36	37	38	39	40
①	④	③	③	②	④	③	①	②	④
41	42	43	44	45	46	47	48	49	50
④	③	①	②	②	③	③	②	③	④
51	52	53	54	55	56	57	58	59	60
③	①	④	①	②	③	④	①	①	②

2020. 1, 2회 과·년·도·문·제

자격종목 및 등급(선택분야)	종목코드	시험시간	문제지형별	수검번호	성 명
용접산업기사	2026	1시간 30분	B	20200621	

제1과목 용접야금 및 용접설비제도

01 용융슬래그의 염기도 식은?

① $\dfrac{\Sigma 염기성\ 성분(\%)}{\Sigma 산성\ 성분(\%)}$

② $\dfrac{\Sigma 산성\ 성분(\%)}{\Sigma 염기성\ 성분(\%)}$

③ $\dfrac{\Sigma 중성\ 성분(\%)}{\Sigma 염기성\ 성분(\%)}$

④ $\dfrac{\Sigma 염기성\ 성분(\%)}{\Sigma 중성\ 성분(\%)}$

🔎 **염기도(basicity)**
- 슬래그의 염기성 성분의 양과 산성 성분 양의 비를 염기도라고 하며, 슬래그의 특성을 좌우한다.
- 염기성 성분 : FeO, MnO, CaO, MgO 등
- 산성 성분 : SiO_2, P_2O_5 등
- 양성 성분 : TiO_2, Al_2O_3, Fe_2O_3, Cr_2O_3 등
- 염기도 = $\dfrac{염기성\ 성분의\ 총합(\%)}{산성\ 성분의\ 총합(\%)}$
  = $\dfrac{\Sigma 염기성\ 성분(\%)}{\Sigma 산성\ 성분(\%)}$

02 용접 모재의 탄소 당량에 대한 설명으로 옳은 것은?

① 탄소 당량이 클수록 연성이 증가된다.
② 탄소 당량이 클수록 용접성이 좋아진다.
③ 탄소 당량이 클수록 저온균열이 발생하기 쉽다.
④ 탄소 당량이 클수록 예열은 불필요하다.

🔎 탄소 당량이 높아지거나 판이 두꺼워지면 연성 감소와 용접성이 나빠지므로 저온균열이 발생하기 쉬워 예열온도를 높일 필요가 있다.

03 실용 주철의 특성에 대한 설명으로 틀린 것은?

① 비중은 C와 Si 등이 많을수록 감소한다.
② 용융점은 C와 Si 등이 많을수록 낮아진다.
③ 흑연편이 클수록 자기 감응도가 나빠진다.
④ 내식성 주철은 염산, 질산 등의 산에는 강하나 알칼리에는 약하다.

🔎 주철은 염산, 질산 등의 산에는 약하나 알칼리에는 강하다.

04 순철의 조직에 관련된 설명으로 틀린 것은?

① α-철 : 910℃ 이하에서 BCC구조이다.
② γ-철 : 910∼1390℃에서 FCC구조이다.
③ δ-철 : 1390∼1537℃에서 BCC구조이다.
④ β-철 : 1537∼1890℃에서 HCP구조이다.

🔎 **순철**
- 순철에는 α-철, γ-철, δ-철의 세가지 동소체가 있음
- α-철은 910℃ 이하에서 BCC(체심입방격자)

- γ-철은 910~1390℃에서 FCC(면심입방격자)
- δ-철은 1390~1537℃에서 BCC(체심입방격자)

05 용접부의 냉각속도가 빨라지는 경우가 아닌 것은?

① 모재가 두꺼울 때
② 예열을 해주었을 때
③ 모재의 열전도율이 높을 때
④ 맞대기 이음보다 T형 이음일 때

> 냉각속도가 빨라지는 것을 방지하기 위하여 예열을 하여 준다.

06 이종 원자의 합금화에서 모재원자보다 작은 원자가 모재원자의 틈새 또는 결정격자 사이에 들어가는 경우의 고용체는?

① 치환형 고용체
② 변태형 고용체
③ 침입형 고용체
④ 금속 간 고용체

> 침입형 고용체
> 어떤 성분 금속의 결정격자 중에 다른 원자가 침입된 것

07 제품이 너무 크거나 노 내에 넣을 수 없는 대형 용접 구조물의 경우에 용접부 주위를 가열하여 잔류 응력을 제거하는 방법은?

① 국부 응력 제거법
② 저온 응력 완화법
③ 기계적 응력 완화법
④ 노 내 응력 제거법

> 용접한 대형 구조물의 경우 노 내에서 잔류응력 제거를 할 수 없어 용접부만 부분적으로 국부풀림을 하는 것을 국부 응력 제거법이라 한다.

08 다음 중 펄라이트의 구성 조직으로 옳은 것은?

① 페라이트+소르바이트
② 페라이트+시멘타이트
③ 시멘타이트+오스테나이트
④ 오스테나이트+트루스타이트

> 펄라이트
> 탄소량이 0.77%인 오스테나이트가 727℃ 이하로 냉각될 때 페라이트와 시멘타이트가 층상으로 나타나는 조직

09 철강재가 200~300℃ 정도에서 상온보다 인장강도와 경도가 증가하지만 연신율이 저하하는 현상은?

① 적열취성
② 청열취성
③ 고온취성
④ 크리프 취성

> 청열취성
> 탄소강은 200~300℃에서 상온일 때보다 인장강도와 경도가 증가하지만 연신율과 인성이 저하하는 특성이 있다.

10 예열 및 후열의 목적이 아닌 것은?

① 균열의 방지
② 기계적 성질 향상
③ 잔류응력의 경감
④ 균열감수성의 증가

> 예열 및 후열의 목적은 균열의 감소성을 감소시키기 위함

11 특정 부분의 도형이 작아서 그 부분의 상세한 도시나 치수 기입을 할 수 없을 때는 그 부분을 가는 실선으로 에워싸고, 영문자 대문자로 표시함과 동시에 그 해당 부분을 다른 장소에 확대하여 그리는 것은?

① 국부 투상도
② 부분 확대도

③ 보조 투상도 ④ 부분 투상도

🔸 **부분 확대도**
투상도의 특정부분의 모양이 작아 상세한 도시나 치수기입이 곤란한 경우에 그 부분을 가는 실선으로 둘러싸 영문자 대문자로 표시함과 동시에 그 해당 부분을 다른 장소에 확대하여 그리는 것
〈확대도 예〉

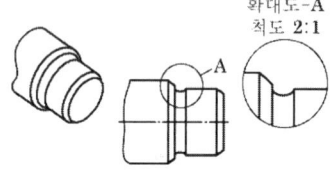

12 다음 용접 기호에 대한 설명으로 틀린 것은?

① n은 용접부의 개수를 말한다.
② 목 두께가 a인 연속 필릿 용접이다.
③ (e)는 인접한 용접부 간의 거리를 표시한다.
④ l은 크레이터부를 포함한 용접부의 길이이다.

🔸 **지그재그 단속 필릿 용접기호**

기호표시	용접부 명칭	도 시
a▷ n×l (e) a▽ n×l (e)	지그재그 단속 필릿 용접부	

n : 용접부의 개수(용접 수)
a : 목 두께(목 두께/목 길이(각장))
Z : 지그재그 용접
(e) : 인접한 용접부 간의 거리(피치)
l : 용접부 길이(크레이터부 제외)

13 제조 공정의 도중 상태 또는 일련의 공정 전체를 나타낸 제작도로 공작 공정도, 검사도, 설치도가 포함된 제작도는?

① 공정도   ② 설명도
③ 승인도   ④ 배근도

🔸 제조 공정의 도중 상태 또는 일련의 공정 전체를 나타낸 것을 공정도라 한다.

14 KS에서 일반구조용 압연강재의 종류로 옳은 것은?

① SS410   ② SM45C
③ SM400A   ④ STKM

🔸 **재료의 표시**

KS 규격	재료 명칭	변경 전	변경 후
KS D 3503	일반구조용 압연강재	SS400	SS275
		SS490	SS315
KS D 3515	용접구조용 압연강재	SM400A	SM275A
		SM490A	SM355A
KS D 3566	일반구조용 탄소강관	SKT400	SGT275
		SKT490	SGT355
KS D 3565	상수도용 도복장강관	–	STWW290

※ 일반구조용 압연강재는 SS로 분류한다.

15 중심축과 물체의 표면이 나란하게 이루어진 물체, 즉 각 모서리가 직각으로 만나는 물체나 원통형 물체를 전개할 때 사용하는 전개도법으로 가장 적합한 것은?

① 타출을 이용한 전개도법
② 방사선을 이용한 전개도법
③ 삼각형을 이용한 전개도법
④ 평행선을 이용한 전개도법

🔸 중심축과 물체의 표면이 나란하게 이루어진 물체, 즉 각 모서리가 직각으로 만나는 물체나 원통형 물체를 전개할 때 사용하는 전개도를 평행선 전개도법이라 한다.

16 그림과 같이 "넓은 루트면이 있고 이면 용접된 V형 맞대기 용접"의 기호를 바르게 표시한 것은?

① ![Y with bar] ② [MR]
③ [M] ④ ![Y]

🔦 보조기호

명칭	도시	기호
뒤쪽면 용접과 넓은 루트면을 가진 한쪽면 V형(Y이음) 맞대기 용접-용접한 대로		

17 다음 용접의 명칭과 기호가 틀린 것은?

① 심 용접 : ⊖
② 이면 용접 : ⌣
③ 겹침 접합부 : \\/
④ 가장자리 용접 : |||

🔦 \\/ : 급경사면(스팁 플랭크) 한쪽면 V형 맞대기 이음 용접

18 다음 선의 종류 중 특수한 가공을 하는 부분 등 특별한 요구사항을 적용할 수 있는 범위를 표시하는 데 사용하는 선은?

① 굵은 실선
② 굵은 1점 쇄선
③ 가는 1점 쇄선
④ 가는 2점 쇄선

🔦 특수한 가공을 하는 부분 등 특별한 요구사항을 적용할 수 있는 범위를 표시하는 데 사용하는 선으로 굵은 일점 쇄선을 사용한다.

19 CAD 시스템의 도입 효과가 아닌 것은?

① 품질 향상 ② 원가 절감
③ 납기 연장 ④ 표준화

🔦 CAD 시스템의 도입 효과
• 품질 향상
• 원가 절감
• 납기 단축
• 신뢰성 향상
• 표준화
• 경쟁력 강화

20 치수선으로 사용되는 선의 종류는?

① 은선
② 가는 실선
③ 굵은 실선
④ 가는 1점 쇄선

🔦 치수선은 치수를 기입하기 위한 선으로 가는 실선을 사용한다.

제2과목 용접구조설계

21 두께가 5mm인 강판을 가지고 다음 그림과 같이 완전 용입의 맞대기 용접을 하려고 한다. 이때 최대 인장하중을 50000N 작용시키려면 용접 길이는 얼마인가? (단, 용접부의 허용 인장응력은 100MPa이다.)

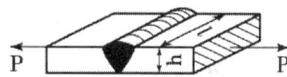

① 50mm ② 100mm
③ 150mm ④ 200mm

🔦 완전용입 맞대기의 용접길이 계산
• 강판의 두께 $h = 5\text{mm} = \dfrac{5}{1000}\text{m} = 0.005\text{m}$
  (단위 mm를 m로 환산하면 1m = 1000mm이므로 1000으로 나누어 준다.)
• 최대 인장하중 $P = 50,000\text{N}$

- 허용 인장응력

  $\sigma_t = 100\text{MPa}$
  $= 100 \times 10^6 \text{N/m}^2 = 100{,}000{,}000 \text{N/m}^2$

  (단위 앞에 있는 접두어 M(메가)은 $1{,}000{,}000 = 10^6$ 이고, $1\text{Pa} = 1\text{N/m}^2$ 이다.)

  인장응력 $\sigma_t = \dfrac{P}{hl}$ 에서 용접길이 $l = \dfrac{P}{\sigma_t h}$ 이므로

  $l = \dfrac{50 \times 1000 \text{N}}{100 \times 1000000 \dfrac{\text{N}}{\text{m}^2} \times 0.005\text{m}}$

  $= 0.1\text{m} = 100\text{mm}$

  (단위 m를 mm로 환산하면 1m는 1000mm이므로 $0.1\text{m} \times \dfrac{1000\text{mm}}{1\text{m}} = 100\text{mm}$ 이다.)

22 용접성을 저하시키며 적열 취성을 일으키는 원소는?

① 황   ② 규소
③ 구리   ④ 망간

▶ 황은 용접성과 인성을 저하시키는 특성이 있다. 이를 적열 취성이라 한다.

23 다음 용착법 중 용접방향과 용착방향이 동일하게 되도록 용착하는 방법은?

① 전진법   ② 후퇴법
③ 양분법   ④ 빔 진동법

▶ **전진법**

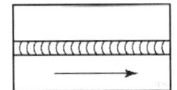

- 용접방향과 용착방향이 동일하게 되도록 용착하는 방법
- 한 끝에서 다른 쪽 끝을 향해 연속적으로 진행하는 간단한 방법
- 전진법은 수축과 잔류 응력이 용접의 시작 부분보다 끝부분이 더 크다.
- 변형 및 잔류응력이 크게 문제가 되지 않을 때 사용

24 용접 구조 설계상의 주의 사항으로 틀린 것은?

① 용접에 의한 변형 및 잔류응력을 경감시킬 수 있도록 한다.
② 용접 치수는 강도상 필요한 치수 이상으로 크게 하지 않는다.
③ 용접 부위는 단면 형상의 급격한 변화 및 노치가 있는 부위로 한다.
④ 용접 이음을 감소시키기 위하여 압연 형재, 주단조품, 파이프 등을 적절히 이용한다.

▶ **용접 구조의 설계상 주의 사항**
- 용접에 의한 변형 및 잔류 응력을 경감시킬 수 있도록 주의한다.
- 용접 치수는 강도상 필요한 치수 이상으로 크게 하지 않는다.
- 구조상의 불연속부, 단면 형상의 급격한 변화 및 노치를 피한다.
- 용접 이음을 감소시키기 위하여 압연 형재, 주단조품, 파이프 등을 부분적으로 이용한다.
- 용접 이음의 집중, 접근 및 교차를 피한다.
- 판면에 직각 방향으로 인장 하중이 작용할 경우에는 판의 이방성에 주의한다.
- 두꺼운 판을 용접할 경우에는 용입이 깊은 용접법을 이용하여 층수를 줄인다.
- 용접성, 노치 인성이 우수한 재료를 선택하여 시공하기 쉽게 설계한다.
- 리벳과 용접의 혼용 시에는 충분한 주의를 한다.

25 일반적인 용접 이음 설계 시 주의 사항으로 틀린 것은?

① 가능하면 용접선은 교차하지 않도록 설계한다.
② 될 수 있는 한 용접량이 많은 홈 형상을 설계한다.
③ 용접 작업에 지장을 주지 않도록 충분

한 공간을 갖도록 설계한다.
④ 맞대기 용접에는 이면용접을 할 수 있도록 해서 용입 부족이 없도록 한다.

> **용접 이음 설계 시 일반적인 주의 사항**
> - 용접선은 될 수 있는대로 교차하지 않도록 한다.
> - 될 수 있는 한 용접량이 적은 홈 형상을 선택한다.
> - 용접 작업에 지장을 주지 않도록 충분한 공간을 갖도록 설계한다.
> - 맞대기 용접에는 이면 용접을 할 수 있도록 해서 용입 부족이 없도록 한다.
> - 가급적 능률이 좋은 아래보기 용접을 많이 할 수 있도록 설계한다.
> - 강도가 약한 필릿 용접은 될 수 있는 대로 피하고 맞대기 용접을 하도록 한다.

26 다음 금속 중 냉각속도가 가장 빠른 것은?
① 구리
② 연강
③ 알루미늄
④ 스테인리스강

> **열전도율이 큰 순서**
> 은(Ag) > 구리(Cu) > 금(Au) > 알루미늄(Al) > 마그네슘(Mg) > 아연(Zn) > 니켈(Ni) > 철(Fe) > 백금(Pt) > 주석(Sn) > 납(Pb) > 수은(Hg) > 스테인리스강(STS)
> ∴ 열전도율이 클수록 냉각속도가 빠르다.

27 인장강도가 $530\text{N}/\text{mm}^2$인 모재를 용접하여 만든 용접시험편의 인장강도가 $380\text{N}/\text{mm}^2$일 때 이 용접부의 이음효율은 약 몇 %인가?
① 52
② 72
③ 94
④ 140

> **이음효율(η)**
> $\eta = \dfrac{\text{용접 시험편의 인장강도}}{\text{모재의 인장강도}} \times 100\%$에서

$\eta = \dfrac{380\text{N}/\text{mm}^2}{530\text{N}/\text{mm}^2} \times 100\% = 71.6\%$
≒ 72%

28 최초 길이가 15mm인 시험편을 인장시험 후 20mm가 되었을 경우 연신율은 약 몇 %인가?
① 13
② 23
③ 33
④ 53

> **연신율**
> $= \dfrac{\text{시험 후 표점거리} - \text{시험 전 표점거리}}{\text{시험 전 표점거리}} \times 100\%$
> 시험 후 표점거리 = 20mm
> 시험 전 표점거리 = 15mm이므로
> 연신율 $= \dfrac{20\text{mm} - 15\text{mm}}{15\text{mm}} \times 100\%$
> $= 33\%$

29 용접구조물을 제작할 때 피로강도를 향상시키기 위한 방법을 올바르게 설명한 것은?
① 표면가공, 다듬질 등에 의하여 단면이 급변하게 할 것
② 가능한 한 응력 집중부에는 용접부가 집중되도록 할 것
③ 냉간가공 또는 야금적 변태를 이용하여 기계적 강도를 줄일 것
④ 열처리 또는 기계적인 방법으로 용접부 잔류응력을 완화시킬 것

> **피로강도를 향상시키기 위한 방법**
> - 표면가공 또는 표면처리, 다듬질 등은 단면이 급변하는 부분을 피할 것
> - 가능한 한 응력집중부에는 용접 이음부를 설계하지 말 것
> - 냉간가공 또는 야금적 변태 등에 따라 기계적인 강도를 높일 것
> - 열 또는 기계적인 방법으로 잔류응력을 완화시킬 것

- 용접부는 불용착부가 없는 완전용입이 되도록 할 것
- 표면 덧붙이는 가능한 한 최소화할 것

30 피복아크용접에서 판두께 8mm 이상의 두꺼운 강판을 용접할 때 사용되는 이음 홈의 형상으로 가장 거리가 먼 것은?

① I형 ② H형
③ U형 ④ 양면 J형

▶ I형 홈은 판 두께가 6mm 이하의 경우 사용

31 용접부 검사의 분류 중 기계적 시험법이 아닌 것은?

① 인장 시험
② 굽힘 시험
③ 피로 시험
④ 현미경 조직 시험

▶ 검사법의 종류
- 기계적 시험법의 종류 : 인장 시험, 굽힘 시험, 피로 시험, 경도 시험, 충격 시험, 고온 및 저온 시험
- 야금학적 시험의 종류 : 현미경 조직 시험, 육안 조직 시험, 파면 시험, 설퍼 프린트 시험

32 강에 황이 층상으로 존재하는 유황 밴드가 심한 모재를 서브머지드 아크용접할 때 나타나는 고온 균열은?

① 토 균열
② 설퍼 균열
③ 비드 밑 균열
④ 크레이터 균열

▶ 설퍼 균열(Sulfur crack)은 강 중의 황이 층상으로 존재하는 설퍼 밴드가 심한 모재를 서브머지드 아크 용접하는 경우에 볼 수 있는 고온 균열이다.
- 용접 균열의 종류

용접 금속 균열		
크레이터 균열	세로 균열	
	가로 균열	
	별 균열	
용접금속의 균열	세로 균열	
	가로 균열	
	병배 균열	
용접금속의 루트 균열	맞대기 용접부 루트 균열	
	비드 용접부 루트 균열	
	설퍼 균열	
	매크로 균열	
	노치부 균열	
열 영향부 균열		
	비드 밑 균열	
	맞대기 용접부 토 균열	
	필릿 용접부 토 균열	
	힐 균열	
	루트 균열	
	라멜라 티어	

33 탄소함유량이 약 0.25%인 탄소강을 용접할 때 가장 적당한 예열온도는 약 몇 ℃인가?

① 90∼150 ② 250∼350
③ 400∼450 ④ 470∼550

▶ 탄소함유량에 따른 예열온도

탄소함유량(%)	예열온도(℃)
0.20 이하	90 이하
0.02~0.30	90~150
0.30~0.45	150~260
0.45~0.80	260~420

34 가용접 시 주의해야 할 사항으로 틀린 것은?

① 본 용접과 같은 온도에서 예열한다.
② 개선 홈 내의 가용접부는 백 치핑으로 완전히 제거한다.
③ 가용접 위치는 부품의 끝 모서리나 중요한 부위에 실시한다.
④ 본 용접자와 동등한 기량을 갖는 작업자가 가용접을 실시한다.

🔥 가용접 시 주의해야 할 사항
 • 본 용접과 같은 온도에서 예열할 것
 • 개선 홈 내의 가용접부는 백 치핑으로 완전히 제거할 것
 • 부품의 모서리나 각 등과 같이 응력이 집중되는 곳은 피할 것
 • 본 용접자와 동등한 기량을 갖는 용접자가 시행할 것
 • 본 용접 시 사용하는 용접봉보다 약간 가는 것을 사용할 것

35 플러그 용접의 전단강도는 구멍의 면적당 전용착 금속 인장강도의 몇 % 정도인가?

① 20~30   ② 40~50
③ 60~70   ④ 80~90

🔥 플러그 용접의 전단강도는 구멍의 면적당 전용착 금속 인장강도의 60~70% 정도이다.

36 다음 그림과 같은 홈의 종류는 무슨 형인가?

① U형   ② V형
③ I형   ④ J형

🔥 홈의 형상(J형 홈)

I형

  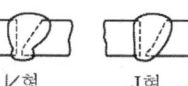
V형   U형   ∨형   J형

   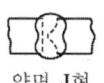
X형   H형   K형   양면 J형

37 초음파 탐상법의 종류가 아닌 것은?

① 투과법   ② 공진법
③ 펄스반사법   ④ 플라스마법

🔥 초음파 탐상법의 종류
 • 투과법
 • 공진법
 • 펄스 반사법

38 용접변형의 종류에 해당되지 않는 것은?

① 좌굴변형   ② 연성변형
③ 회전변형   ④ 비틀림변형

🔥 용접변형의 종류

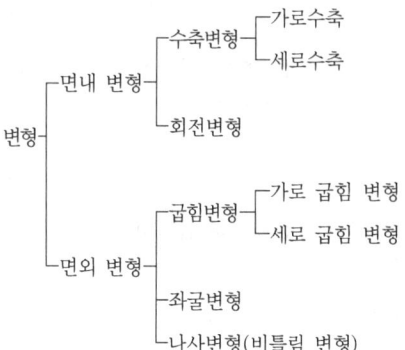

39 용접부를 연속적으로 타격하여 표면층에 소성변형을 주어 잔류 응력을 감소시키는 방법은?

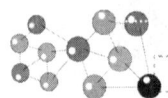

① 피닝법
② 변형 교정법
③ 저온 응력 완화법
④ 응력 제거 어닐링

▶ **피닝(peening)**
피닝의 목적은 해머로 용접부를 연속적으로 타격하여 용접에 의한 수축변형을 감소시키며, 잔류응력의 완화, 용접변형 방지 및 용착금속의 균열 방지 등에 있다.

40 일반적인 각변형 방지대책으로 틀린 것은?
① 구속지그를 활용한다.
② 역변형의 시공법을 사용한다.
③ 용접속도가 느린 용접법을 이용한다.
④ 개선각도는 작업에 지장이 없는 한도 내에서 작게 하는 것이 좋다.

▶ **각 변형 방지대책**
• 구속지그를 활용한다.
• 역변형의 시공법을 사용한다.
• 용접속도가 빠른 용접법을 이용한다.
• 개선각도는 작업에 지장이 없는 한도 내에서 작게 하는 것이 좋다.
• 역변형의 시공법을 사용한다.
• 판두께와 개선형상이 일정할 때 용접봉 지름이 큰 것을 이용하여 패스의 수를 줄인다.
• 판두께가 얇을수록 첫 패스측의 개선깊이를 크게 한다.

○ **제3과목 용접일반 및 안전관리**

41 레이저 용접의 설명으로 틀린 것은?
① 접촉식 용접방법이다.
② 모재의 열변형이 거의 없다.
③ 이종금속의 용접이 가능하다.
④ 미세하고 정밀한 용접을 할 수 있다.

▶ 레이저 용접의 특징은 비접촉식 용접방식으로 이루어진다.

42 전격방지기가 설치된 용접기의 가장 적당한 무부하 전압은 몇 V 정도인가?
① 20~30   ② 40~50
③ 60~70   ④ 80~90

▶ 전격방지기는 용접작업을 하지 않을 때에는 보조 변압기에 의해 용접기의 2차 무부하 전압을 20~30V 이하로 유지시켜 전격을 방지할 수 있다.

43 저항 용접의 특징으로 틀린 것은?
① 접합강도가 비교적 크다.
② 산화 및 변질 부분이 적다.
③ 용접봉, 용제 등이 불필요하다.
④ 작업속도가 느려 소량생산에 적합하다.

▶ **저항용접의 특징**
• 접합강도가 비교적 크다
• 산화 및 변질 부분이 적다.
• 용접봉, 용제 등이 불필요하다.
• 작업속도가 빠르고, 대량생산에 적합하다.
• 용접변형 및 잔류응력이 적다.
• 작업자의 숙련이 필요없다.
• 가압효과로 조직이 치밀해진다.

44 고장력강용 피복 아크 용접봉에서 피복제 계통이 철분 저수소계인 것은?
① E5001   ② E5003
③ E5316   ④ E5326

▶ **고장력강용 피복 아크 용접봉의 종류**
• 일미나이트계 : E5001
• 라임 티타니아계 : E5003
• 저수소계 : E5316
• 철분저수소계 : E5026, E5326, E5826, E6226

45 역류, 역화, 인화 등을 막기 위해 사용하는 수

봉식 안전기 취급 시 주의사항이 아닌 것은?
① 수봉관에 규정된 선까지 물을 채운다.
② 안전기가 얼었을 경우 가스토치로 해빙시킨다.
③ 한 개의 안전기에는 반드시 한 개의 토치를 설치한다.
④ 수봉관의 수위는 작업 전에 반드시 점검한다.

🔥 수봉식 안전기의 취급법
- 수봉관에 규정된 선까지 물을 채울 것
- 겨울철 얼었을 때 화기로 녹이지 말고 따뜻한 물이나 증기로 녹일 것
- 한 개의 안전기에는 한 개의 토치만 사용하여야 하며 두 개 이상은 접속하지 말 것
- 수위는 작업 전에 반드시 점검하여 알맞은 수위로 한 후에 작업할 것
- 안전기는 수직으로 걸고 작업 중에 수위가 보이는 위치에 둘 것
- 출구 콕을 열어서 혼합가스를 배출한 후 토치로 가는 고무호스를 끼울 것
- 가스 누출 점검은 화기사용을 절대로 금하고 반드시 비눗물로 할 것
- 작업 중 수봉관의 물이 넘쳐 나오면 작업을 중지하고 원인을 조사한 후 작업을 할 것
- 가스입구 도입관에 청정기의 도관을 접촉시킬 것

46 정격 사용률이 50%이고, 정격 2차 전류가 300A인 아크 용접기를 사용하여 실제 300A로 용접한다면 용접기의 허용사용률은 몇 %인가?
① 34.7   ② 41.7
③ 50   ④ 72

🔥 허용사용율(η) 계산
$$\eta = \left(\frac{\text{정격 2차 전류}}{\text{실제 용접전류}}\right)^2 \times \text{정격 사용률(\%)}$$
여기서, 정격 2차 전류 300A, 실제 용접전류 300A, 정격 사용률이 50%이므로

$$\eta = \left(\frac{300A}{300A}\right)^2 \times 50\%$$
$$= \frac{90000A}{90000A} \times 50\% = 50\%$$

47 직류 아크 용접기의 극성에 따른 특징으로 옳은 것은?
① 역극성의 경우 비드폭이 좁다.
② 정극성의 경우 모재의 용입이 깊다.
③ 역극성의 경우 용접봉의 녹음이 느리다.
④ 정극성은 박판용접 및 비철금속 용접에 쓰인다.

🔥 직류 아크 용접기의 극성의 비교

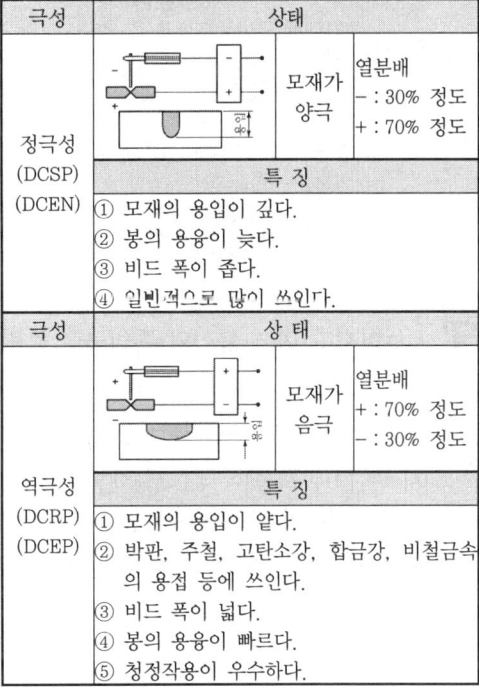

극성	상 태
정극성 (DCSP) (DCEN)	모재가 양극 / 열분배 - : 30% 정도 / + : 70% 정도
	특 징
	① 모재의 용입이 깊다. ② 봉의 용융이 늦다. ③ 비드 폭이 좁다. ④ 일반적으로 많이 쓰인다.
역극성 (DCRP) (DCEP)	모재가 음극 / 열분배 + : 70% 정도 / - : 30% 정도
	특 징
	① 모재의 용입이 얕다. ② 박판, 주철, 고탄소강, 합금강, 비철금속의 용접 등에 쓰인다. ③ 비드 폭이 넓다. ④ 봉의 용융이 빠르다. ⑤ 청정작용이 우수하다.

48 일반적인 프로젝션 용접의 특징으로 옳은 것은?
① 전극의 수명이 짧다.
② 용접 속도가 느리다.
③ 제품의 신뢰도가 낮다.

④ 작업능률이 높으며 외관이 아름답다.

▶ **프로젝션 용접의 특징**
- 1회 작동으로 여러 개의 점용접이 되도록 할 수 있다.
- 작업 능률이 높으며, 외관이 아름답다.
- 전극의 수명이 길다.
- 용접속도가 빠르다.
- 응용범위가 넓다.

49 1차 입력이 40kVA인 피복아크 용접기에서 전원 전압이 200V라면 퓨즈의 용량은 몇 A가 가장 적합한가?

① 100 ② 150
③ 200 ④ 250

▶ **퓨즈 용량**

퓨즈 용량 = $\dfrac{1차\ 입력(kVA)}{전원전압(V)}$ (A)

1차 입력 = 40kVA = 40×10³VA = 40,000VA,
전원전압 = 200V에서

퓨즈 용량 = $\dfrac{40,000VA}{200V}$ = 200A

50 서브머지드 아크 용접의 특징으로 틀린 것은?

① 유해광선 발생이 적다.
② 용착속도가 빠르며 용입이 깊다.
③ 전류밀도가 낮아 박판용접에 용이하다.
④ 개선각을 작게 하여 용접의 패스 수를 줄일 수 있다.

▶ 서브머지드 아크 용접은 전류밀도가 높아 용입을 깊게 할 수 있으므로 후판 용접에 적합하다.

51 MIG 용접의 특징으로 옳은 것은?

① 수하 특성 및 정전류 특성을 가진다.
② MIG 용접은 전자동 용접에만 사용한다.
③ 전류 밀도가 피복아크용접의 약 6배 정도 높다.
④ TIG 용접에 비해 능률이 작아 3mm 이하의 박판용접에 주로 사용한다.

▶ **MIG 용접의 특징**
- 정전압 특성 또는 상승 특성의 직류 용접기가 사용된다.
- 반자동 및 전자동 용접기로 용접속도가 빠르다.
- 전류 밀도가 매우 높아 3mm 이상의 두꺼운 판의 용접에 능률적이다.
- MIG 용접의 전류 밀도는 피복아크용접 전류 밀도의 약 6~8배 정도로 높다.
- 아크 자기 제어 특성이 있다.

52 가스용접에서 토치의 취급상 주의사항으로 틀린 것은?

① 토치를 망치 등 다른 용도로 사용해서는 안 된다.
② 팁 및 토치를 작업장 바닥이나 흙 속에 방치하지 않는다.
③ 작업 중 발생하기 쉬운 역류, 역화, 인화에 항상 주의하여야 한다.
④ 팁을 바꿔 끼울 때에는 반드시 양쪽 밸브를 모두 열고 팁을 교체한다.

▶ **토치의 취급상 주의사항**
- 토치에 기름, 그리스 등을 발라서는 안 된다.
- 팁 및 토치를 작업장 바닥이나 흙 속에 방치하지 않는다.
- 토치를 망치 등 다른 용도로 사용해서는 안 된다.
- 팁을 바꿔 끼울 때는 반드시 양쪽 밸브를 모두 닫은 다음에 교체한다.
- 작업 중 발생하기 쉬운 역류, 역화, 인화에 항상 주의하여야 한다.
- 팁의 과열 시는 아세틸렌 밸브를 닫고 산소 밸브만 조금 열어 물 속에서 냉각시킨다.

53 가스 절단에 사용되는 프로판 가스의 성질

을 설명한 것 중 틀린 것은?

① 공기보다 가볍다.
② 증발잠열이 크다.
③ 상온에서는 기체 상태이고 무색이다.
④ 액화하기 쉽고 용기에 넣어 수송하기 편리하다.

🔥 프로판 가스의 성질
• 기체상태의 LPG는 공기보다 약 1.5배 무겁다.
• 증발잠열이 크다.
• 액화하기 쉽고 용기에 넣어 수송이 편리하다.
• 상온에서는 기체 상태이고 무색, 투명하고 약간의 냄새가 난다.

54 가스절단에서 일정한 속도로 절단할 때 절단 홈의 밑으로 갈수록 슬래그의 방해, 산소의 오염 등에 의해 절단이 느려져 절단면을 보면 거의 일정한 간격으로 평행한 곡선이 나타난다. 이 곡선을 무엇이라 하는가?

① 가스 궤적
② 드래그 라인
③ 절단면의 아크 방향
④ 절단속도의 불일치에 따른 궤적

🔥 드래그 라인(drag line)
가스 절단에 일정한 속도로 절단할 때 절단 홈이 밑으로 갈수록 슬래그의 방해, 산소의 오염, 절단 산소 속도의 저하 등에 의해 산화작용과 절단이 늦어져 절단면이 거의 일정한 간격으로 평행한 곡선을 나타내는 것을 드래그 라인(drag line)이라 한다.

55 가스 절단 시 사용되는 산소 중에 불순물이 증가되면 나타나는 결과로 틀린 것은?

① 절단면이 거칠어진다.
② 절단 속도가 빨라진다.
③ 산소의 소비량이 많아진다.
④ 슬래그의 이탈성이 나빠진다.

🔥 산소 중에 불순물이 증가되면 나타나는 결과
• 절단면이 거칠어진다.
• 절단 속도가 늦어진다.
• 산소의 소비량이 많아진다.
• 절단 개시 시간이 길어진다.
• 슬래그의 이탈성이 나빠진다.
• 절단홈의 폭이 넓어진다.

56 피복아크용접봉의 피복 배합제 중 탈산제로 사용되는 것은?

① 붕사
② 망간철
③ 석회석
④ 산화티탄

🔥 탈산제
• 페로망간(망간철, Fe-Mn)
• 페로실리콘(규소철, Fe-Si)
• 페로티탄(티탄철, Fe-Ti)
• 페로바나듐(바나듐철, Fe-V)
• 페로크롬(크롬철, Fe-Cr)
• 망간(Mn)
• 크롬(Cr)

57 연납 땜과 경납 땜을 구분하는 기준 온도는 몇 ℃인가?

① 120
② 300
③ 350
④ 450

🔥 땜납의 용융점이 450℃ 이하는 연납, 450℃ 이상은 경납(brazing)이라 한다.

58 교류아크용접기의 부속장치 중 아크 발생 초기만 용접 전류를 특별히 높이는 장치는?

① 핫 스타트 장치
② 원격제어장치
③ 전격방지장치
④ 초음파 발생장치

핫 스타트 장치(hot start 또는 arc booster)
아크가 발생하는 초기에 용접봉과 모재가 냉각되어 있어 입열이 부족하여 아크가 불안정하기 때문에 아크 초기만 용접전류를 특별히 크게 하는 장치로 다음과 같은 장점이 있다.
- 아크 발생을 쉽게 한다.
- 시작점의 기공을 방지한다.
- 비드 모양을 개선한다.
- 아크 발생 초기의 비드 용입을 양호하게 한다.

59 교류 아크 용접기에서 용접전류 조정범위는 정격 2차 전류의 몇 % 정도인가?

① 20~110% ② 40~170%
③ 60~190% ④ 80~210%

교류 아크 용접기의 규격
용접 전류의 조정범위는 정격 2차 전류의 20~110% 정도가 된다. 따라서, 300A 용접기의 경우 최소 60A에서부터 최대 330A까지 조정할 수 있다.

60 중압식 가스용접 토치에서 사용되는 아세틸렌가스의 압력으로 적당한 것은?

① 0.25MPa 이상
② 0.13~0.25MPa
③ 0.007~0.13MPa
④ 0.001~0.007MPa

중압식 토치는 아세틸렌가스의 압력이 0.007~0.13MPa(0.07~1.3kg/cm^2) 범위에서 사용되는 토치로서 등압식 토치라고도 한다.

정답

01	02	03	04	05	06	07	08	09	10
①	③	④	④	②	③	①	②	②	④
11	12	13	14	15	16	17	18	19	20
②	②,④	①	①	④	④	③	②	③	②
21	22	23	24	25	26	27	28	29	30
②	①	①	③	①	②	①	③	④	①
31	32	33	34	35	36	37	38	39	40
④	②	①	③	③	④	②	①	②	③
41	42	43	44	45	46	47	48	49	50
①	①	④	④	②	③	②	④	③	③
51	52	53	54	55	56	57	58	59	60
③	④	①	②	②	②	④	①	①	③

과·년·도·문·제

2020. 8. 23

자격종목 및 등급(선택분야)	종목코드	시험시간	문제지형별	수검번호	성 명
용접산업기사	2026	1시간 30분	A	20190303	

제1과목 용접야금 및 용접설비제도

01 금속의 일반적인 성질로 틀린 것은?
① 수은 이외에는 상온에서 고체이다.
② 전기에 부도체이며, 비중이 작다.
③ 고체 상태에서 결정구조를 갖는다.
④ 금속 고유의 광택을 갖고 있다.

🔥 금속은 일반적인 성질로 열과 전기의 좋은 양도체이다.

02 아크용접 피복제의 종류 중에서 슬래그 생성제로만 짝지어진 것은?
① 산화철, 규사, 장석, 석회석, 일미나이트
② 석회석, 일미나이트, 망간철, 장석, 몰리브덴
③ 산화철, 석회석, 톱밥, 형석, 일미나이트
④ 석회석, 산화니켈, 장석, 규산나트륨, 일미나이트

🔥 슬래그 생성제로는 산화철, 규사, 석회석, 장석, 일미나이트, 산화티탄, 이산화망간, 형석 등이 사용된다.

03 강의 조직 중에서 경도가 높은 것에서 낮은 순으로 나열된 것은?
① 트루스타이트 > 소르바이트 > 오스테나이트 > 마텐자이트
② 소르바이트 > 트루스타이트 > 오스테나이트 > 마텐자이트
③ 마텐자이트 > 오스테나이트 > 소르바이트 > 트루스타이트
④ 마텐자이트 > 트루스타이트 > 소르바이트 > 오스테나이트

🔥 강의 강도와 경도가 높은 것에서 낮은 순서
마텐자이트 > 트루스타이트 > 소르바이트 > 오스테나이트

04 강의 연화 및 내부응력 제거를 목적으로 하는 열처리는?
① marquenching
② annealing
③ carburizing
④ nitriding

🔥 풀림(annealing)은 강을 연화시킬 목적으로 하는 열처리이다.

05 다음 중 용접 전에 적당한 온도로 예열하는 목적과 가장 거리가 먼 것은?
① 수축 변형을 감소시키기 위하여
② 냉각속도를 빠르게 하기 위하여
③ 잔류응력을 경감시키기 위하여
④ 연성을 증가시키기 위하여

🔥 용접 전 예열하는 목적은 모재가 가열된 후 임계온도(연강의 경우 871~719℃)를 통과하여 냉각될 때 냉각속도를 느리게 해 주어 열영향부와 용착금속의 경화를 방지하고 연성을 높여

과년도출제문제 ••• 121

주기 위함이다.

06 체심입방격자의 단위격자에 속하는 원자 수는?

① 1개 ② 2개
③ 3개 ④ 4개

🔥 격자 내 원자수

결정구조	격자 내 원자수	
체심입방격자 (BCC)	2개	$\frac{1}{8} \times 8 = 1$개, 내부에 있는 원자수 1개
면심입방격자 (FCC)	4개	$\frac{1}{8} \times 8 = 1$개 $+ \frac{1}{2} \times 6 = 3$개
조밀육방격자 (HCP)	2개	$\frac{1}{6} \times 4 + \frac{1}{12} \times 4 = 1$개, 내부에 있는 원자 수 1개

07 순철의 성질이 아닌 것은?

① 담금질 효과를 받지 않는다.
② 용접성이 좋다.
③ 연성이 크다.
④ 취성이 크다.

🔥 순철은 담금질 효과를 받지 않으며, 연하고 용접성이 양호할 뿐만 아니라 연성도 큰 것이 특징이다.

08 저탄소강의 용접 열영향부 조직 중 가열온도 범위가 900~1100℃이고, 재결정으로 미세화되어 인성 등의 기계적 성질이 양호한 것은?

① 조립부 ② 세립부
③ 모재부 ④ 취화부

🔥 최고 가열온도가 900℃ 전후의 영역은 세립영역(세립부)이 되어 그 인성은 양호하다.

09 강의 제조법 중 탈산 정도에 따른 강괴의 종류에 해당하지 않는 것은?

① 킬드강 ② 림드강
③ 쾌삭강 ④ 세미킬드강

🔥 강괴는 탈산 정도에 따라 림드강, 킬드강, 세미킬드강, 캡트강으로 구분된다.

10 용접 슬래그 중 중성 산화물은 어느 것인가?

① SiO_2 ② Al_2O_3
③ MnO ④ Na_2O

🔥 중성 산화물은 알루미나(Al_2O_3)이다.

11 다음 중 치수 기입의 원칙으로 틀린 것은?

① 치수는 중복기입을 피한다.
② 치수는 되도록 주 투상도에 집중시킨다.
③ 치수는 계산하여 구할 필요가 없도록 기입한다.
④ 관련되는 치수는 되도록 분산시켜서 기입한다.

🔥 관련되는 치수는 되도록 한 곳에 모아서 기입한다.

12 다음 그림의 용접기호는 어떤 용접을 나타내는가?

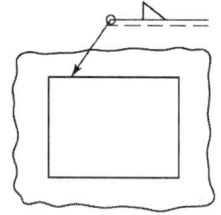

① 일주 필릿 용접
② 연속 필릿 현장 용접
③ 단속 필릿 현장 용접
④ 일주 맞대기 현장 용접

🔥 일주 용접 표기법으로 용접이 부재의 전부를 일주하여 용접하는 경우에는 원의 기호(○)로 표기하고, 용접기호가 필릿이므로 "일주 필릿

용접"을 나타낸다.

13 다음과 같은 용접 기본 기호의 명칭으로 맞는 것은?

① 일면 개선형 맞대기 용접
② 개선 각이 급격한 V형 맞대기 용접
③ 넓은 루트면이 있는 V형 맞대기 용접
④ 넓은 루트면이 있는 한 면 개선형 맞대기 용접

※ 용접 기본 기호에서 ∨은 "한쪽면 K형 맞대기 이음 용접" 또는 "일면(한면) 개선형 맞대기 용접"으로 표기한다.

14 특정 부분의 도형이 작아서 그 부분의 상세한 도시나 치수 기입을 할 수 없을 때 그 부분을 가는 실선으로 에워싸고, 영문자 대문자로 표시함과 동시에 그 해당 부분을 다른 장소에 확대하여 그리는 것은?

① 부분 투상도   ② 부분 확대도
③ 국부 투상도   ④ 보조 투상도

※ 도형이 작아 상세한 도시나 치수의 기입이 곤란한 경우 다른 장소에 확대하여 그리고 문자 등을 표기하는 것을 부분 확대도라고 한다.

15 다음 선의 종류 중 단면의 무게 중심을 연결한 선을 표시하거나, 렌즈를 통과하는 광축을 나타내는 데 사용하는 것은?

① 굵은 파선
② 가는 일점 쇄선
③ 가는 이점 쇄선
④ 굵은 일점 쇄선

※ 무게 중심을 표시하는 선에는 가는 이점 쇄선을 사용한다.

16 도형의 표시방법 중 도형의 생략 도시에 관한 내용으로 가장 적절하지 않은 것은?

① 도형이 대칭일 경우에는 대칭 중심선의 한쪽 도형만 그리고, 그 대칭 중심선의 양끝 부분에 짧은 2개의 나란한 가는 선을 그린다.
② 도면에서 같은 크기나 모양이 계속 반복될 경우에는 생략하여 도시할 수 있다.
③ 긴 테이퍼 부분 또는 기울기 부분을 잘라낸 도시에서는 경사가 완만한 것은 실제의 각도로 도시하지 않아도 된다.
④ 긴 테이퍼의 중간 부분을 생략하여 도시하였을 경우 잘라낸 끝부분은 아주 굵은 선으로 나타낸다.

※ 긴 테이퍼의 중간 부분을 생략하여 도시하였을 경우 잘라낸 끝부분은 파단선으로 나타낸다.

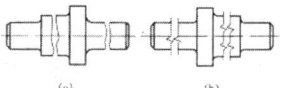

〈도형의 중간 부분 생략 도시 예〉

17 다음 중 각기둥이나 원기둥을 전개할 때 사용하는 전개도법으로 가장 적합한 것은?

① 사진 전개도법
② 평행선 전개도법
③ 삼각형 전개도법
④ 방사선 전개도법

※ 각기둥이나 원기둥을 전개할 때 사용하는 전개에는 평행선 전개법을 사용한다.

18 다음 관 이음쇠의 기호 중 플랜지 이음의 캡 기호로 가장 적합한 것은?

①   ②
③   ④

관 이음쇠 기호

- ⊢ : 플랜지 이음 캡
- ⊲ : 레듀서
- ○⊢ : 가는 엘보 플랜지 이음
- ⊣⊢ : 부싱

19 한 도면에서 두 종류 이상의 선이 같은 장소에 겹치게 될 때 우선순위로 옳은 것은?

① 숨은선 → 절단선 → 외형선 → 중심선
② 숨은선 → 절단선 → 중심선 → 외형선
③ 외형선 → 숨은선 → 절단선 → 중심선
④ 외형선 → 중심선 → 절단선 → 숨은선

선의 우선 순위
외형선 → 숨은선 → 절단선 → 중심선 → 무게 중심선 → 치수보조선

20 그림과 같은 용접기호가 심(seam)용접부에 도시되어 있다. 다음 중 설명이 틀린 것은?

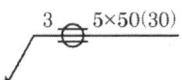

① 심 용접부의 폭은 3mm이다.
② 심 용접부의 두께는 5mm이다.
③ 심 용접부의 길이는 50mm이다.
④ 심 용접부의 용접 거리는 30mm이다.

심 용접기호

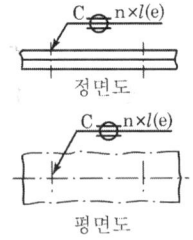

- C : 심 용접부의 폭
- ⊖ : 심 용접기호
- n : 심 용접부의 개수(용접 수)
- l : 심 용접부의 길이
- (e) : 용접부의 간격

제2과목 용접구조설계

21 용접 접합면에 홈(groove)을 만드는 주된 이유는?

① 변형을 줄이기 위하여
② 완전한 용입을 위하여
③ 재료를 절약하기 위하여
④ 제품의 치수를 조절하기 위하여

용접부에 홈(groove)을 만들어 주는 이유는 완전한 용입을 얻기 위함이다.

22 용접부 검사에서 비파괴 시험법에 속하는 것은?

① 충격 시험
② 피로 시험
③ 경도 시험
④ 형광침투 시험

형광침투 시험은 침투탐상 검사법의 한 종류로 용접부를 파괴시키지 않고 표면을 검사하는 시험법이다.

23 용접수축에 의한 굽힘 변형 방지법으로 틀린 것은?

① 개선 각도는 용접에 지장이 없는 범위에서 작게 한다.
② 후퇴법, 대칭법, 비석법 등을 채택하여 용접한다.
③ 역변형을 주거나 구속 지그로 구속한 후 용접한다.
④ 판 두께가 얇은 경우 첫 패스측의 개선

깊이를 작게 한다.

🔥 변형의 방지 대책 중 판 두께가 얇을수록 첫 패스측의 개선 깊이를 크게 하여야 한다.

24 용접 기본 기호에서 "넓은 루트면이 있는 한 면 개선형 맞대기 용접"을 나타내는 것은?

① ⋁   ② ⋎
③ ⋏   ④ ⋎

🔥 ⋏ 기호
"넓은 루트면이 있는 한 면 개선형 맞대기 용접" 또는 "부분 용입 한쪽면 K형 맞대기 이음 용접"을 나타낸다.

25 모재의 인장강도가 400MPa이고, 용접시험편의 인장강도가 280MPa이라면 용접부의 이음효율은 몇 %인가?

① 50   ② 60
③ 70   ④ 80

🔥 이음효율(η)
이음의 허용응력을 정할 경우 모재의 허용응력을 기준으로 하여 사용재료, 시공방법, 사용조건 등에 따라 이음의 허용응력을 낮게 하여 주는 비율을 말한다.

$\eta = \dfrac{\text{용접시험편의 인장강도}}{\text{모재의 인장강도}} \times 100\%$ 에서

모재의 인장강도 400MPa, 용접시험편의 인장강도 280MPa이므로

$\therefore \eta = \dfrac{280\text{MPa}}{400\text{MPa}} \times 100\% = 70\%$

26 용접변형의 일반적 특성에서 홈 용접 시 용접진행에 따라 홈 간격이 넓어지거나 좁아지는 변형은?

① 종변형   ② 횡변형
③ 각변형   ④ 회전변형

🔥 회전변형은 홈 용접 시 용접이 진행됨에 따라 홈의 간격이 내측 또는 외측으로 넓어지거나 좁아지는 변형을 말한다.

27 다음 중 용접 구조물의 피로강도를 향상시키기 위한 방법으로 틀린 것은?

① 구조상 응력 집중이 되는 곳에 용접을 집중시킬 것
② 열처리 방법을 이용하여 용접부의 잔류응력을 완화시킬 것
③ 냉간 가공이나 야금적 변화 등을 이용하여 기계적인 강도를 높일 것
④ 표면가공이나 다듬질을 이용하여 단면이 급변하는 부분을 피할 것

🔥 가능한 한 응력 집중부에는 용접부가 되도록 하는 것을 피할 것

28 용접이음 설계 시 충격하중을 받는 연강의 안전율로 적당한 것은?

① 3   ② 5
③ 8   ④ 12

🔥 안전율

재료	정하중	동하중		충격하중
		반복하중	교번하중	
연강	3	5	8	12

29 두께 4mm인 연강 판을 I형 맞대기 이음 용접을 한 결과 용착금속의 중량이 3kg이었다. 이때 용착효율이 60%라면 용접봉의 사용중량은 몇 kg인가?

① 4   ② 5
③ 6   ④ 7

🔥 용접봉 사용 중량 계산

용접봉 사용 중량(kg) = $\dfrac{\text{용착 금속의 중량}}{\text{용착효율}}$ 에서

용접봉 사용 중량(kg) = $\dfrac{3\text{kg}}{60\%} = \dfrac{3\text{kg}}{0.6} = 5\text{kg}$

30 용접부의 단면을 연삭기나 샌드페이퍼 등으로 연마하고 적당히 부식시켜 육안이나 저배율의 확대경으로 관찰하여 용입의 상태, 다층 용접에 있어서의 각 층의 양상, 열영향부의 범위, 결함의 유무 등을 알아보는 시험은?

① 파면 시험
② 피로 시험
③ 전단 시험
④ 매크로 조직 시험

🔥 용접부에 대한 매크로 조직의 시험은 용접부의 단면을 연삭기나 샌드페이퍼 등으로 연마하고 적당히 부식시켜 육안이나 저배율의 확대경으로 관찰하여 용입의 상태, 다층 용접에 있어서의 각 층의 양상, 열영향부의 범위, 결함의 유무 등을 알아보는 시험이다.

31 중판 이상 두꺼운 판의 용접을 위한 홈 설계 시 고려사항으로 틀린 것은?

① 루트 반지름은 가능한 한 작게 한다.
② 홈의 단면적은 가능한 한 작게 한다.
③ 적당한 루트 간격과 루트면을 만들어 준다.
④ 최소 10° 정도 전후좌우로 용접봉을 움직일 수 있는 홈 각도를 만든다.

🔥 루트 반지름은 가능한 한 크게 설계하도록 한다.

32 다음 홈 이음 형상 중 플레어 용접부의 형상과 가장 거리가 먼 것은?

① I형 ② V형
③ X형 ④ K형

🔥 플레어 홈의 형상에는 플레어 V형, 플레어 X형, 플레어 ∨형, 플레어 K형이 있다.

33 용접 설계상 유의할 사항이 아닌 것은?

① 가능한 한 낮은 전류를 사용한다.
② 가능한 한 아래보기 용접을 하도록 한다.
③ 이음부가 한곳에 집중되지 않도록 한다.
④ 적당한 루트 간격과 홈 각도를 선택하도록 한다.

🔥 가능한 한 높은 전류를 사용할 것

34 용접이음에서 취성파괴의 일반적 특징에 대한 설명 중 틀린 것은?

① 온도가 높을수록 발생하기 쉽다.
② 항복점 이하의 평균응력에서도 발생한다.
③ 거시적 파면상황은 판 표면에 거의 수직이다.
④ 파괴의 기점은 응력과 변형이 집중하는 구조적 및 형상적인 불연속부에서 발생하기 쉽다.

🔥 취성파괴는 온도가 낮을수록 발생하기 쉽다.

35 피복 아크 용접에서 아크전류 200A, 아크전압 30V, 용접속도 20cm/min일 때 용접길이 1cm당 발생하는 용접입열(joule/cm)은?

① 12000 ② 15000
③ 18000 ④ 20000

🔥 **용접입열(H)의 계산**

$H = \dfrac{60EI}{v}$ [J/cm]

아크전류 I=200A, 아크전압 E=30V, 용접속도 v=20cm/min에서

용접입열 $H = \dfrac{60 \times 30V \times 200A}{20\dfrac{cm}{min}} = 18000 J/cm$

36 연강 판의 양면 필릿(fillet) 용접 시 용접부

의 목길이는 판 두께의 얼마 정도로 하는 것이 가장 좋은가?

① 25% ② 50%
③ 75% ④ 100%

🔥 필릿 용접에서의 목길이(다리길이, 각장)는 양면 필릿 용접에서는 h=$\frac{3}{4} \times t_1$으로, 즉 판두께의 75%로 한다.

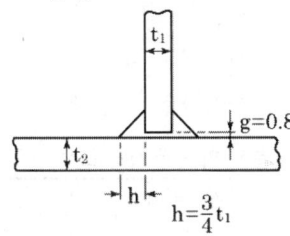

[필릿 크기 및 간극]

37 판의 굽힘이 생긴 부분을 가열 온도 500～600℃, 가열시간은 약 30초, 가열점의 지름은 20～30mm, 중심거리는 60～80mm로 가열 후 즉시 수냉하는 용접변형 교정 방법은?

① 피닝법
② 점 가열법
③ 선상 가열법
④ 가열 후 해머링법

🔥 **점 가열법**
판의 굽힘이 생긴 부분을 가열 온도 500～600℃, 가열시간은 약 30초, 가열점의 지름은 20～30mm, 중심거리는 60～80mm로 가열 후 즉시 수냉하는 방법이다.

38 용접 시 발생하는 일차결함으로서, 응고온도범위 또는 그 직하의 비교적 고온에서 용접부의 자기수축과 외부구속 등에 의한 인장스트레스와 균열에 민감한 조직이 존재하면 발생하는 용접부의 균열은?

① 공칭 균열 ② 지온 균열
③ 고온 균열 ④ 지연 균열

🔥 결함은 비교적 고온에서 용접부의 자기수축과 외부구속 등에 의한 인장스트레스와 균열에 민감한 조직이 존재하면 발생하는 균열을 고온 균열이라 한다.

39 양면 용접에 의하여 충분한 용입을 얻으려고 할 때 사용되며 두꺼운 판의 용접에 가장 적합한 맞대기 홈의 형태는?

① I형 ② H형
③ U형 ④ V형

🔥 홈의 형상에 따라 모재의 두께를 달리하여 사용하게 되는데 특히 두꺼운 판을 양쪽 용접에 의해 충분히 용입을 얻으려고 할 때 H형이 적합하다.

40 일반적으로 용접순서를 결정할 때 주의해야 할 사항으로 옳은 것은?

① 중심선에 대하여 비대칭으로 용접을 진행한다.
② 리벳과 용접을 병용하는 경우에는 용접 이음을 먼저 한다.
③ 동일 평면 내에 이음이 많을 경우, 수축은 오른쪽으로 보낸다.
④ 수축이 작은 이음을 먼저 용접하고, 수축이 큰 이음을 나중에 용접한다.

🔥 **용접순서 결정시 주의사항**
• 중심선에 대하여 항상 대칭적으로 용접을 진행한다.
• 리벳과 병용하는 경우에는 용접을 먼저 하도록 한다.
• 동일 평면 내에 이음이 많을 경우, 수축은 자유단으로 보낸다.
• 수축이 큰 이음은 먼저 용접하고, 수축이 작은 이음을 나중에 한다.

제3과목 용접일반 및 안전관리

41 다음 재료 중 용접 시 가스 중독을 일으킬 수 있는 위험이 가장 큰 것은?

① 아연 도금판
② 니켈 도금판
③ 망간 도금판
④ 알루미늄 도금판

> 납이나 아연합금 또는 도금 재료는 용접이나 절단을 할 때 발생하는 가스에 의해 중독 우려가 있으므로 주의해야 한다.

42 다음 중 연납에 대한 설명으로 틀린 것은?

① 연납에는 주석-납을 가장 많이 사용한다.
② 염화아연, 염산, 염화암모늄은 연납용 용제로 사용된다.
③ 전기적인 접합이나 기밀, 수밀을 필요로 하는 장소에 사용된다.
④ 연납의 흡착작용은 주로 아연의 함량에 의존되며 아연 100%의 것이 가장 좋다.

> 연납의 흡착작용은 주석의 함유량에 따라 좌우되고, 주석 100%일 때가 가장 좋으며, 아연 100%일 때에는 흡착작용이 없다.

43 불활성 가스 금속 아크 용접에 관한 설명으로 틀린 것은?

① 롤러 가압 방식은 2단식과 4단식이 있다.
② 송급 롤러의 형태는 V형, U형, 룰렛형 등이 있다.
③ 와이어의 송급방식은 푸시, 풀, 푸시-풀, 더블 푸시의 4종류가 있다.
④ 공랭식 MIG 용접 토치는 비교적 높은 전류로 용접하는 곳에 사용되며 형태로는 릴 부착형을 사용한다.

> 비교적 높은 전류로 용접하는 곳에는 수냉식 토치가 사용된다.

44 용접이나 절단에서 사용하는 가스와 가스 용기의 색상이 바르게 짝지어진 것은?

① 수소 - 주황색
② 프로판 - 황색
③ 아세틸렌 - 녹색
④ 이산화탄소 - 흰색

> 충전 가스 용기의 도색

가스의 명칭	용기 색상
수소	주황색
프로판	회색
아세틸렌	황색
이산화탄소	청색
산소	녹색
액화염소	갈색
암모니아	백색
아르곤	회색

45 이음부의 루트 간격 치수에 특히 유의하여야 하며, 아크가 보이지 않는 상태에서 용접이 진행된다고 하여 잠호 용접이라고도 하는 것은?

① 피복 아크 용접
② 탄산가스 아크 용접
③ 서브머지드 아크 용접
④ 불활성가스 금속 아크 용접

> 서브머지드 아크 용접은 개선 홈의 정밀도를 요하는데 루트 간격이 0.8mm 이하 유지가 필요하다. 용제와 와이어는 분리되어 공급되고 아크가 보이지 않는 상태에서 용접이 진행된다 하여 일명 잠호 용접이라 한다.

46 아세틸렌 압력조정기의 구비 조건으로 옳

은 것은?
① 압력조정기는 항상 빙결되어야 한다.
② 압력조정기는 동작이 둔감해야 한다.
③ 조정압력과 방출압력과의 차이가 클수록 좋다.
④ 조정압력은 용기 내의 가스량이 변해도 항상 일정해야 한다.

🖐 **압력조정기의 구비 조건**
• 사용 시 빙결하는 일이 없어야 한다.
• 동작이 예민하여야 한다.
• 조정압력과 방출압력과의 차이가 작아야 한다.

47 다음 중 아크 용접 시 발생되는 유해한 광선에 해당되는 것은?
① X-선 ② 자외선
③ 감마선 ④ 중성자선

🖐 아크가 발생될 때 아크에는 유해한 광선인 자외선과 적외선이 발생되어 직접 또는 반사하여 눈에 접촉되면 전광성 안염 등이 발병될 수 있다.

48 일반적인 초음파 용접의 특징으로 틀린 것은?
① 얇은 판이나 필름(film)의 용접도 가능하다.
② 판의 두께에 따라 용접강도가 현저하게 변화한다.
③ 냉간압접에 비하여 주어지는 압력이 작으므로 용접물의 변형이 적다.
④ 용접 입열이 적고 용접부가 좁으며 용입이 깊어 이종 금속의 용접이 불가능하다.

🖐 초음파 용접은 이종 금속의 용접도 가능하다.

49 직류 아크 용접 중의 전압분포에서 양극 전압 강하 V_1, 음극 전압 강하 V_2, 아크 기둥 전압 강하 V_3로 분류할 때, 아크 전압 V_a를 구하는 식으로 옳은 것은?
① $V_a = V_1 - V_2 + V_3$
② $V_a = V_1 - V_2 - V_3$
③ $V_a = V_1 + V_2 + V_3$
④ $V_a = V_1 + V_2 - V_3$

🖐 아크 전압 $V_a = V_1 + V_2 + V_3$

50 스터드 용접에서 페룰(ferrule)의 작용이 아닌 것은?
① 용융금속의 산화를 방지한다.
② 용접 후 모재의 변형을 방지한다.
③ 용접이 진행되는 동안 아크열을 집중시켜 준다.
④ 용접사의 눈을 아크 광선으로부터 보호해준다.

🖐 페룰이 용접 후 모재의 변형을 방지하지는 않는다.

51 일반적인 용접의 특징으로 틀린 것은?
① 작업 공정이 단축되며 경제적이다.
② 재질의 변형이 없으며 이음효율이 낮다.
③ 제품의 성능과 수명이 향상되며 이종재료도 접합할 수 있다.
④ 소음이 적어 실내에서의 작업이 가능하며 복잡한 구조물 제작이 쉽다.

🖐 재질의 변형 및 잔류응력이 발생하는 단점이 있다.

52 TIG 용접에서 교류 용접기에 고주파 전류를 사용할 때의 특징으로 틀린 것은?
① 텅스텐 전극봉의 수명이 길어진다.

과년도출제문제 ••• 129

② 전극봉을 모재에 접촉시키지 않아도 아크가 발생된다.
③ 주어진 전극봉 지름에 비하여 전류 사용범위가 크다.
④ 용접 작업 중 아크 길이가 약간 길어지면 아크가 끊어진다.

🔥 고주파 전류를 사용하면 용접 작업 중 아크 길이가 약간 길어져도 아크가 끊어지지 않는다.

53 발전형 직류용접기와 비교할 때, 정류기형 직류용접기의 특성이 아닌 것은?
① 보수와 점검이 어렵다.
② 완전한 직류를 얻지 못한다.
③ 정류기의 파손에 주의해야 한다.
④ 취급이 간단하고 가격이 저렴하다.

🔥 정류기형 직류용접기는 발전형 직류용접기보다 보수점검이 간단하다.

54 구리나 황동을 가스 용접할 때 주로 사용하는 불꽃의 종류는?
① 탄화 불꽃   ② 산화 불꽃
③ 질화 불꽃   ④ 중성 불꽃

🔥 구리나 황동을 가스 용접하고자 할 때에는 산화불꽃을 사용한다.

55 피복 아크 용접에서 피복 배합제의 성분 중 탈산제에 속하는 것은?
① 형석
② 석회석
③ 페로실리콘
④ 중탄산나트륨

🔥 탈산제에는 규소철(Fe-Si, 페로실리콘), 망간철(Fe-Mn, 페로망간), 티탄철(Fe-Ti, 페로티탄) 등이 쓰인다.

56 가스절단이 용이하지 않은 주철 및 스테인리스강 등을 철분 또는 용제를 분출시켜 산화열 또는 용제의 화학작용을 이용하여 절단하는 방법은?
① 분말절단
② 수중절단
③ 산소창절단
④ 탄소아크절단

🔥 분말절단은 가스절단이 용이하지 않은 주철 및 스테인리스강 등을 철분 또는 용제를 분출시켜 산화열 또는 용제의 화학작용을 이용하여 절단하는 방법이다.

57 아크 용접기의 사용률을 구하는 식으로 옳은 것은?
① 사용률(%) = $\dfrac{휴식시간}{아크시간} \times 100$
② 사용률(%) = $\dfrac{아크시간}{휴식시간} \times 100$
③ 사용률(%) = $\dfrac{아크시간 + 휴식시간}{아크시간} \times 100$
④ 사용률(%) = $\dfrac{아크시간}{아크시간 + 휴식시산} \times 100$

🔥 **사용률**
- 용접현장에서 용접기가 아크를 발생하는 시간보다 쉬는 시간이 많다. 이때 쉬는 시간을 휴식시간이라 하며, 아크가 발생하고 있는 시간을 아크시간이라 한다.
- 아크시간과 휴식시간을 합한 전체시간은 10분을 기준으로 한다.
- 사용률 = $\dfrac{아크시간}{아크시간 + 휴식시간} \times 100\%$

58 AW400, 정격 사용률이 60%인 아크용접기로 300A의 전류로 용접한다면 허용 사용률은 약 몇 %인가?
① 90   ② 100

③ 107   ④ 126

> 허용 사용률(%)
> $= \left(\dfrac{\text{정격 2차전류}}{\text{실제 용접전류}}\right)^2 \times \text{정격 사용률(\%)}$
> 여기서, 정격 2차전류=400A, 실제 용접전류 =300A, 정격 사용률=60%이므로
> 허용 사용률(%) $= \left(\dfrac{400\text{A}}{300\text{A}}\right)^2 \times 60\% = 107\%$

59 높은 진공 속에서 음극으로부터 방출된 전자를 고전압으로 가속시켜 피용접물과의 충돌에 의한 에너지로 용접을 행하는 방법은?

① 테르밋 용접법
② 스터드 용접법
③ 전자 빔 용접법
④ 그래비티 용접법

> 전자 빔 용접은 고진공 상태에서 용접을 행하게 되므로 텅스텐, 몰리브덴과 같이 대기에서 반응하기 쉬운 금속도 용이하게 용접할 수 있다.

60 연강용 피복 아크 용접봉 중 가스 실드계의 대표적인 용접봉으로 피복제 중에 유기물을 20~30% 정도 포함하고 있는 것은?

① E4303   ② E4311
③ E4313   ④ E4326

> 가스 실드계의 대표적인 용접봉으로 피복제 중에 유기물을 20~30% 정도 포함하고 있는 것을 고셀룰로오스계(E4311)라 한다.

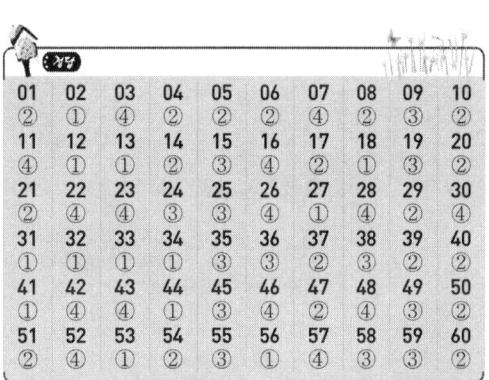

01	02	03	04	05	06	07	08	09	10
②	①	④	②	②	②	④	②	③	②
11	12	13	14	15	16	17	18	19	20
④	①	①	②	③	④	②	①	③	②
21	22	23	24	25	26	27	28	29	30
②	④	④	③	②	②	①	②	②	④
31	32	33	34	35	36	37	38	39	40
①	①	①	①	③	③	③	③	②	②
41	42	43	44	45	46	47	48	49	50
①	④	④	①	②	②	④	④	③	②
51	52	53	54	55	56	57	58	59	60
②	④	①	②	①	③	①	②	①	②

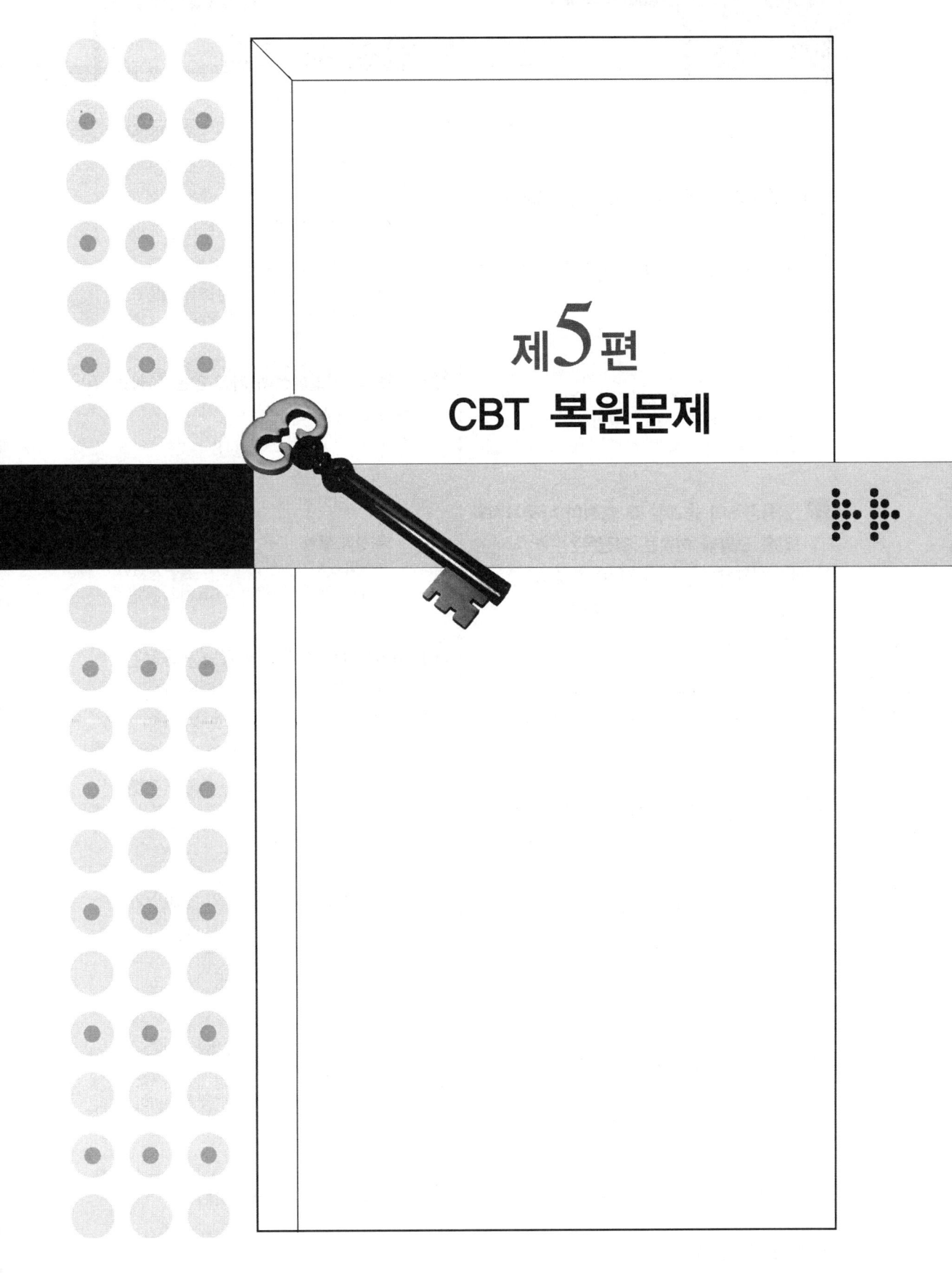

CBT 복원문제 1회

제1과목 용접야금 및 용접설비제도

01 용접성에 영향을 가장 많이 주는 원소는?
① Mn ② C
③ Ti ④ Si

🔥 ②
탄소량이 증가함에 따라 용접부에서 균열이 발생될 위험성이 크므로 용접에 가장 큰 영향을 준다.

02 용융금속이 응고할 때 결정이 나뭇가지와 같은 모양을 이루는 결정은?
① 입상정 ② 수지상정
③ 침상정 ④ 중상정

🔥 ②
수지상정
용융상태인 금속을 냉각시키면 금속원자 고유의 결정격자를 이루면서 나뭇가지 모양으로 성장하여 응고하게 되는 것을 말한다.

03 용착금속이 응고할 때 불순물은 주로 어디에 모이는가?
① 상부 모서리 ② 결정입내
③ 금속의 표면 ④ 금속의 중앙

🔥 ①
응고할 때 고용되지 않는 불순물은 주로 상부 모서리 부분에 존재하게 된다.

04 다음 금속침투법 중 Al을 침투시키는 것은?
① 실리코나이징(siliconizing)
② 크로마이징(chromizing)
③ 칼로라이징(calorizing)
④ 세라다이징(sheradizing)

🔥 ③
금속침투법의 종류
- 실리코나이징 : Si(규소)를 침투
- 크로마이징 : Cr(크롬)을 침투
- 칼로라이징 : Al(알루미늄)을 침투
- 세라다이징 : Zn(아연)을 침투

05 다음 중 적열취성에 가장 많은 영향을 주는 원소는?
① P ② S
③ Cu ④ Mn

🔥 ②
취성의 원인
- 적열취성의 주원인이 되는 원소 : 황(S)
- 상온취성의 주원인이 되는 원소 : 인(P)

06 Fe-C 평형 상태도에 없는 반응은?
① 편정 반응 ② 공정 반응
③ 공석 반응 ④ 포정 반응

🔥 ①
Fe-C 평형 상태도에서의 주요 온도 반응에는 공정, 공석, 포정 반응이 있으나, 편정 반응은 없다.

07 순철의 자기변태온도는 약 얼마인가?
① 210℃ ② 738℃
③ 768℃ ④ 910℃

🔥 ③
순철의 자기변태온도
- 철은 상온에서 강자성체이나 768℃ 부근이 되면 급격히 상자성체로 변하는 자기변태가 일어나는데 이 변태온도를 A_2 자기변태라 한다.
- 자기변태 금속에는 Fe, Ni, Co 등이 있다.

08 질화법의 종류가 아닌 것은?

① 가스 질화법　② 연 질화법
③ 액체 질화법　④ 고체 질화법

🔥 ④

질화법의 종류
가스 질화법, 연 질화법, 액체 질화법

09 탄소강의 표준 조직이 아닌 것은?

① 페라이트　② 마텐자이트
③ 펄라이트　④ 시멘타이트

🔥 ②

탄소강의 표준 조직
강을 단련한 후 변태온도 이상으로 가열하여 공랭시켜 노멀라이징(불림) 처리시킨 조직으로, 페라이트(ferrite), 펄라이트(pearlite), 시멘타이트(cementite)가 있다.

10 CAD 시스템을 사용하여 얻을 수 있는 장점이 아닌 것은?

① 도면의 품질이 좋아진다.
② 도면작성 시간이 단축된다.
③ 수치결과에 대한 정확성이 증가한다.
④ 설계제도의 규격화와 표준화가 어렵다.

🔥 ④

CAD 시스템의 도입 효과
- 품질 향상　・ 원가 절감
- 납기 단축　・ 신뢰성 향상
- 표준화　・ 경쟁력 강화

11 도면을 접을 때 얼마의 크기로 하는 것을 원칙으로 하는가?

① A1　② A2
③ A3　④ A4

🔥 ④

도면을 접을 때에는 표제란이 앞으로 나오게 하여 A4 크기로 접는 것을 원칙으로 한다.

12 윤곽선을 긋는 이유로 맞는 것은?

① 윤곽의 크기는 굵기 0.3mm 이하의 가는 실선으로 그린다.
② 용지의 가장자리에서 생기는 손상으로 기재 사항을 해치지 않도록 하기 위해 그린다.
③ 도면에는 윤곽을 그리지 않는다.
④ 윤곽치수는 용지 크기에 관계없이 동일한 폭으로 그린다.

🔥 ②

윤곽선을 긋는 이유는 용지의 가장자리에서 생기는 손상으로 기재 사항을 해치지 않도록 하기 위해 그리는 것이다.

13 용접기호의 사용법으로 틀린 것은?

① 파선은 연속선의 위 또는 그 바로 아래 중 어느 한가지로 그을 수 있다.
② 좌우대칭인 용접부에서도 파선이 반드시 필요하다.
③ 화살표, 기준선, 기호 등에 대한 선의 굵기는 치수에 일치시킨다.
④ 화살표 및 기준선에는 모든 관련 기호를 붙인다.

🔥 ②

좌우대칭인 용접부에서는 파선이 필요 없고, 생략하는 편이 좋다.

14 기계제도에 사용하는 문자의 종류가 아닌 것은?

① 한글　② 로마자
③ 아라비아 숫자　④ 상형 문자

🔥 ④

도면에 사용되는 문자
한글, 숫자, 로마자 등이 쓰이나, 될 수 있는 대로 문자는 적게 쓰고 기호로 나타낸다.

15 아래 그림과 같은 필릿 용접부의 종류는?

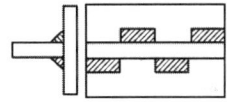

① 연속 병렬 필릿 용접
② 연속 지그재그 필릿 용접
③ 단속 병렬 필릿 용접
④ 단속 지그재그 필릿 용접

④

16 사투상도에 있어서 경사축의 각도로 적합하지 않은 것은?

① 20°   ② 30°
③ 45°   ④ 60°

①

사투상에서 경사축의 각도로 주로 사용하는 것은 30°, 45°, 60°이다.

17 다음 중 275A의 명칭으로 맞는 것은?

① 일반구조용 압연강재
② 일반구조용 탄소강관
③ 용접구조용 압연강재
④ 상수도용 도복장강관

③

재료의 표시

KS규격	재료 명칭	변경 전	변경 후
KS D 3503	일반구조용 압연강재	SS400	SS275
		SS490	SS315
KS D 3515	용접구조용 압연강재	SM400A	SM275A
		SM490A	SM355A
KS D 3566	일반구조용 탄소강관	SKT400	SGT275
		SKT490	SGT355
KS D 3565	상수도용 도복장강관	–	STWW290

18 재료기호 중 SM 45C의 설명으로 옳은 것은?

① 기계구조용강 중에 45종이다.
② 재질강도가 45MPa인 기계구조용 강이다.
③ 탄소함유량 4.5%인 기계구조용 주물이다.
④ 탄소함유량 0.45%인 기계구조용 탄소강재이다.

④

SM 45C는 기계구조용 탄소강재로 탄소함유량이 0.42~0.48%의 중간값을 나타낸다.

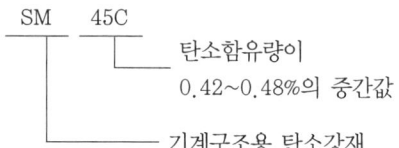

19 1개의 원이 직선 또는 원주 위를 굴러갈 때, 그 구르는 원의 원주 위 1점이 움직이며 그려나가는 선은?

① 타원(ellipse)
② 포물선(parabola)
③ 쌍곡선(hyperbola)
④ 사이클로이드 곡선(cycloidal curve)

④

사이클로이드 곡선(cycloidal curve)
1개의 원이 직선 또는 원주 위를 굴러갈 때, 그 구르는 원의 원주 위 1점이 움직이며 그려나가는 선을 말하며, 기어의 이 모양을 그리는데 사용된다.

20 45° 모따기의 기호는?

① SR   ② R
③ C   ④ t

③

치수 보조 기호
• SR : 구의 반지름   • R : 반지름

- C : 45° 모따기
- t : 판 두께

제2과목 용접구조설계

21 다음 용접 결함 중 치수상의 결함이 아닌 것은?
① 변형 ② 치수 불량
③ 형상 불량 ④ 슬래그 섞임

④
슬래그 섞임은 구조상 결함으로 분류된다.

22 용접부의 결함 중 구조상 결함에 속하지 않는 것은?
① 기공 ② 변형
③ 오버랩 ④ 융합 불량

②
결함의 종류

용접 결함	결함 종류
치수상 결함	변형
	용접부의 크기가 부적당
	용접부의 형상이 부적당
구조상 결함	구조상 불연속 결함기공
	슬래그 섞임
	융합 불량
	용입 불량
	언더컷
	용접 균열
	표면 결함
	오버랩
성질상 결함	인장강도 부족
	항복점 강도 부족
	연성 부족
	경도 부족
	피로강도 부족
	충격강도 파괴
	화학성분 부적당
	내식성 불량

23 V형 맞대기 이음에 완전 용입된 경우 용접선에 직각 방향으로 5000MPa의 인장하중이 작용하고 모재 두께가 5mm, 용접선 길이가 5cm일 때 이음부에 발생되는 인장 응력은 몇 MPa인가?
① 2 ② 20
③ 200 ④ 2000

②
인장응력(σ_t) 계산

$$\sigma_t = \frac{P}{A} = \frac{P}{t\ell} [kgf/mm^2]$$

인장하중 $P = 5000MPa$, 두께 $t = 5mm$,
용접길이 $\ell = 50mm$이므로

$$\sigma_t = \frac{5000MPa}{5mm \times 50mm} = 20MPa/mm^2$$

24 두께 10mm, 폭 20mm인 시편을 인장시험한 후 파단부위를 측정하였더니 두께 8mm, 폭 16mm가 되었을 때 단면수축률은 몇 %인가?
① 36 ② 48
③ 64 ④ 82

①
단면수축률 계산

$$= \frac{\text{원 단면적} - \text{파단부 단면적}}{\text{원 단면적}} \times 100$$

$$= \frac{A_0 - A}{A_0} \times 100\%$$

$A_0 = 10mm \times 20mm = 200mm^2$,
$A = 8mm \times 16mm = 128mm^2$ 이므로

$$= \frac{200mm^2 - 128mm^2}{200mm^2} \times 100\%$$

$$= 0.36 \times 100\% = 36\%$$

25 모재의 인장강도가 400MPa이고, 용접시험편의 인장강도가 280MPa이라면 용접부의 이음효율은 몇 %인가?
① 50 ② 60
③ 70 ④ 80

③

이음 효율(joint efficiency)
이음의 허용응력을 정할 경우 모재의 허용응력을 기준으로 하여 사용재료, 시공방법, 사용조건 등에 따라 이음의 허용응력을 낮게 하여 주는 비율을 말한다.
- 이음 효율(η)
$= \dfrac{\text{용접시험편의 인장강도}}{\text{모재의 인장강도}} \times 100\%$
- 이음 효율(η)
$= \dfrac{\text{용접 이음의 허용응력}}{\text{모재의 허용응력}} \times 100\%$

∴ 이음 효율 $= \dfrac{280\text{MPa}}{400\text{MPa}} \times 100\% = 70\%$

26 일반적인 용접 순서를 결정하는 유의사항 설명으로 틀린 것은?

① 용접구조물이 조립되어 감에 따라 용접 작업이 불가능한 곳이나 곤란한 경우가 생기지 않도록 한다.
② 용접물의 중심에 대하여 항상 대칭으로 용접을 해 나간다.
③ 수축이 작은 이음을 먼저 용접하고 수축이 큰 이음(맞대기 등)은 나중에 용접한다.
④ 용접구조물의 중립축에 대하여 용접 수축력의 모멘트의 합이 0(零)이 되게 한다.

③

일반적인 용접 순서
- 용접물의 중심에 대하여 항상 대칭으로 용접하도록 한다.
- 수축이 큰 이음은 가능한 한 먼저, 수축이 작은 이음은 나중에 용접한다.
- 용접물의 중립축을 생각하여 그 중립축에 대하여 용접으로 인한 수축력 모멘트의 합이 0이 되도록 한다.
- 리벳 작업과 용접을 동시에 할 때는 용접을 먼저 하여 용접열에 의하여 리벳구멍이 늘어나지 않게 한다.

27 용접 이음을 설계할 때 주의사항으로 틀린 것은?

① 국부적인 열의 집중을 받게 한다.
② 용접선의 교차를 최대한으로 줄여야 한다.
③ 가능한 한 아래보기 자세로 작업을 많이 하도록 한다.
④ 용접작업에 지장을 주지 않도록 공간을 두어야 한다.

①

용접 이음 설계 시 일반적인 주의사항
- 용접선은 될 수 있는 대로 교차하지 않도록 한다.
- 가능한 한 능률이 좋은 아래보기 용접을 많이 할 수 있도록 설계한다.
- 용접작업에 지장을 주지 않도록 충분한 공간을 갖도록 설계한다.
- 맞대기 용접에는 이면 용접을 할 수 있도록 하여 용입 부족이 없도록 한다.
- 강도가 약한 필릿 용접은 될 수 있는 대로 피하고 맞대기 용접을 하도록 한다.
- 판 두께가 다를 때 얇은 쪽에서 1/4 이상의 테이퍼를 주어 이음한다.
- 용접이음을 1개소로 너무 집중시키거나 접근하여 설계하지 않아야 한다.
- 될 수 있는 대로 용접량이 적은 홈 형상을 선택한다.

28 똑같은 두께의 재료를 다음 보기와 같이 용접할 때 냉각속도가 가장 빠른 이음은?

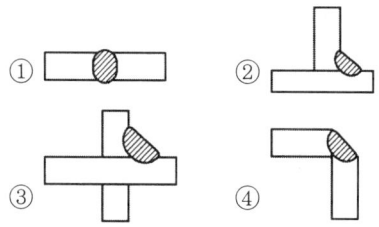

③

문제 보기에서의 냉각 속도가 빠른 순서
- ③ > ② > ①, ④
※ 다양한 방향의 냉각 속도

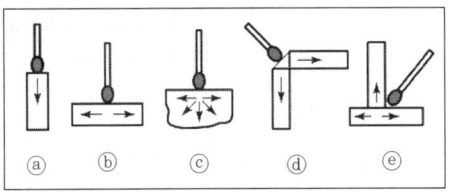

위 보기에서 냉각 속도가 빠른 순서
ⓔ > ⓒ > ⓑ, ⓓ > ⓐ
ⓐ : 한 방향으로 열이 전도
ⓑ : 얇은 평판의 경우 2방향으로 열이 전도
ⓒ : 두꺼운 판이므로 여러 방향으로 열이 전도되어 냉각속도가 빠름
ⓓ : 모서리 이음은 2방향으로 열이 전도
ⓔ : T형 필릿 용접은 3방향으로 열이 전도

29 아크용접 시 용접이음의 용융부 밖에서 아크를 발생시킬 때 아크열에 의해 모재표면에 생기는 결함은?

① 은점(fish eye)
② 언더 필(under fill)
③ 스캐터링(scattering)
④ 아크 스트라이크(arc strike)

④

용접이음의 용융부 밖에서 아크를 발생시킬 때 아크열에 의해 모재에 결함이 생기는 것을 아크 스트라이크라고 한다.

30 완전 용입이 가능한 홈의 종류로 루트 간격을 0으로 하여 한쪽에서 용접하여 충분한 용입을 얻고자 할 때 적합한 홈의 형상은?

① I형　② X형
③ U형　④ H형

③

U형 홈은 한쪽에서 완전 용입이 가능한 홈의 종류로 루트 간격을 0으로 하여 충분한 용입을 얻고자 할 때 적합하다.

31 다음 맞대기 용접이음 홈의 종류 중 가장 두꺼운 판의 용접이음에 적용하는 것은?

① H형　② I형
③ U형　④ V형

①

맞대기 용접이음의 개선 형식
• H형 : 19~64mm　• I형 : 6.5mm까지
• U형 : 20~40mm　• V형 : 4.5~20mm

32 다음 그림에서 a부분의 명칭으로 맞는 것은?

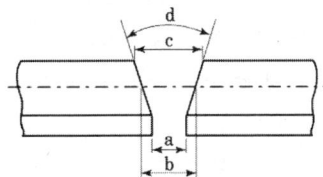

① 루트 간격　② 개선각
③ 홈각　④ 경사각

①

33 전체 제품을 응력 제거 시 노내에 출입시키는 온도가 몇 ℃를 넘어서는 안 되는가?

① 50℃　② 100℃
③ 200℃　④ 300℃

④

노내 풀림법으로 연강류 제품을 노내에 출입시키는 온도는 300℃를 넘어서는 안 된다.

34 용접부에 응력제거풀림을 실시했을 때 나타나는 효과가 아닌 것은?

① 충격저항의 감소
② 응력부식의 방지
③ 크리프 강도의 향상
④ 열영향부의 템퍼링 연화

①

응력제거풀림의 효과
• 충격저항의 증대
• 응력부식의 방지(저항력 증가)

- 크리프 강도의 강화
- 열영향부의 템퍼링 연화
- 강도의 증대(석출 경화)
- 용접 잔류응력의 제거
- 치수 틀림(오차)의 방지
- 용착금속 중 수소 제거에 의한 연성의 증대

35 V형 맞대기 용접과 필릿 용접의 비교에서 맞는 설명은?

① 맞대기 용접이란 평면에 있는 두 부재를 맞대어서 용접하는 이음을 말한다.
② 필릿 용접은 강도를 요하는 곳에 주로 사용된다.
③ 필릿 용접은 하중방향에 따라 연속 필릿 용접과 단속 필릿 용접 방법이 있다.
④ V형 맞대기 용접의 홈의 형상은 I자 모양을 말한다.

☞ ①

필릿 용접
- 강도는 작지만 연성이 크다.
- 종류로는 연속 필릿, 단속 지그재그 필릿, 단속 병렬 필릿 용접이 있다.
- 이음 형상에 따라 겹치기와 T형이 있다.
※ V형 맞대기 용접의 홈의 형상은 V형으로, 한쪽에서만 용입을 하는 경우에 적합

36 용접변형을 적게 하기 위한 비드 배치법으로 알맞은 것은?

① 후퇴법   ② 대칭법
③ 스킵법   ④ 전진법

☞ ②

용접선이 긴 경우 변형 발생을 경감하는 방법으로 대칭법을 사용한다.
- 대칭법 : $\overset{a}{\underset{a}{\triangleright}} \dfrac{n \times l}{n \times l} \overset{(e)}{\underset{}{\nearrow}}$

- 후퇴법(후진법) :
- 스킵법(비석법) : 1 4 2 5 3 →
- 전진법 : $\overset{z}{\underset{z}{\triangleright}} \dfrac{n \times l}{n \times l} \overset{(e)}{\underset{}{\nearrow}}$

37 용접구조물 설계 시 파손 및 손상의 원인이 되는 것이 아닌 것은?

① 제조 불량   ② 시공 불량
③ 재료 불량   ④ 포장 불량

☞ ④

용접구조물의 파괴 및 손상의 원인
- 재료의 불량과 시공 불량에 의한 것이 25%
- 설계 불량에 의한 것이 50%

38 꼭지각이 136°인 다이아몬드 압입체를 사용하여 경도를 구하는 시험법은?

① 쇼어 경도시험
② 비커스 경도시험
③ 브리넬 경도시험
④ 조크웰 경도시험

☞ ②

39 용접 준비사항 중 변형 방지용 지그로 적당한 것은?

① 스트롱백   ② 매니퓰레이터
③ 터닝롤   ④ 서큘레이터

☞ ①

스트롱백
각변형이나 뒤틀림 방지를 위하여 사용하는 지그이다.

40 겹쳐진 2부재의 한쪽에 둥근 구멍 대신 좁고 긴 홈을 만들어 그 곳을 용접하는 것은?

① 겹치기 용접　② 플랜지 용접
③ T형 용접　④ 슬롯 용접

④

슬롯 용접
강구조에서 부재를 다른 부재에 부착시키기 위해 긴 홈을 파서 하는 용접

제3과목 용접일반 및 안전관리

41 산소 용기 표기에서 용기 중량을 나타내는 기호는?

① V　② TP
③ FP　④ W

④

산소 용기의 표시
- V : 내용적
- TP : 내압시험 압력
- FP : 최고충전 압력
- W : 용기 중량

42 교류 아크용접기 AW 300인 경우 정격 부하전압은?

① 30V　② 35V
③ 40V　④ 45V

②

교류 아크용접기의 규격
KS 규격에서 규정된 AW 300인 교류 아크용접기의 정격부하전압은 35V로 규정되어 있다.

43 용접봉 지름 2.6~3.2mm에 적합한 차광 유리의 차광도 번호는?

① 9번　② 10번
③ 11번　④ 12번

②

차광도 번호

차광도 번호(NO)	용접 전류 (A)	용접봉 지름 (mm)
10	100~200	2.6~3.2
11	150~250	3.2~4.0
12	200~300	4.8~6.4
13	300~400	4.4~9.0

44 용접전류 200A, 전압 40V일 때 1초 동안에 전달되는 일률을 나타내는 전력은?

① 2kW　② 4kW
③ 6kW　④ 8kW

④

소비전력(P) 계산
$P = EI[W]$
전압 E=40V, 전류 I=200A이므로
$P = 40V \times 200A = 8000W = 8kW$

45 서브머지드 아크 용접의 용제에 대한 설명이다. 용융형 용제의 특성이 아닌 것은?

① 비드 외관이 아름답다.
② 흡습성이 높아 재건조가 필요하다.
③ 용제의 화학적 균일성이 양호하다.
④ 용융 시 분해되거나 산화되는 원소를 첨가할 수 없다.

②

용융형 용제의 특징
- 비드 외관이 아름답다.
- 흡습성이 거의 없으므로 재건조가 필요하지 않다.
- 미용융 용제는 재사용이 가능하다.
- 용제의 화학적 균일성이 양호하다.
- 용융 시 분해되거나 산화되는 원소를 첨가할 수 없다.

46 가스절단이 용이하지 않은 주철 및 스테인리스강 등을 철분 또는 용제를 분출시켜 산화열 또는 용제의 화학작용을 이용하여 절단하는 방법은?

① 분말 절단　② 수중 절단
③ 산소창 절단　④ 탄소 아크 절단

🖐 ①

분말 절단
- 절단부에 철분이나 용제의 미세한 분말을 압축공기 또는 압축질소를 팁을 통하여 분출시켜 절단하는 방법
- 철분 절단의 경우 주철, 스테인리스강, 구리, 청동 등의 절단에 효과적이다.

47 두 개의 모재에 압력을 가해 접촉시킨 후 회전시켜 발생하는 열과 가압력을 이용하여 접합하는 용접법은?

① 단조 용접　② 마찰 용접
③ 확산 용접　④ 스터드 용접

🖐 ②

마찰 용접
모재와 모재를 맞대어 압력을 가하여 발생하는 마찰로 인해 발생하는 열을 이용해 접합하는 용접법

48 피복아크 용접 피복제에서 슬래그를 구성하는 산화물 중 산성 산화물에 속하는 것은?

① FeO　② SiO_2
③ TiO_2　④ Fe_2O_3

🖐 ②

염기도(basicity)
- 슬래그의 염기성 성분의 양과 산성 성분의 양의 비를 염기도라고 하며, 슬래그의 성질을 나타내는 지표가 된다.
- 염기성 성분 : FeO, MnO, CaO, MgO 등
- 산성 성분 : SiO_2, P_2O_5 등
- 양성 성분 : TiO_2, Al_2O_3, Fe_2O_3, Cr_2O_3 등
- 염기도 = $\dfrac{염기성\ 성분의\ 총합}{산성\ 성분의\ 총합}$

49 용접을 연속적으로 하는 방법으로 주로 수밀, 기밀이 요구되는 용기를 제작하는데 사용되는 용접법은?

① 시임용접　② 업셋용접
③ 압접　④ 마찰용접

🖐 ①

시임용접
- 전극을 회전시키며 연속적으로 용접을 반복하는 방법
- 주로 수밀, 기밀이 요구되는 용기를 제작하는데 사용되는 용접법이다.

50 탄산가스 아크 용접의 특징 설명으로 틀린 것은?

① 용착금속의 기계적 성질이 개선된다.
② 가시 아크이므로 시공이 편리하다.
③ 아르곤 가스에 비하여 가스 가격이 저렴하다.
④ 용입이 얕아서 용접 속도가 빠르다.

🖐 ④

탄산가스 아크 용접의 특징은 용입이 깊고 용접 속도를 빠르게 할 수 있다.

51 아크용접 작업 중 전격에 관련된 설명으로 옳지 않은 것은?

① 용접 홀더를 맨손으로 취급하지 않는다.
② 습기찬 작업복, 장갑 등을 착용하지 않는다.
③ 전격받은 사람을 발견하였을 때에는 즉시 맨손으로 잡아당긴다.
④ 오랜 시간 작업을 중단할 때에는 용접기의 스위치를 끄도록 한다.

🖐 ③

타인이 감전된 것을 발견했을 때에는 전원 스위치를 차단시키고 감전자를 감전부에서 이탈시켜야 하며, 스위치를 차단하지 않은 상태에서 맨손으로 감전자를 잡으면 똑같이 감전이 될 수 있다.

52 다음 중 GTAW의 용접은?

① 탄산가스 아크 용접
② 피복 아크 용접
③ MIG 용접
④ TIG 용접

④

GTAW 용접
텅스텐봉을 전극으로 사용하는 것으로 불활성 가스 텅스텐 아크용접(TIG)이라 한다.

53 TIG 용접으로 Al을 용접할 때 가장 적합한 용접전원은?

① DCSP   ② DCRP
③ ACHF   ④ ACRP

④

ACRP(교류 역극성)
알루미늄을 용접할 때 직류 정극성을 쓰면 알루미늄 표면의 산화피막 때문에 용접이 잘 안 된다. 그래서 직류 역극성이나 교류를 사용하는데 직류 역극성이나 교류 역극성이나 둘 다 청정작용이 있지만 교류 역극성의 경우 청정작용이 직류 역극성보다 덜하기에 교류 역극성이 적합하다. 이유는 직류 역극성을 사용하면 텅스텐 전극봉의 전극 소모가 너무 심하기 때문이다.
※ DCRP(직류 역극성), DCSP(직류 정극성), ACSP(교류 정극성), ACHF(고주파 교류)

54 가스절단 시 예열 불꽃이 약할 때 나타나는 현상이 아닌 것은?

① 드래그가 증가한다.
② 절단속도가 늦어지고 절단이 중단되기 쉽다.
③ 역화를 일으키기 쉽다.
④ 모서리가 용융되어 둥글게 된다.

④

모서리가 용융되어 둥글게 되는 것은 예열 불꽃이 강할 때 나타나는 현상이다.

55 가포화 리액터형 용접기의 특징은?

① 조작이 간단하고 원격제어가 가능하다.
② 가동철심으로 전류를 조정한다.
③ 탭전환부 소손이 심하다.
④ 넓은 범위는 전류조정이 어렵다.

①

가포화 리액터형
• 조작이 간단하고 원격제어가 가능하다.
• 가변저항의 변화로 용접 전류를 조절한다.
• 전기적 전류 조정으로 소음이 거의 없다.

56 연소의 3요소에 해당되지 않는 것은?

① 점화원   ② 산소
③ 소화기   ④ 가연물

③

연소의 3요소
점화원, 산소, 가연물

57 카바이드 취급방법으로 옳지 않은 것은?

① 카바이드 운반 시 타격, 충격, 마찰을 주지 말아야 한다.
② 카바이드를 들어낼 때에는 쇠주걱을 사용하도록 한다.
③ 저장소 가까이에 화기를 가까이 해서는 안 된다.
④ 개봉 후 보관 시에는 습기가 침투하지 않도록 해야 한다.

②

카바이드 통에서 카바이드를 꺼낼 때에는 불꽃이 발생되지 않는 모넬메탈이나 목재공구를 사용하여야 한다.

58 초고압의 물의 압력으로 좁은 면적에 집중

분사시켜 소재를 절단하는 방법은?

① 워터젯 절단   ② 가스 절단
③ 플라스마 절단   ④ 가우징

①

워터젯(waterjet) 절단
물의 고압 분사 또는 물과 연마물질의 혼합물로 다양한 재료를 절단하는 것

59 구리나 구리합금 용접 시 주로 사용되는 납의 종류는?

① 납-은납
② 납-카드뮴납
③ 카드뮴-아연납
④ 주석-납

④

구리나 구리합금 용접에 많이 사용되는 납의 종류로 주석-납이 주로 쓰인다.

60 방사선 투과 검사에서 검출이 불가능한 결함은?

① 기공   ② 라미네이션
③ 균열   ④ 슬래그 섞임

②

방사선 투과 검사 시 미소 균열이나 라미네이션 등의 검출은 불가능하다.

CBT 기출 복원문제 2회

제1과목 용접야금 및 용접설비제도

01 다음 중 전기전도율이 가장 빠른 금속은?
① Cr   ② Cu
③ Zn   ④ Mg

🔥 ②

전기전도율이 빠른 순서
Ag(은) > Cu(구리) > Au(금) > Al(알루미늄) > Mg(마그네슘) > Zn(아연) > Ni(니켈) > Cr(크롬)

02 합금주철의 함유 성분 중 흑연화를 촉진하는 원소는?
① V   ② Cr
③ Ni   ④ Mo

🔥 ③

니켈은 페라이트 속에 잘 고용되어 있으면 강도를 증가시키고 펄라이트를 미세하게 하여 흑연화를 증가시킨다.

03 강재 용접 시 저온 균열의 주요 원인이 되는 원소는?
① P   ② S
③ H   ④ C

🔥 ④

강재의 용접 시 저온 균열은 C(탄소)가 지배적이며, 고온 균열에 대하여는 탄소, 인 및 황동의 함유량이나 편석이 나쁜 영향을 미친다.

04 다음 중 스테인리스강의 종류에 들지 않는 것은?
① 페라이트계 스테인리스
② 마텐자이트계 스테인리스
③ 트루스타이트계 스테인리스
④ 오스테나이트계 스테인리스

🔥 ③

스테인리스강의 종류
• 페라이트계 스테인리스강
• 마텐자이트계 스테인리스강
• 오스테나이트계 스테인리스강

05 다음 용접 기호 중 이면 용접 기호는?
① ⊻   ② ⋁
③ ⌒   ④ ⋃

🔥 ③

용접 기호
⊻ : 부분 용입 한쪽면 K형 맞대기 이음 용접
⋁ : 급경사면(스팁 플랭크) 한쪽면 V형 홈 맞대기 이음 용접
⌒ : 이면(뒷면) 용접
⋃ : 끝단부를 매끄럽게 함

06 KS 규격에서 평면형 평행 맞대기 이음 용접을 의미하는 기호는?
① 八   ② ‖
③ ⋁   ④ ✕

🔥 ②

용접이음 기호
八 : 플레어 용접
‖ : I형(평면) 맞대기 용접
⋁ : V형 맞대기 용접
✕ : X형 맞대기 용접

07 순철의 조직이 아닌 것은?
① α철로 210℃에서 910℃로 BCC 구조
② β철로 910℃에서 1538℃로 FCC 구조

③ δ철로 1394℃에서 1538℃로 BCC 구조
④ γ철로 910℃에서 1394℃로 FCC 구조

※ ②
순철의 조직
α철, γ철, δ철의 세 가지 동소체가 있다.

08 α+Fe₃C 구조를 갖는 강의 표준조직으로 맞는 것은?
① 페라이트   ② 오스테나이트
③ 펄라이트   ④ 시멘타이트

※ ③
α페라이트와 시멘타이트가 층상으로 나타나는 조직(α+Fe₃C)을 펄라이트라 한다.

09 용접에 사용되고 있는 여러 가지 이음 중에서 다음 그림과 같은 용접이음은?

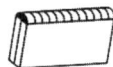

① 변두리 이음   ② 모서리 이음
③ 겹치기 이음   ④ 맞대기 이음

※ ①
용접이음의 종류

10 용접 기본 기호의 명칭으로 맞는 것은?

〔보기〕 V

① 필릿 용접
② 가장자리 용접
③ 일면 개선형 맞대기 용접
④ 개선 각이 급격한 V형 맞대기 용접

※ ③
V은 한쪽 면 K형 맞대기 이음 용접 또는 일면(한쪽 면) 개선형 맞대기 용접을 나타낸다.

11 A3의 도면 치수는 얼마인가? (단, 단위는 mm이다.)
① 841×1189   ② 594×841
③ 420×594   ④ 297×420

※ ④

도면의 크기(a : 세로, b : 가로)

도면의 크기	A0	A1	A2	A3	A4
a×b	841 ×1189	594 ×841	420 ×594	297 ×420	210 ×297

12 핸들이나 바퀴 등의 암 및 림, 리브, 훅 등의 절단면을 90° 회전하여 그린 단면도는?
① 온 단면도   ② 한쪽 단면도
③ 부분 단면도   ④ 회전 단면도

※ ④
회전 단면도
핸들이나 바퀴 등의 암 및 림, 리브, 훅, 축 구조물의 부재 등의 절단면을 90° 회전하여 그린 단면도

13 선의 종류 중 가는 2점 쇄선의 용도가 아닌 것은?
① 가공 전 또는 후의 모양을 표시하는 데 사용
② 도시된 단면의 앞쪽에 있는 부분을 표시하는 데 사용
③ 가공에 사용하는 공구, 지그 등의 위치를 참고로 나타내는 데 사용
④ 대상물의 보이지 않는 부분의 모양을 표시하는 데 사용

④
대상물의 보이지 않는 부분의 모양을 표시하는 데에는 파선을 사용한다.

14 제3각법의 투상도 배치에서 정면도의 위쪽에는 어느 투상면이 배치되는가?

① 배면도 ② 저면도
③ 평면도 ④ 우측면도

③

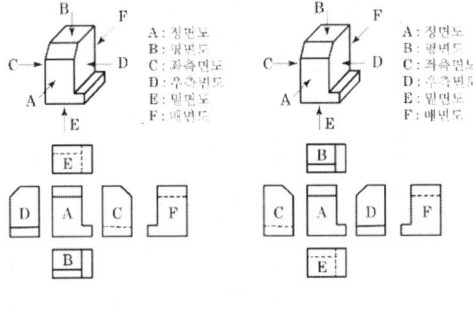

투상도의 배치

<제1각법>   <제3각법>

15 도면의 분류에서 배치도의 용도로 가장 적합한 것은?

① 주문자 또는 기타 관계자의 승인을 얻기 위한 도면이다.
② 사용자에게 물품의 구조, 기능, 성능 등을 알려주기 위한 도면이다.
③ 지역 내의 건물 위치나 공장 내부에 기계 등의 설치 위치의 상세한 정보를 나타낸 도면이다.
④ 견적 내용을 나타낸 도면이다.

③
①은 승인도, ②는 설명도, ③은 배치도, ④는 견적도에 설명이다.

16 상하 또는 좌우 대칭인 물체의 중심선을 기준으로 내부와 외부 모양을 동시에 표시하는 단면도법은?

① 온 단면도   ② 한쪽 단면도
③ 계단 단면도 ④ 부분 단면도

②
단면도의 종류
• 온 단면도 : 대상물을 1평면의 절단면으로 절단해서 얻어지는 단면을 빼놓지 않고 그린 단면도로 전 단면도라고도 한다.
• 한쪽 단면도 : 주로 대칭인 물체의 중심선을 기준으로 내부 모양과 외부 모양을 동시에 표시하는 방법으로 반쪽 단면도라고도 한다.
• 계단 단면도 : 절단면이 투상면에 평행 또는 수직하게 계단 형태로 절단된 것을 말한다.
• 부분 단면도 : 일부분을 잘라내고 필요한 내부 모양을 그리기 위한 방법으로 일부분만을 단면도로 나타낸 그림이다.

17 일부를 도시하는 것으로 충분한 경우에는 그 필요 부분만을 표시하는 투상도는?

① 부분 투상도 ② 등각 투상도
③ 부분 확대도 ④ 회전 투상도

①
부분 투상도
• 그림의 일부를 도시하는 것으로 충분한 경우 그 필요 부분만을 투상하여 도시하는 것
• 생략한 부분과의 경계를 파단선으로 나타내지만, 명확한 경우에는 파단선을 생략한다.

18 잔류 응력이 존재하는 용접구조물에 어떤 하중을 걸어 용접부를 약간 소성변형시킨 다음 하중을 제거하면 잔류응력이 감소하는 현상을 이용하는 방법은?

① 국부 응력 제거법
② 저온 응력 완화법
③ 피닝법
④ 기계적 응력 완화법

④
기계적 응력 완화법
잔류응력을 기계적으로 완화하는 방법으로 용접부의 인장응력을 줄이는데 도움을 준다.

19 용접부의 노내 응력 제거 방법 중 가열부를 노에 넣을 때 및 꺼낼 때의 노내 온도는 몇 ℃ 이하로 하는가?

① 300℃   ② 400℃
③ 500℃   ④ 600℃

①
가열물을 노내에 출입시키는 온도는 300℃를 넘어서는 안 된다.
300℃ 이상의 온도에서의 가열 또는 냉각속도 R(℃/hr)은 다음 식에 의한다.

$$R \leq 200 \times \frac{25}{t}[℃/hr] \quad (t \text{는 판두께(mm)})$$

즉, 판두께 1"(25mm)에 대하여 200[℃/hr]보다 늦은 속도로 하는 것이 좋다.

20 용접 후 잔류응력을 경감시킬 필요가 있을 때 사용하는 응력제거방법은?

① 충격법   ② 빌드업법
③ 저온 응력완화법 ④ 도열법

③
잔류응력의 제거 또는 경감 시에는 용접 후 인위적인 응력제거방법을 사용해야 하는데 이들의 방법은 다음과 같은 것이 있다.
• 응력 제거 어닐링   • 저온 응력완화법
• 기계적 응력완화법   • 피닝법

● **제2과목 용접구조설계**

21 용접 결함의 종류 중 구조상 결함이 아닌 것은?

① 기공, 슬래그 섞임

② 변형, 형상 불량
③ 용입 불량, 융합 불량
④ 표면 결함, 언더컷

②
결함의 종류

용접 결함	결함 종류
치수상 결함	변형
	용접부의 크기가 부적당
	용접부의 형상이 부적당
구조상 결함	구조상 불연속 결함기공
	슬래그 섞임
	융합 불량
	용입 불량
	언더컷
	용접 균열
	표면 결함
	오버랩
성질상 결함	인장강도 부족
	항복점 강도 부족
	연성 부족
	경도 부족
	피로강도 부족
	충격강도 파괴
	화학성분 부적당
	내식성 불량

22 용접부의 저온 균열은 약 몇 ℃ 이하에서 발생하는가?

① 300   ② 450
③ 600   ④ 750

①
용접부에 발생되는 균열의 종류
• 고온 균열(hot crack) : 용접금속의 응고 직후에 발생하는 균열
• 저온 균열(cold crack) : 300℃ 이하에서 발생하거나 용접금속이 응고 후 48시간 이내에 발생하는 균열

23 가스용접 시 팁 끝이 순간적으로 막히면 가스 분출이 나빠지고 토치의 가스 혼합실까지 불꽃이 그대로 전달되어 토치가 빨갛게 달구어지는 현상은?

① 역류 ② 난류
③ 인화 ④ 역화

☞ ③

인화(flash back)
끝이 순간적으로 막히게 되면 가스의 분출이 나빠지고 혼합실까지 불꽃이 들어가는 경우가 있는데 이를 인화라 한다.

24 다음 그림과 같이 완전용입의 평판 맞대기 용접이음에 인장하중 P=10,000N일 때 인장응력은? (판 두께 t=10mm, 용접선 길이 L=200mm)

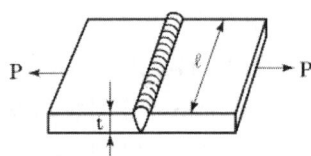

① 20N/mm² ② 15N/mm²
③ 10N/mm² ④ 5N/mm²

☞ ④

인장응력(σ) 계산

$\sigma_t = \dfrac{P}{A} = \dfrac{P}{tl} [\text{N/mm}^2]$

인장하중 $P=10000\text{N}$, 두께 $t=10\text{mm}$, 용접선 길이 $l=200\text{mm}$에서

인장응력 $\sigma = \dfrac{10000\text{N}}{10\text{mm} \times 200\text{mm}} = 5\text{N/mm}^2$

25 다음 조직 중 순철에 가장 가까운 것은?

① 펄라이트 ② 오스테나이트
③ 소르바이트 ④ 페라이트

☞ ④

순철의 표준 조직은 다각형의 입자(粒子)로 되어 있으며, 상온에서 BCC(체심입방격자)인 α철의 페라이트 조직이다.

26 피복 아크용접에서 발생한 치수상 결함으로 분류하는 것은?

① 기공 ② 변형
③ 언더컷 ④ 오버랩

☞ ②

치수상 결함
• 변형
• 용접부의 크기가 부적당
• 용접부의 형상이 부적당

27 용접 이음을 설계할 때 주의사항으로 틀린 것은?

① 국부적인 열의 집중을 받게 한다.
② 용접선의 교차를 최대한으로 줄여야 한다.
③ 가능한 한 아래보기 자세로 작업을 많이 하도록 한다.
④ 용접 작업에 지장을 주지 않도록 공간을 두어야 한다.

☞ ①

용접 이음 설계 시 주의사항
• 용접선은 될 수 있는 대로 교차하지 않도록 한다.
• 가능한 한 능률이 좋은 아래보기 용접을 많이 할 수 있도록 설계한다.
• 용접작업에 지장을 주지 않도록 충분한 공간을 갖도록 설계한다.
• 맞대기 용접에는 이면 용접을 할 수 있도록 하여 용입 부족이 없도록 한다.
• 강도가 약한 필릿 용접은 될 수 있는 대로 피하고 맞대기 용접을 하도록 한다.
• 판두께가 다를 때 얇은 쪽에서 1/4 이상의 테이퍼를 주어 이음한다.
• 용접이음을 1개소로 너무 집중시키거나 접근하여 설계하지 않아야 한다.
• 될 수 있는 대로 용접량이 적은 홈 형상을 선택한다.

28 응력 제거 풀림의 효과에 대한 설명으로 틀린 것은?

① 치수틀림의 방지

② 열영향부의 템퍼링 연화
③ 충격저항의 감소
④ 크리프 강도의 향상

③

응력 제거 풀림의 효과
- 용접 잔류응력의 제거
- 열영향부의 템퍼링 연화
- 치수틀림의 방지
- 충격저항의 증대
- 크리프 강도의 향상

29 용접구조물을 설계할 때 주의해야 할 사항으로 틀린 것은?

① 용접구조물은 가능한 한 균형을 고려한다.
② 용접성, 노치인성이 우수한 재료를 선택하여 시공하기 쉽게 설계한다.
③ 중요한 부분에서 용접이음의 집중, 접근, 교차가 되도록 설계한다.
④ 후판을 용접할 경우는 용입이 깊은 용접법을 이용하여 층수를 줄이도록 한다.

③

용접이음의 집중, 접근, 교차를 피하도록 설계하여야 한다.

30 다음 용착법 중 각 층마다 전체 길이를 용접하며 쌓는 방법은?

① 전진법   ② 후진법
③ 스킵법   ④ 빌드업법

④

용착법
전진법, 후진(퇴)법, 대칭법, 비석(스킵)법, 덧살 올림법(빌드업법, build up method), 캐스케이드법, 전진블록법
※ 빌드업법(덧살 올림법) : 각 층마다 전체 길이를 용접하면서 쌓아 올리는 방법

31 용접 순서에서 동일 평면 내에 이음이 많을 경우, 수축은 가능한 한 자유단으로 보내는 이유로 옳은 것은?

① 압축변형을 크게 해주는 효과와 구조물 전체를 가능한 한 균형 있게 인장응력을 증가시키는 효과 때문
② 구속에 의한 압축응력을 작게 해주는 효과와 구조물 전체를 가능한 한 균형 있게 굽힘응력을 증가시키는 효과 때문
③ 압축응력을 크게 해주는 효과와 구조물 전체를 가능한 한 균형 있게 인장응력을 경감시키는 효과 때문
④ 구속에 의한 잔류응력을 작게 해주는 효과와 구조물 전체를 가능한 한 균형 있게 변형을 경감시키는 효과 때문

④

수축을 자유단으로 보내는 이유
구속에 의한 잔류응력을 작게 해주는 효과와 구조물 전체를 가능한 한 균형 있게 수축시켜 변형을 줄이는 효과가 있다.

32 제품 제작을 위한 용접 순서로 옳지 않은 것은?

① 수축이 큰 맞대기 이음을 먼저 용접한다.
② 리벳과 용접을 병용할 경우 용접이음을 먼저 한다.
③ 큰 구조물은 끝에서부터 중앙으로 향해 용접한다.
④ 대칭적으로 용접을 한다.

③

용접 순서를 결정하는 기준
- 용접물의 중심에 대하여 항상 대칭으로 용접한다.
- 동일 평면 내에서 이음이 많을 때 수축은 가

능한 한 똑같이 수축시켜서 굽힘, 비틀림 등을 적게 한다.
- 수축이 큰 이음은 가능한 한 먼저 용접하고 수축이 작은 이음은 나중에 용접한다.
- 용접물의 중립축을 생각하여 그 중립축에 대하여 용접으로 인한 수축력 모멘트의 합이 0이 되도록 한다.
- 리벳 작업과 용접을 동시에 할 때는 용접을 먼저 하여 용접열에 의하여 리벳구멍이 늘어나지 않게 한다.

33 잔류응력 측정법에는 정성적 방법과 정량적 방법이 있다. 다음 중 정성적 방법에 속하는 것은?

① X-선법　　② 와니스법
③ 분할법　　④ 응력 이완법

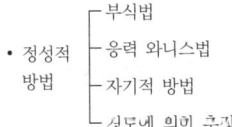

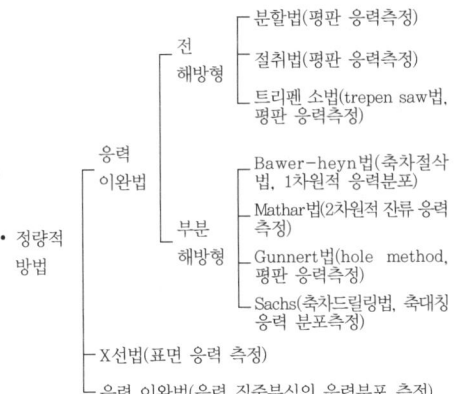

34 용접부의 피로강도 향상법으로 옳은 것은?

① 덧붙이 용접의 크기를 가능한 한 최소화한다.
② 기계적 방법으로 잔류 응력을 강화한다.
③ 응력 집중부에 용접 이음부를 설계한다.
④ 야금적 변태에 따라 기계적인 강도를 낮춘다.

※ ①
피로강도 향상법으로 용접부 표면 덧붙이 비드를 최소화하면 피로강도를 증가시킬 수 있다.

35 용접 중 용융된 강의 탈산, 탈황, 탈인에 관한 설명으로 적합한 것은?

① 용융 슬래그(slag)는 염기도가 높을수록 탈인율이 크다.
② 탈황 반응 시 용융 슬래그(slag)는 환원성, 산성과 관계없다.
③ Si, Mn 함유량이 같을 경우 저수소계 용접봉은 티탄계 용접봉보다 산소함유량이 적어진다.
④ 관구이론은 피복 아크용접봉의 플럭스(flux)를 사용한 탈산에 관한 이론이다.

※ ③
저수소계 용접봉은 규소나 망간 함유량이 같을 경우 다른 용접봉보다 산소함유량이 적어진다.

36 고장력강의 용접 시 일반적인 주의사항으로 잘못된 것은?

① 용접봉은 저수소계를 사용한다.
② 용접 개시 전 이음부 내부를 청소한다.
③ 위빙 폭을 크게 하지 말아야 한다.
④ 아크 길이는 최대한 길게 유지한다.

※ ④
고장력강의 용접 시 일반적인 주의사항
- 용접봉은 저수소계를 사용한다.
- 용접 개시 전에 이음부 내부 또는 용접할 부분을 청소할 것
- 위빙 폭을 크게 하지 말아야 한다.
- 아크 길이는 가능한 한 짧게 유지한다.

37 용접변형에서 수축변형에 영향을 미치는 인자로서 다음 중 영향을 가장 적게 미치는 것은?

① 판 두께와 이음형상
② 판의 예열온도
③ 용접입열
④ 용접 자세

④

수축변형에 영향을 주는 요소
- 용접입열
- 용접봉의 재질
- 판 두께와 이음형상
- 예열온도 등

38 전격방지기가 설치된 용접기의 무부하 전압은?

① 25V 이하 ② 50V 이하
③ 75V 이하 ④ 상관없다.

①

교류 아크용접기는 무부하 전압이 70~80V 정도로 높아 감전의 위험이 있으므로 전격방지기를 설치하여 2차 무부하 전압을 20~30V로 낮추어 감전을 방지한다.

39 용접부의 부근을 냉각시켜서 용접변형을 방지하는 냉각법의 종류에 해당되지 않는 것은?

① 석면포 사용법 ② 피닝법
③ 살수법(撒水法) ④ 수냉동판 사용법

②

용접부의 부근을 냉각시켜서 열 영향부의 넓이를 축소시킴으로서 변형을 감소시키는 방법
- 수냉동판 사용법
- 살수법
- 석면포 사용법
- 가열법

40 시험편에 V형, U형의 노치를 만들고 충격적인 하중을 주어서 파괴시키는 시험법은?

① 누설시험 ② 충격시험
③ 침투탐상법 ④ 초음파탐상법

②

시험편에 노치를 만들고 충격적인 하중을 주어서 파괴시키는 시험법을 충격시험이라 한다.

제3과목 용접일반 및 안전관리

41 가스용접의 연료가스 중 불꽃 온도가 가장 높은 것은?

① 아세틸렌 ② 수소
③ 프로판 ④ 천연가스

①

불꽃의 온도가 높은 순서
아세틸렌(3230℃) > 수소(2982℃) > 프로판(2926℃) > 천연가스(2537℃)

42 일반적인 피복 아크 용접봉의 편심률은 몇 % 이내인가?

① 3% ② 5%
③ 10% ④ 20%

①

피복 아크 용접봉의 편심률 : 3% 이내

편심률 = $\dfrac{D' - D}{D} \times 100\%$

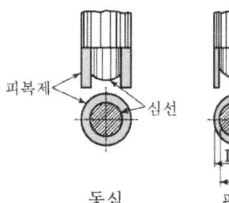

동심   편심

43 각종 강재 표면의 탈탄층이나 흠을 얇고 넓게 깎아 결함을 제거하는 방법은?

① 가우징 ② 스카핑

③ 선삭   ④ 천공

② 스카핑
강재 표면의 홈이나 개재물, 탈탄층 등의 결함 제거를 위해 표면을 깎아내는 가공법

44 금속 원자 간에 작용하는 인력이, 원자가 서로 결합하게 되려면 원자 간의 거리는 어느 정도이어야 되는가?

① 10^{-2}cm   ② 10^{-4}cm
③ 10^{-6}cm   ④ 10^{-8}cm

④
뉴턴(Newton)의 만유인력의 법칙에 따라서 금속 원자들 사이의 인력에 의해 두 금속은 굳게 결합된다. 이때 원자 사이의 거리를 1cm의 1억분의 1(Å=10^{-8}cm) 정도로 접근시키면 인력에 의하여 결합한다. (Å : 옹스트롬)

45 서브머지드 아크 용접의 용제에 대한 설명이다. 용융형 용제의 특성이 아닌 것은?

① 비드 외관이 아름답다.
② 흡습성이 높아 재건조가 필요하다.
③ 용제의 화학적 균일성이 양호하다.
④ 용융 시 분해되거나 산화되는 원소를 첨가할 수 없다.

②
용융형 용제의 특징
• 비드 외관이 아름답다.
• 흡습성이 거의 없어 재건조가 불필요하다.
• 미용융 용제는 재사용이 가능하다.
• 용제의 화학적 균일성이 양호하다.
• 용융 시 분해되거나 산화되는 원소를 첨가할 수 없다.

46 가스절단 작업에서 드래그는 판 두께의 몇 % 정도를 표준으로 하는가? (단, 판 두께는 25mm 이하이다.)

① 50%   ② 40%
③ 30%   ④ 20%

④
드래그 길이
보통 판 두께의 $\frac{1}{5}$ 정도이다(판 두께의 20%).

드래그 = $\frac{\text{드래그 길이(mm)}}{\text{판 두께(mm)}} \times 100\%$

[표준 드래그값]

| 판 두께(mm) | 12.7 | 25.4 |
| 드래그의 길이(mm) | 2.4 | 5.2 |

47 용접구조물의 수명과 가장 관련이 있는 것은?

① 작업 태도   ② 아크 타임률
③ 피로강도   ④ 작업률

③
응력이 가해지는 용접구조물은 피로강도가 매우 중요하다.

48 가스용접에서 판 두께를 t[mm]라면 용접봉의 지름 D[mm]를 구하는 식으로 옳은 것은? (단, 모재의 두께는 1mm 이상인 경우이다.)

① $D=t+1$ ② $D=\frac{t}{2}+1$
③ $D=\frac{t}{3}+2$ ④ $D=\frac{t}{4}+2$

②
가스용접봉의 지름(D)을 구하는 식
모재의 두께가 1mm 이상일 때 용접봉의 지름을 결정하는 방법의 하나로 다음 식을 사용한다.

용접봉의 지름 $D=\frac{t}{2}+1$[mm]

여기서, t : 판 두께[mm]

49 아크용접에서 한쪽 끝에서 다른 쪽 끝을 향해 연속적으로 진행하는 용접 방법으로

서 용접이음이 짧은 경우나 변형과 잔류응력이 그다지 문제가 되지 않을 때 이용되는 용착방법은?

① 전진법 ② 전진블록법
③ 캐스케이드법 ④ 스킵법

🔑 ①

아크용접에서 한쪽 끝에서 다른 쪽 끝을 향해 연속적으로 진행하는 용접 방법을 전진법이라 한다.

50 탄산가스 아크용접의 특징에 대한 설명으로 틀린 것은?

① 전류밀도가 높아 용입이 깊고 용접속도를 빠르게 할 수 있다.
② 적용 재질이 철 계통으로 한정되어 있다.
③ 가시 아크이므로 시공이 편리하다.
④ 일반적인 바람의 영향을 받지 않으므로 방풍장치가 필요 없다.

🔑 ④

탄산가스 아크용접의 특징
- 가는 선재의 고속도 용접이 가능하며, 용접비용이 수동 용접에 비해 싸다.
- 용입이 깊으며, 특히 필릿 용접에서 수동 용접보다 깊은 용입을 얻을 수 있어 필릿 용접의 각장을 대폭 줄일 수 있으므로 용접 와이어 소모량과 제품의 무게를 줄일 수 있다.
- 가시(可視) 아크이므로 시공이 편리하다.
- 풍속 2m/sec 이상의 바람에는 방풍대책이 필요하다.

51 방사선 투과 검사에서 검출이 불가능한 결함은?

① 기공 ② 라미네이션
③ 균열 ④ 슬래그 섞임

🔑 ②

방사선 투과 검사의 장·단점
㉠ 장점
- 모든 재질의 내부결함 검사에 적용할 수 있다.
- 검사 결과를 필름에 영구적으로 기록할 수 있다.
- 주변 재질과 비교하여 1% 이상의 흡수차를 나타내는 경우도 검출될 수 있다.

㉡ 단점
- 미세한 표면 균열이나 라미네이션은 검출되지 않는다.
- 방사선의 입사 방향에 따라 15° 이상 기울여져 있는 결함은 검출되지 않는다.
- 현상이나 필름을 판독해야 한다.

52 점용접의 특징이 아닌 것은?

① 모재의 가열이 극히 짧기 때문에 열 영향부가 좁다.
② 줄 열에 의한 용접이므로 아크용접에 비해 적은 전류를 필요로 한다.
③ 전극의 가압효과로 조직이 치밀하게 된다.
④ 용접장치의 기구가 약간 복잡하며 시설도 비교적 비싸다.

🔑 ②

점용접의 단점으로 용접부에 대전류를 필요로 한다.

53 가스용접의 안전작업 중 적합하지 않는 것은?

① 가스를 들여 마시지 않도록 한다.
② 토치 끝으로 용접물의 위치를 바꾸거나 재를 제거하면 안 된다.
③ 토치에 불꽃을 점화시킬 때에는 산소밸브를 먼저 열고 다음에 아세틸렌밸브를 연다.
④ 산소누설 시험에는 비눗물을 사용한다.

🔑 ③

토치에 불꽃을 점화시킬 때에는 먼저 아세틸렌밸브를 열어 아세틸렌가스를 분출시켜 점화한 후 천천히 산소를 공급하도록 한다.

54 1회의 통전으로는 열평형을 취하기 곤란한 정도의 심한 열을 피하기 위하여 사이클 단위로 몇 번이고 전류를 단속하여 용접을 하는 용접법은?

① 맥동 용접   ② 점 용접
③ 프로젝션 용접   ④ 퍼커션 용접

①
맥동 용접(pulsation welding)
한 곳의 접합 장소에 압력을 가하면서 2회 이상 동일한 전류를 통하여 접합하는 저항 용접

55 피복 아크용접에서 아크쏠림 방지대책 중 맞는 것은?

① 교류용접기로 하지 말고 직류용접기로 할 것
② 아크 길이를 다소 길게 할 것
③ 접지점은 한 개만 연결 할 것
④ 용접봉 끝을 아크쏠림 반대 방향으로 기울일 것

④
아크쏠림의 방지대책
- 교류 아크용접을 할 것
- 용접이 끝난 용착부를 향하여 용접할 것
- 용접부가 긴 경우는 후퇴 용접법(back step welding)으로 할 것
- 접지점을 용접부에서 멀리할 것
- 짧은 아크를 사용할 것
- 용접봉 끝을 아크 쏠림 반대방향으로 기울일 것
- 이음의 처음과 끝에 엔드 탭(end tap) 등을 이용할 것
- 전원 두 개를 연결할 것

56 프로판 가스의 특성을 설명한 것 중 맞는 것은?

① 액화하기 쉽다.
② 상온에서 기체상태이다.
③ 연소할 때 필요한 산소의 양은 1 : 2이다.
④ 폭발한계가 좁아 안전도가 높다.

③
연소할 때 필요한 산소의 양은 1 : 4.5이다.

57 일반적인 용접의 특징으로 틀린 것은?

① 작업 공정이 단축되며 경제적이다.
② 재질의 변형이 없으며 이음효율이 낮다.
③ 제품의 성능과 수명이 향상되며 이종 재료도 접합할 수 있다.
④ 소음이 적어 실내에서의 작업이 가능하며 복잡한 구조물 제작이 쉽다.

②
용접이음 효율은 높으나, 재질의 변형 및 응력이 발생하는 단점이 있다.

58 피복 아크용접에서 피복제의 주된 역할 중 틀린 것은?

① 전기 절연작용을 한다.
② 탈산 정련작용을 한다.
③ 아크를 안정시킨다.
④ 용착금속의 급랭을 돕는다.

④
피복제의 역할
- 아크를 안정시켜 용접작업을 용이하게 한다.
- 중성 또는 환원성의 분위기를 만들어 용융금속을 보호한다.
- 가벼운 슬래그를 만든다.
- 용착금속의 탈산 및 정련작용을 한다.
- 용착금속에 필요한 원소를 보충한다.
- 용적을 미세화하고 용착효율을 높인다.
- 용착금속의 흐름을 좋게 한다.
- 용착금속의 응고, 냉각속도를 지연시키고 고착성을 증가시킨다.
- 피복제는 전기 절연작용을 한다.

59 서브머지드 아크용접의 특징으로 틀린 것은?

① 유해광선 발생이 적다.
② 용착속도가 빠르며 용입이 깊다.
③ 전류밀도가 낮아 박판 용접에 용이하다.
④ 개선각을 작게 하여 용접의 패스 수를 줄일 수 있다.

③
서브머지드 아크용접은 전류밀도가 높아 용입이 깊으므로 후판 용접에 적합하다.

60 진공상태에서 용접을 행하게 되므로 텅스텐, 몰리브덴과 같이 대기에서 반응하기 쉬운 금속도 용이하게 접합할 수 있는 용접은?

① 스터드 용접   ② 테르밋 용접
③ 전자빔 용접   ④ 원자수소 용접

③
전자빔 용접
- 높은 전압으로 가속된 전자가 용접물에 충돌하며 운동에너지를 열에너지로 변환시켜 용접물을 붙인다.
- 두꺼운 소재의 무결함 접합을 가능하게 한다.
- 진공 챔버에서 용접이 이루어지기에 산화가 없는 고품질 용접이 가능하다.

CBT 기출 복원문제 3회

제1과목 용접야금 및 용접설비제도

01 강에서 탄소량이 증가할 때 기계적 성질의 변화로 옳은 것은?

① 경도가 증가한다.
② 인성이 증가한다.
③ 전연성이 증가한다.
④ 단면 수축율이 증가한다.

①
탄소 함유량이 증가할수록 경도가 증가되지만, 연신율과 충격값은 매우 낮아진다.

02 오스테나이트 조직인 $\gamma - Fe$이 생성되는 구간으로 맞는 것은?

① A_0 변태와 A_1 변태
② A_2 변태와 A_3 변태
③ A_3 변태와 A_4 변태
④ A_4 변태와 A_0 변태

③
오스테나이트 조직인 $\gamma - Fe$은 A_3 변태와 A_4 변태 구간에서 일어난다.

03 수평자세 맞대기 아크용접 시 비대칭 홈의 각도로 맞는 것은?

① 0~15°   ② 25~35°
③ 35~45°   ④ 50~55°

④
아크용접에서 수평자세나 수직자세 V형의 개선은 비대칭인 경우 50~55°로 하여 준다.

04 응력제거 풀림 처리 시 발생하는 효과가 아닌 것은?

① 충격저항이 증대된다.
② 크리프 강도가 향상된다.
③ 용착금속 중의 수소가 제거된다.
④ 강도는 낮아지고 열영향부는 경화된다.

④
응력제거 풀림의 효과
- 강도의 증대(석출경화)
- 열영향부의 연화
- 용접 잔류응력의 제거
- 치수 비틀림의 방지
- 응력부식의 방지
- 충격저항성이 증대
- 크리프 강도의 향상
- 용착금속 중의 수소 제거에 의한 연성 증대

05 금속의 결정계 단위 결정격자의 종류로 맞는 것은?

① 체심육방격자   ② 면심입방격자
③ 사방입방격자   ④ 조밀입방격자

②
금속결정의 단위 결정격자의 종류
- 면심입방격자(FCC)
- 체심입방격자(BCC)
- 조밀육방격자(HCP)

06 용융금속에 수소가 가장 많이 유입되는 경로로 알맞은 것은?

① 피복제에 의해 유입된다.
② 공기 중의 가스에 의해 유입된다.
③ 마텐사이트로 된 열영향부에 의해 확산한다.
④ 예열이나 후열하는 과정에서 유입된다.

①
용접봉의 피복제에 의해 아크분위기를 통과한 금속입자가 수소를 다량으로 함유하게 된다.

07 용착금속의 표면 토우부에 균열방지로 맞는 것은?

① 표면 비드를 두껍게 용접을 한다.
② 용접 후 바로 각변형을 준다.
③ 언더컷이 생기지 않는 용접을 해야 한다.
④ 강도가 높은 용접봉을 사용한다.

③
토우 균열은 비드 표면과 모재와의 경계부에 발생하게 되므로 언더컷이 발생하지 않게 용접을 해야 한다.

08 치수 기입의 원칙에 대한 설명으로 틀린 것은?

① 치수는 되도록 여러 투상도에 분산 기입한다.
② 각 형체의 치수는 하나의 도면에서 한 번만 기입한다.
③ 기능 치수는 대응하는 도면에 직접 기입해야 한다.
④ 도면에는 특별히 명시하지 않는 한, 그 도면에 도시한 대상물의 마무리치수(완성 치수)를 기입한다.

①
치수는 되도록 주 투상도에 집중한다.

09 CAD에서 좌표계로 사용되지 않는 좌표계는?

① 직교 좌표계 ② 원통 좌표계
③ 극 좌표계   ④ 원 좌표계

④
CAD 시스템의 좌표계의 종류
• 직교 좌표계   • 원통 좌표계
• 구면 좌표계   • 극 좌표계

10 Fe-C 평형 상태도에서 감마철(γ-Fe)의 결정 구조는?

① 면심입방격자   ② 체심입방격자
③ 조밀입방격자   ④ 사방입방격자

①
면심입방격자의 구조를 가지는 금속
• 알루미늄(Al)   • 구리(Cu)
• 감마철(γ-Fe) • 은(Ag)

11 다음 용접부 기호에 대한 설명으로 틀린 것은?

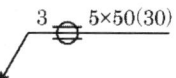

① 심 용접부의 폭은 3mm이다.
② 심 용접부의 두께는 5mm이다.
③ 심 용접부의 길이는 50mm이다.
④ 심 용접부의 간격은 30mm이다.

②
용접부의 기호
• 3 : 슬롯부의 폭
• 5 : 용접부의 갯수
• 50 : 용접부의 길이
• (30) : 인접한 용접 간의 거리(피치)
• ⊖ : 시임 용접기호

12 ϕ3.2mm인 용접봉으로 연강판을 가스용접하려고 할 때 선택하여야 할 가장 적합한 판의 두께는 몇 mm인가?

① 4.4   ② 5.5
③ 6.6   ④ 8.8

①
판재의 두께(T) 계산
용접봉 두께 $D = \dfrac{T}{2} + 1$에서
$T = 2 \times (D-1)$
$ = 2 \times (3.2\text{mm} - 1) = 4.4\text{mm}$

13 판 두께가 12.7mm인 강판을 가스 절단하려 할 때 표준 드래그의 길이는?

① 6.4　　② 5.6
③ 5.2　　④ 2.4

☞ ④

표준 드래그 길이 : 보통 판 두께의 20% 정도

판 두께 (mm)	12.7	25.4	51	51~152
드래그 길이 (mm)	2.4	5.2	5.6	6.4

14 용접 이음의 보조기호에서 점 용접을 나타낸 기호는?

① ○　　② ⌣
③ □　　④ ⌣̄

☞ ①

용접 기호
- ○ : 기본 기호로 점 용접기호
- ⌣ : 보조기호로 용접부 및 용접부 표면의 형상을 凹하게 함
- ⌣̄ : 기본 기호로 뒷면 용접기호

15 A0의 도면 치수는 얼마인가? (단, 단위는 mm이다.)

① 841×1189　　② 594×841
③ 841×1783　　④ 594×1682

☞ ①

도면의 크기(a : 세로, b : 가로)

도면의 크기	A0	A1	A2	A3	A4
a×b	841 ×1189	594 ×841	420 ×594	297 ×420	210 ×297

16 정투상법의 3면도에서 3면을 가장 잘 표시한 것은?

① 정면도, 우측면도, 배면도
② 평면도, 좌측면도, 배면도
③ 정면도, 저면도, 평면도
④ 정면도, 우측면도, 평면도

☞ ④

3면도를 표시할 때 기본으로 표시하여야 할 면은 정면도, 평면도, 우(좌)측면도이다.

17 정투상법의 제3각법에서 투상하여 보는 순서는?

① 눈 → 물체 → 투상면
② 눈 → 투상면 → 물체
③ 물체 → 투상면 → 눈
④ 물체 → 눈 → 투상면

☞ ②

㉠ 제1각법과 제3각법의 비교
- 제1각법은 대상물을 투상면의 앞쪽(투상각의 제1상한)에 놓고 투상하는 것으로 눈 → 물체 → 투상면
- 제3각법은 대상물을 투상면의 뒤쪽(투상각의 제3상한)에 놓고 투상하는 것으로 눈 → 투상면 → 물체

㉡ 서로 다른 점
- 좌측년노와 우측면도의 위치
- 평면도와 저면도의 위치

18 가동부분을 이동 중의 특정한 위치 또는 이동한계의 위치로 표시하는 데 사용되어지는 선의 종류는?

① 굵은 실선　　② 가는 2점 쇄선
③ 가는 파선　　④ 가는 1점 쇄선

☞ ②

가는 2점 쇄선의 사용
- 가동부분을 이동 중의 특정한 위치 또는 이동한계의 위치로 표시하는 데 사용되는 선
- 투상에 없는 선을 표현한 선으로 인접 부분을 참고로 표시
- 공구 지그 등의 위치를 참고로 나타낼 때
- 가공 전 또는 가공 후의 모양의 표시

19 다음 중 용접 구조물의 이음설계 방법으로 틀린 것은?

① 반복하중을 받는 맞대기 이음에서 용접부의 덧붙이를 필요 이상 높게 하지 않는다.
② 용접선이 교차하는 곳이나 만나는 곳의 응력집중을 방지하기 위하여 스캘롭을 만든다.
③ 용접 크레이터 부분의 결함을 방지하기 위하여 용접부 끝단에 돌출부를 주어 용접한 후 돌출부를 절단한다.
④ 굽힘응력이 작용하는 겹치기 필릿용접의 경우 굽힘응력에 대한 저항력을 크게 하기 위하여 한쪽 부분만 용접한다.

④
겹치기 용접의 경우 한쪽 부분만 용접하게 되면 굽힘하중을 받을 때 저항력이 약해져서 쉽게 파단될 수 있다.

20 다음 중 얇은 부분의 단면도를 도시할 때 사용하는 선은?

① 가는 실선　② 가는 파선
③ 가는 1점 쇄선　④ 아주 굵은 실선

④
아주 굵은 실선은 얇은 부분의 단면도시를 명시하는데 사용한다.

○ **제2과목 용접구조설계**

21 일정한 지름의 강철 볼을 일정한 하중으로 시험편의 표면에 압입한 후 이때 생긴 오목 자국의 표면적을 측정하는 시험법은?

① 브리넬 경도시험 ② 비커스 경도시험
③ 쇼어 경도시험　④ 로크웰 경도시험

①
브리넬 경도시험
시험재료의 바닥에 일정한 지름의 강철 볼을 놓고 일정한 하중으로 압입하였을 때 생긴 오목 자국의 표면적을 측정하는 시험법

22 시험편에 V형 또는 U형 노치를 주어 검사하는 시험법은?

① 경도 시험법　② 인장 시험법
③ 굽힘 시험법　④ 충격 시험법

④
충격 시험
• 재료의 인성과 취성의 정도를 판정하는 시험
• 금속재료의 충격 시험편의 노치는 V자형, U자형이 있다.
• 충격값은 충격 에너지를 시험편의 노치부 단면적으로 나눈 값을 말한다.

23 프로판 가스의 성질을 설명한 것으로 틀린 것은?

① 액화하기 쉽다.
② 증발잠열이 크다.
③ 연소할 때 필요한 산소의 양은 1 : 2이다.
④ 폭발 한계가 좁아 안전도가 높고 관리가 쉽다.

③
연소할 때 필요한 산소의 양은 1 : 4.5이다.

24 용접의 일반적인 특징으로 맞지 않는 것은?

① 수밀, 기밀이 우수하다.
② 이종재료 접합이 가능하다.
③ 재료가 절약되고 무게가 가벼워진다.
④ 자동화가 가능하며 제작 공정수가 많아진다.

④

자동화 및 고속화가 가능하며, 제작 공정수가 줄어든다.

25 금속 원자 간에 인력이 작용하여 영구결합이 일어나도록 하기 위해서 원자 사이의 거리가 어느 정도 접근해야 하는가?

① 0.001mm
② 10^{-6}mm
③ 10^{-8}cm
④ 0.0001mm

③

1Å(옹스트롬)=10^{-10}m=0.0000000001m에서 단위환산하면 다음과 같다.

$1\text{Å} = 10^{-10}\text{m} \times \frac{100\text{cm}}{1\text{m}} = 10^{-10}\text{m} \times \frac{10^2\text{cm}}{1\text{m}}$
$= 10^{(-10+2)}\text{cm} = 10^{-8}\text{cm}$

※ 뉴턴의 만유인력 법칙에 따라 금속 원자 간에 인력으로 두 금속을 결합시키기 위해서는 1Å의 거리가 필요하다.

26 피복제의 역할에 대한 설명으로 옳지 않은 것은?

① 용착 효율을 높인다.
② 전기 절연작용을 한다.
③ 스패터 발생을 적게 한다.
④ 용착금속의 냉각속도를 빠르게 한다.

④

피복제는 용착금속의 냉각속도를 느리게 하여 급랭을 방지한다.

27 가스용접, 피복아크용접, 불활성가스 아크용접이 가능한 용접법은?

① 마그네슘
② 티타늄
③ 알루미늄
④ 연강

④

연강은 가스용접과 아크용접 모두 가능하다.

28 다음 그림과 같이 완전용입의 평판 맞대기 용접이음에 인장하중 P=10000N일 때 인장응력은? (판 두께 t=10mm, 용접선 길이 ℓ=200mm)

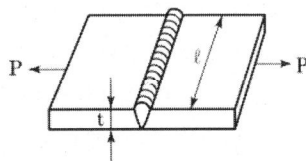

① 5N/mm^2
② 50N/mm^2
③ 0.02N/mm^2
④ 0.2N/mm^2

①

인장응력(σ) 계산
$\sigma = \frac{P}{A} = \frac{P}{tl}[\text{N/mm}^2]$

인장하중 $P=10000\text{N}$, 두께 $t=10\text{mm}$, 용접선 길이 $l=200\text{mm}$이므로
$\sigma = \frac{10000\text{N}}{10\text{mm} \times 200\text{mm}} = 5\text{N/mm}^2$

29 피로강도에 영향을 주는 인자가 아닌 것은?

① 정적인 응력
② 용접결함의 존재
③ 하중 상태
④ 이음 형상

①

피로강도에 영향을 주는 인자
• 이음 형상
• 용접부의 재질과 모재 재질의 차
• 용접부의 표면상태
• 하중 상태
• 용접결함의 존재
• 용접구조상의 응력집중
• 부식환경

30 용접 구조물을 설계할 때 주의사항으로 틀린 것은?

① 용접 이음의 집중, 접근 및 교차를 피한

다.
② 용접치수는 강도상 필요한 치수 이상으로 크게 하지 않는다.
③ 두꺼운 판을 용접할 때에는 용입이 얕은 용접법을 이용하여 층수를 늘린다.
④ 이음의 역학적 특성을 고려하여 구조상의 불연속부, 단면형상의 급격한 변화를 피한다.

③

용접 구조의 설계 시 주의사항
- 용접 이음의 집중, 접근 및 교차를 피한다.
- 용접치수는 강도상 필요한 치수 이상으로 크게 하지 않으며, 접합부재의 균형을 고려한다.
- 두꺼운 판을 용접할 경우에는 용입이 깊은 용접법을 이용하여 층수를 줄인다.
- 이음의 역학적 특성을 고려하여 구조상의 불연속부, 단면형상의 급격한 변화 및 노치를 피한다.
- 용접성, 노치 인성이 우수한 재료를 선택하여 시공하기 쉽게 설계한다.
- 용접에 의한 변형 및 잔류 응력을 경감시킬 수 있도록 주의하며, 특히 수축이 불가능한 용접은 피한다.
- 주단조 구조 및 리벳 구조 부품 등의 개념을 떠나서 용접의 특징을 활용한다.
- 리벳과 용접의 혼용 시에는 충분한 주의를 한다.
- 용접에 의하여 구조물이 하나의 연속체로 되므로 부착물의 용접 설계도 신중을 기한다.
- 판면에 직각 방향으로 인장 하중이 작용할 경우에는 판의 이방성에 주의한다.
- 용착 금속은 가능한 한 다듬질 부분에 포함되지 않도록 주의한다.
- 용접 이음을 감소시키기 위하여 압연 형재, 주단조품, 파이프 등을 부분적으로 이용하거나 굽힘 가공, 프레스 가공 등을 이용한다.

31 다음 용착법 중 각 층마다 전체의 길이를 용접하면서 쌓아 올리는 다층 용착법은?

① 스킵법 ② 대칭법
③ 빌드업법 ④ 캐스케이드법

③

덧붙이법(덧살 올림법, Build-up method)
각 층마다 전체의 길이를 용접하면서 쌓아 올리는 방법으로서 가장 일반적인 방법이다.

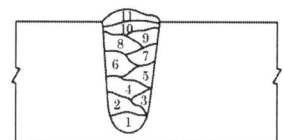

32 잔류응력이 남아 있는 용접제품에 소성변형을 주어 용접 잔류응력을 제거(완화)하는 방법을 무엇이라고 하는가?

① 노내 풀림법
② 국부 풀림법
③ 저온 응력 완화법
④ 기계적 응력 완화법

④

기계적 응력 완화법
용접부를 약간 소성변형시킨 다음 하중을 제거하면 잔류응력이 현저하게 감소하는 현상을 이용하는 방법

33 일반적인 서브머지드 아크용접에 대한 설명으로 틀린 것은?

① 용접 전류를 증가시키면 용입이 증가한다.
② 용접 전압이 증가하면 비드 폭이 넓어진다.
③ 용접 속도가 증가하면 비드 폭과 용입이 감소한다.
④ 용접 와이어 지름이 증가하면 용입이 깊어진다.

④

동일 전류, 전압 조건에서 와이어 지름이 작으

면 용입이 깊고, 비드 폭이 좁아진다.

34 피복 아크용접에서 용접부의 균열 방지대책으로 맞지 않는 것은?

① 적당한 예열과 후열을 한다.
② 염기도가 적은 용접봉을 선택한다.
③ 적절한 속도로 운봉을 한다.
④ 저수소계 용접봉을 사용한다.

▶ ②
염기도가 적은 용접봉의 선택은 용접부의 균열 방지대책으로 적절하지 않다.

35 저항용접의 특징으로 틀린 것은?

① 접합강도가 비교적 크다.
② 산화 및 변질 부분이 적다.
③ 가압효과로 조직이 치밀해진다.
④ 용접변형, 잔류응력이 크다.

▶ ④
저항용접의 특징
- 접합강도가 비교적 크다.
- 산화 및 변질 부분이 적다.
- 용접봉 용제 등이 불필요하다.
- 가압효과로 조직이 치밀해진다.
- 용접변형, 잔류응력이 적다.
- 작업자의 숙련이 필요 없다.
- 작업속도가 빠르고, 대량생산에 적합하다.

36 전자 빔 용접의 일반적인 특징에 대한 설명으로 틀린 것은?

① 불순가스에 의한 오염이 적다.
② 용접 입열이 적으므로 용접변형이 적다.
③ 텅스텐, 몰리브덴 등 고융점 재료의 용접이 가능하다.
④ 에너지 밀도가 낮아 용융부나 열영향부가 넓다.

▶ ④

전자 빔 용접의 특징
- 용접입열이 적다.
- 용접변형이 적고, 정밀용접이 가능하다.
- 다른 이종금속과의 용접이 용이하다.
- 진공 중에서 용접하기 때문에 높은 순도의 용접이 되므로 활성금속의 용접도 가능하다.
- 얇은 판(0.12mm 이하)에서 두꺼운 판(Al 150mm)까지 용접할 수 있다.
- 용접부의 열영향부가 매우 적다.
- 설비비가 많이 든다.
- 진공 작업실이 필요한 고진공형에서는 용접물의 크기가 제한을 받는다.
- 대기압형의 용접기를 사용할 때에는 X-선 방호에 유의하여야 한다.
- 용접부의 경화현상이 일어나기 쉽다.

37 모재 두께가 다른 경우에 전극의 과열을 피하기 위하여 전류를 단속하여 용접하는 점 용접법은?

① 맥동 점 용접 ② 단극식 점 용접
③ 인터랙 점 용접 ④ 다전극 점 용접

▶ ①
맥동 점 용접
모재 두께가 다른 경우에 전극의 과열을 피하기 위하여 사이클 단위를 몇 번이고 전류를 단속하여 용접하는 것

38 가스용접 시 유해가스로 인한 내용으로 적당하지 않은 것은?

① 납이나 아연합금 등의 도금재료 용접 시 가스 중독에 의한 우려가 있으므로 주의한다.
② 알루미늄 용접을 할 경우 해로운 가스가 발생하므로 배기가 잘 되도록 한다.
③ 연기나 흄 등이 발생하는 작업에는 배기장치를 하여 환기를 시켜야 한다.
④ 가연성 가스 또는 인화성 액체가 들어있는 용기의 경우 유해가스가 발생하지

않도록 통풍구멍을 완전히 막고 작업을 한다.

🔥 ④
가연성 가스 또는 인화성 액체가 들어 있는 용기의 경우 증기, 열탕물로 완전히 청소한 후 통풍구멍을 개방하고 작업을 해야 한다.

39 다음 중 T형 필릿 용접을 나타낸 것은?

① 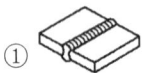　②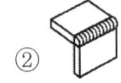

③ 　④

🔥 ④
용접이음의 종류
① 맞대기 용접　② 모서리 용접
③ 겹치기 용접　④ T형 필릿 용접

40 일반적인 피복 아크 용접봉의 편심률은 몇 % 이내인가?

① 3%　② 5%
③ 10%　④ 20%

🔥 ①
피복 아크 용접봉의 편심률 : 3% 이내

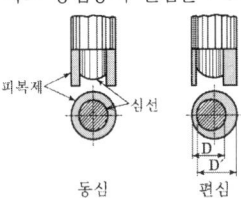

동심　편심

● 제3과목 용접일반 및 안전관리

41 서브머지드 아크용접에서 용융형 용제의 특징으로 틀린 것은?

① 비드 외관이 아름답다.

② 용제의 화학적 균일성이 양호하다.
③ 미용융 용제는 재사용할 수 없다.
④ 용융 시 산화되는 원소를 첨가할 수 없다.

🔥 ③
미용융 용제는 다시 사용이 가능하다.

42 강재 표면의 흠이나 개재물, 탈탄층 등을 제거하기 위하여 쓰이는 기구는?

① 스카핑　② 피닝
③ 가스 가우징　④ 겹치기 절단

🔥 ①
스카핑
강재 표면의 흠이나 개재물, 탈탄층 등을 제거하기 위하여 얇게 타원형 모양으로 표면을 깎아내는 가공법

43 잔류응력 측정법에서 정량적 방법으로 맞는 것은?

① 부식법　② 자기적 방법
③ 응력 이완법　④ 응력 와니스법

🔥 ③
정량적 방법의 종류

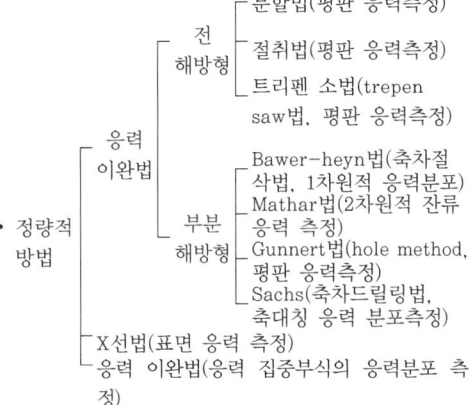

※ 정성적 방법 : 부식법, 응력 와니스법, 자기적 방법, 경도에 의한 추정

44 용접 흄(fume)에 대한 설명 중 옳은 것은?

① 인체에 영향이 없으므로 아무리 마셔도 괜찮다.
② 실내 용접 작업에서는 환기설비가 필요하다.
③ 용접봉의 종류와 무관하며 전혀 위험은 없다.
④ 가제 마스크로 충분히 차단할 수 있으므로 인체에 해가 없다.

②

용접 흄
용접 시 열에 의해 증발한 물질이 냉각되어 고체의 미립자로 된 것으로, 독성이 있기에 다량을 흡입할 경우에는 적절한 안전대책이 필요하다. 실내 용접 작업 시에는 흄의 전용회수장치로 용접작업 중 회수 가능한 설비가 필요하다.

45 다른 용접봉에 비해 수소가스를 적게 발생시키는 용접봉은?

① E4301   ② E4303
③ E4311   ④ E4316

④

저수소계 용접봉(E4316)은 수소량이 다른 용접봉에 비해 1/10 정도로 현저하게 적은 용접봉이다.

46 용접 순서에서 동일 평면 내에 이음이 많을 경우, 수축은 가능한 한 자유단으로 보내는 이유로 옳은 것은?

① 압축변형을 크게 해주는 효과와 구조물 전체를 가능한 한 균형 있게 인장응력을 증가시키는 효과 때문
② 구속에 의한 압축응력을 작게 해주는 효과와 구조물 전체를 가능한 한 균형 있게 굽힘응력을 증가시키는 효과 때문
③ 압축응력을 크게 해주는 효과와 구조물 전체를 가능한 한 균형 있게 인장응력을 경감시키는 효과 때문
④ 구속에 의한 잔류응력을 작게 해주는 효과와 구조물 전체를 가능한 한 균형 있게 변형을 경감시키는 효과 때문

④

수축을 자유단으로 보내는 이유
구속에 의한 잔류응력을 작게 해주는 효과와 전체를 가능한 한 균형 있게 수축시켜 변형을 줄이는 효과가 있다.

47 용접부의 결함 중 구조상의 결함에 속하는 것은?

① 기공
② 변형
③ 인장강도 부족
④ 용접부의 크기 부적당

①

구조상 결함의 종류
• 기공   • 슬래그 섞임
• 융합 불량   • 용입 불량
• 언더컷   • 용접 균열
• 표면 결함   • 오버랩

48 순철의 변태가 아닌 것은?

① A_4 변태   ② A_3 변태
③ A_2 변태   ④ A_0 변태

④

순철의 변태 종류
A_4 동소변태, A_3 동소변태, A_2 자기변태

49 하중을 많이 받는 설계의 그림으로 맞는 것은?

①    ②

③ 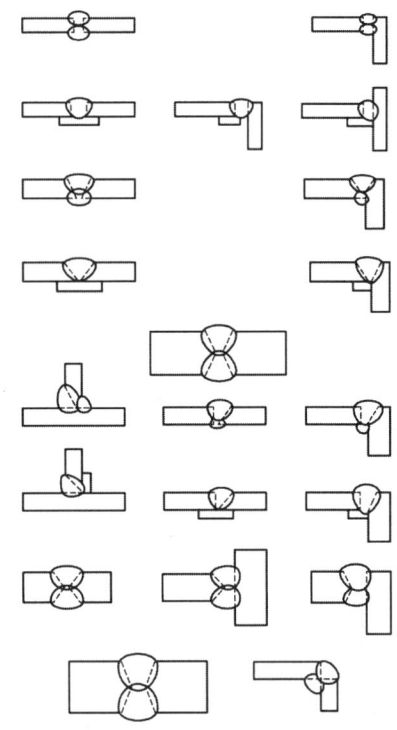 ④

② 저온 사용, 충격이나 반복하중, 큰 인장하중을 받는 중요한 장소에 필요한 이음형상

50 응력제거 풀림의 효과를 나타낸 것 중 틀린 것은?

① 용접 잔류응력의 제거
② 치수 비틀림 방지
③ 충격 저항 증대
④ 응력 부식에 대한 저항력 감소

④

응력제거 풀림의 효과
- 용접 잔류응력의 제거
- 치수 변형의 방지
- 응력 부식에 대한 저항력 증대
- 용착금속 중의 수소제거에 의한 연성 증대
- 충격 저항 증대
- 크리프 강도의 향상

51 탄산가스 아크용접에 대한 설명 중 올바르지 못한 것은?

① 전류 밀도가 높아 용입이 깊고 용접속도를 빠르게 할 수 있다.
② 가시(可視) 아크이므로 시공이 편리하다.
③ 특수한 용제를 사용하므로 용접부에 슬래그 섞임이 없고 용접 후의 처리가 간단하다.
④ 용착금속의 기계적 성질 및 금속학적 성질이 우수하다.

③

탄산가스 아크용접
- 전류 밀도가 높아 용입이 깊고 용접속도를 빠르게 할 수 있다.
- 용착 금속의 기계적 성질 및 금속학적 성질이 우수하다.
- 용제를 사용하지 않아 용접부에 슬래그의 혼입이 없고, 용접 후의 처리가 간단하다.
- 가시(可視) 아크이므로 시공이 편리하다.

52 피복 아크용접 시 아크 쏠림 방지대책이 아닌 것은?

① 용접봉 끝을 아크 쏠림 반대 방향으로 기울인다.
② 직류용접으로 하지 말고 교류용접으로 한다.
③ 접지점은 될 수 있는 대로 용접부에서 멀리 한다.
④ 긴 아크를 사용한다.

④

아크 쏠림의 방지대책
- 직류 아크 용접을 하지 말고 교류 아크 용접을 할 것
- 큰 가접부 또는 이미 용접이 끝난 용착부를 향하여 용접할 것
- 용접부가 긴 경우는 후퇴용접법(back step welding)으로 할 것

- 접지점을 될 수 있는 대로 용접부에서 멀리할 것
- 짧은 아크를 사용할 것
- 용접봉 끝을 아크 쏠림 반대방향으로 기울일 것
- 받침쇠, 긴 가접부, 이음의 처음과 끝에 엔드 탭(end tap) 등을 이용할 것
- 전원 두 개를 연결할 것

53 용접기에 전격방지기를 장착하였을 때 2차 무부하 전압은?

① 20~30V ② 40~50V
③ 60~70V ④ 80~90V

①

전격방지기는 용접작업을 하지 않을 때에는 보조 변압기에 의해 용접기의 2차 무부하 전압을 20~30V 이하로 유지시켜 전격을 방지할 수 있다.

54 가스 용접 불꽃에서 온도가 최고 높은 부위는?

① 백심 ② 속불꽃
③ 겉불꽃 ④ 불꽃심

②

산소-아세틸렌 불꽃의 구성
- 백심(불꽃심) : 1500℃
- 속불꽃 : 2900~3500℃
- 겉불꽃 : 2000℃

```
불꽃심(백심)  속불꽃        겉불꽃
O₂+C₂+H₂
         1500℃              1260℃
      3200~3500℃         2000~2700℃
          2~3mm   2900℃
```

55 역류, 역화, 인화 등의 발생 시 조치방법으로 틀린 것은?

① 팁을 물에 식힌다.
② 역화 시 아세틸렌 호스를 꺾어 가스를 차단시킨다.
③ 역화방지기를 설치한다.
④ 팁을 모재에 붙여 사용한다.

④

팁을 모재에서 접촉하게 되면 역류, 역화현상이 발생될 수 있으므로 일정한 거리를 두어야 한다.

56 고장력강의 용접 시 일반적인 주의사항으로 잘못된 것은?

① 아크 길이는 최대한 길게 유지한다.
② 용접 개시 전 이음부 내부를 청소한다.
③ 위빙 폭을 크게 하지 말아야 한다.
④ 용접봉은 저수소계를 사용한다.

①

고장력강 용접 시 주의사항
- 용접봉은 저수소계를 사용한다.
- 용접 개시 전에 이음부 내부 또는 용접할 부분의 청소를 할 것
- 아크 길이는 최대한 짧게 유지할 것
- 위빙 폭을 크게 하지 말 것

57 다음과 같은 용접 그림의 명칭으로 맞는 것은?

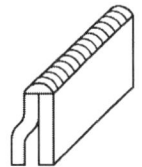

① 십자 이음 ② 모서리 이음
③ 겹치기 이음 ④ 변두리 이음

④

이음의 종류
맞대기, 모서리, 변두리, 겹치기, T 이음, 십자 이음, 전면 필릿 이음, 측면 필릿 이음, 양면 덮개판 이음 등이 있다.
※ 문제 그림의 이음은 변두리 이음에 속한다.

58 용접 구조물을 조립하는 순서를 정할 때 고려사항으로 틀린 것은?

① 용접 변형을 쉽게 제거할 수 있어야 한다.
② 작업환경을 고려하여 용접자세를 편하게 한다.
③ 구조물의 형상을 고정하고 지지할 수 있어야 한다.
④ 용접진행은 부재의 구속단을 향하여 용접한다.

④

용접 조립 순서의 고려사항
- 가능한 한 구속 용접은 피한다.
- 용접진행은 자유단을 향하여 용접한다.
- 변형 및 잔류응력을 경감할 수 있는 방법을 채택한다.
- 용접자세를 편하게 한다.
- 지그를 적절하게 채택한다.

59 다음 중 용접부에서 방사선 투과검사법으로 검출하기 가장 곤란한 결함은?

① 기공
② 라미네이션 균열
③ 슬래그 섞임
④ 용입 불량

②

방사선 투과 시험법에서는 미세한 표면 균열이나 라미네이션은 검출되지 않는다.

60 용접 변형 방지법 중 냉각법에 속하지 않는 것은?

① 살수법
② 수냉동판 사용법
③ 비석법
④ 석면포 사용법

③

비석법
용접 진행 방법의 한 방법이며, 변형, 잔류응력 등을 적게 하기 위한 것으로 냉각법과는 거리가 멀다.

CBT 기출 복원문제 4회

제1과목 용접야금 및 용접설비제도

01 철-Ni계 금속으로 측량기구, 시계추 등에 사용되어지는 금속은?

① 플래티나이트 ② 콘스탄탄
③ 인바 ④ 인코넬

③

인바
철-니켈계 합금으로 내식성이 좋고 열팽창계수가 철의 1/10 정도로 측량기구, 표준기구, 시계추, 바이메탈 등에 사용된다.

02 보수 용접 시 Cr, Mn계 용접봉을 사용하여 보수하는 용착법은?

① 전진법
② 빌드업법(덧살 올림법)
③ 캐스케이드법
④ 전진 블록법

②

보수 용접은 마모된 부분을 보수하는데 Cr, Mn계 용접봉을 사용하여 덧살 올림(빌드업) 용접으로 재생 수리한다.

03 저온 균열의 원인이 되며, HAZ로 300℃ 이하에서 발생되는 균열은?

① 설퍼 균열 ② 크레이터 균열
③ 재열 균열 ④ 비드 밑 균열

④

비드 밑 균열
300℃ 이하에서 발생하거나 용접금속이 응고 후 48시간 이내에 열영향부에서 발생하는 저온 균열

04 주철(cast iron)의 특성 설명 중 잘못된 것은?

① 절삭성이 우수하다.
② 내마모성이 우수하다.
③ 강에 비해 충격값이 현저하게 높다.
④ 진동 흡수 능력이 우수하다.

③

주철은 강에 비해 항장력과 충격값이 현저하게 낮다.

05 용융금속이 응고할 때 결정이 나뭇가지와 같은 모양을 이루는 결정은?

① 입상정 ② 수지상정
③ 침상정 ④ 중상정

②

수지상정
용융상태인 금속을 냉각시키면 금속원자 고유의 결정격자를 이루면서 나뭇가지 모양으로 성장하여 응고하게 되는 것

06 청열취성이 발생하는 온도는 약 몇 ℃인가?

① 250 ② 450
③ 650 ④ 850

①

탄소강은 P(인)가 다량 함유되어 있으므로 200~300℃ 부근에서 청열취성을 일으킨다.

07 강괴 상부에 작은 수축공과 약간의 기포 등의 이물질만 모이는 강의 명칭은?

① 림드강 ② 세미킬드강
③ 킬드강 ④ 캡트강

②

세미킬드강

- 킬드강과 림드강 중간 정도의 탈산
- 일반구조용 강에 사용
- 상부에 작은 수축공과 약간의 기포가 존재하는 강
- 킬드강보다 저가의 자재

08 다음 용접 균열 중 고온 균열에 속하는 것은?

① 힐 균열 ② 루트 균열
③ 토우 균열 ④ 크레이터 균열

④

고온 균열(hot crack)
- 용접금속의 응고 직후에 발생하는 균열
- 입계 Micro 균열, 크레이터 균열, 응고 균열이 있다.

09 용접 변형을 경감하는 방법으로 용접 전 변형 방지책은?

① 역변형법 ② 빌드업법
③ 캐스케이드법 ④ 전진블록법

①
용접 변형을 경감하는 방법 중 역변형법은 용접 변형량을 계산하여 용접 전에 역변형을 주어 용접하고 완료가 되면 수축이 되면서 원위치로 복귀되도록 하는 방지책이다.

10 풀림법의 특징을 설명한 것 중 아닌 것은?

① 재료의 경화
② 잔류 응력 제거
③ 절삭성 향상
④ 결정 조직의 조정

①
풀림의 목적은 재료를 연화시키고자 하는 열처리법이다.

11 외형선이나 숨은선의 연장을 표시하는 데 사용하는 선의 종류는?

① 굵은 실선 ② 은선
③ 가는 실선 ④ 파단선

③

가는 실선
- 외형선 및 숨은선의 연장을 표시하는 데 사용
- 평면이라는 것을 나타내는 데 사용
- 위치를 명시하는 데 사용

12 입체 표면을 하나의 평면 위에 펼쳐 놓은 도형의 명칭은?

① 전개도 ② 투상도
③ 배관도 ④ 조립도

①

전개도
어떤 입체의 표면을 한 평면 위에 펴놓은 모양으로 나타낸 그림

13 도면에서 표제란의 척도 표시란에 "NS"의 의미는?

① 배척을 나타낸다.
② 척도가 생략됨을 나타낸다.
③ 비례척이 아님을 나타낸다.
④ 현척이 아님을 나타낸다.

③

척도의 표기방법
실물의 길이가 비례하지 않을 때에는 "비례척이 아님" 또는 "NS"로 적절한 곳에 기입한다.

14 결정격자에서 a=b≠c, α=β=γ이고 90°인 결정격자는?

① 체심입방격자 ② 면심정방격자
③ 체심정방격자 ④ 면심입방격자

③

정방정계(Tetragonal)

: a=b≠c, $\alpha = \beta = \gamma = 90°$
- 단순 정방정(simple tetragonal)
- 체심 정방정(body-centered tetragonal)

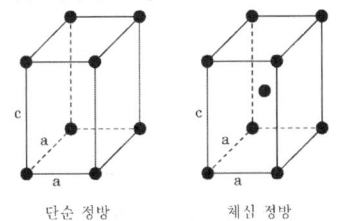

15 아래 그림과 같은 필릿 용접부의 종류는?

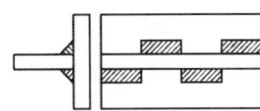

① 연속 병렬 필릿용접
② 연속 지그재그 필릿용접
③ 단속 병렬 필릿용접
④ 단속 지그재그 필릿용접

🔥 ④

단속 지그재그 필릿 용접법

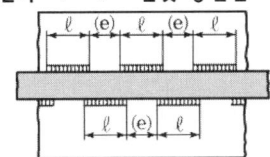

16 스케치법의 종류에 들지 않는 것은?

① 사진법   ② 프리핸드법
③ 프린트법 ④ 복사법

🔥 ④

스케치법의 종류
프린트법, 모양뜨기법(본뜨기법), 프리핸드법, 사진법이 있다.

17 용접 기호 중 MR이 나타내는 것으로 맞는 것은?

① 영구적인 덮개 판을 사용
② 제거 가능한 덮개 판을 사용
③ 끝단부를 매끄럽게 함
④ 동일 평면으로 다듬질

🔥 ②

용접부의 보조기호

용접부 및 표면의 형상	기호
평면(동일 평면으로 다듬질)	─
凸(볼록)형	⌒
凹(오목)형	⌣
끝단부를 매끄럽게 함	⌣
영구적인 덮개 판을 사용	M
제거 가능한 덮개 판을 사용	MR

18 얇은 부분의 단면도시를 명시하는데 사용하는 선은?

① 아주 굵은 실선   ② 가는 1점 쇄선
③ 파단선   ④ 가는 2점 쇄선

🔥 ①

선의 종류	용도에 의한 명칭	선의 용도
특수한 용도의 지정선	아주 굵은 실선	얇은 부분의 단면도시를 명시하는 데 사용한다.

19 1개의 원이 직선 또는 원주 위를 굴러갈 때, 그 구르는 원의 원주 위 1점이 움직이며 그려나가는 선은?

① 타원(ellipse)
② 포물선(parabola)
③ 쌍곡선(hyperbola)
④ 사이클로이드 곡선(cycloid curve)

🔥 ④

사이클로이드 곡선(cycloid curve)
1개의 원이 직선 또는 원주 위를 굴러갈 때, 그 구르는 원의 원주 위 1점이 움직이며 그려나가는 선을 말하며, 기어의 이 모양을 그리는데 사용된다.

20 다음 중 열처리 조직이 아닌 것은?
① 소르바이트   ② 마텐자이트
③ 트루스타이트 ④ 페라이트

④
페라이트는 강의 표준조직으로 α철에 탄소가 최대 0.02%가 고용된 α 고용체이다.

제2과목 용접구조설계

21 용접이음 설계 시 일반적인 주의사항 중 틀린 것은?
① 가급적 능률이 좋은 아래보기 용접을 많이 할 수 있도록 설계한다.
② 후판을 용접할 경우는 용입이 깊은 용접법을 이용하여 용착량을 줄인다.
③ 맞대기 용접에는 이면 용접을 할 수 있도록 해서 용입 부족이 없도록 한다.
④ 될 수 있는 대로 용접량이 많은 홈 형상을 선택한다.

④
품질이 우수한 용접부를 위한 설계 요령
- 가능한 한 아래보기 자세로 용접하도록 한다.
- 경우에 따라 뒷댐판을 이용하여 용접속도와 품질을 향상시킨다.
- 가능한 짧은 시간에 용착량이 많게 용접할 것
- 용입이 깊은 자동용접법을 선택하여 홈 가공의 생략 및 좁은 홈의 개선으로 용착량을 줄일 것
- 용접 진행은 부재의 자유단으로 향하여 용접한다.
- 후판에서 한 면 홈보다 양면 홈을 이용하여 용착량을 줄인다.

22 다음 중 피복제의 작용이 아닌 것은?
① 아크 안정제   ② 스패터 생성제
③ 가스 발생제   ④ 탈산제

②
피복 배합제의 성분 중에는 아크 안정제, 가스 발생제, 슬래그 생성제, 탈산제, 고착제, 합금제 등이 있다.

23 V형 맞대기 이음에 완전 용입된 경우 용접선에 직각 방향으로 5000N의 인장하중이 작용하고 모재 두께가 5mm, 용접선 길이가 5cm일 때 이음부에 발생되는 인장응력은 몇 MPa인가?
① 50   ② 0.2
③ 0.222   ④ 20

④
인장응력(σ_t) 계산
$\sigma_t = \dfrac{P}{A} = \dfrac{P}{tl}$ [kgf/mm²]에서
인장하중 P=5000MPa, 두께 t=5mm, 용접길이 l=50mm일 때
$\sigma_t = \dfrac{5000\text{MPa}}{5\text{mm} \times 50\text{mm}} = 20\text{MPa/mm}^2$

24 냉간 압접의 일반적인 특징으로 틀린 것은?
① 용접부가 가공 경화된다.
② 압접에 필요한 공구가 간단하다.
③ 접합부의 열 영향으로 숙련이 필요하다.
④ 접합부의 전기저항은 모재와 거의 동일하다.

③
냉간 압접의 특징
- 접합부의 열영향이 없고 숙련이 불필요하다.
- 압접에 필요한 공구가 간단하다.
- 접합부의 전기저항은 모재와 거의 같다.
- 철강재료의 냉간 압접은 부적당하다.
- 용접부가 가공 경화된다.

25 모재의 인장강도가 3500MPa이고, 용접시

험편의 인장강도가 2800MPa이라면 용접부의 이음효율은 몇 %인가?

① 50   ② 60
③ 70   ④ 80

④

이음효율(joint efficiency)
이음의 허용응력을 정할 경우 모재의 허용응력을 기준으로 하여 사용재료, 시공방법, 사용조건 등에 따라 이음의 허용응력을 낮게 하여 주는 비율을 말한다.

- 이음효율 = $\dfrac{\text{용접 시험편의 인장강도}}{\text{모재의 인장강도}} \times 100\%$

∴ 이음효율 = $\dfrac{2800\text{MPa}}{3500\text{MPa}} \times 100\% = 80\%$

26 피복 아크용접에서 피복제의 역할 중 가장 거리가 먼 것은?

① 용접금속의 응고와 냉각속도를 지연시킨다.
② 용접금속에 적당한 합금원소를 첨가한다.
③ 용융점이 낮은 적당한 점성의 슬래그를 만든다.
④ 합금원소 첨가 없이도 냉각속도로 인해 입자를 미세화하여 인성을 향상시킨다.

④

피복제의 역할
- 용착금속의 응고, 냉각속도를 지연시킨다.
- 용착금속에 필요한 원소를 보충한다.
- 용융점이 낮고 적당한 점성을 가진 가벼운 슬래그를 만든다.

27 용접 이음을 설계할 때 주의사항으로 틀린 것은?

① 국부적인 열의 집중을 받게 한다.
② 용접선의 교차를 최대한으로 줄여야 한다.
③ 가능한 한 아래보기 자세로 작업을 많이 하도록 한다.
④ 용접 작업에 지장을 주지 않도록 공간을 두어야 한다.

①

용접 이음 설계 시 일반적인 주의사항
- 용접선은 될 수 있는 대로 교차하지 않도록 한다.
- 가능한 한 능률이 좋은 아래보기 용접을 많이 할 수 있도록 설계한다.
- 용접작업에 지장을 주지 않도록 충분한 공간을 갖도록 설계한다.
- 맞대기 용접에는 이면 용접을 할 수 있도록 하여 용입 부족이 없도록 한다.
- 강도가 약한 필릿 용접은 될 수 있는 대로 피하고 맞대기 용접을 하도록 한다.
- 판 두께가 다를 때 얇은 쪽에서 1/4 이상의 테이퍼를 주어 이음한다.
- 용접이음을 1개소로 너무 집중시키거나 접근하여 설계하지 않아야 한다.
- 될 수 있는 대로 용접량이 적은 홈 형상을 선택한다.

28 똑같은 두께의 재료를 다음 보기와 같이 용접할 때 냉각속도가 가장 빠른 이음은?

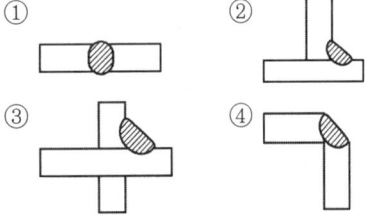

③

문제 보기에서의 냉각 속도가 빠른 순서
- ③ > ② > ①, ④

※ 다양한 방향의 냉각 속도

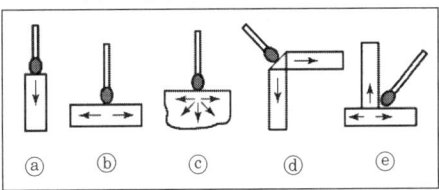

위 보기에서 냉각 속도가 빠른 순서
ⓔ > ⓒ > ⓑ, ⓓ > ⓐ

ⓐ : 한 방향으로 열이 전도
ⓑ : 얇은 평판의 경우 2방향으로 열이 전도
ⓒ : 두꺼운 판이므로 여러 방향으로 열이 전도되어 냉각속도가 빠름
ⓓ : 모서리 이음은 2방향으로 열이 전도
ⓔ : T형 필릿 용접은 3방향으로 열이 전도

29 다음 중 저항 용접법이 아닌 것은?
① 업셋 용접　② 퍼커션 용접
③ 플래시 용접　④ 원자 수소 용접

④
원자 수소 용접은 수소 가스 분위기 내에서 행하는 아크 용접법이다.

30 관이음의 종류가 아닌 것은?
① 턱걸이이음　② 용접이음
③ 플랜지이음　④ 풀리이음

④
풀리이음은 동력전달용 기계요소이다.

31 용접부의 변형 교정 방법으로 틀린 것은?
① 롤러에 의한 방법
② 형재에 대한 직선 수축법
③ 가열 후 해머링하는 방법
④ 후판에 대하여 가열 후 공랭하는 방법

④
변형 교정 방법의 종류
• 얇은 판에 대한 점 수축법(점 가열법)
• 형재에 대한 직선 수축법(선상 가열법)
• 가열 후 해머링법
• 후판에 대하여 가열 후 압력을 주어 수냉하는 방법
• 롤러에 의한 방법
• 피닝법
• 절단에 의한 성형과 재용접

32 자동제어의 종류에 들지 않는 것은?

① 비율제어　② 정치제어
③ 추종제어　④ 차동제어

④
분류기준에 의한 자동제어의 종류
정치제어, 프로그램 제어, 추종제어, 비율제어 등이 있다.

33 용접 후에 잔류응력 완화법이 아닌 것은?
① 응력 제거 어닐링법
② 피닝법
③ 고온 응력 완화법
④ 기계적 응력 완화법

③
용접 후 인위적인 잔류응력제거 방법
• 응력 제거 어닐링법
• 저온 응력 완화법
• 기계적 응력 완화법
• 피닝법

34 용접 홈의 가공용으로 H형, U형의 홈을 만드는데 주로 사용하는 절단법은?
① 가스 가우징　② 스카핑
③ 분말절단　　　④ 산소창 절단

①
가스 가우징
용접 부분의 뒷면을 따내든지 H형, U형의 용접 홈을 가공하기 위하여 깊은 홈을 파내는 가공법이다.

35 용접 홈의 보충을 하여 주는 주 재료의 명칭은?
① 쇠조각　② 용가재
③ 피복제　④ 용제

②
용접 할 모재 사이의 틈(홈)을 메워주는 소재를 용접봉, 용가재 또는 전극봉이라 한다.

36 용접입열에 필요한 요소에 들지 않는 것은?

① 아크 전압   ② 용접 속도
③ 아크 전류   ④ 용접 길이

④

용접의 단위 길이 1cm당 발생하는 전기적 에너지(용접입열)는 아크 전압, 아크 전류, 용접 속도와 관계가 있다.

37 금속의 조직 중 시멘타이트 조직이란 무엇인가?

① Fe와 Si의 화합물
② Fe와 C의 화합물
③ Fe와 O의 화합물
④ Fe와 Mn의 화합물

②

시멘타이트 조직은 Fe와 C의 화합물이다.

38 다음 그림과 같은 용접이음 명칭은?

① 겹치기 용접   ② T 용접
③ 플레어 용접   ④ 플러그 용접

③

플레어 용접
두 부재 사이의 휨 부분을 용접하는 이음방법

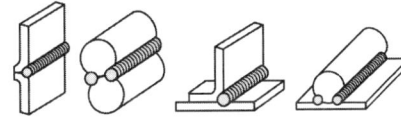

39 다음 금속 침투법 중 철강표면에 알루미늄을 확산 침투시키는 방법은?

① 칼로라이징   ② 세라다이징
③ 크로마이징   ④ 실리코나이징

①

칼로라이징
강의 내열성 및 내식성을 증가하기 위해 분말 알루미늄 또는 이를 함유한 혼합 분말 속에서 강을 가열하여 강 표면에 알루미늄을 확산시키는 방법

40 오스테나이트 영역에서 소재를 냉각하면서 나타나는 조직이 아닌 것은?

① 마텐자이트   ② 트루스타이트
③ 소르바이트   ④ 시멘타이트

④

오스테나이트 영역에서 소재를 냉각하면 냉각 속도의 차이에 따라 마텐자이트, 트루스타이트, 소르바이트, 펄라이트 등의 조직으로 변태된다.

제3과목 용접일반 및 안전관리

41 산소 용기 표기에서 용기 중량을 나타내는 기호는?

① V   ② TP
③ FP   ④ W

④

산소 용기의 표시
① V : 내용적
② TP : 내압시험 압력
③ FP : 최고충전 압력
④ W : 용기 중량

42 일반적인 용접변형 교정방법의 종류가 아닌 것은?

① 얇은 판에 대한 점 수축법
② 형재에 대한 직선 수축법
③ 변형된 부위를 줄질하는 법
④ 가열 후 해머링하는 법

※ ③
용접변형 교정법
- 얇은 판에 대한 점 수축법
- 형재에 대한 직선 수축법
- 후판에 대하여 가열 후 압력을 주어 수냉하는 방법
- 롤러에 의한 법
- 가열 후 해머링법

43 그림은 피복 아크 용접봉에서 피복제의 편심 상태를 나타낸 단면도이다. D'=3.5mm, D=3mm일 때 편심률은 약 몇 %인가?

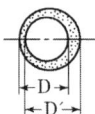

① 14%   ② 17%
③ 18%   ④ 20%

※ ②
편심률 계산
편심이 큰 쪽 치수 D'=3.5mm,
편심이 작은 쪽 치수 D=3mm이므로
$$편심률 = \frac{D' - D}{D} \times 100\%$$
$$= \frac{3.5 - 3}{3} \times 100\% = 16.6\%$$

44 아크의 출력식으로 맞는 것은?
① 출력/입력
② 전원출력/전원입력
③ 아크 전압×아크 전류
④ 소비전력×아크 전류

※ ③
아크 출력=아크 전압×아크 전류

45 용접구조 설계 시 주의사항에 대한 설명으로 틀린 것은?
① 용접치수는 강도상 필요 이상 크게 하지 않는다.
② 용접이음의 집중, 교차를 피한다.
③ 판면에 직각방향으로 인장하중이 작용할 경우 판의 압연방향에 주의한다.
④ 후판을 용접할 경우 용입이 깊은 용접법을 이용하여 층수를 줄인다.

※ ③
용접구조 설계 시 주의사항
- 용접 치수는 강도상 필요한 치수 이상을 크게 하지 않는다.
- 용접이음의 집중, 접근 및 교차를 피한다.
- 판면에 직각방향으로 인장하중이 작용할 경우에는 판의 이방성에 주의한다.
- 두꺼운 판을 용접할 경우에는 용입이 깊은 용접법을 이용하여 층수를 줄여준다.

46 일렉트로 가스 아크용접에 주로 사용되어지는 가스의 종류는?
① 이산화탄소   ② 아르곤
③ 질소   ④ 산소

※ ①
일렉트로 가스 아크용접
주로 이산화탄소 가스를 보호가스로 사용하여 CO_2 가스 분위기 속에서 아크를 발생시키고, 그 아크 열로 모재를 용융시키며 접합한다.

47 그림과 같은 용접도시기호에 의하여 용접할 경우 설명으로 틀린 것은?

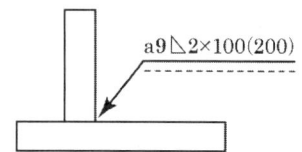

① 목두께는 9mm이다.
② 용접부의 개수는 2개이다.
③ 화살표 쪽에 필릿 용접한다.
④ 용접부 길이는 200mm이다.

④

용접도시기호의 표시
: a△n×l(e)

기호 표시	정의	결과
a△n×l(e)	a : 목 두께	9mm
	△ : 용접기호	필릿용접
	n : 용접부의 개수 (용접 수)	2개
	l : 용접부 길이 (크레아터부 제외)	100mm
	(e) : 인접한 용접부 간의 거리(피치)	(200)mm
	기선 위에 기재하면 화살표 쪽 용접( )	화살표 쪽 용접
z△n×l(e)	z : 각장(목 길이, 다리길이)	

48 용접부 초음파 검사법의 종류에 해당되지 않는 것은?

① 투과법   ② 공진법
③ 펄스반사법   ④ 자기반사법

④

초음파 검사법
펄스반사법, 투과법, 공진법이 있다. 이 중에서 펄스반사법이 가장 많이 이용된다.

49 Al과 철 합금용접에 적합한 용접방법은?

① 불활성 가스 아크용접
② 서브머지드 아크용접
③ 마찰용접
④ 단접

①

불활성 가스 아크용접에서 Al과 철 합금용접이 가능하다.

50 탄산가스 아크용접의 특징에 대한 설명으로 틀린 것은?

① 전류밀도가 높아 용입이 깊고 용접속도를 빠르게 할 수 있다.
② 적용 재질이 철 계통으로 한정되어 있다.
③ 가시 아크이므로 시공이 편리하다.
④ 일반적인 바람의 영향을 받지 않으므로 방풍장치가 필요 없다.

④

탄산가스 아크용접의 특징
• 가는 선재의 고속도 용접이 가능하며, 용접 비용이 수동 용접에 비해 싸다.
• 용입이 깊으며, 특히 필릿 용접에서 수동 용접보다 깊은 용입을 얻을 수 있어 필릿 용접의 각장을 대폭 줄일 수 있으므로 용접 와이어 소모량과 제품의 무게를 줄일 수 있다.
• 가시(可視) 아크이므로 시공이 편리하다.
• 풍속 2m/sec 이상의 바람에는 방풍대책이 필요하다.

51 교류 아크용접기에 전격방지기를 부착한 경우 무부하 전압은?

① 20~30V   ② 40~50V
③ 60~70V   ④ 80~90V

①

전격방지기는 용접작업을 하지 않을 때에는 보조 변압기에 의해 용접기의 2차 무부하 전압을 20~30V 이하로 유지시켜 전격을 방지할 수 있다.

52 다음 용착법 중 각 층마다 전체 길이를 용접하며 쌓는 방법은?

① 전진법   ② 후진법
③ 스킵법   ④ 빌드업법

④

용착법
전진법, 후진(퇴)법, 대칭법, 비석(스킵)법, 덧살 올림법(빌드업법, build up method), 캐스케이드법, 전진블록법
※ 빌드업법(덧살 올림법) : 각 층마다 전체길

이를 용접하면서 쌓아 올리는 방법

53 불활성 가스 금속아크용접에서 와이어 송급 방법의 종류가 아닌 것은?
① 푸시법 ② 푸시 풀법
③ 풀 푸시 풀법 ④ 풀법

🖐 ③
와이어 송급 방식
- 푸시(push) 방식
- 풀(pull) 방식
- 푸시 풀(push-pull) 방식
- 더블 푸시(double push) 방식

54 가스절단 시 예열 불꽃이 약할 때 나타나는 현상이 아닌 것은?
① 드래그가 증가한다.
② 절단속도가 늦어지고 절단이 중단되기 쉽다.
③ 역화를 일으키기 쉽다.
④ 모서리가 용융되어 둥글게 된다.

🖐 ④
모서리가 용융되어 둥글게 되는 것은 예열 불꽃이 강할 때 나타나는 현상이다.

55 아세틸렌가스의 용기색상으로 맞는 것은?
① 황색 ② 청색
③ 백색 ④ 황토색

🖐 ①
아세틸렌은 황색으로 표기한다.
※ 충전 가스 용기의 색상

가스의 종류	용기 색상
산소	녹색
수소	주황색
탄산가스	청색
아세틸렌	황색
프로판	회색
아르곤	회색

56 소화기의 종류에서 ABC 화재 모두가 가능한 소화기는?
① 분말 소화기
② 포말 소화기
③ K급 소화기
④ 할로겐 화합물 소화기

🖐 ①
분말 소화기
어떤 종류의 화재에도 사용이 가능하며, 특히 유류화재 또는 전기화재에 대해 소화력이 강하다.

57 금속조직시험의 종류에 들지 않는 것은?
① 파면시험 ② 매크로 조직시험
③ 현미경 시험 ④ 부식시험

🖐 ④
부식시험은 금속재료의 내식성을 평가하는 시험방법으로 화학적 시험에 속한다.

58 T이음부 루트 부분에서 주로 발생하는 결함의 명칭은?
① 힐 균열 ② 루트 균열
③ 토 균열 ④ 재열 균열

🖐 ①
힐 균열
필릿 용접이음부의 루트 부분에서 생기는 저온 균열이다.

59 용착금속의 인장강도가 40kgf/mm^2이고 안전율이 8이라면 용접이음의 허용응력은 몇 kgf/mm^2인가?
① 5 ② 50
③ 32 ④ 320

🖐 ①
허용응력(σ) 계산

안전율(S)
$= \dfrac{허용응력}{사용응력} = \dfrac{극한강도(인장강도)}{허용응력}$ 에서

허용응력$(\sigma_a) = \dfrac{인장강도(\sigma)}{안전율(S)}$ 이므로

S=8, 인장강도=40kgf/mm² 일 때

허용응력$(\sigma_a) = \dfrac{40\text{kgf}/\text{mm}^2}{8} = 5\text{kgf}/\text{mm}^2$

60 용접자동화의 장점이 아닌 것은?
① 생산성 증대   ② 품질의 향상
③ 원가 향상   ④ 공정수 감소

③
용접자동화는 원가절감을 할 수 있다.

CBT 기출 복원문제 5회

제1과목 용접야금 및 용접설비제도

01 도면에 치수를 기입하는 경우에 유의사항으로 틀린 것은?
① 치수는 되도록 주 투상도에 집중한다.
② 치수는 되도록 계산할 필요가 없도록 기입한다.
③ 치수는 되도록 공정마다 배열을 분리하여 기입한다.
④ 참고 치수에 대하여는 치수에 원을 넣는다.

④
참고 치수(( ), 괄호)
참고 치수의 치수 수치(치수 보조 기호를 포함)를 둘러싼다.

02 용접금속의 변형시효(strain aging)에 큰 영향을 미치는 것은?
① H_2 ② O_2
③ CO_2 ④ CH_4

②
산소량이 많아짐으로 용접금속의 변형시효에 영향을 미치게 된다.

03 면심입방격자(FCC)에서 단위 격자 중에 포함되어 있는 원자의 수는 몇 개인가?
① 2   ② 4
③ 6   ④ 8

②
면심입방격자(FCC)에서 단위 격자 중에 포함되어 있는 원자의 수는 4개이다.

04 CAD 시스템의 도입 효과가 아닌 것은?
① 품질향상   ② 원가절감
③ 납기연장   ④ 표준화

③
CAD 시스템의 도입 효과
• 품질향상   • 원가절감
• 납기단축   • 신뢰성 향상
• 표준화   • 경쟁력 강화

05 다음 선의 종류 중 특수한 가공을 하는 부분 등 특별한 요구사항을 적용할 수 있는 범위를 표시하는 데 사용하는 선은?
① 굵은 실선   ② 굵은 1점 쇄선
③ 가는 1점 쇄선   ④ 가는 2점 쇄선

②
특수 지정선은 굵은 1점 쇄선을 사용하여 특수한 가공을 하는 부분 등 특별한 요구사항을 적용할 수 있는 범위를 표시하는 데 사용하는 선이다.

06 스케치법의 종류에 들지 않는 것은?
① 사진법   ② 프리핸드법
③ 프린트법   ④ 복사법

④
스케치법의 종류
프린트법, 모양뜨기법(본뜨기법), 프리핸드법, 사진법이 있다.

07 피복 아크용접 시 수소가 원인이 되어 발생할 수 있는 결함으로 가장 거리가 먼 것은?
① 은점   ② 언더컷
③ 헤어 크랙   ④ 비드 밑 균열

②
용접금속에 수소가 침입하여 발생하는 결함에

는 은점, 헤어 크랙, 비드 밑 균열(언더 비드 크랙), 미세균열, 힐 균열, 루트 균열 등이 있다.

08 용접 시 적열취성의 원인이 되는 원소는?

① 산소 ② 황
③ 인   ④ 수소

②
황을 많이 함유한 탄소강은 약 950℃에서 인성이 저하하는 특성이 있다. 이를 탄소강의 적열취성이라 한다.

09 다음 그림과 같은 제3각법 투상도에서 A가 정면도일 때 배면도는?

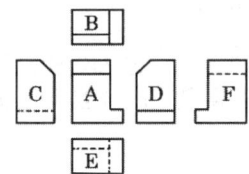

① E ② C
③ D ④ F

④
투상도의 배치
- 배면도는 물체의 뒤쪽에서 바라본 모양을 도면에 나타낸 그림으로 사용하는 경우가 극히 적다.
- 제3각법에서 배면도는 우측면도의 우측에 배치(F)한다.

10 도형의 표시방법 중 도형의 생략 도시에 관한 내용으로 가장 적절하지 않은 것은?

① 도형이 대칭일 경우에는 대칭 중심선의 한쪽 도형만 그리고, 그 대칭 중심선의 양끝 부분에 짧은 2개의 나란한 가는선을 그린다.
② 도면에서 같은 크기나 모양이 계속 반복될 경우에는 생략하여 도시할 수 있다.
③ 긴 테이퍼 부분 또는 기울기 부분을 잘라낸 도시에서는 경사가 완만한 것은 실제의 각도로 도시하지 않아도 된다.
④ 긴 테이퍼의 중간 부분을 생략하여 도시하였을 경우 잘라낸 끝부분은 아주 굵은 선으로 나타낸다.

④
긴 테이퍼의 중간 부분을 생략하여 도시하였을 경우 잘라낸 끝부분은 파단선으로 나타낸다.

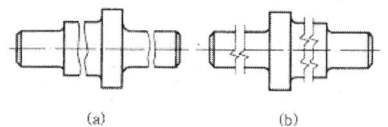

[도형의 중간 부분 생략 도시 예]

11 수평자세 맞대기 아크용접 시 비대칭 홈의 각도로 맞는 것은?

① 0~15° ② 25~35°
③ 35~45° ④ 50~55°

④
아크용접에서 수평자세나 수직자세 V형의 개선은 비대칭인 경우 50~55°로 하여 준다.

12 Fe-C 평형상태도에서 나타나는 불변반응이 아닌 것은?

① 포석반응 ② 포정반응
③ 공석반응 ④ 공정반응

①
Fe-C 평형상태도의 불변반응
포정반응, 공석반응, 공정반응

13 치수 기입 방법에서 치수선과 치수 보조선에 대한 설명으로 틀린 것은?

① 치수선과 치수 보조선은 가는 실선으로 긋는다.

② 치수선은 원칙적으로 치수 보조선을 사용하여 긋는다.
③ 치수선은 원칙적으로 지시하는 길이 또는 각도를 측정하는 방향으로 평행하게 긋는다.
④ 치수 보조선은 지시하는 치수의 끝에 해당하는 도형상의 점 또는 선의 중심을 지나 치수선에 평행으로 긋는다.

④
치수 보조선은 지시하는 치수의 양끝에서 치수선에 직각으로 긋고 치수선을 약간 넘도록 연장한다.

14 도면의 양식 및 도면 접기에 대한 설명 중 틀린 것은?

① 도면의 크기 치수에 따라 굵기 0.5mm 이상의 실선으로 윤곽선을 그린다.
② 도면의 오른쪽 아래 구석에 표제란을 그리고 도면번호, 도명, 기업명, 책임자 서명, 도면 작성 년월일, 척도 및 투상법을 기입한다.
③ 도면은 사용하기 편리한 크기와 양식을 임의대로 중심마크를 설치한다.
④ 복사한 도면을 접을 때 그 크기는 원칙으로 210×297(A4의 크기)로 한다.

③
중심마크는 완성된 도면을 영구적 보관을 위하여 마이크로필름으로 촬영하거나 복사하고자 할 때 도면의 위치를 정확히 하기 위하여 표시하는 선으로 임의대로 그어서는 안 된다.

15 용접 이음을 할 때 주의할 사항으로 틀린 것은?

① 맞대기 용접에서 뒷면에 용입 부족이 없도록 한다.
② 용접선은 가능한 한 서로 교차하게 한다.
③ 아래보기 자세 용접을 많이 사용하도록 한다.
④ 가능한 한 용접량이 적은 홈 형상을 선택한다.

②
용접 이음 설계 시 주의사항
• 가급적 아래보기 용접으로 설계한다.
• 맞대기 용접에는 이면 용접을 할 수 있도록 해서 용입 부족이 없도록 한다.
• 강도가 약한 필릿 용접은 피하고 맞대기 용접을 하도록 한다.
• 용접선은 될 수 있는 대로 교차하지 않도록 한다.
• 될 수 있는 대로 용접량은 적은 홈 형상을 선택한다.

16 선의 종류 중 가는 2점 쇄선의 용도가 아닌 것은?

① 가공 전 또는 후의 모양을 표시하는 데 사용
② 도시된 단면의 앞쪽에 있는 부분을 표시하는 데 사용
③ 가공에 사용하는 공구, 지그 등의 위치를 참고로 나타내는 데 사용
④ 대상물의 보이지 않는 부분의 모양을 표시하는 데 사용

④
대상물의 보이지 않는 부분의 모양을 표시하는 데에는 파선을 사용한다.

17 1개의 원이 직선 또는 원주 위를 굴러갈 때, 그 구르는 원의 원주 위 1점이 움직이며 그려나가는 선은?

① 타원(ellipse)
② 포물선(parabola)

③ 쌍곡선(hyperbola)
④ 사이클로이드 곡선(cycloidal curve)

④

사이클로이드 곡선
1개의 원이 직선 또는 원주 위를 굴러갈 때, 그 구르는 원의 원주 위 1점이 움직이며 그려나가는 선을 말하며, 기어의 이 모양을 그리는데 사용된다.

18 풀림의 방법에 속하지 않는 것은?
① 질화 ② 항온
③ 완전 ④ 구상화

①

목적에 따른 강의 풀림의 종류
완전 풀림, 등온(항온) 풀림, 응력 제거 풀림, 연화 풀림, 확산 풀림, 구상화 풀림, 저온 풀림, 탈탄 풀림 등이 있다.

19 순철에서 A_2 변태점에서 일어나며 원자배열의 변화 없이 자기의 강도만 변화되는 자기변태 온도는?
① 723℃ ② 768℃
③ 910℃ ④ 1401℃

②

A_2 **자기변태**
순철은 상온에서 강자성체이나 가열하면 자성을 잃으면서 768℃ 부근에서는 급격히 상자성체로 변하는 자기변태가 일어나는 변화

20 그림과 같은 용접기호가 심(seam) 용접부에 도시되어 있다. 다음 중 설명이 잘못된 것은?

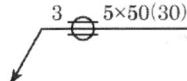

① 심 용접부의 폭은 3mm이다.
② 심 용접부의 길이는 50mm이다.
③ 심 용접부의 거리는 30mm이다.
④ 심 용접부의 두께는 5mm이다.

④

심(seam) 용접기호

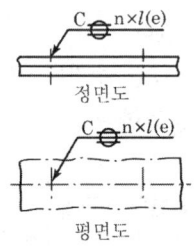

- C : 심 용접부의 폭
- ⊖ : 심 용접기호
- n : 심 용접부의 개수(용접 수)
- l : 심 용접부의 길이
- (e) : 용접부의 간격

제2과목 용접구조설계

21 용접부의 단면을 연삭기나 샌드페이퍼 등으로 연마하고 적당히 부식시켜 육안이나 저배율의 확대경으로 관찰하여 용입의 상태, 다층 용접에 있어서의 각층의 양상, 열영향부의 범위, 결함의 유무 등을 알아보는 시험은?
① 파면시험 ② 피로시험
③ 전단시험 ④ 매크로 조직시험

④

매크로 조직시험
용접부의 단면을 매끄럽게 연마한 후 약품처리하여 조직의 균열, 기포, 용입 부족 등을 육안이나 확대경을 사용하여 확인하는 시험

22 용접수축에 의한 굽힘 변형 방지법으로 틀린 것은?
① 개선 각도는 용접에 지장이 없는 범위에

서 작게 한다.
② 판 두께가 얇은 경우 첫 패스 측의 개선 깊이를 작게 한다.
③ 후퇴법, 대칭법, 비석법 등을 채택하여 용접한다.
④ 역변형을 주거나 구속 지그로 구속한 후 용접한다.

🔥 ②

굽힘 변형 방지법
• 개선 각도는 용접에 지장이 없는 범위에서 작게 한다.
• 판 두께가 얇은 경우 첫 패스 측의 개선 깊이를 크게 한다.
• 역변형을 주거나 구속 지그로 구속한 후 용접한다.
• 물에 적신 석면포 등으로 열을 식히면서 용접한다.
• 후퇴법, 대칭법, 비석법 등을 채택하여 용접한다.
• 허용 범위에서 봉의 지름이 큰 것으로 시공하여 패스 수를 줄인다.

23 용접 후 구조물에서 잔류 응력이 미치는 영향으로 틀린 것은?
① 용접 구조물에 응력부식이 발생한다.
② 박판 구조물에서는 국부좌굴을 촉진한다.
③ 용접 구조물에서는 취성파괴의 원인이 된다.
④ 기계부품에서 사용 중에 변형이 발생되지 않는다.

🔥 ④

구조물에서 잔류 응력이 미치는 영향
• 용접 구조물에서는 취성파괴 및 응력부식이 된다.
• 박판 구조물에서는 국부좌굴을 촉진한다.
• 기계부품에서는 사용 중 서서히 변형이 생긴다.

24 용접이음 중에서 접합하는 두 부재 사이에 서 양쪽 면에 홈을 파고 용접하는 양쪽 면 홈이음 형은?
① I형 홈   ② J형 홈
③ H형 홈   ④ V형 홈

🔥 ③

맞대기 이음 홈의 형상 구분
• 양면 홈 : X형, K형, H형, 양면 J형
• 한면 홈 : I형, V형, √형, J형, U형

25 B 스케일과 C 스케일 두 가지가 있는 경도 시험법은?
① 브리넬 경도   ② 로크웰 경도
③ 비커스 경도   ④ 쇼어 경도

🔥 ②

로크웰 경도시험에서 일반적으로 많이 사용하는 것은 B 스케일과 C 스케일이다.

26 다음 그림과 같은 용접이음 명칭은?

① 겹치기 용접   ② T 용접
③ 플레어 용접   ④ 플러그 용접

🔥 ③

플레어 용접
두 부재 사이의 힘 부분을 용접하는 이음방법

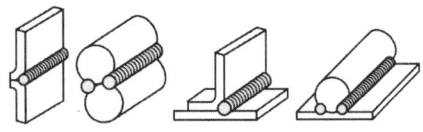

27 그림과 같은 변형 방지용 지그의 명칭은?

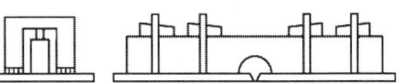

① 스트롱 백
② 바이스 지그
③ 탄성 역변형 지그

④ 맞대기 이음 각변형 지그

❋ ①

스트롱 백(strong back)
구속에 의한 변형 방지법의 하나로 용접구조물의 뒤편을 강하게 구속시켜 변형을 방지하는 방법

28 방사선 투과 검사에 대한 설명 중 틀린 것은?

① 내부 결함 검출이 용이하다.
② 라미네이션(lamination) 검출도 쉽게 할 수 있다.
③ 미세한 표면 균열은 검출되지 않는다.
④ 현상이나 필름을 판독해야 한다.

❋ ②

방사선 투과 검사의 장·단점
㉠ 장점
  • 모든 재질의 내부 결함 검사에 적용할 수 있다.
  • 검사 결과를 필름에 영구적으로 기록할 수 있다.
  • 주변 재질과 비교하여 1% 이상의 흡수차를 나타내는 경우도 검출될 수 있다.
㉡ 단점
  • 미세한 표면 균열이나 라미네이션은 검출되지 않는다.
  • 방사선의 입사 방향에 따라 15° 이상 기울여져 있는 결함은 검출되지 않는다.
  • 현상이나 필름을 판독해야 한다.

29 두꺼운 강판에 대한 용접이음 홈 설계 시는 용접자세, 이음의 종류, 변형, 용입상태, 경제성 등을 고려하여야 한다. 이때 설계의 요령과 관계가 먼 것은?

① 용접 홈의 단면적은 가능한 한 작게 한다.
② 루트 반지름(r)은 가능한 한 작게 한다.
③ 전후좌우로 용접봉을 움직일 수 있는 홈 각도가 필요하다.
④ 적당한 루트 간격과 루트 면을 만들어 준다.

❋ ②

용접이음 설계 시 설계요령
• 홈의 단면적은 가능한 한 작게 한다. 즉, 홈 각도 α를 작게 한다.
• 최소 10° 정도는 전후, 좌우로 용접봉이 움직일 수 있는 홈 각도가 필요하다.
• 루트 반지름(r)은 가능한 한 크게 한다. 즉, $\alpha \neq 0$인 완전한 U자형 홈이 되게 한다.
• 적당한 루트 간격과 루트 면을 만들어 준다.

30 필릿용접에서 다리길이가 10mm인 용접부의 이론 목두께는 약 몇 mm인가?

① 0.707   ② 7.07
③ 70.7   ④ 707

❋ ②

필릿용접에서 이론 목두께(h_t)
$h_t = h\cos 45° = 0.707h\,[\text{mm}]$
다리길이 $h = 10\text{mm}$이므로
$h_t = 0.707 \times 10\text{mm} = 7.07\text{mm}$

31 용접 중 용융된 강의 탈산, 탈황, 탈인에 관한 설명으로 적합한 것은?

① 용융 슬래그(slag)는 염기도가 높을수록 탈인율이 크다.
② 탈황 반응 시 용융 슬래그(slag)는 환원성, 산성과 관계없다.
③ Si, Mn 함유량이 같을 경우 저수소계 용접봉은 티탄계 용접봉보다 산소함유량이 적어진다.
④ 관구이론은 피복 아크용접봉의 플럭스(flux)를 사용한 탈산에 관한 이론이다.

❋ ③

저수소계 용접봉은 규소나 망간 함유량이 같을 경우 다른 용접봉보다 산소함유량이 적어진다.

32 탱크 등 밀폐용기 속에서 용접작업을 할 때 주의사항으로 적합하지 않은 것은?

① 환기에 주의한다.
② 감시원을 배치하여 사고의 발생에 대처한다.
③ 유해가스 및 폭발가스의 발생을 확인한다.
④ 위험하므로 혼자서 용접하도록 한다.

④

밀폐된 구조물 용접 시 주의사항
작업 시 자동전격방지기를 부착하여 사용하거나, 보조자를 두든지 하여 2명 이상이 교대로 작업하도록 한다.

33 용접시공 시 용접순서에 관한 설명으로 가장 옳은 것은?

① 용접물 중립축에 대하여 수축력 모멘트의 합이 최대가 되도록 한다.
② 동일 평면 내에 많은 이음이 있을 때에는 수축은 가능한 한 중앙으로 보낸다.
③ 용접물의 중심에 대하여 항상 대칭으로 용접을 진행시킨다.
④ 수축이 작은 이음을 가능한 한 먼저 용접하고, 수축이 큰 이음은 나중에 용접한다.

③

용접순서를 결정하는 기준
- 용접물의 중심에 대하여 항상 대칭으로 용접하여 발생하는 변형을 상쇄하도록 한다.
- 수축이 큰 이음은 가능한 한 먼저 용접하고, 수축이 작은 이음은 나중에 용접한다.
- 용접물의 중립축을 생각하여 그 중립축에 대하여 용접으로 인한 수축력 모멘트의 합이 0이 되도록 한다.
- 리벳 작업과 용접을 동시에 할 때는 용접을 먼저하여 용접열에 의하여 리벳구멍이 늘어나지 않게 한다.

34 맞대기 용접 이음에서 모재의 인장강도가 50N/mm²이고, 용접 시험편의 인장강도가 25N/mm²으로 나타났을 때 이음 효율은?

① 40%   ② 50%
③ 60%   ④ 70%

②

이음효율(η) 계산
$$\eta = \frac{\text{용접시험편의 인장강도}}{\text{모재의 인장강도}} \times 100\%$$
$$= \frac{25\text{N/mm}^2}{50\text{N/mm}^2} \times 100\% = 50\%$$

35 직접적인 용접용 공구가 아닌 것은?

① 치핑 해머   ② 앞치마
③ 와이어 브러시   ④ 용접집게

②

앞치마는 용접 안전보호기구의 종류에 속한다.

36 용접시공 시 모재의 열전도를 억제하여 변형을 방지하는 방법으로 가장 적합한 것은?

① 피닝법   ② 도열법
③ 역변형법   ④ 가우징법

②

도열법
- 용접 중 모재의 열전도를 억제하여 변형을 방지하는 방법
- 용접부 주위에 물을 적신 석면, 동판을 대어 열을 흡수하는 방법

37 용접부 윗면이나 아랫면이 모재의 표면보다 낮게 되는 것으로 용접사가 충분히 용착금속을 채우지 못하였을 때 생기는 결함은?

① 오버랩   ② 언더필
③ 스패터   ④ 아크 스트라이크

②

용접 결함

① 오버랩 : 용융된 금속이 모재와 잘 못 녹아 어울리지 못하고 모재면에 덮쳐진 상태
② 언더필 : 용접부 윗면이나 아랫면이 모재의 표면보다 낮게 되는 것
③ 스패터 : 용융금속의 가는 입자가 비산하는 것
④ 아크 스트라이크 : 용접이음의 용융부 밖에서 아크를 발생시킬 때 아크열에 의하여 모재에 결함이 생기는 것

38 다음과 같은 식에서 (A)에 들어갈 적당한 용어는?

$$(A) = \frac{용착금속의\ 무게}{사용된\ 용접와이어(봉)의\ 무게} \times 100\%$$

① 용접 효율
② 재료 효율
③ 가동률
④ 용착 효율

④

용착 효율 계산

용착 효율 = $\frac{용착금속의\ 중량}{용접봉의\ 사용\ 중량} \times 100\%$

39 용접부의 노치 인성(notch toughness)을 조사하기 위해 시행되는 시험법은?

① 맞대기 용접부의 인장시험
② 샤르피 충격시험
③ 저사이클 피로시험
④ 브리넬 경도시험

②

재료가 충격에 견디는 저항을 인성이라 하며, 인성을 알아보는 시험은 충격시험으로 샤르피식과 아이조드식이 있다. 충격시험은 U 또는 V노치 충격시험편을 이용하며, 용접부의 노치 인성 시험은 샤르피식이 많이 이용된다.

40 탄산가스 아크 용접의 특징에 대한 설명으로 틀린 것은?

① 전류밀도가 높아 용입이 깊고 용접속도를 빠르게 할 수 있다.

② 적용 재질이 철 계통으로 한정되어 있다.
③ 가시 아크이므로 시공이 편리하다.
④ 일반적인 바람의 영향을 받지 않으므로 방풍장치가 필요 없다.

④

탄산가스 아크용접의 특징
• 가는 선재의 고속도 용접이 가능하며, 용접 비용이 수동 용접에 비해 싸다.
• 용입이 깊으며, 특히 필릿 용접에서 수동 용접보다 깊은 용입을 얻을 수 있어 필릿 용접의 각장을 대폭 줄일 수 있으므로 용접 와이어 소모량과 제품의 무게를 줄일 수 있다.
• 가시(可視) 아크이므로 시공이 편리하다.
• 풍속 2m/sec 이상의 바람에는 방풍대책이 필요하다.

제3과목 용접일반 및 안전관리

41 MIG 용접 시 사용되는 전원은 직류의 무슨 특성을 사용하는가?

① 수하 특성
② 동전류 특성
③ 정전압 특성
④ 정극성 특성

③

MIG 용접기는 정전압 특성 또는 상승특성의 직류용접기가 사용된다.

42 용접재의 판 두께를 측정하는 측정기로 가장 적당한 것은?

① 각장 게이지
② 버니어 캘리퍼스
③ 다이얼게이지
④ 내경 마이크로미터

②

측정기의 종류
① 각장 게이지 : 용접치수를 검사하기 위해 사용되는 게이지

② 버니어 캘리퍼스 : 길이나 높이, 너비측정과 원형으로 된 것의 바깥지름 또는 안지름 등을 어미자와 버니어(아들자)로 간단하게 측정하는데 주로 사용하고, 이음 또는 구멍의 깊이 측정용으로도 사용할 수 있다.

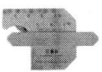

③ 다이얼게이지 : 길이의 비교측정에 사용되며, 평면이나 원통형의 평활도, 원통의 진원도, 축의 흔들림 정도 등의 검사나 측정에 사용, 시계형, 부채꼴형 등이 있다.

④ 내경 마이크로미터 : 나사의 원리를 이용하여 물체의 내경 치수를 정밀하게 측정하는 기기

43 용접기의 아크 발생 시간을 6분, 휴식 시간을 4분이라 할 때 용접기의 사용률은 몇 %인가?

① 20 　　② 40
③ 60 　　④ 80

③

사용률 계산

사용률 = $\dfrac{\text{아크 시간}}{\text{아크 시간} + \text{휴식 시간}} \times 100\%$ 에서 아크 시간(아크 발생 시간) 6분, 휴식 시간 4분이므로

사용률 = $\dfrac{6분}{6분 + 4분} \times 100\% = 60\%$

44 아크열을 이용한 용접 방법이 아닌 것은?

① 티그 용접　　② 미그 용접
③ 플라즈마 용접　④ 마찰 용접

④

마찰 용접은 압접에 속한다.

45 가스용접의 연료가스 중 불꽃 온도가 가장 높은 것은?

① 아세틸렌　　② 수소
③ 프로판　　　④ 천연가스

①

불꽃 온도가 높은 순서
아세틸렌(3230℃) > 수소(2982℃) > 프로판(2926℃) > 천연가스(2537℃)

46 모재에 유황(S) 함량이 많을 때 생기는 용접부 결함은?

① 용입 불량　　② 언더컷
③ 슬래그 섞임　④ 균열

④

황의 함량이 많게 되면 고온 균열의 원인이 된다.

47 스테인리스나 알루미늄 합금의 납땜이 어려운 가장 큰 이유는?

① 적당한 용제가 없기 때문에
② 강한 산화막이 있기 때문에
③ 융점이 높기 때문에
④ 친화력이 강하기 때문에

②

스테인리스나 알루미늄 합금의 표면이 산화물인 내화성 물질로 되어 있어 산화피막제거가 곤란하기 때문이다.

48 TIG 용접 시 안전사항에 대한 설명으로 틀린 것은?

① 용접기 덮개를 벗기는 경우 반드시 전원 스위치를 켜고 작업한다.
② 제어장치 및 토치 등 전기계통의 절연

상태를 항상 점검해야 한다.
③ 전원과 제어장치의 접지 단자는 반드시 지면과 접지되도록 한다.
④ 케이블 연결부와 단자의 연결 상태가 느슨해졌는지 확인하여 조치한다.

☞ ①
용접기의 덮개를 벗기는 경우 반드시 전원 스위치를 끄고 안전하게 작업해야 한다.

49 다음 피복 아크 용접봉 중 가스 실드계의 대표적인 용접봉으로 셀룰로오스를 20~30% 정도 포함하고 있으며, 파이프 용접에 이용되는 용접봉은?

① E4301　　② E4303
③ E4311　　④ E4316

☞ ③
고 셀룰로오스계 용접봉(E4311)
• 가스 실드계의 대표적인 용접봉이다.
• 셀룰로오스를 20~30% 정도 포함하고 있다.
• 가스에 의한 산화·질화를 막고 피복제가 얇아 슬래그 생성이 적다.
• 스패터가 심하며, 비드 파형이 거칠고 용입이 깊다.
• 아연도금강판, 저장탱크, 배관용접에 많이 사용된다.

50 역류, 역화, 인화 등의 발생 시 조치방법으로 틀린 것은?
① 팁을 물에 식힌다.
② 역화 시 아세틸렌 호스를 꺾어 가스를 차단시킨다.
③ 역화방지기를 설치한다.
④ 팁을 모재에 붙여 사용한다.

☞ ④
팁을 모재에서 접촉하게 되면 역류, 역화현상이 발생될 수 있으므로 일정한 거리를 두어야 한다.

51 가스절단에서 판두께가 12.7mm일 때, 표준 드래그의 길이로 가장 적당한 것은?
① 2.4mm　　② 5.2mm
③ 5.6mm　　④ 6.4mm

☞ ①
가스절단에서의 표준 드래그 길이는 보통 판두께의 20% 정도이므로 12.7mm일 때에는 약 2.5mm 정도가 된다.

52 플래시 용접의 특징 설명으로 틀린 것은?
① 가열범위가 좁고 열 영향부가 좁다.
② 용접면을 아주 정확하게 가공할 필요가 없다.
③ 서로 다른 금속의 용접은 불가능하다.
④ 용접시간이 짧고 전력소비가 적다.

☞ ③
플래시 용접의 특징
• 가열 범위가 좁고 열영향부가 적으며 용접속도가 빠르다.
• 용접면의 끝맺음 가공을 정확하게 하지 않아도 된다.
• 용접시간과 소비전력이 적다.
• 종류가 다른 재료의 용접이 가능하다.

53 다음 중 열전도율이 가장 높은 것은?
① 구리　　② 아연
③ 알루미늄　　④ 마그네슘

☞ ①
열전도율의 순서는 은>구리>금>알루미늄>철의 순서이기에, 문항 중 구리의 열전도율이 가장 높다.

54 가스용접에서 판 두께를 t[mm]라면 용접봉의 지름 D[mm]를 구하는 식으로 옳은 것은? (단, 모재의 두께는 1[mm] 이상인 경우이다.)

① $D = t+1$ ② $D = \dfrac{t}{2}+1$

③ $D = \dfrac{t}{3}+2$ ④ $D = \dfrac{t}{4}+2$

☞ ②

가스용접봉의 지름(D)을 구하는 식
모재의 두께가 1mm 이상일 때 용접봉의 지름을 결정하는 방법의 공식은 다음과 같다.

$$D = \dfrac{t}{2}+1 [\text{mm}] \quad (t : \text{판 두께[mm]})$$

55 용접설비의 점검 및 유지에 관한 설명 중 틀린 것은?

① 회전부와 가동부분에 윤활유가 없도록 한다.
② 용접기가 전원에 잘 접속되어 있는가를 점검한다.
③ 전환 탭은 사포를 사용해서 깨끗이 청소한다.
④ 용접기는 습기나 먼지 많은 곳에 설치하지 않도록 한다.

☞ ①

용접설비의 점검
- 장비의 설치는 습기나 먼지 많은 장소는 피하고 환기가 잘되는 곳을 선택한다.
- 용접기가 전원에 잘 접속되어 있는가를 점검한다.
- 회전부나 마찰부에 윤활유가 알맞게 주유되어 있는지 점검한다.
- 용접기 케이스의 접지선을 확인한다.
- 홀더의 파손여부를 점검하고 작업장 주위의 작업방해 요소를 조사한다.

56 다른 용접봉에 비해 수소가스를 적게 발생시키는 용접봉은?

① E4301   ② E4303
③ E4311   ④ E4316

☞ ④

저수소계 용접봉(E4316)
- 수소량이 다른 용접봉에 비해 1/10 정도로 현저하게 적은 용접봉이다.
- 구속이 큰 부분일 경우 저수소계 용접봉을 사용한다.
- 염기성이며 내균열성 등 기계적 성질이 우수하다.

57 서브머지드 아크용접 시 사용하는 용융형 용제의 특징에 대한 설명으로 틀린 것은?

① 흡습성이 높아 재건조가 필요하다.
② 비드 외관이 아름답다.
③ 용제의 화학적 균일성이 양호하다.
④ 미용융 용제는 재사용이 가능하다.

☞ ①

용융형 용제의 특징
- 흡습성이 없는 것이 특징이다.
- 고속용접이 양호하다.
- 미용융 용제를 반복 사용성이 좋다.
- 가는 입자의 것은 비드 외형이 아름답게 된다.

58 초음파 용접의 특징 설명 중 옳지 않은 것은?

① 냉간압접에 비하여 주어지는 압력이 작으므로 용접물의 변형이 적다.
② 용접 입열이 적고 용접부가 좁으며 용입이 깊어 이종금속의 용접이 불가능하다.
③ 용접물의 표면처리가 간단하고 압연한 그대로의 재료도 용접이 가능하다.
④ 얇은 판이나 필름(film)의 용접도 가능하다.

☞ ②

초음파 용접의 특징
- 냉간압접에 비하여 주어지는 압력이 작으므로 용접물의 변형률이 적다.
- 용접물의 표면처리가 간단하고, 압연한 그대로의 재료에도 용접이 쉽다.
- 특별히 두 금속의 경도가 크게 다르지 않는

- 한 이종금속의 용접도 가능하다.
- 극히 얇은 판, 즉 필름도 쉽게 용접된다.
- 판의 두께에 따라 용접 강도가 현저하게 변화한다.

59 가스용접에서 충전가스 용기의 도색을 표시한 것이다. 틀린 것은?

① 산소-녹색 ② 수소-주황색
③ 프로판-회색 ④ 아세틸렌-청색

 ④

충전가스 용기의 도색

가스의 명칭	용기 색상
산소	녹색
액화탄산	청색
액화염소	갈색
암모니아	백색
수소	주황색
아세틸렌	황색
프로판	회색
아르곤	회색

60 다음 중 아크용접 시 발생되는 유해한 광선에 해당되는 것은?

① X-선 ② 자외선
③ 감마선 ④ 중성자선

②

아크가 발생될 때 아크는 다량의 자외선과 소량의 적외선이 있기 때문에 아크를 볼 때 헬멧이나 핸드 실드를 사용하지 않으면 안 된다.

CBT 기출 복원문제 6회

제1과목 용접야금 및 용접설비제도

01 도면에서 해칭하는 방법을 올바르게 설명한 것은?

① 해칭은 주된 단면도의 주된 중심선에 대하여 55°로 가는 실선의 등간격으로 긋는다.
② 해칭은 주된 단면도의 주된 중심선에 대하여 35°로 가는 실선의 등간격으로 긋는다.
③ 해칭은 주된 중심선 또는 단면도의 주된 외형선에 대하여 35°로 가는 점선의 등간격으로 긋는다.
④ 해칭은 주된 중심선 또는 단면도의 주된 외형선에 대하여 45°로 가는 실선의 등간격으로 긋는다.

④
해칭은 단면부분을 그리는데 쓰이는 것으로 주된 중심선 또는 단면도의 주된 외형선에 대하여 45°로 가는 실선의 등간격으로 긋는다.

02 KS의 부문별 분류 기호가 바르게 짝지어진 것은?

① KS A : 기계　② KS B : 기본
③ KS C : 전기　④ KS D : 광산

③
KS의 부문별 분류 기호
- KS A : 기본　· KS B : 기계
- KS C : 전기　· KS D : 금속
- KS E : 광산

03 현장용접 보조기호 표시를 올바르게 표현한 것은?

① ▶　② ○
③ ᑫ　④ ◐

①
현장용접 보조기호는 깃발(▶)로 표시한다.

04 건축, 교량, 선박, 철도, 차량 등의 구조물에 쓰이는 일반구조용 압연강재 2종의 재료기호는?

① SHP2　② SCP2
③ SM20C　④ SS400

④
재료기호
- SHP2 : 열간 압연 연강판 및 강대
- SCP2 : 냉간 압연 강재(가공용)
- SM20C : 기계구조용 강재
- SS400 : 일반구조용 강재

05 스테인리스강 중에서 내식성, 내열성, 용접성이 우수하며 대표적인 조성이 18Cr-8Ni 인 계통은?

① 마텐자이트계　② 페라이트계
③ 오스테나이트계　④ 솔바이트계

③
18-8계 오스테나이트 스테인리스강
- 내산, 내식성, 가공성이 우수하다.
- 각종 화학용기, 건축, 주방용기, 항공기, 자동차, 선박, 원자로 등 여러 분야에 사용된다.

06 용착금속이 응고할 때 불순물은 주로 어디에 모이는가?

① 결정 입계　② 결정 입내
③ 금속의 표면　④ 금속의 모서리

①

용융된 금속이 응고할 때 산소량이 많아짐으로 인해 용접금속의 변형시효에 영향을 미치게 된다. 결정 입계로 부식이 발생하면 형성된 후 균열과 같은 결함 발생의 원인이 된다.

07 Fe-C 평형상태도에서 조직과 결정구조에 대한 설명으로 옳은 것은?

① 펄라이트는 $\delta+Fe_3C$ 이다.
② 레데뷰라이트는 $\alpha+Fe_3C$ 이다.
③ α-페라이트는 면심입방격자이다.
④ δ-페라이트는 체심입방격자이다.

④

Fe-C 상태도의 조직과 결정구조

기호	조직	결정구조
α	α-페라이트	체심입방격자
γ	오스테나이트	면심입방격자
δ	δ-페라이트	체심입방격자
$\alpha+Fe_3C$	펄라이트	α와 Fe_3C 기계적 혼합
$\gamma+Fe_3C$	레데뷰라이트	γ와 Fe_3C 기계적 혼합
Fe_3C	시멘타이트 또는 탄화철	금속간 화합물

08 도면의 크기에서 A4 제도용지의 크기는? (단, 단위는 mm이다.)

① 594×841 ② 420×594
③ 297×420 ④ 210×297

④

도면의 크기(a : 세로, b : 가로)

도면의 크기	A0	A1	A2	A3	A4
a×b	841×1189	594×841	420×594	297×420	210×297

09 저수소계 피복 아크용접봉의 건조 조건으로 가장 적절한 것은?

① 70~100℃, 1시간
② 200~250℃, 30분
③ 300~350℃, 1~2시간
④ 400~450℃, 30분

③

저수소계 피복 아크용접봉의 경우 습기를 흡습하기 쉽기 때문에 사용하기 전에 300~350℃ 정도로 1~2시간 건조시켜 사용해야 한다.

10 주철 용접이 곤란한 이유 중 맞지 않는 것은?

① 수축이 많아 균열이 생기기 쉽다.
② 용융금속 일부가 연화된다.
③ 용착금속에 기공이 생기기 쉽다.
④ 흑연의 조대화 등으로 모재와의 친화력이 나쁘다.

②

주철 용접이 곤란한 이유
• 500~600℃의 고온에서 예열 및 후열을 할 수 있는 설비가 필요하다.
• 주철은 수축이 커 균열이 생기기 쉽다.
• CO 가스가 발생하여 용착 금속에 기공이 생기기 쉽다.
• 장시간 가열로 흑연이 조대화된 경우 주철 속에 기름, 흙, 모래 등이 있는 경우 봉작이 불량하거나 모재와의 친화력이 나쁘다.

11 시멘타이트를 구상화하는 구상화 풀림의 효과로 옳은 것은?

① 인성 및 절삭성이 개선된다.
② 잔류응력이 커진다.
③ 조직이 조대화되며 취성이 생긴다.
④ 별로 변화가 없다.

①

구상화 풀림의 효과
• 경도와 강도 감소
• 강인성과 내마멸성 증가와 절삭성 개선
• 담금질도 균일하게 되고, 담금질에 의한 변형방지 효과도 있다.

12 용접부의 기호 표시방법에 대한 설명 중 틀린 것은?

① 기준선의 하나는 실선으로 하고 다른 하나는 파선으로 표시한다.
② 용접부가 이음의 화살표 쪽에 있을 때에는 실선 쪽의 기준선에 표시한다.
③ 가로 단면의 주요 치수는 기본 기호의 우측에 기입한다.
④ 용접방법의 표시가 필요한 경우에는 기준선의 끝 꼬리 사이에 숫자로 표시한다.

③

가로 단면에 관한 주요 치수는 기호의 좌측(기호의 앞)에 기입한다.

13 척도에 관계없이 적당한 크기로 부품을 그린 후 치수를 측정하여 기입하는 스케치 방법은?

① 프린트법 ② 프리핸드법
③ 본뜨기법 ④ 사진촬영법

②

프리핸드법
• 일반적인 방법으로 척도에 관계없이 적당한 크기로 부품을 그린 후 치수를 측정하여 기입하는 방법
• 제도기나 정규를 사용하지 않고 그리는 도면 또는 그림

14 물체의 모양을 가장 잘 나타낼 수 있는 것으로 그 물체의 가장 주된 면, 즉 기본이 되는 면의 투상도 명칭은?

① 평면도 ② 좌측면도
③ 우측면도 ④ 정면도

④

정면도
물체 앞에서 바라본 모양을 도면에 나타낸 것으로 그 물체의 가장 주된 면, 즉 기본이 되는 면을 말한다.

15 용접 시 적열취성의 원인이 되는 원소는?

① 산소 ② 황
③ 인   ④ 수소

②

황을 많이 함유한 탄소강은 약 950℃에서 인성이 저하하는 특성이 있다. 이를 탄소강의 적열취성이라 한다.

16 고장력강의 용접 시 일반적인 주의사항으로 잘못된 것은?

① 용접봉은 저수소계를 사용한다.
② 용접 개시 전 이음부 내부를 청소한다.
③ 위빙 폭을 크게 하지 말아야 한다.
④ 아크 길이는 최대한 길게 유지한다.

④

고장력강의 용접 시 주의사항
• 용접봉은 저수소계를 사용한다.
• 용접 개시 전 이음부 내부 또는 용접할 부분을 청소할 것
• 위빙 폭을 크게 하지 말아야 한다.
• 아크 길이는 가능한 한 짧게 유지한다.

17 한국산업규격에서 냉간 압연 강판 및 강대 종류의 기호 중 "드로잉용"을 나타내는 것은?

① SPCC ② SPCD
③ SPCE ④ SPCF

②

재료의 종류와 용도(냉간 압연 강판 및 강대)
• 1종(SPCC) : 일반용
• 2종(SPCD) : 드로잉용
• 3종(SPCE) : 디프 드로잉용
• 4종(SPCF) : 비 시효성 디프 드로잉용
• 5종(SPCG) : 비 효성 길이 디프 드로잉용

18 용접 이음을 할 때 주의할 사항으로 틀린 것은?

① 맞대기 용접에서 뒷면에 용입 부족이 없도록 한다.
② 용접선은 가능한 한 서로 교차하게 한다.
③ 아래보기 자세 용접을 많이 사용하도록 한다.
④ 가능한 한 용접량이 적은 홈 형상을 선택한다.

②

용접 이음 설계 시 주의사항
• 가급적 아래보기 용접으로 설계한다.
• 맞대기 용접에는 이면 용접을 할 수 있도록 해서 용입 부족이 없도록 한다.
• 강도가 약한 필릿용접은 피하고 맞대기 용접을 하도록 한다.
• 용접선은 가능한 한 서로 교차하지 않도록 한다.
• 될 수 있는 대로 용접량은 적은 홈 형상을 선택한다.

19 다음 그림과 같은 용접기호를 올바르게 설명한 것은?

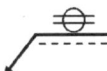

① 화살표 쪽의 심(seam) 용접
② 화살표 반대쪽의 필릿(fillet) 용접
③ 화살표 쪽의 스폿(spot) 용접
④ 화살표 쪽의 플러그(plug) 용접

①
그림은 심(seam) 용접으로 기준선(실선)에 용접기호가 있으므로 화살표가 가리키는 쪽(화살표 쪽) 용접을 표시한다.

20 면심입방(FCC) 금속이 아닌 것은?

① Al   ② Pt
③ Mg   ④ Au

③

금속결정의 단위격자 종류
• 면심입방격자(FCC) : Al, Cu, Au, Ag, Ni, Ca, Pb, Pt 등
• 체심입방격자(BCC) : Cr, Mo, W, Fe, Ba, V, Ta 등
• 조밀육방격자(HCP) : Zn, Mg, Zr, CO_2, Be, Ti 등

제2과목 용접구조설계

21 용접 균열의 종류 중 맞대기 용접, 필릿 용접 등의 비드 표면과 모재와의 경계부에 발생하는 균열은?

① 토 균열   ② 설퍼 균열
③ 헤어 균열   ④ 크레이터 균열

①
맞대기 용접부와 필릿 용접부의 경계부에 발생히는 균열을 토 균열이라 한다. 맞대기 용접 이음, 필릿 용접 이음 등의 어느 경우에서나 비드 표면과 모재와의 경계부에 발생된다.

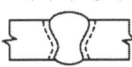

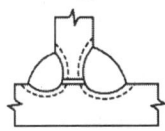

22 용착 금속의 인장강도를 구하는 식은?

① 인장강도 = $\dfrac{\text{인장하중}}{\text{시험편의 단면적}}$

② 인장강도 = $\dfrac{\text{시험편의 단면적}}{\text{인장하중}}$

③ 인장강도 = $\dfrac{\text{표점거리}}{\text{연신율}}$

④ 인장강도 = $\dfrac{\text{연신율}}{\text{표점거리}}$

①

인장강도(σ)를 구하는 공식

$$\sigma = \frac{P}{A} = \frac{P}{h\ell} \ [\text{Pa, N/m}^2]$$

A : 시험편의 단면적[m²]
P : 인장하중[N]
h : 두께[m]
ℓ : 용접길이[m]

23 잔류응력이 남아 있는 용접제품에 소성변형을 주어 용접 잔류응력을 제거(완화)하는 방법을 무엇이라고 하는가?

① 노내 풀림법
② 국부 풀림법
③ 저온 응력완화법
④ 기계적 응력완화법

④

기계적 응력완화법
용접부를 약간 소성변형시킨 다음 하중을 제거하면 잔류응력이 현저하게 감소하는 현상을 이용하는 방법

24 다음 그림과 같은 필릿 용접에서 이론 목두께는?

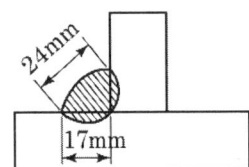

① 약 8.5mm   ② 약 17mm
③ 약 24mm   ④ 약 12mm

④

직각 삼각형이므로 한 변의 길이인 17mm를 1.414로 곱하면 24mm가 대각선의 길이임을 알 수 있다. 대각선의 길이를 2등분하면 한 변의 길이가 12mm이며, 따라서 목두께는 12mm가 된다.

25 용접이음의 기본 형식이 아닌 것은?

① 맞대기 이음   ② 모서리 이음
③ 겹치기 이음   ④ 플레어 이음

④

용접이음의 종류
맞대기 이음, 모서리 이음, 변두리 이음, 겹치기 이음, T형 이음 등이 있다.

26 다음 중 이음 효율을 구하는 식으로 맞는 것은?

① 용접이음의 허용응력/모재의 허용응력
② 모재의 인장강도/용착금속의 인장강도
③ 용접재료의 항복강도/용접재료의 인장강도
④ 모재의 인장강도/용접시편의 인장강도

①

이음 효율
이음의 허용응력을 정할 경우 모재의 허용응력을 기준으로 하여 사용재료, 시공방법, 사용조건 등에 따라 이음이 허용응력을 낮게 하여 주는 비율을 말한다.

- 이음효율 = $\dfrac{\text{용접이음의 허용응력}}{\text{모재의 허용응력}} \times 100\%$
- 이음효율 = $\dfrac{\text{용착금속의 인장강도}}{\text{모재의 인장강도}} \times 100\%$
- 맞대기 이음의 이음효율
  = $\dfrac{\text{용접 시험편의 인장강도}}{\text{모재의 인장강도}} \times 100\%$

27 설계 단계에서의 일반적인 용접변형 방지법으로 틀린 것은?

① 용접길이가 감소될 수 있는 설계를 한다.
② 용착금속을 증가시킬 수 있는 설계를 한다.
③ 보강재 등 구속이 커지도록 구조 설계를 한다.
④ 변형이 적어질 수 있는 이음 형상으로

배치한다.

■ ②
될 수 있는 대로 용접량(용착금속)이 적은 홈 형상을 선택한다.

28 용접 이음을 설계할 때 주의사항으로 옳은 것은?

① 용접 길이는 되도록 길게 하고, 용착금속도 많게 한다.
② 용접 이음을 한 군데로 집중시켜 작업의 편리성을 도모한다.
③ 결함이 적게 발생하는 아래보기 자세를 선택한다.
④ 강도가 강한 필릿 용접을 주로 선택한다.

■ ③

용접 설계상 주의할 점
• 용접에 적합한 구조의 설계를 할 것
• 용접 길이는 될 수 있는 대로 짧게 하고, 용착금속량도 강도상 필요한 최소한으로 할 것
• 용접 이음의 특성을 고려하여 선택할 것
• 용접하기 쉽도록 설계할 것
• 가능한 한 능률이 좋은 아래보기 용접을 많이 할 수 있도록 설계한다.
• 용접 이음이 한 곳에 집중되거나 또는 너무 근접하지 않도록 할 것
• 결함이 생기기 쉬운 용접 방법은 피할 것
• 강도가 약한 필릿 용접은 가급적 피할 것
• 반복 하중을 받는 이음에서는 특히 이음 표면을 평평하게 할 것
• 구조상의 노치부를 피할 것

29 다음 그림과 같은 완전 용입된 연강판 맞대기 이음부에 굽힘모멘트 M_b=10000kgf·cm가 작용할 때 용접부에 발생하는 최대 굽힘응력은 약 kgf/cm² 인가? (단, 용접 길이 300mm이고, 판두께는 10mm이다.)

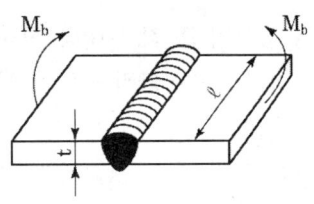

① 0.2   ② 20
③ 200   ④ 2000

■ ④

최대 굽힘응력(σ_b) 계산

$$\sigma_b = \frac{6M_b}{\ell h^2} [kgf/cm^2]$$

• 굽힘모멘트 M_b=10000kgf·cm
• 용접길이 ℓ=300mm=30cm
• 판두께 h=10mm=1cm에서

$$\therefore \sigma_b = \frac{6 \times 10000 kgf \cdot cm}{30cm \times 1cm^2} = 2000 kgf/cm^2$$

30 용접구조물의 수명과 가장 관련이 있는 것은?

① 작업률   ② 피로강도
③ 작업태도   ④ 아크 타임률

■ ②
피로강도는 용접구조물의 수명과 밀접한 관계가 있다.

31 자기탐상검사가 되지 않는 금속재료의 용접부 표면검사법으로 가장 적합한 것은?

① 외관검사   ② 침투탐상검사
③ 초음파탐상검사 ④ 방사선투과검사

■ ②
침투탐상검사법
• 자기탐상검사가 되지 않는 재료의 용접부 표면검사법
• 용접부 표면에 침투액을 도포한 후 표면에 남은 침투액을 제거하고 현상액을 도포하여 결함을 가시화하는 방법

32 다음 용착법 중 각 층마다 전체의 길이를 용접하면서 쌓아올리는 다층 용착법은?

① 스킵법　　② 대칭법
③ 빌드업법　④ 캐스케이드법

③

덧붙이법(덧살 올림법, Build-up method)
각 층마다 전체의 길이를 용접하면서 쌓아 올리는 방법으로서 가장 일반적인 방법이다.

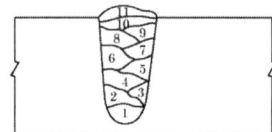

33 용접 구조 설계상의 주의사항으로 틀린 것은?

① 용접 이음의 집중, 접근 및 교차를 피할 것
② 용접치수는 강도상 필요한 치수 이상으로 크게 하지 말 것
③ 용접성, 노치인성이 우수한 재료를 선택하여 시공하기 쉽게 설계할 것
④ 후판을 용접할 경우에는 용입이 얕은 용접법을 이용하여 층수를 늘릴 것

④
후판을 용접할 경우에는 용입이 깊은 용접법을 이용하여 층수를 줄일 것

34 이면 따내기 방법이 아닌 것은?

① 아크 에어 가우징
② 밀링
③ 가스 가우징
④ 산소창 절단

④

산소창 절단
토치 대신 가늘고 긴 강관에 산소를 보내어 그 강관이 산화 연소할 때 발생하는 반응열로 금속을 절단하는 방법

※ 이면 따내기 방법
• 기계절삭법 : 셰이퍼 또는 밀링 방법
• 아크 에어 가우징 방법

35 처음 길이가 340mm인 용접재료를 길이 방향으로 인장 시험한 결과 390mm가 되었다. 이 재료의 연신율은 약 몇 %인가?

① 12.8　　② 14.7
③ 17.2　　④ 87.2

②

연신율(ε) 계산
$$\varepsilon = \frac{\text{늘어난 길이}(l') - \text{처음 길이}(l)}{\text{처음 길이}(l)} \times 100\%$$
$$= \frac{390\text{mm} - 340\text{mm}}{340\text{mm}} \times 100\% = 14.7\%$$

36 용접 순서에서 동일 평면 내에 이음이 많을 경우, 수축은 가능한 한 자유단으로 보내는 이유로 옳은 것은?

① 압축변형을 크게 해주는 효과와 구조물 전체를 가능한 한 균형 있게 인장응력을 증가시키는 효과 때문
② 구속에 의한 압축응력을 작게 해주는 효과와 구조물 전체를 가능한 한 균형 있게 굽힘응력을 증가시키는 효과 때문
③ 압축응력을 크게 해주는 효과와 구조물 전체를 가능한 한 균형 있게 인장응력을 경감시키는 효과 때문
④ 구속에 의한 잔류응력을 작게 해주는 효과와 구조물 전체를 가능한 한 균형 있게 변형을 경감시키는 효과 때문

④
수축을 자유단으로 보내는 이유는 구속에 의한 잔류응력을 작게 해주는 효과와 전체를 가능한 한 균형 있게 수축시켜 변형을 줄이는 효과가 있다.

37 피복 아크용접에서 발생한 치수상 결함으로 분류하는 것은?

① 기공　　② 변형
③ 언더컷　④ 오버랩

▶ ②
치수상의 결함 : 형상, 치수불량, 변형
※ 구조상의 결함 : 언더컷, 오버랩, 크레이터, 용입부족, 융합불량, 라미네이션, 스패터, 기공, 균열, 피트
※ 성질상의 결함 : 기계적 성질, 화학적 성질

38 다음 그림에서 필릿 용접의 실제 목두께(actual throat)를 나타내는 것은?

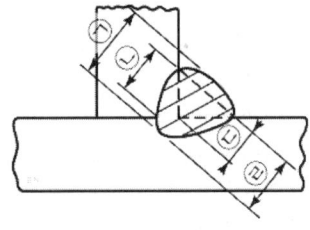

① ㉠　　② ㉡
③ ㉢　　④ ㉣

▶ ①
목두께(actual throat)
• 실제 목두께 : 용입을 고려한 용입의 루트부터 필릿 용접의 표면까지의 최단거리(㉠)
• 이론 목두께 : 필릿 용접의 가로 단면 내에서 이에 내접하는 2등변 삼각형의 루트부터 빗변까지의 거리를 말하며, 약간의 용입은 무시한 두께(㉢)

39 용접의 일반적인 특징으로 맞지 않는 것은?

① 수밀, 기밀이 우수하다.
② 이종 재료 접합이 가능하다.
③ 재료가 절약되고 무게가 가벼워진다.
④ 자동화가 가능하며 제작 공정수가 많아진다.

▶ ④

자동화 및 고속화가 가능하며, 제작 공정수가 줄어든다.

40 맞대기 용접 및 필릿 용접 이음 시 각 변형을 교정할 때 이용하는 이면 담금질 방법은?

① 점가열법　　② 송엽가열법
③ 선상가열법　④ 격자가열법

▶ ③
선상가열법
맞대기 용접이음이나 필릿 용접이음의 각 변형을 교정하는데 이용되는 방법

제3과목 용접일반 및 안전관리

41 아크의 출력식으로 맞는 것은?

① 출력/입력
② 전원출력/전원입력
③ 아크 전압×아크 전류
④ 소비전력×아크전류

▶ ③
아크 출력=아크 전압×아크 전류

42 초음파 용접으로 금속을 용접하고자 할 때 모재의 두께로 가장 적당한 것은?

① 0.01~2mm　② 3~5mm
③ 6~9mm　　 ④ 10~15mm

▶ ①
초음파 용접의 특징
얇은 판(금속의 경우 0.01~2mm, 플라스틱의 경우 1~5mm)이나 필름의 용접도 가능하다.

43 이산화탄소 아크 용접에 대한 설명으로 옳지 않은 것은?

① 아크 시간을 길게 할 수 있다.

② 가시(可視) 아크이므로 시공 시 편리하다.
③ 용접입열이 크고, 용융속도가 빠르며 용입이 깊다.
④ 바람의 영향을 받지 않으므로 방풍장치가 필요 없다.

④

CO_2 아크용접의 특징
- 용접작업 시간을 길게 할 수 있다.
- 전류밀도가 대단히 높으므로 용입이 깊고, 용접속도를 빠르게 할 수 있다.
- 가시아크 이므로 시공이 편리하다.
- 탈산제인 망간(Mn), 규소(Si)를 첨가하여 사용한다.
- 풍속 2m/sec 이상의 바람에는 방풍대책이 필요하다.

44 독일식 가스용접 토치의 팁 번호가 7번일 때 용접할 수 있는 가장 적당한 강판의 두께는 몇 mm인가?

① 4~5 ② 6~8
③ 9~12 ④ 13~15

②

가스용접 토치 팁의 능력
- 불변압식(독일식) 토치 팁의 능력은 용접하고자 하는 강판의 두께를 나타낸다.
  예) 1번 팁 : 강판 1mm 두께 용접이 가능
- 팁 번호가 7번일 경우 6~8mm의 판두께 용접이 가능하다.

45 용해 아세틸렌가스를 충전하였을 때의 용기 전체의 무게가 65kgf이고, 사용 후 빈 병의 무게가 61kgf였다면, 사용한 아세틸렌가스는 몇 리터(l)인가?

① 905   ② 1810
③ 2715 ④ 3620

④

가스량 계산
- 용해 아세틸렌 1kg이 기화하였을 때 15℃, 1 kg/cm^2 하에서 아세틸렌가스의 용적 905l를 곱하면 가스의 양을 구할 수 있다.
- 아세틸렌가스의 양
  = 905l × (전체 무게 − 빈 병의 무게)
  = 905l × (65kg − 61kg)
  = 905l × 4kg = 3620l

46 가스용접의 특징으로 틀린 것은?

① 아크용접에 비해 불꽃온도가 높다.
② 응용 범위가 넓고 운반이 편리하다.
③ 아크용접에 비해 유해광선의 발생이 적다.
④ 전원 설비가 없는 곳에서도 용접이 가능하다.

①

가스용접의 특징
- 아크용접에 비해서 불꽃의 온도가 낮다.
- 아크용접에 비해서 유해광선의 발생이 적다.
- 열 집중력이 나빠서 효율적인 용접이 어렵다.
- 아크용접에 비해 가열 범위가 크고, 용접 응력이 크고, 가열시간이 오래 걸린다.
- 용접 변형이 크고 금속의 종류에 따라서 기계적 강도가 떨어진다.
- 응용범위가 넓고 운반이 편리하다.

47 일반적인 서브머지드 아크용접에 대한 설명으로 틀린 것은?

① 용접 전류를 증가시키면 용입이 증가한다.
② 용접 전압이 증가하면 비드폭이 넓어진다.
③ 용접 속도가 증가하면 비드폭과 용입이 감소한다.
④ 용접 와이어 지름이 증가하면 용입이 깊어진다.

④

동일 전류, 전압 조건에서 와이어 지름이 작으면 용입이 깊고, 비드 폭이 좁아진다.

48 피복 아크용접에서 보통 용접봉의 단면적 1mm²에 대한 전류밀도로 가장 적합한 것은?

① 8~9A   ② 10~13A
③ 14~18A   ④ 19~23A

②

피복 아크용접봉의 전류밀도
보통 용접봉의 단면적 1mm²에 대하여 대략 10~13[A] 정도로 선정하면 좋다.

49 스테인리스강의 MIG 용접에 대한 종류가 아닌 것은?

① 단락 아크용접
② 펄스 아크용접
③ 스프레이 아크용접
④ 탄산가스 아크용접

④

MIG 용접의 용적이행 방식으로 단락 아크용접, 스프레이 아크용접, 펄스 아크용접이 있다.

50 피복 아크용접에서 피복제의 주된 역할 중 틀린 것은?

① 전기 절연작용을 한다.
② 탈산 정련작용을 한다.
③ 아크를 안정시킨다.
④ 용착금속의 급랭을 돕는다.

④

피복제의 역할
• 아크를 안정시켜 용접작업을 용이하게 한다.
• 중성 또는 환원성의 분위기를 만들어 용융금속을 보호한다.
• 가벼운 슬래그를 만든다.
• 용착금속의 탈산 정련작용을 한다.
• 용착금속에 필요한 원소를 보충한다.
• 용적을 미세화하고 용착효율을 높인다.
• 용착금속의 흐름을 좋게 한다.
• 용착금속의 응고, 냉각속도를 지연시키고 고착성을 증가시킨다.

• 피복제는 전기 절연작용을 한다.

51 이론적으로 순수한 카바이드 5kg에서 발생할 수 있는 아세틸렌량은 약 몇 리터인가?

① 3480   ② 1740
③ 348   ④ 174

②

순수한 카바이드는 1kg당 약 348L의 아세틸렌가스를 발생하므로 348L×5kg = 1740L이다.

52 리벳이음과 비교하여 용접의 장점을 설명한 것으로 틀린 것은?

① 작업공정이 단축된다.
② 기밀, 수밀이 우수하다.
③ 복잡한 구조물 제작에 용이하다.
④ 열 영향으로 이음부의 재질이 변하지 않는다.

④

용접은 열 영향으로 이음부의 재질의 변형 및 잔류응력이 생기는 단점을 가지고 있다.

53 아크용접기의 특성에서 부하 전류(아크 전류)가 증가하면 단자 전압이 저하하는 특성을 무엇이라 하는가?

① 수하 특성   ② 정전압 특성
③ 정전기 특성   ④ 상승 특성

①

아크용접기의 특성
• 아크의 부특성 : 전류가 증가함에 따라 저항이 작아져 전압도 작게 되는 특성
• 수하 특성 : 부하 전류(아크 전류)가 증가하면 단자 전압이 저하하는 특성
• 정전류 특성 : 수하 특성 중에서도 전원특성 곡선에서의 작동점 부근의 경사가 상당히 급격하게 되는 특성
• 정전압 특성과 상승 특성 : 수하 특성과 반대의 성질을 갖는 것으로서 부하전압이 변하여

도 단자 전압은 거의 변하지 않는 특성을 말하며, CP 특성이라고도 한다. 또한 부하전류(아크 전류)가 증가할 때 단자전압이 다소 높아지는 특성이 있는데 이것을 상승 특성이라 한다.

54 1회의 통전으로는 열평형을 취하기 곤란한 정도의 심한 열을 피하기 위하여 사이클 단위로 몇 번이고 전류를 단속하여 용접을 하는 용접법은?

① 맥동 용접　② 점 용접
③ 프로젝션 용접　④ 퍼커션 용접

①

맥동 용접(pulsation welding)
1회의 통전으로는 열평형을 취하기 곤란한 정도의 심한 열(전극의 과열)을 피하기 위하여 사이클 단위를 몇 번이고 전류를 단속하여 용접을 한다.

55 점 용접의 3대 주요 요소가 아닌 것은?

① 용접 전류　② 통전시간
③ 용제　④ 가압력

③

점(스폿) 용접의 3대 요소
전류의 세기(용접 전류), 통전시간, 가압력

56 강재 표면의 흠이나 개재물, 탈탄층 등을 제거하기 위하여 쓰이는 기구는?

① 가스 가우징　② 피닝
③ 스카핑　④ 겹치기 절단

③

스카핑
강재 표면의 흠이나 개재물, 탈탄층 등을 제거하기 위하여 얇게 타원형 모양으로 표면을 깎아내는 가공법

57 다음 중 전격의 위험성이 가장 적은 것은?

① 케이블의 피복이 파괴되어 절연이 나쁠 때
② 무부하 전압이 낮은 용접기를 사용할 때
③ 땀을 흘리면서 전기용접을 할 때
④ 젖은 몸에 홀더 등이 닿았을 때

②

전격의 방지대책
• 전격방지기가 부착된 교류 아크용접기나 무부하 전압이 낮은 직류 아크용접기를 사용한다.
• 땀, 물 등의 습기가 찬 작업복, 장갑, 구두 등을 착용하고 작업하지 않는다.
• 절연 홀더의 절연부분이 균열이나 파손되었으면 곧 보수하거나 교체한다.
• 홀더나 용접봉은 절대로 맨손으로 취급하지 않는다.
• 가죽장갑, 앞치마, 발 덮개 등 규정된 보호구를 반드시 착용한다.

58 MIG 용접의 스프레이 용적이행에 대한 설명이 아닌 것은?

① 고전압, 고전류에서 얻어진다.
② 경합금 용접에서 주로 나타난다.
③ 용착속도가 빠르고 능률적이다.
④ 와이어보다 큰 용적으로 용융 이행한다.

④

스프레이 용적이행
• MIG 용접에서 가장 많이 사용하는 이행형이다.
• 스프레이 이행은 고전압, 고전류에서 얻어진다.
• 스프레이 이행은 아르곤 가스나 헬륨 가스를 사용하는 경합금 용접에서 주로 나타난다.
• 스프레이 이행은 높은 전류 범위 내에서 용접되기 때문에 용착속도가 빠르고 능률적이다.
※ 와이어보다 큰 용적으로 용융 이행하는 형을 입상형 이행이라 한다.

59 스터드 용접에서 페룰(ferrule)의 작용이 아닌 것은?

① 용융금속의 산화를 방지한다.
② 용접 후 모재의 변형을 방지한다.
③ 용접이 진행되는 동안 아크열을 집중시켜 준다.
④ 용접사의 눈을 아크 광선으로부터 보호해준다.

②

페룰(ferrule)
- 용접 후 모재의 변형을 방지하지는 않는다.
- 용접이 진행되는 동안 아크열을 집중시켜준다.
- 용융금속의 유출을 막아준다.
- 용접사의 눈을 아크 광선으로부터 보호해준다.

60 서브머지드 아크용접에서 용융형 용제의 특징으로 틀린 것은?

① 비드 외관이 아름답다.
② 용제의 화학적 균일성이 양호하다.
③ 미용융 용제는 재사용할 수 없다.
④ 용융 시 산화되는 원소를 첨가할 수 없다.

③

미용융 용제는 다시 사용이 가능하다.

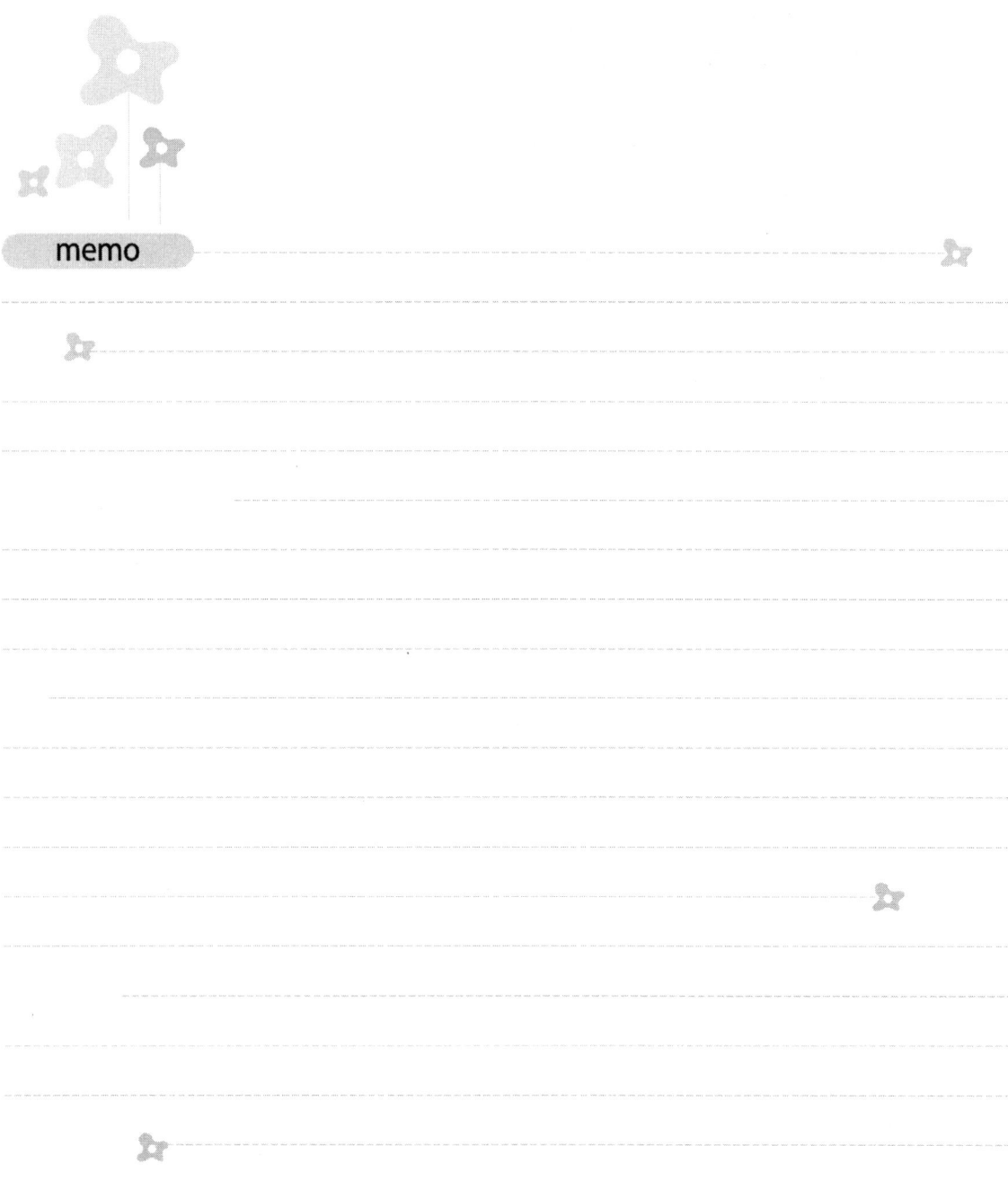

용접산업기사 과년도 4주완성

1판 1쇄 발행 2015년 1월 20일	7판 1쇄 발행 2021년 1월 5일
2판 1쇄 발행 2016년 1월 5일	8판 1쇄 발행 2022년 1월 5일
3판 1쇄 발행 2017년 1월 5일	9판 1쇄 발행 2023년 1월 5일
4판 1쇄 발행 2018년 1월 5일	10판 1쇄 발행 2025년 1월 25일
5판 1쇄 발행 2019년 1월 5일	
6판 1쇄 발행 2020년 3월 25일	

지은이 양 경 석
펴낸이 김 주 성
펴낸곳 도서출판 엔플북스
주 소 경기도 남양주시 오남읍 진건오남로797번길 31. 101동 203호(오남읍, 현대아파트)
전 화 (031)554-9334
FAX (031)554-9335
등 록 2009. 6. 16 제398-2009-000006호

저자와의
협의에 의하여
인지생략

정가 **23,000**원
ISBN 978 - 89 - 6813 - 411 - 1   13550

※ 파손된 책은 교환하여 드립니다.
　본 도서의 내용 문의 및 궁금한 점은 저희 카페에 오셔서 글을 남겨주시면 성의껏 답변해 드리겠습니다.
　http://cafe.daum.net/enplebooks